Hello
Hello

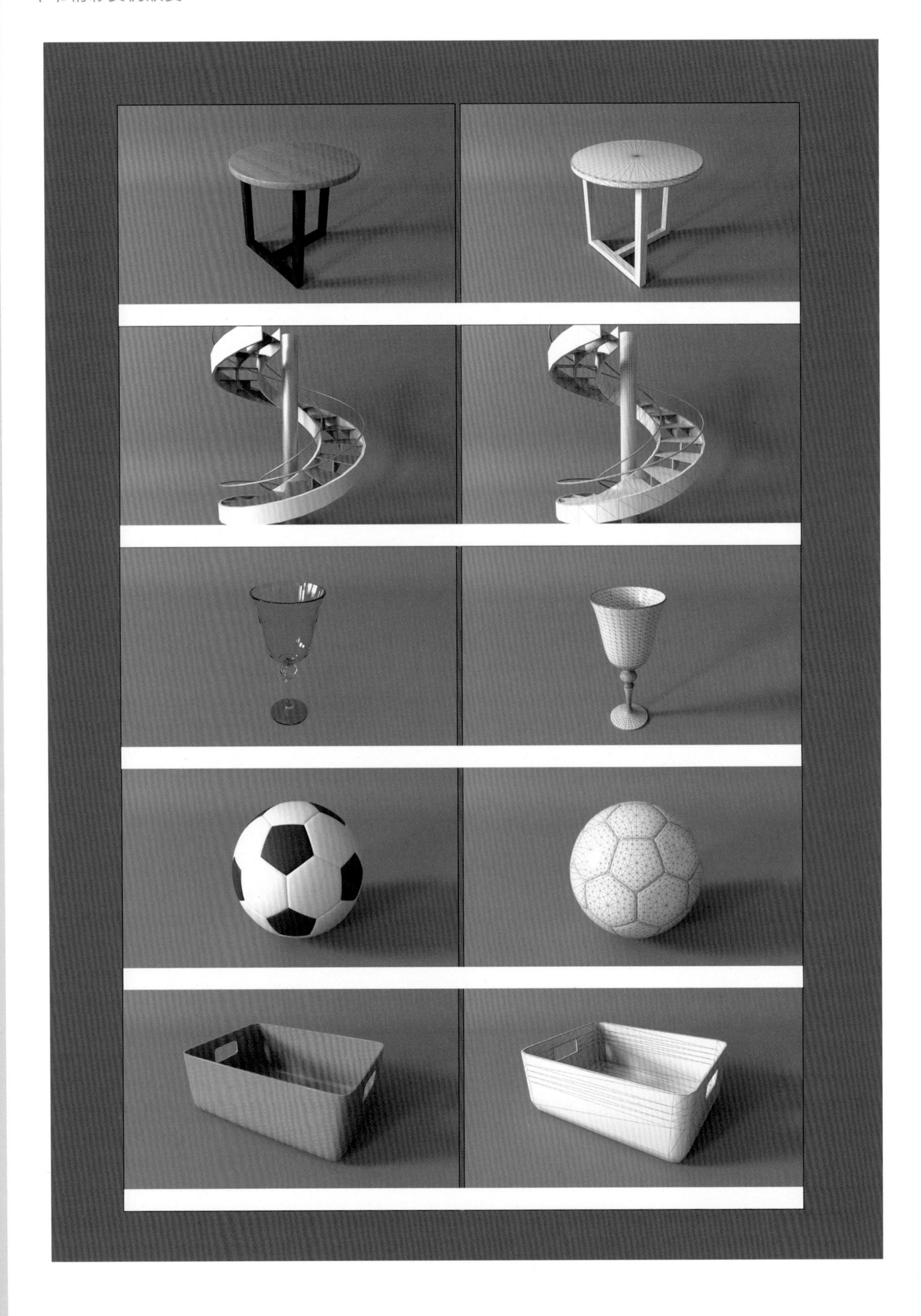

3ds
3ds Max 2018
超级学习手册

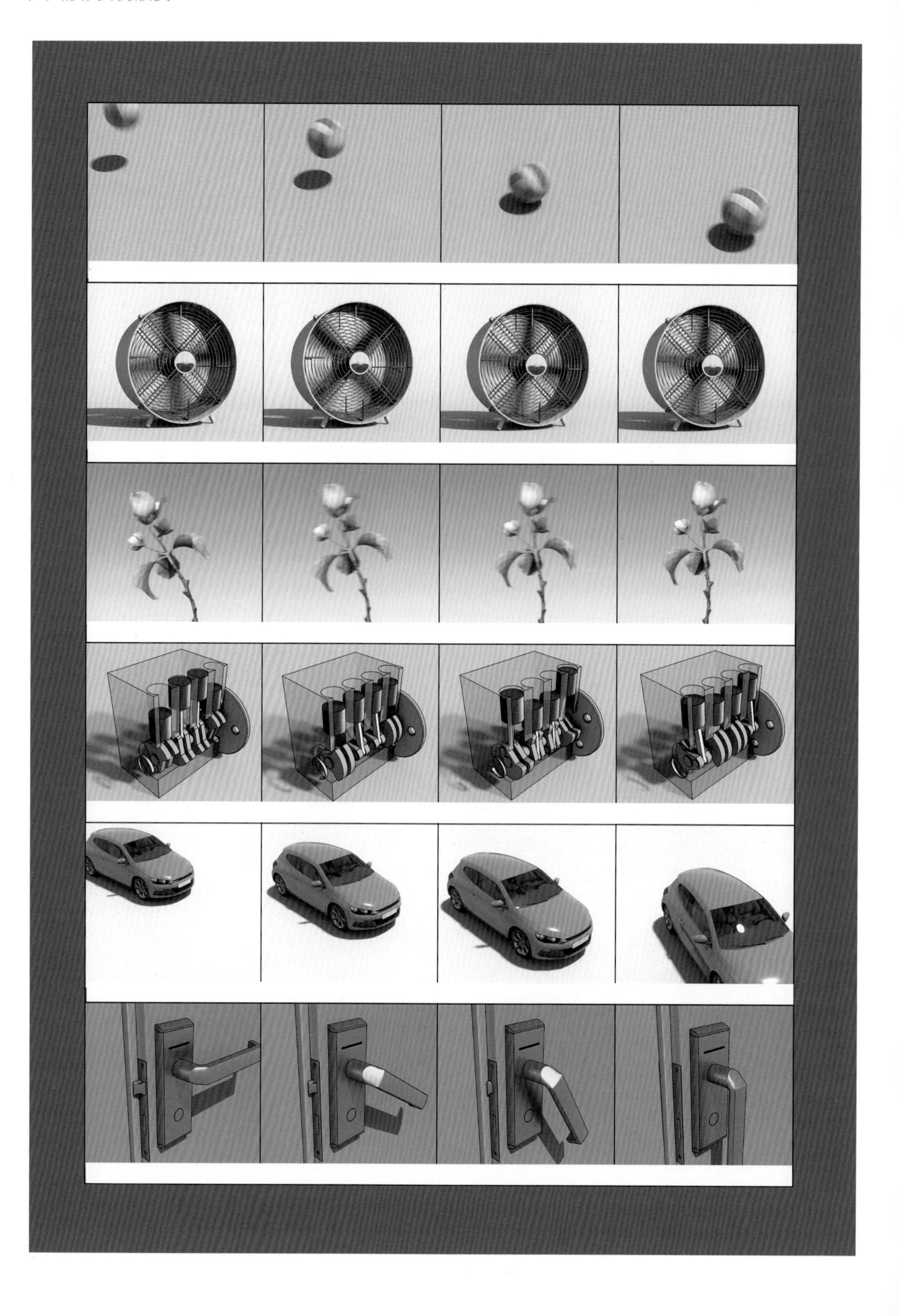

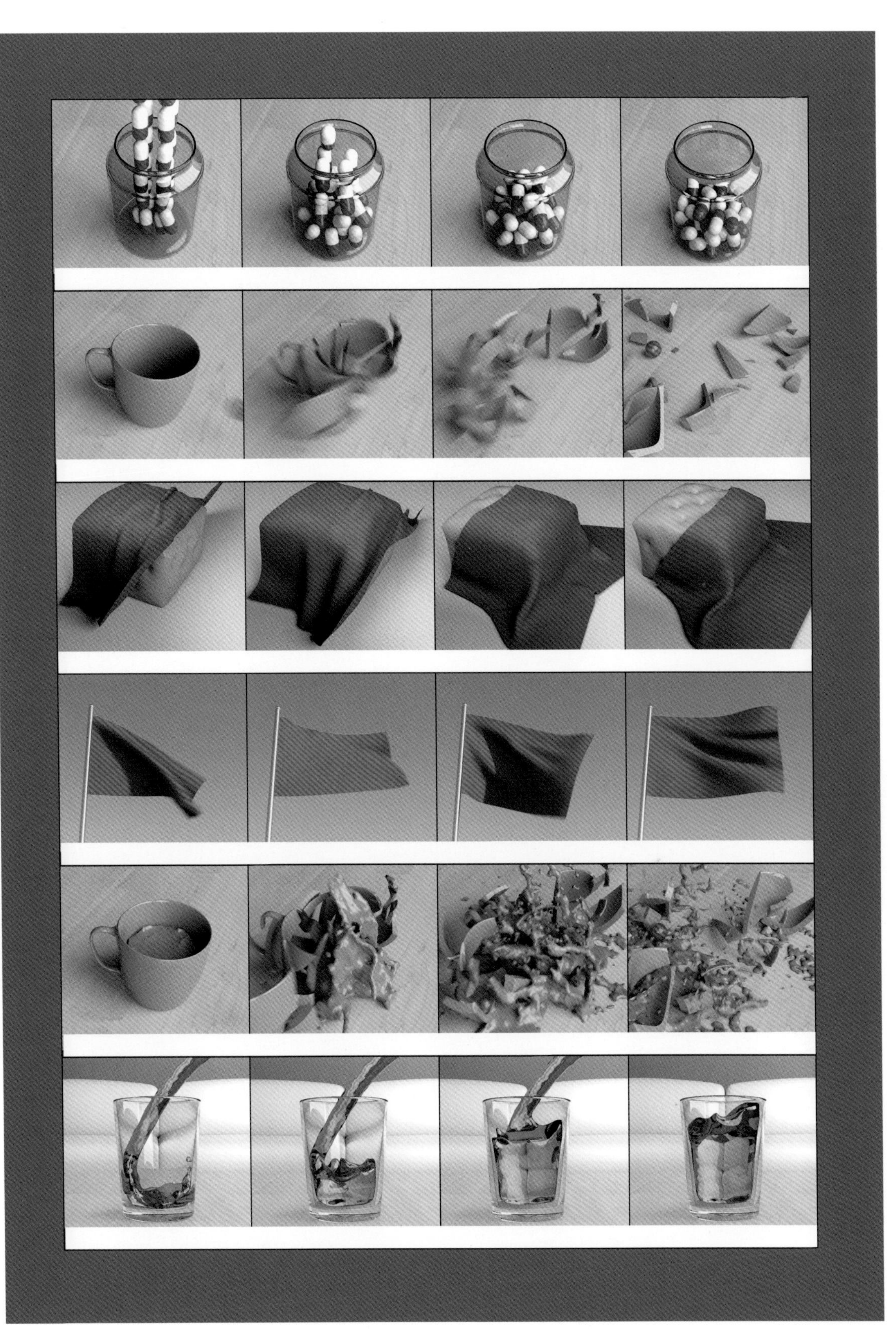

2024
202
20
20

3ds

3ds Max 2024 超级学习手册

来阳◎编著

人民邮电出版社
北京

图书在版编目（CIP）数据

3ds Max 2024 超级学习手册 / 来阳编著. -- 北京 : 人民邮电出版社, 2024.1
ISBN 978-7-115-62662-2

Ⅰ. ①3… Ⅱ. ①来… Ⅲ. ①三维动画软件－手册 Ⅳ. ①TP391.414-62

中国国家版本馆CIP数据核字(2023)第177352号

内 容 提 要

本书基于中文版3ds Max 2024编写，通过大量的操作实例系统地讲解三维图形和动画的制作技术，是一本面向零基础读者的专业教程。

全书共11章，包括初识中文版3ds Max 2024、图形建模、几何体建模、灯光技术、摄影机技术、材质技术、渲染技术、动画技术、动力学动画、粒子动画、毛发技术等内容。本书结构清晰，内容全面，通俗易懂，第2~11章还给出相应的实例，并阐述制作原理及操作步骤，帮助读者提升实际操作能力。

本书的配套学习资源丰富，包括书中所有实例的工程文件、贴图文件和教学视频，便于读者自学使用。本书适合作为高校和培训机构动画专业相关课程的教材，也可以作为广大三维图形和动画制作爱好者的自学参考书。

◆ 编　　著　来　阳
　责任编辑　罗　芬
　责任印制　王　郁　胡　南

◆ 人民邮电出版社出版发行　　北京市丰台区成寿寺路11号
　邮编　100164　　电子邮件　315@ptpress.com.cn
　网址　https://www.ptpress.com.cn
　北京瑞禾彩色印刷有限公司印刷

◆ 开本：787×1092　1/16　　彩插：4
　印张：17.75　　2024年1月第1版
　字数：550千字　　2024年1月北京第1次印刷

定价：129.90元

读者服务热线：(010)81055410　印装质量热线：(010)81055316
反盗版热线：(010)81055315
广告经营许可证：京东市监广登字20170147号

前言

PREFACE

3ds Max 是欧特克公司旗下的三维动画制作软件，该软件集造型、渲染和动画制作于一身，目前广泛应用于动画广告、影视特效、多媒体、建筑、游戏等多个领域，深受广大从业人员的喜爱。为了帮助读者更轻松地学习并掌握 3ds Max 三维图形和动画制作的相关知识与技能，我们编写了本书。

内容特点

本书基于中文版 3ds Max 2024 编写，整合了编者多年来积累的专业知识、设计经验和教学经验，从零基础读者的角度详细、系统地讲解三维图形和动画制作的必备知识，并对困扰初学者的重点和难点问题进行深入解析，力求帮助读者轻松学习 3ds Max 的用法，并将所学知识和技能灵活应用于实际的工作中。

适用对象

本书内容详尽，图文并茂，实例丰富，讲解细致，深入浅出，非常适合想要使用 3ds Max 进行三维图形和动画制作的读者自学使用，也可作为各类院校与培训机构相关专业课程的教材及参考书。

学习方法

中文版 3ds Max 2024 较之前的版本更加成熟、稳定，尤其是涉及 Arnold 渲染器的部分，更充分地考虑了用户的工作习惯，进行了大量的修改、完善。本书共 11 章，分别对软件的基础操作、中级技术及高级技术进行深入讲解，完全适合零基础的读者自学，有一定基础的读者可以根据自己的情况直接阅读自己感兴趣的内容。

为了帮助零基础读者快速上手，全书实例均配套高质量的教学视频，读者可下载后离线观看。

资源下载方法

本书的配套资源包括书中所有实例的工程文件、贴图文件和教学视频。扫描下方的二维码，关注微信公众号“数艺设”，并回复 51 页左下角的 5 位数字，即可自动获得资源下载链接。

数艺设

致谢

写作是一件快乐的事情，在本书的出版过程中，人民邮电出版社的编辑老师做了很多工作，在此表示诚挚的感谢。由于编者技术能力有限，书中难免存在不足之处，读者朋友们如果在阅读本书的过程中遇到问题，或者有任何意见和建议，可以发送电子邮件至 luofen@ptpress.com.cn。

来　阳

第 1 章

初识中文版 3ds Max 2024

第 2 章

图形建模

第 3 章

几何体建模

目录

第4章

灯光技术

第5章

摄影机技术

第6章

材质技术

第7章

渲染技术

目录

第8章

动画技术

第9章

动力学动画

第10章

粒子动画

第11章

毛发技术

初识中文版 3ds Max 2024

1.1 中文版3ds Max 2024概述

中文版3ds Max 2024是欧特克公司出品的旗舰级三维动画制作软件，在世界各地拥有着大量的忠实用户，可以说是当今最受欢迎的高端三维动画制作软件之一，其卓越的性能和友好的操作界面得到了众多世界知名动画公司及数字艺术家的认可。越来越多的三维艺术作品通过这一软件飞速地融入人们的生活。随着高校相关专业教学工作的全面开展，越来越多的人开始学习数字艺术创作，这使得人们对家用计算机的使用不再仅限于游戏娱乐，人们可以使用三维软件完成以往只能在高端工作站上才能制作出来的数字媒体产品。

本书基于中文版3ds Max 2024进行讲解，力求为读者由浅入深、详细地讲解该软件的基本操作及中高级技术操作，使得读者逐步掌握该软件的使用方法及操作技巧，制作出高品质的效果图及动画作品。图1-1所示为中文版3ds Max 2024的启动界面。

图1-1

1.2 中文版3ds Max 2024的应用领域

中文版3ds Max 2024为从事数字媒体艺术创作、风景园林设计、建筑工程设计、城市规划、产品设计、室内装潢、三维游戏制作及电影特效制作等视觉设计工作的人员提供了一整套全面的三维建模、动画制作、渲染以及合成的解决方案，其应用领域非常广泛，下面我们来列举一些该软件的主要应用领域。

1.2.1 建筑表现设计

有人的地方就有建筑。自古以来，建筑就与人类社会的经济、文化、科技发展息息相关。随着人类社会艺术设计水平及生态意识的不断提高，人们不断对自己周围的环境进行设计及改造，全新的建筑风格、更加环保的材质以及更加全面的功能使得建筑文化蓬勃发展。越来越多的人开始追求在保证正常生活和工作的条件下，努力提高居住及工作环境的美感和舒适度，这使得建筑表现设计这一学科越来越受人们的重视。图1-2和图1-3所示均为使用三维软件制作的建筑表现设计作品。

图1-2

图1-3

1.2.2 室内空间设计

室内空间设计与建筑表现设计联系紧密，不可分割，建筑表现设计是对建筑外观进行设计，室内空间设计则是对建筑内部空间进行规划及功能分区。配合欧特克公司的AutoCAD，3ds Max 2024可以更加精准地表现室内空间设计师的设计意图，如图1-4和图1-5所示。

图1-4

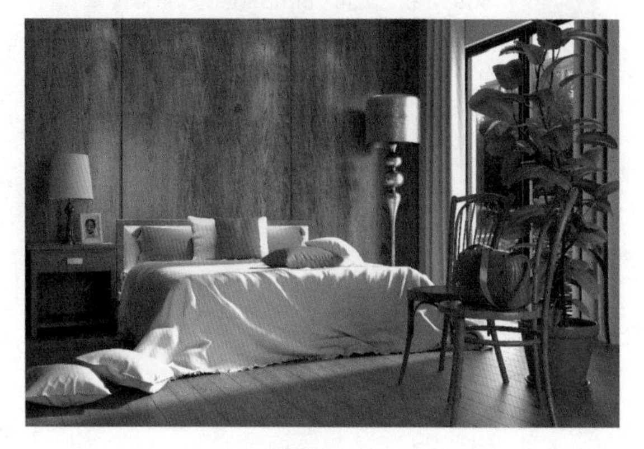

图1-5

1.2.3 风景园林设计

风景园林设计是以自然环境为基础，通过艺术手法和技术的运用，创造出具有美感和功能性的室外空间，以满足人们的休闲、娱乐、观赏等需求。使用 3ds Max 2024，风景园林设计师可以轻松完成区域景观的改造设计，极大地缩短了项目的完成时间，如图 1-6 和图 1-7 所示。

图1-6

图1-7

1.2.4 其他领域

除了在以上领域，3ds Max 2024 还在工业设计、影视广告制作、游戏动漫制作及数字创作等多领域广泛应用。在工业设计领域，3D 打印机的出现使得三维软件制图成为工业产品设计流程中的重要一环。使用 3ds Max 2024，设计师可以通过打印出来的产品来对比产品的各个设计参数，并且以非常真实的图像质感来表现自己的设计产品。在影视广告制作领域，1975 年，工业光魔公司参与了第一部《星球大战》的特效制作，其效果使得电影特效技术在 20 世纪 70 年代又重新得到电影公司的认可。时至今日，工业光魔公司已然成为了可以代表当今世界顶尖水准的一流电影特效制作公司，其参与制作的作品《钢铁侠》《变形金刚》《加勒比海盗》等所呈现的特效均给予了观众无比震撼的视觉体验。在游戏动漫制作领域，随着移动设备的大量使用，游戏不再像以往那样只能在台式计算机上安装运行。越来越多的游戏公司开始考虑将自己的计算机游戏产品移植到手机或平板电脑上，带给玩家随时随地的游戏体验。好的游戏不仅需要动人的剧情、有趣的关卡设计，更需要华丽的美术视觉效果带给人们直观的视觉感受，这均离不开 3ds Max 2024 这一三维动画制作软件。在数字创作领域，随着数字媒体艺术专业、环境艺术专业、动画专业等的开设，三维软件图像技术课程已然成了这些专业的必修专业课，为世界培养了大批的数字艺术创作人才。数字艺术家们创作出来的图形图像产品也慢慢得到了传统艺术家们的认可，并在美术创作比赛中占有一席之地。

1.3 中文版3ds Max 2024的工作界面

中文版 3ds Max 2024 的程序界面设计非常合理，用户在计算机上安装好该软件后，可以通过双击桌面上的图标来启动程序，如图 1-8 所示。默认状态下，启动的 3ds Max 2024 程序为英文版。如果希望启动中文版 3ds Max 2024 程序，用户可以执行“开始”菜单中的“Autodesk/3ds Max 2024-Simplified Chinese”命令，如图 1-9 所示。

图1-8

图1-9

中文版 3ds Max 2024 的工作界面如图 1-10 所示。

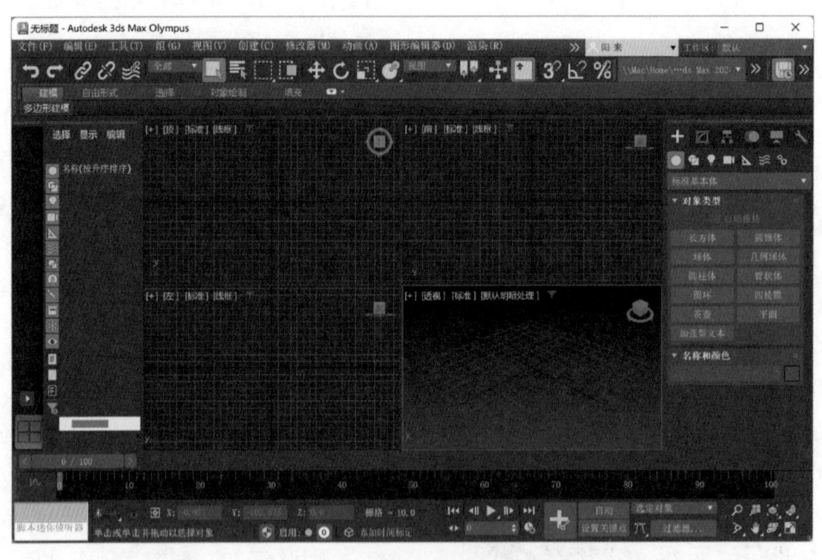

图1-10

1.3.1 欢迎屏幕

当用户打开中文版 3ds Max 2024 时，系统会自动弹出“欢迎屏幕”对话框，其中包含“软件概述”“欢迎使用 3ds Max”“在视口中导航”“场景安全改进”“后续步骤”这 5 个选项卡，可以帮助新用户更好地了解及使用该软件。

1. “软件概述”选项卡

“软件概述”选项卡中显示的是 3ds Max 2024 的软件概述，如图 1-11 所示。

图1-11

2. “欢迎使用 3ds Max”选项卡

“欢迎使用 3ds Max”选项卡为用户简单介绍了 3ds Max 2024 的界面组成结构，如“在此处登录”“控制摄影机和视口显示”“场景资源管理器”“时间和导航”等，如图 1-12 所示。

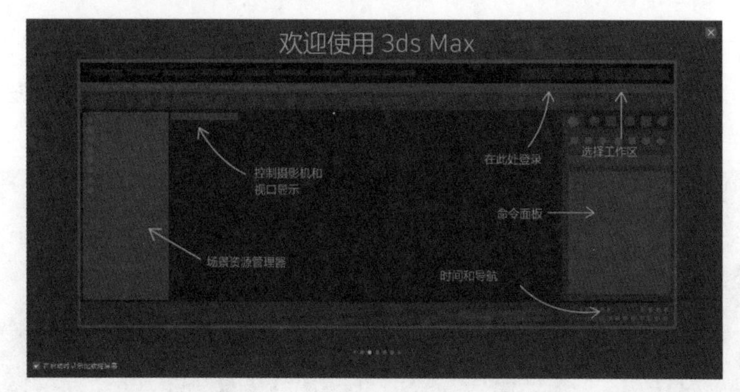

图1-12

3. “在视口中导航”选项卡

“在视口中导航”选项卡提示习惯 Maya 软件操作的用户可以使用“Maya 模式”来进行 3ds Max 2024 视图操作，如图 1-13 所示。

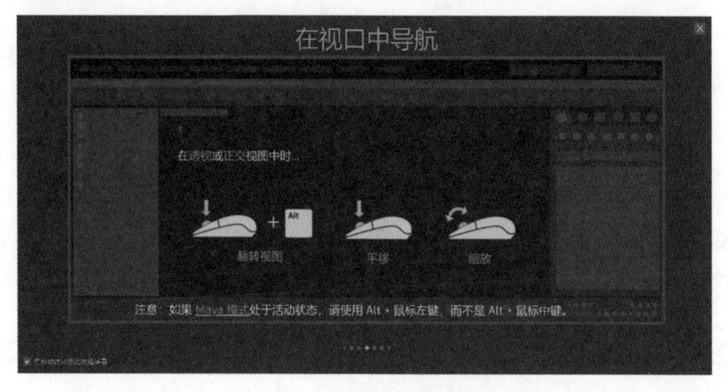

图1-13

4. “场景安全改进”选项卡

“场景安全改进”选项卡提示用户“安全场景脚本执行”和“恶意软件删除”这两个新功能现在可以更好地保护用户的场景文件，如图 1-14 所示。

图1-14

5. “后续步骤”选项卡

在“后续步骤”选项卡中，3ds Max 2024 为用户提供了“新增功能和帮助”“样例文件”“诚挚邀请您”“教程和学习文章”“1 分钟启动影片”等内容来为新用户解决 3ds Max 2024 的基本操作问题，如图 1-15 所示。需要注意的是，这里的内容需要连接网络才可以查看。

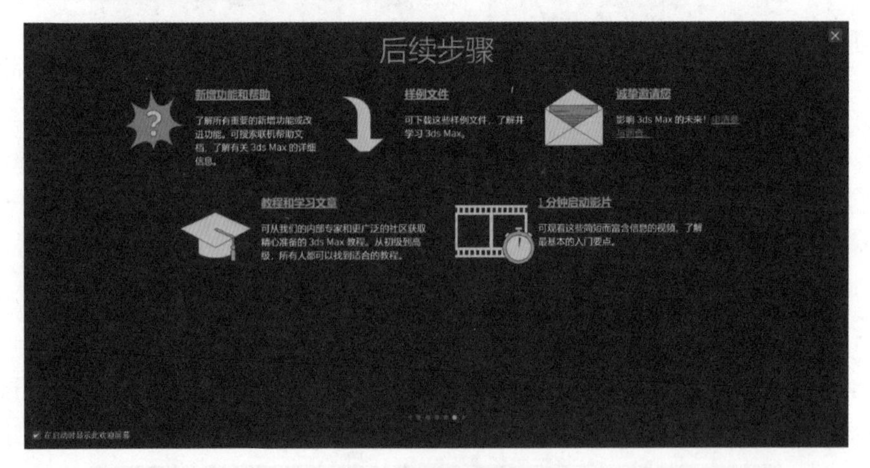

图1-15

1.3.2 菜单栏

菜单栏位于标题栏的下方，其中包含 3ds Max 2024 中的所有命令，有文件、编辑、工具、组、视图、创建、修改器、动画、图形编辑器、渲染、自定义、脚本、Substance、Civil View、Arnold 和帮助这十几个类别，如图 1-16 所示。

无标题 - Autodesk 3ds Max Olympus

文件(F) 编辑(E) 工具(T) 组(G) 视图(V) 创建(C) 修改器(M) 动画(A) 图形编辑器(D) 渲染(R) 自定义(U) 脚本(S) Substance Civil View Arnold 帮助(H)

图1-16

中文版 3ds Max 2024 设置了大量的快捷键以帮助用户在实际工作中简化操作方式并提高工作效率。用户打开菜单时，可以看到一些常用命令的后面有对应的快捷键提示，如图 1-17 所示。

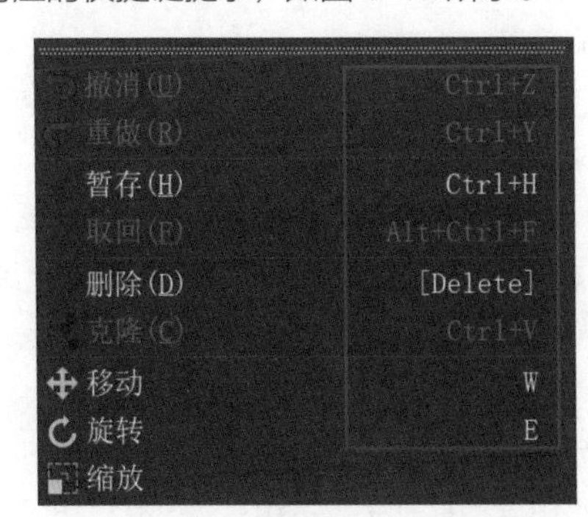

图1-17

有些命令后面带有 3 个点，如图 1-18 所示，表示执行该命令会弹出一个独立的对话框，如图 1-19 所示。

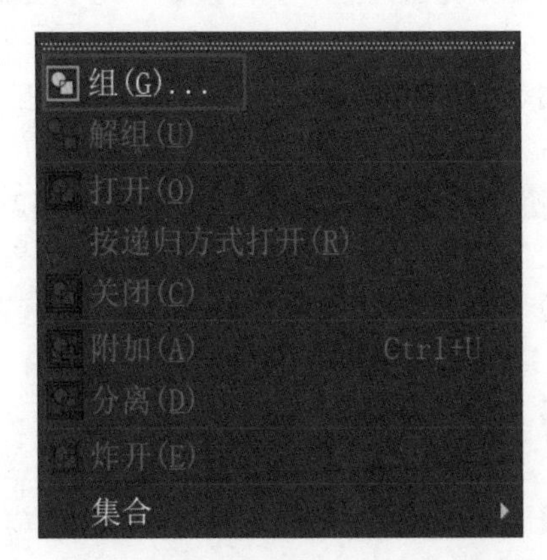

图1-18

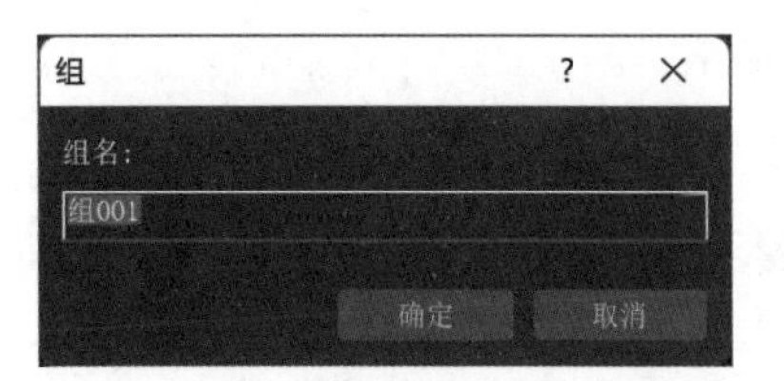

图1-19

有些命令后面带有小三角图标，表示该命令还有子命令可选，如图 1-20 所示。

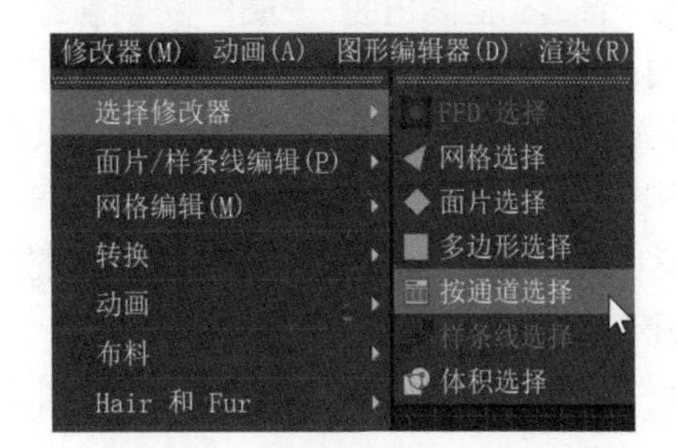

图1-20

1.3.3　工具栏

3ds Max 2024 为用户提供了许多工具栏，在默认状态下，菜单栏的下方会显示出主工具栏。主工具栏由一系列图标按钮组成，当用户的显示器分辨率过低时，主工具栏上的图标按钮会显示不全，这时可以将鼠标指针移动至主工具栏上，待鼠标指针变成抓手形状时，即可左右拖动主工具栏来查看其他未显示的图标按钮，图 1-21 所示为 3ds Max 2024 的主工具栏。

图1-21

仔细观察主工具栏上的图标按钮，有些图标按钮的右下角有个小三角形的标志，表示该图标按钮包含多个类似命令。需要切换命令时，长按当前图标按钮，就可以将其他的命令显示出来，如图 1-22 所示。

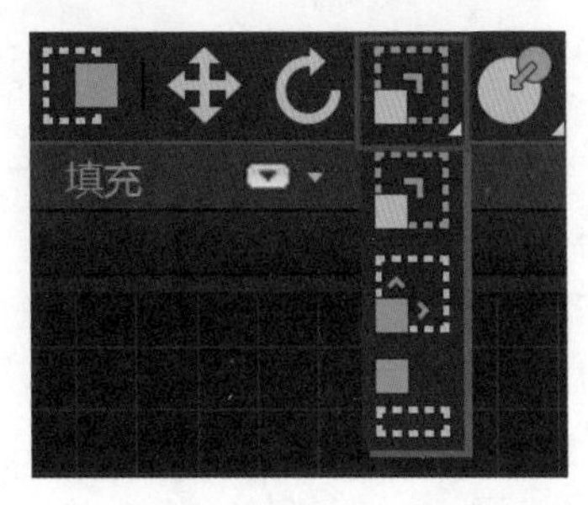

图1-22

工具解析

“撤销”按钮：可取消上一次的操作。

“重做”按钮：可取消上一次的“撤销”操作。

“选择并链接”按钮：用于链接两个或多个对象，使其具有父子层次关系。

“断开当前选择链接”按钮：用于解除对象之间的父子层次关系。

“绑定到空间扭曲”按钮：将当前选择附加到空间扭曲。

全部 “选择过滤器”下拉列表：可以通过此下拉列表来限制选择工具选择的对象类型。

“选择对象”按钮：用于选择场景中的对象。

“按名称选择”按钮：单击此按钮打开“从场景选择”对话框，可通过对话框中的对象名称来选择对象。

“矩形选择区域”按钮：在矩形选区内选择对象。

“圆形选择区域”按钮：在圆形选区内选择对象。

“围栏选择区域”按钮：在不规则的围栏形状内选择对象。

“套索选择区域”按钮：通过鼠标操作在不规则的区域内选择对象。

“绘制选择区域”按钮：以鼠标绘制的方式来选择对象。

“窗口/交叉”按钮：单击此按钮可在“窗口”模式和“交叉”模式之间进行切换。

“选择并移动”按钮：选择并移动所选择的对象。

“选择并旋转”按钮：选择并旋转所选择的对象。

“选择并均匀缩放”按钮：选择并均匀缩放所选择的对象。

“选择并非均匀缩放”按钮：选择并以非均匀的方式缩放所选择的对象。

“选择并挤压”按钮：选择并以挤压的方式来缩放所选择的对象。

“选择并放置”按钮：将对象准确地定位到另一个对象的表面上。

视图 “参考坐标系”下拉列表：可以指定变换所用的坐标系。

“使用轴点中心”按钮：可以围绕所选择的对象各自的轴点旋转或缩放一个或多个对象。

“使用选择中心”按钮：可以围绕所选择的对象共同的几何中心旋转或缩放一个或多个对象。

“使用变换坐标中心”按钮：可以围绕当前坐标系中心旋转或缩放对象。

“选择并操纵”按钮：通过在视口中拖动“操纵器”来编辑对象的控制参数。

“键盘快捷键覆盖切换”按钮：单击此按钮可以在主用户界面快捷键和组快捷键之间进行切换。

“捕捉开关”按钮：通过此按钮可以提供捕捉处于活动状态位置的3D空间的控制范围。

“角度捕捉开关”按钮：通过此按钮可以设置进行旋转操作时的预设旋转角度。

“百分比捕捉开关”按钮：用于按指定的百分比增加对象的缩放比例。

“微调器捕捉开关”按钮：用于设置3ds Max中微调器一次单击的增/减值。

“编辑命名选择集”按钮：单击此按钮可以打开“命名选择集”对话框。

“命名选择集”下拉列表：使用此下拉列表可以调用选择集合。

“镜像”按钮：单击此按钮可以打开“镜像”对话框来详细设置镜像场景中的对象。

“对齐”按钮：将当前选择对象与目标对象进行对齐。

“快速对齐”按钮：可立即将当前选择对象与目标对象进行对齐。

“法线对齐”按钮：单击此按钮可打开“法线对齐”对话框来设置对象表面基于另一个对象表面的法线方向进行对齐。

“放置高光”按钮：可将灯光或对象对齐到另一个对象上来精确定位其高光或反射。

“对齐摄影机”按钮：将摄影机与选定的面法线进行对齐。

“对齐到视图”按钮：单击此按钮可打开“对齐到视图”对话框来将对象或子对象的局部轴与当前视口进行对齐。

“切换场景资源管理器”按钮：单击此按钮可打开“场景资源管理器 - 场景资源管理器”对话框。

“切换层资源管理器”按钮：单击此按钮可打开“场景资源管理器 - 层资源管理器”对话框。

“材质编辑器”按钮：单击此按钮可打开“材质编辑器”窗口。

“渲染设置”按钮：单击此按钮可打开“渲染设置”窗口。

“渲染帧窗口”按钮：单击此按钮可打开渲染帧窗口。

“渲染产品”按钮：渲染当前激活的视图。

在主工具栏的空白处右击，在弹出的菜单中可以看到 3ds Max 2024 在默认状态下未显示的其他工具栏，如图 1-23 所示。除主工具栏外，还有“MassFX 工具栏”“动画层”“容器”“层”“捕捉”“捕捉工作轴工具”“渲染快捷方式”“状态集”“笔刷预设”“自动备份”“轴约束”“附加”“项目”等工具栏，如图 1-24~ 图 1-36 所示。

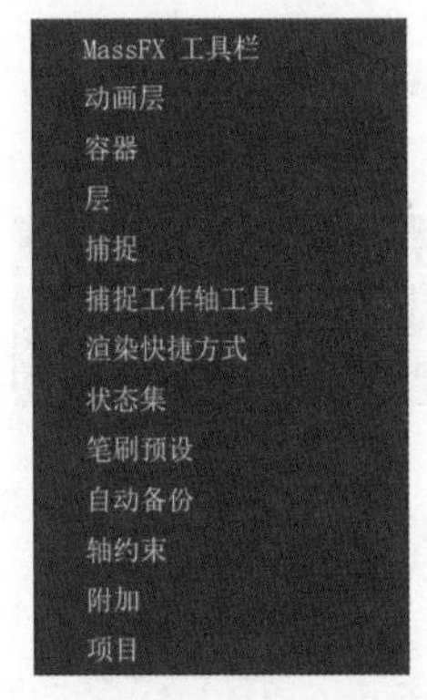

图1-23

图1-24

图1-25

图1-26

图1-27

图1-28

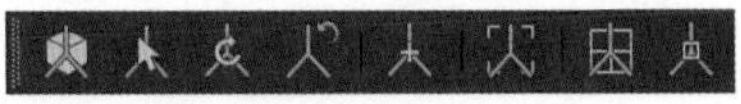

图1-29

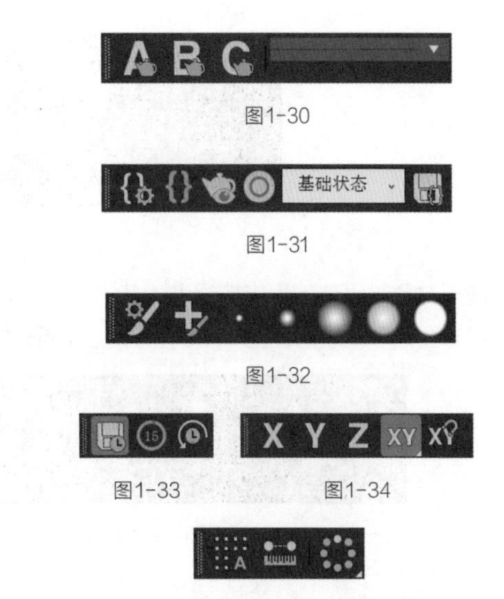

图1-30

图1-31

图1-32

图1-33　图1-34

图1-35

图1-36

技巧与提示　这些工具栏里的常用按钮将在后面的章节中陆续进行介绍。

1.3.4　Ribbon工具栏

Ribbon 工具栏包含建模、自由形式、选择、对象绘制和填充五大部分，在主工具栏的空白处右击并选择 Ribbon 命令，如图 1-37 所示，即可打开 Ribbon 工具栏。

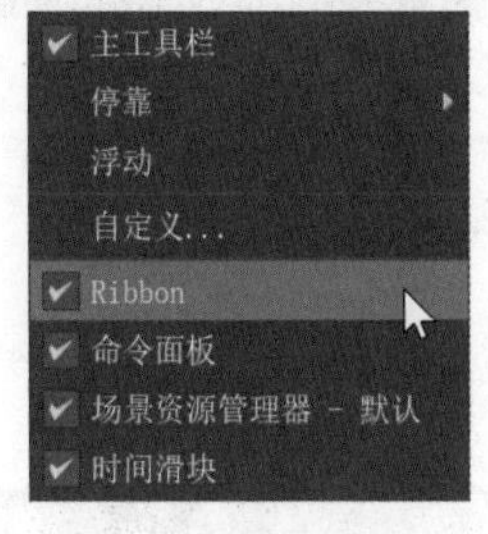

图1-37

1. 建模

单击“显示完整的功能区”按钮可以向下将 Ribbon 工具栏完全展开。打开“建模”选项卡，Ribbon 工具栏就可以显示出与多边形建模相关的按钮，如图 1-38 所示。当未选择对象时，该按钮区域呈灰色显示。

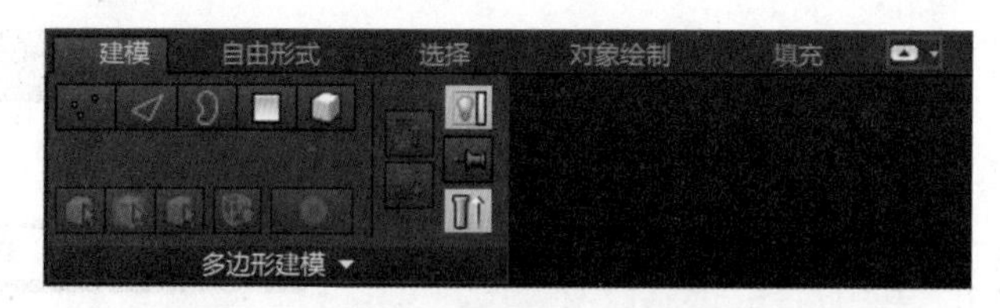

图1-38

当选择对象时，单击相应按钮进入多边形的子层级后，此区域可显示相应子层级内的全部建模按钮，并以非常直观的图标形式展现。图 1-39 所示为多边形“顶点”子层级内的按钮。

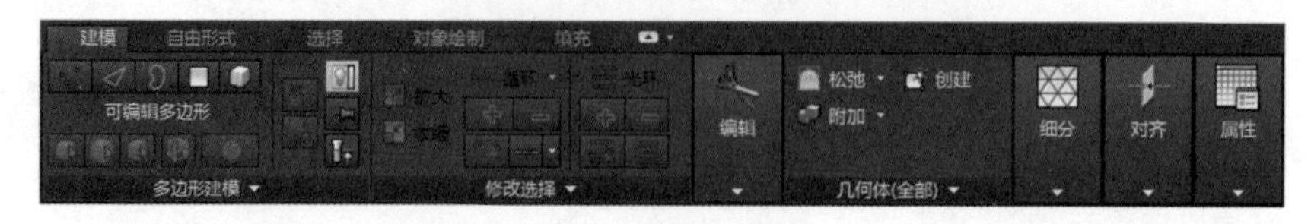

图1-39

2. 自由形式

打开“自由形式”选项卡，其内部的按钮如图 1-40 所示。需选择对象才可激活相应按钮，通过“自由形式”选项卡内的按钮可以用绘制的方式来修改对象的形态。

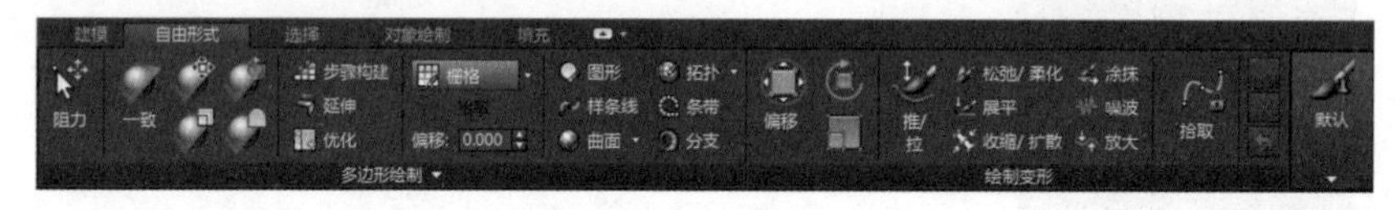

图1-40

3. 选择

打开“选择”选项卡，其内部的按钮如图 1-41 所示。需要选择对象并进入其子层级后才可激活按钮。未选择对象时，此按钮区域为空。

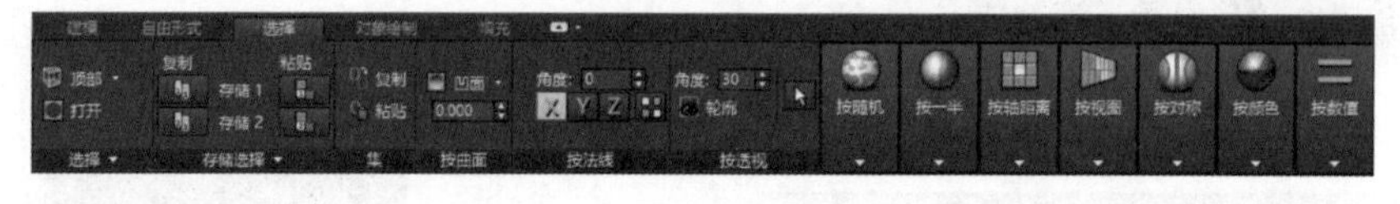

图1-41

4. 对象绘制

打开“对象绘制”选项卡，其内部的按钮如图 1-42 所示。使用此区域的按钮可以为鼠标指针设置一个模型，以绘制的方式在场景中或对象表面上进行复制绘制。

图1-42

5. 填充

打开“填充”选项卡，其内部的按钮如图 1-43 所示。使用这些按钮可以快速地制作大量人员走动和闲聊的场景。

图1-43

1.3.5 工作视图

1. 工作视图的切换

在 3ds Max 2024 的整个工作界面中，工作视图区域占据了大部分界面空间，这有利于工作的进行。默认状态下，工作视图分为“顶”视图、“前”视图、“左”视图和“透视”视图 4 种，如图 1-44 所示。

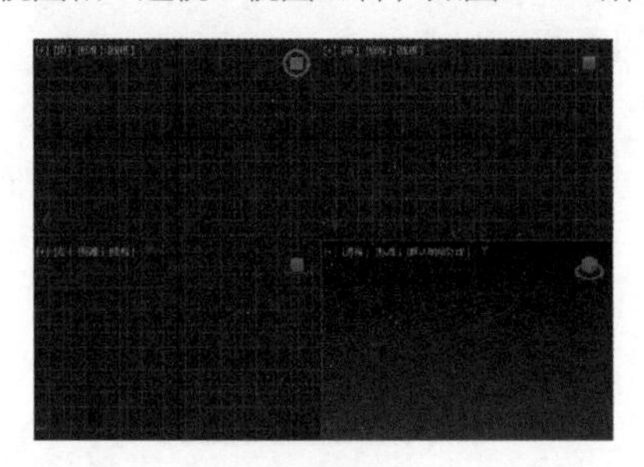

图1-44

技巧与提示 当视口区域显示为一个时，可以通过按相应的快捷键来进行各个工作视图的切换。

切换至“顶”视图的快捷键是“T”。

切换至“前”视图的快捷键是“F”。

切换至“左”视图的快捷键是“L”。

切换至“透视”视图的快捷键是“P”。

将鼠标指针移动至视口的左上方，在相应的视图名称上单击，弹出下拉列表，从中可以选择要切换到的工作视图。从此下拉列表中可以看出“底”视图、“后”视图和“右”视图无快捷键，如图 1-45 所示。

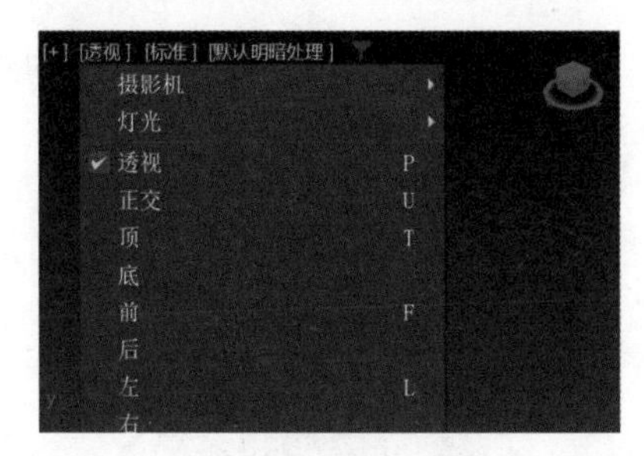

图1-45

单击 3ds Max 2024 工作界面左下角的“创建新的视口布局选项卡”按钮，弹出“标准视口布局”下拉列表，用户可以选择自己喜欢的视口布局进行工作，如图 1-46 所示。

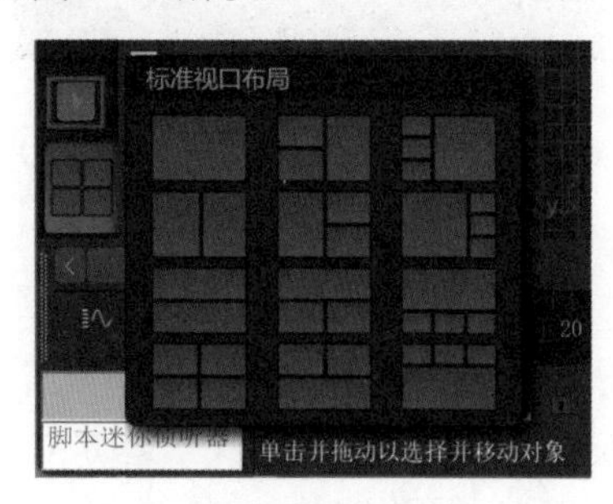

图1-46

2. 工作视图的显示样式

3ds Max 2024 启动后，“透视”视图的默认显示样式为“默认明暗处理”，如图 1-47 所示。用户可以单击“默认明暗处理”文字，在弹出的下拉列表中更换工作视图的其他显示样式，如“线框覆盖”，如图 1-48 所示。

图1-47

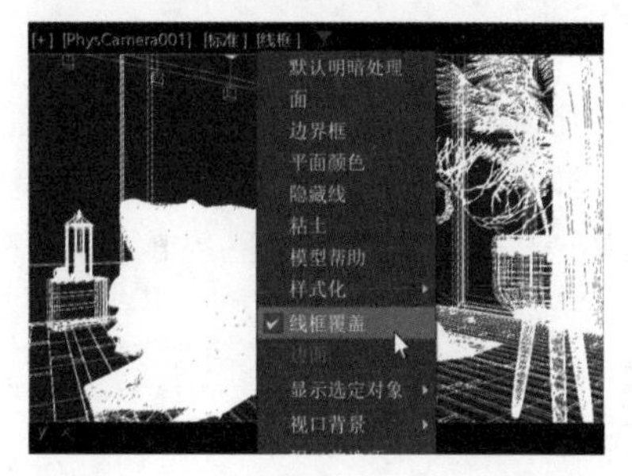

图1-48

除了上述的“默认明暗处理”和“线框覆盖”这两种常用的显示样式，3ds Max 2024 还提供了多种不同风格的显示样式供用户选择使用，图 1-49 所示为“彩色蜡笔”显示样式。

图1-49

1.3.6 命令面板

3ds Max 2024 工作界面的右侧是命令面板。命令面板由“创建”“修改”“层次”“运动”“显示”“实用程序”这 6 个面板组成。

1.“创建”面板

在“创建”面板中，用户可以创建 7 种对象，分别是几何体、图形、灯光、摄影机、辅助对象、空间扭曲和系统，如图 1-50 所示。

图1-50

工具解析

“几何体”按钮：不仅可以用来创建“长方体”“圆锥体”“球体”“圆柱体”等基本几何体，也可以创建出一些现成的建筑模型，如“门”“窗”“楼梯”“栏杆”“植物”等。

“图形”按钮：主要用来创建样条线和 NURBS 曲线。

“灯光”按钮：主要用来创建场景中的灯光。

“摄影机”按钮：主要用来创建场景中的摄影机。

“辅助对象”按钮：主要用来创建有助于场景制作的辅助对象，如对模型进行定位和测量。

“空间扭曲”按钮：使用空间扭曲功能可以在围绕其他对象的空间中产生各种不同的扭曲方式。

“系统”按钮：系统将对象、链接和控制器组合在一起，以生成拥有行为的对象及几何体。“系统”按钮下包含“骨骼”“环形阵列”“太阳光”“日光”“Biped”这 5 个按钮。

2.“修改”面板

在“修改”面板中，用户可以设置所选择对象的属性，当未选择任何对象时，此面板为空，如图 1-51 所示。

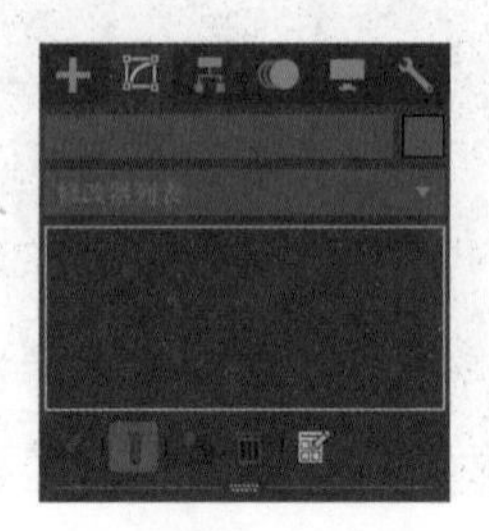

图1-51

3.“层次”面板

在“层次”面板中，用户可以调整所选对象的坐标轴、IK 及链接信息，如图 1-52 所示。

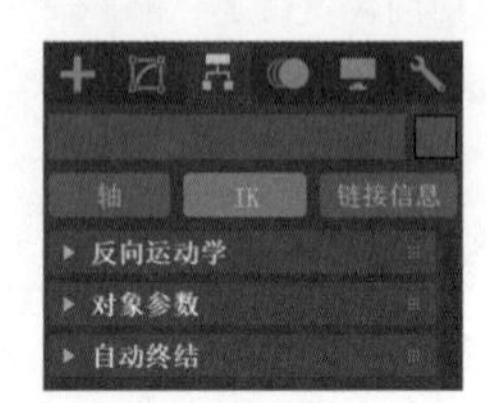

图1-52

4.“运动”面板

在“运动”面板中，用户可以调整所选对象的运动属性，如图 1-53 所示。

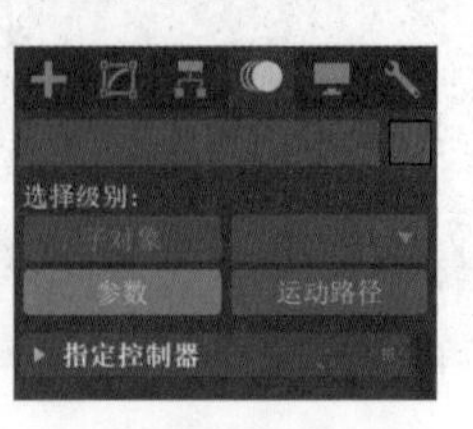

图1-53

5. "显示"面板

在"显示"面板中，用户可以设置场景中对象的显示、隐藏、冻结等属性，如图1-54所示。

图1-54

6. "实用程序"面板

"实用程序"面板包含很多程序，默认状态下只显示其中的部分程序，其他程序可以通过单击"更多…"按钮来进行查找，如图1-55所示。

图1-55

1.3.7 时间滑块和轨迹栏

时间滑块位于视口区域的下方，可以通过拖动来显示不同时间段内场景中对象的动画状态。默认状态下，场景中的时间帧数为100帧，如图1-56所示，帧数可根据实际的动画制作需要随意更改。在时间滑块上按住鼠标左键，在轨迹栏上迅速拖动可以查看动画的设置。可以很方便地对轨迹栏内的动画关键帧进行复制、移动及删除操作。

图1-56

技巧与提示 按住组合键"Ctrl+Alt"和鼠标左键并拖动鼠标，可以保证时间轨迹右侧的时间帧位置不变而更改左侧的时间帧位置。
按住组合键"Ctrl+Alt"和鼠标中键并拖动鼠标，可以保证时间轨迹的长度不变而改变两侧的时间帧位置。
按住组合键"Ctrl+Alt"和鼠标右键并拖动鼠标，可以保证时间轨迹左侧的时间帧位置不变而更改右侧的时间帧位置。

1.3.8 提示行和状态栏

提示行和状态栏可以显示出当前有关场景和活动命令的提示信息和操作状态。它们位于时间滑块和轨迹栏的下方，如图1-57所示。

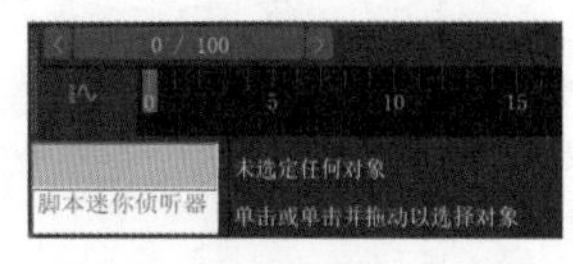

图1-57

1.3.9 动画控制区

动画控制区具有可以用于在视口中进行动画播放的时间控件。使用这些控件可随时调整场景文件中的时间来播放并观察动画。动画控制区如图1-58所示。

图1-58

工具解析

"转至开头"按钮：转至动画的初始位置。

"上一帧"按钮：转至动画的上一帧。

"播放动画"按钮：单击后会变成"停止动画"按钮。

"下一帧"按钮：转至动画的下一帧。

"转至结尾"按钮：转至动画的结尾。

“关键点模式切换”按钮：切换关键点模式。

帧显示：显示当前动画的时间帧位置。

“时间配置”按钮：单击该按钮可弹出“时间配置”对话框，在其中可以进行当前场景内动画帧数的设置等操作。

“设置关键点”按钮：为所选对象设置关键点。

“自动”按钮：切换自动关键点模式。

“设置关键点”按钮：切换设置关键点模式。

“新建关键点的默认入 / 出切线”按钮：设置新建动画关键点的默认内 / 外切线类型。

“过滤器”按钮：关键点过滤器用于设置所选择对象的哪些属性可以设置关键点。

1.3.10 视口导航区域

视口导航区域允许用户使用按钮在活动的视口中导航场景，它位于整个工作界面的右下方，如图1-59所示。

图1-59

工具解析

“缩放”按钮：控制视口的缩放，使用该工具可以在“透视”视图或“正交”视图中通过拖曳鼠标的方式来调整对象的显示比例。

“缩放所有视图”按钮：使用该工具可以同时调整所有视图中对象的显示比例。

“最大化显示选定对象”按钮：最大化显示选定的对象。

“所有视图最大化显示选定对象”按钮：在所有视口中最大化显示选定的对象。

“视野”按钮：控制在视口中观察的“视野”。

“平移视图”按钮：平移视图工具，快捷键为鼠标中键。

“环绕子对象”按钮：单击此按钮可以进行环绕视图操作。

“最大化视口切换”按钮：控制一个视口与多个视口的切换。

1.4 中文版3ds Max 2024基本操作

1.4.1 加载自定义用户界面方案

当我们安装好并启动中文版3ds Max 2024后，其工作界面的颜色为深灰色，如图1-60所示。我们可以执行“自定义 / 加载自定义用户界面方案”命令，在弹出的“加载自定义用户界面方案”对话框中选择ame-light文件，如图1-61所示，单击“打开”按钮，更改工作界面的颜色，如图1-62所示。

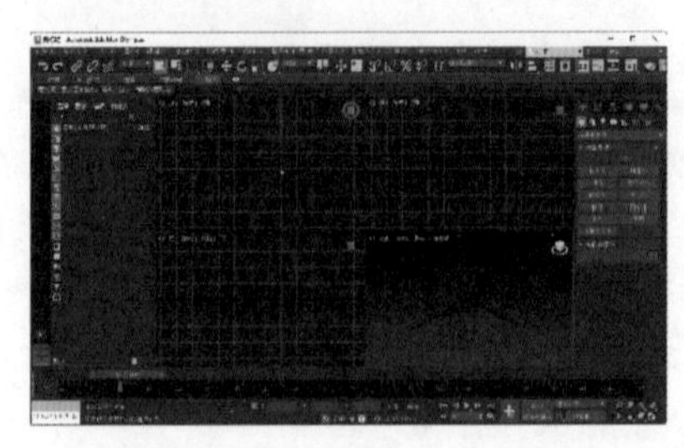

图1-60

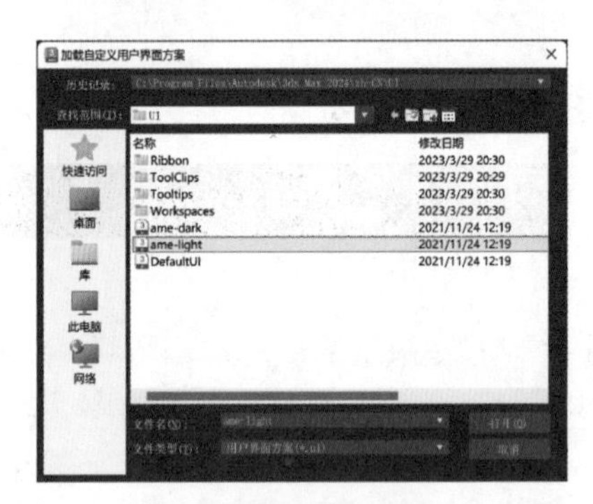

图1-61

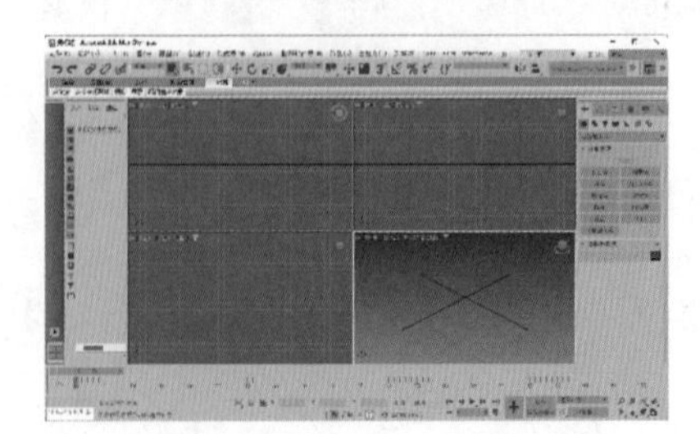

图1-62

技巧与提示 浅灰色的工作界面风格是3ds Max早期版本的经典风格，使用率较高。由于浅灰色的工作界面截图印刷出来较为清晰，故本书接下来的内容均采用浅灰色的工作界面风格。

1.4.2 对象选择

在大多数情况下，在对象上执行某个操作之前，要先选中它们。因此，选择操作是建模和设置动画的基础。“选择对象”按钮是 3ds Max 2024 所提供的重要工具之一，方便我们在复杂的场景中选择单一对象或者多个对象。当我们想要选择一个对象并且不想移动它时，这个工具就是最佳选择。“选择对象”按钮是 3ds Max 2024 打开后的默认工具，其图标位于主工具栏上，如图 1-63 所示。

图1-63

3ds Max 2024 为我们提供了多种选择区域的方式，以帮助我们方便、快速地选择一个区域内的所有对象。有“矩形选择区域”“圆形选择区域”“围栏选择区域”“套索选择区域”“绘制选择区域”这 5 个按钮可用，如图 1-64 所示。

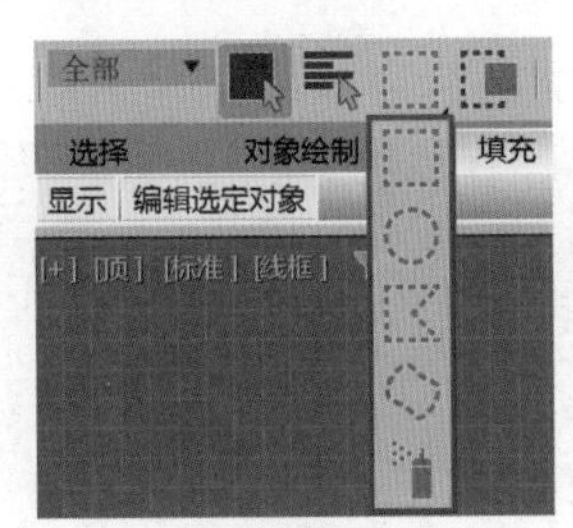

图1-64

当场景中的对象过多而需要大面积选择时，可以拖动鼠标绘制出一个区域来对对象进行选择，如图 1-65 所示。默认状态下，主工具栏上显示的是“矩形选择区域”按钮。

图1-65

在主工具栏上激活“圆形选择区域”按钮，拖动鼠标即可在视口中以绘制圆形选区的方式来选择对象，如图 1-66 所示。

图1-66

在主工具栏上激活“围栏选择区域”按钮，拖动鼠标即可在视口中以绘制直线选区的方式来选择对象，如图 1-67 所示。

图1-67

在主工具栏上激活“套索选择区域”按钮，拖动鼠标即可在视口中以绘制曲线选区的方式来选择对象，如图 1-68 所示。

图1-68

在主工具栏上激活“绘制选择区域”按钮，拖动鼠标即可在视口中以使用笔刷绘制选区的方式来选择对象，如图 1-69 所示。

图1-69

1.4.3 变换操作

3ds Max 2024 为用户提供了多个用于对场景中的对象进行变换操作的按钮，这些按钮被集成到了主工具栏中，如图 1-70 所示。使用这些工具可以很方便地改变对象在场景中的位置、方向及大小。我们在项目工作中会经常用到它们。

图1-70

1. 变换操作切换

3ds Max 2024 为用户提供了多种变换操作的切换方式。

第一种：单击主工具栏上相应的按钮直接切换变换操作。

第二种：单击鼠标右键，在弹出的菜单中选择相应的命令进行变换操作切换，如图 1-71 所示。

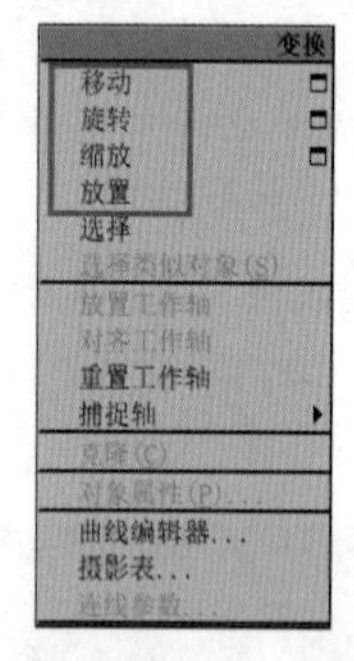

图1-71

第三种：3ds Max 2024 为用户提供了相应的快捷键来进行变换操作的切换，习惯使用快捷键来进行操作的用户可以非常方便地切换变换操作。“选择并移动”工具的快捷键是“W”，“选择并旋转”工具的快捷键是“E”，“选择并缩放”工具的快捷键是“R”，“选择并放置”工具的快捷键是“Y”。

2. 变换命令控制柄的更改

在 3ds Max 2024 中，进行不同的变换操作，其变换命令的控制柄也有着明显区别。图 1-72~图 1-75 分别为“移动”“旋转”“缩放”“放置”变换命令的控制柄。

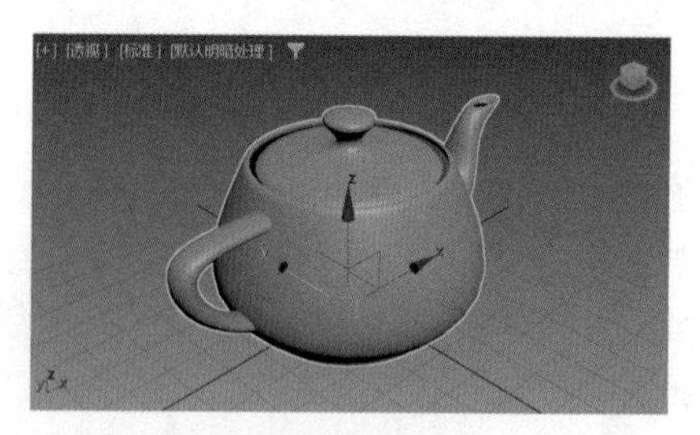

图1-72

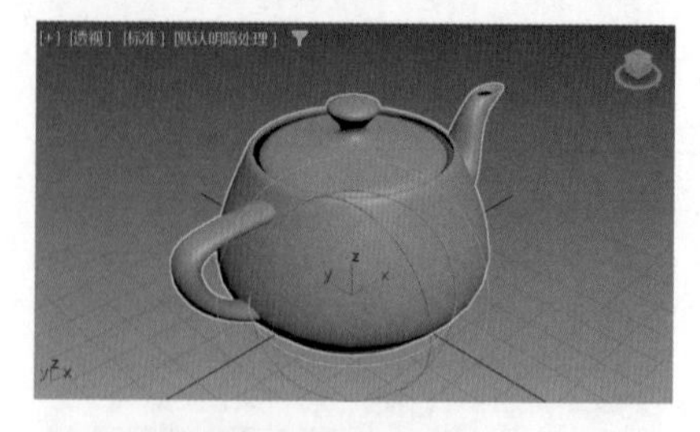

图1-73

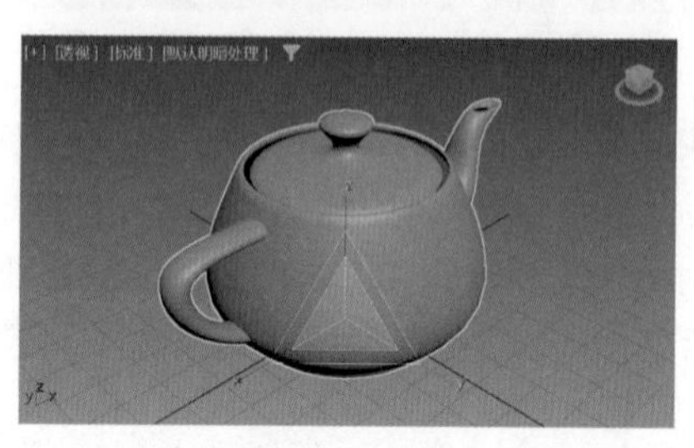

图1-74

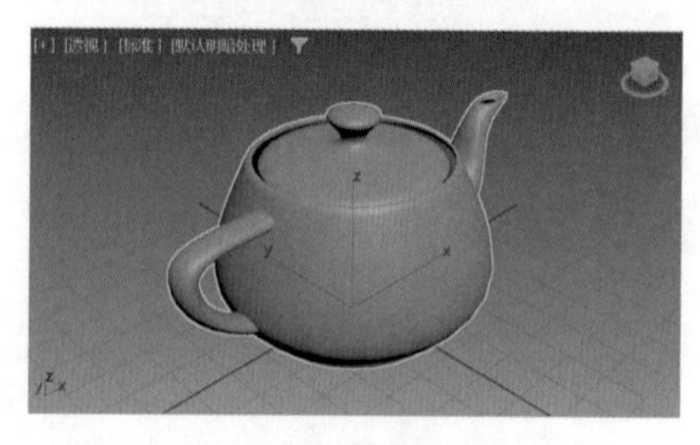

图1-75

当我们对场景中的对象进行变换操作时，可以通过按快捷键“+”来放大变换命令的控制柄；相应地，按快捷键“-”，可以缩小变换命令的控制柄，如图 1-76 和图 1-77 所示。

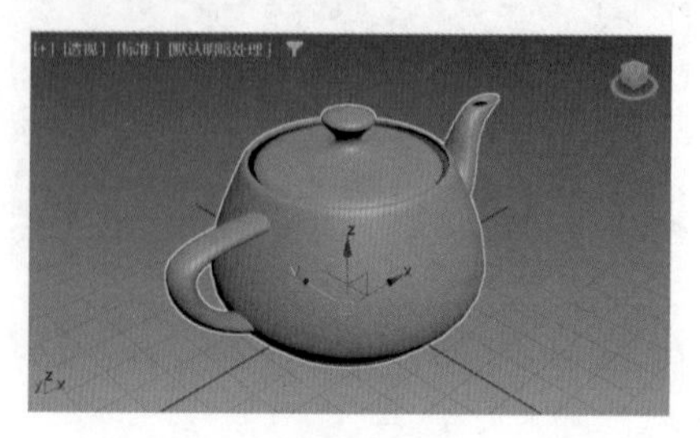

图1-76

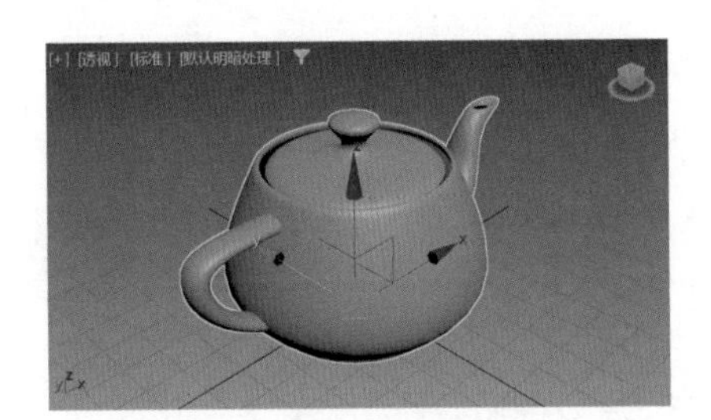

图1-77

1.4.4 复制对象

在进行三维项目的制作时，常常需要使用一些相同的模型来构建场景，比如饭店大厅里摆放的桌椅、餐桌上的餐具、公园里的长椅等。我们在进行建模的时候不需要重复制作相同的模型，使用 3ds Max 2024 的一个常用功能——复制对象，即可复制出相同的模型。中文版 3ds Max 2024 提供了多种复制对象的命令，主要有克隆、快照、镜像、阵列及间隔工具等。

1. 克隆

“克隆”命令用于快速在场景中复制出多个相同的对象，是使用频率非常高的命令之一。3ds Max 2024 工作界面上方的菜单栏里有“克隆”命令。当“克隆”命令呈灰色显示时，如图 1-78 所示，说明当前并未选择任何对象，所以系统无法执行该命令。当选择了对象，正确执行“克隆”命令后，系统会自动弹出“克隆选项”对话框，可对所选择的对象进行复制操作，如图 1-79 所示。

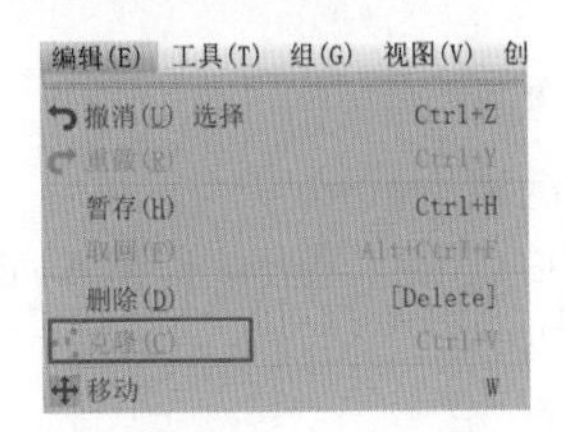

图1-78

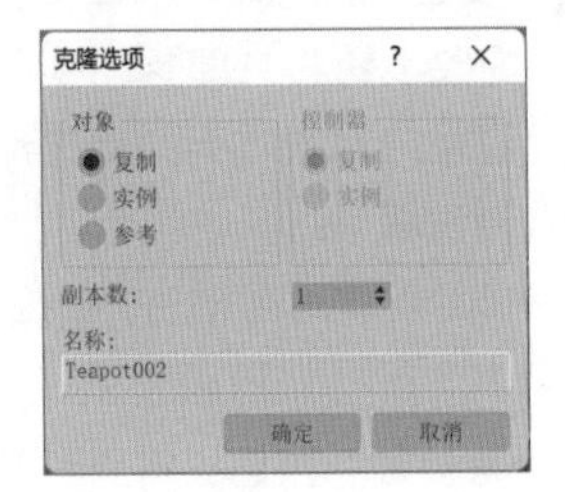

图1-79

2. 快照

“快照”命令可以用于在任意时间帧上复制对象，也可以用于沿动画路径根据预先设置的间隔复制对象。执行“工具 / 快照”命令，即可打开“快照”对话框，如图 1-80 所示。

图1-80

工具解析

①“快照”组。

♦ 单一：在当前帧复制对象的几何体。

♦ 范围：沿着帧的范围上的轨迹复制对象的几何体。使用“从 / 到”设置指定范围，并使用“副本”设置指定副本数。

♦ 从 / 到：指定帧的范围以沿相应的轨迹放置复制出的对象。

♦ 副本：指定要沿轨迹放置的副本数。复制出的对象将均匀地分布在相应的帧的范围内，但不一定沿轨迹跨越空间距离。

②“克隆方法”组。

♦ 复制：复制选定对象的副本。

♦ 实例：复制选定对象的实例，不适用于粒子系统。

♦ 参考：复制选定对象的参考，不适用于粒子系统。

♦ 网格：在粒子系统之外创建网格几何体，适用于所有类型的粒子。

3. 镜像

“镜像”命令用于根据任意轴来对对象进行对称复制。

执行“镜像”命令会弹出交互式对话框。更改设置时，可以在活动视口中看到效果，也就是说会看到镜像显示的对象，“镜像：世界坐标”对话框如图1-81所示，其中有一个叫作“不克隆”的选项，可用来进行镜像操作但并不复制，效果是将对象翻转或调整到新方向。

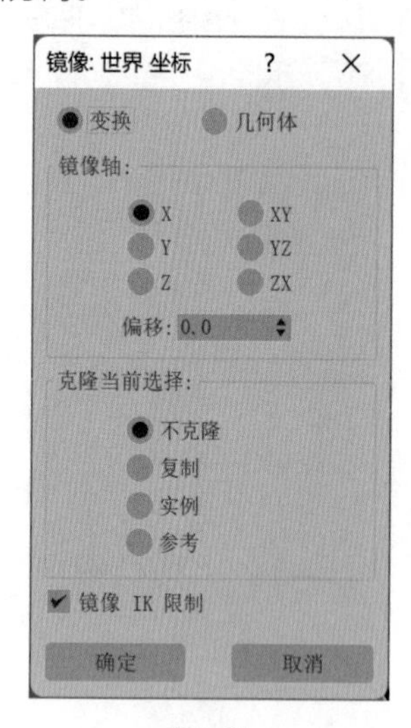

图1-81

工具解析

①“镜像轴”组。

♦X/Y/Z/XY/YZ / ZX：选择其一可指定镜像的方向。

♦偏移：指定镜像对象轴点与原始对象轴点之间的距离。

②“克隆当前选择”组。

♦不克隆：在不制作副本的情况下镜像选定对象。

♦复制：将选定对象的副本镜像到指定位置。

♦实例：将选定对象的实例镜像到指定位置。

♦参考：将选定对象的参考镜像到指定位置。

4．阵列

“阵列”命令用于在视口中创建出重复的对象，它可以提供3种变换操作和在3个维度上的精确控制，包括沿着一个或多个轴缩放，“阵列”对话框如图1-82所示。

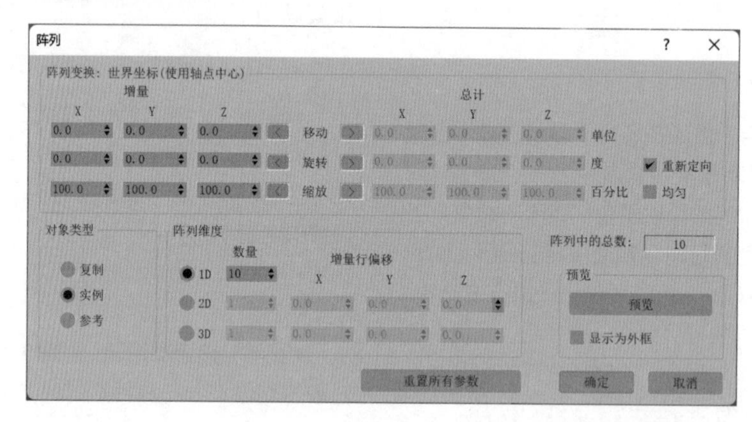

图1-82

工具解析

①“阵列变换：世界坐标（使用轴点中心）”组。

♦增量X/Y/Z微调器：该边上设置的参数可以应用于阵列中的各个对象。

♦总计X/Y/Z微调器：该边上设置的参数可以应用于阵列中的总距、度数或百分比缩放。

②“对象类型”组。

♦复制：将选定对象的副本阵列化到指定位置。

♦实例：将选定对象的实例阵列化到指定位置。

♦参考：将选定对象的参考阵列化到指定位置。

③“阵列维度”组。

♦1D：根据“阵列变换：世界坐标（使用轴点中心）”组中的设置，创建一维阵列。

♦2D：创建二维阵列。

♦3D：创建三维阵列。

♦阵列中的总数：显示将创建阵列的实体总数，包含当前选定对象。

④“预览”组。

♦“预览”按钮：启用时，视口将显示当前阵列的预览效果。更改设置将立即更新视口。如果更新会减慢拥有大量复杂对象阵列的反馈速度，则勾选“显示为外框”复选框。

♦显示为外框：将阵列预览对象显示为边界框而不是几何体。

♦“重置所有参数”按钮：将所有参数重置为默认设置。

5. 间隔工具

“间隔工具”命令用于沿着路径复制对象，路径可以由样条线或者两个点来定义，“间隔工具”对话框如图 1-83 所示。

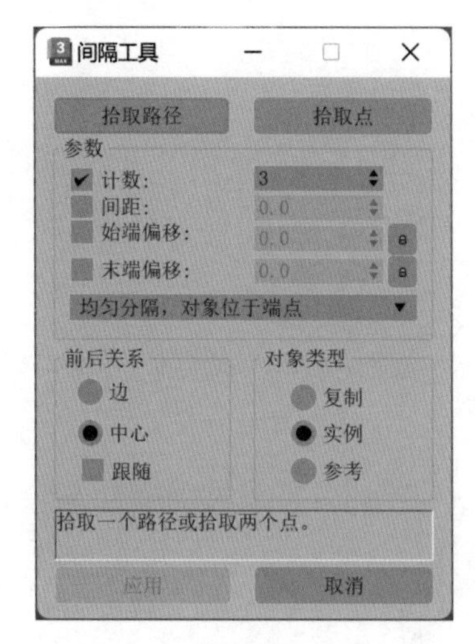

图1-83

工具解析

◆ 拾取路径 “拾取路径”按钮：用来拾取场景中的曲线以作为路径使用。

◆ 拾取点 “拾取点”按钮：用来拾取点以构建路径。

①“参数”组。

◆计数：要分布的对象的数量。

◆间距：指定对象的间距。

◆始端偏移：指定距路径始端偏移的单位数量。

◆末端偏移：指定距路径末端偏移的单位数量。

②“前后关系”组。

◆边：选择此选项可以指定通过各对象边界框的相对边确定间隔。

◆中心：选择此选项可以指定通过各对象边界框的中心确定间隔。

◆跟随：勾选此复选框可将分布对象的轴点与样条线的切线对齐。

③“对象类型”组。

◆复制：将选定对象的副本分布到指定位置。

◆实例：将选定对象的实例分布到指定位置。

◆参考：将选定对象的参考分布到指定位置。

1.4.5 文件存储

完成某一个阶段的工作后，最重要的操作就是存储文件。3ds Max 2024 为用户提供了多种存储文件的方法。

1. 保存文件

仅保存工程文件比较简单，执行“文件 / 保存”命令即可，或者按组合键“Ctrl+S”，如图 1-84 所示。

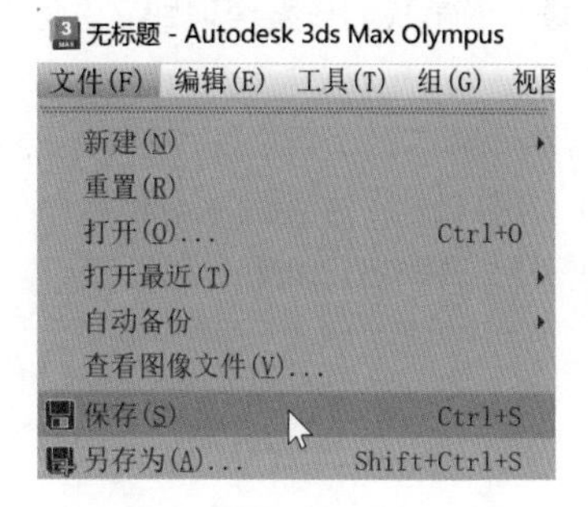

图1-84

2. 另存为文件

另存为文件是 3ds Max 2024 中最常用的存储文件的方式之一，使用这一功能，可以在确保不更改原文件的情况下，将新改好的工程文件另存为一份新的文件，以供下次使用。执行“文件 / 另存为”命令即可另存文件。

执行“另存为”命令后，3ds Max 2024 会弹出“文件另存为”对话框，如图 1-85 所示。

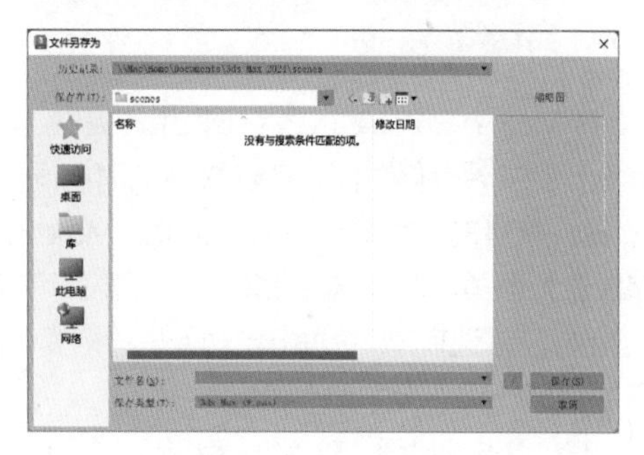

图1-85

在“保存类型”下拉列表中，3ds Max 2024 为用户提供了多种不同的文件类型以供选择，用户可根据自身需要将 3ds Max 2024 的文件另存为 3ds Max 文件、3ds Max 2021 文件、3ds Max 2022 文件、3ds Max 2023 文件或 3ds Max 角色文件，如图 1-86 所示。

图1-86

3. 归档

使用“归档”命令可以将当前文件、文件中所使用的贴图文件及其路径名称整理并保存为一个 ZIP 文件。这种保存文件的方式可以确保用户的贴图文件不会丢失，通常我们在整理项目文件的时候使用这一命令。

先保存好场景文件，再执行“文件 / 归档”命令，在弹出的“文件归档”对话框内，选择好文件的存储位置并为归档文件命名，如图 1-87 所示。

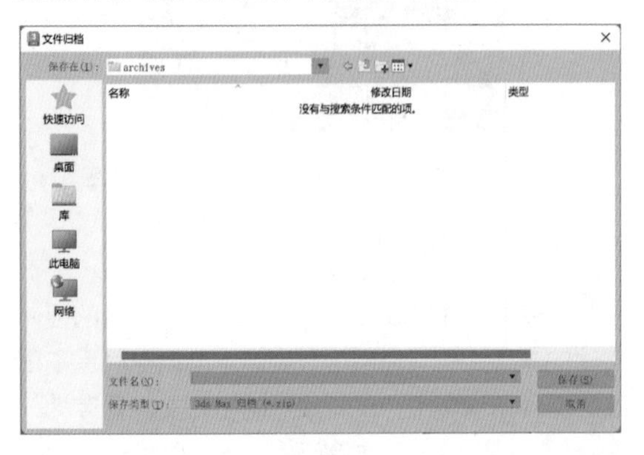

图1-87

归档结束后，3ds Max 2024 会将生成的 ZIP 文件存储在指定的路径文件夹内。

4. 自动备份

3ds Max 2024 在默认状态下为用户提供了“自动备份”的文件存储功能，备份文件的时间间隔为 15 分钟，存储的文件为 10 份。当 3ds Max 2024 程序因意外而关闭时，这一功能尤为重要。可以执行“自定义 / 首选项”命令进行自动备份的相关设置，如图 1-88 所示。

打开“首选项设置”对话框，切换到“文件”选项卡，在“自动备份”组里即可对自动备份的相关设置进行修改，如图 1-89 所示。

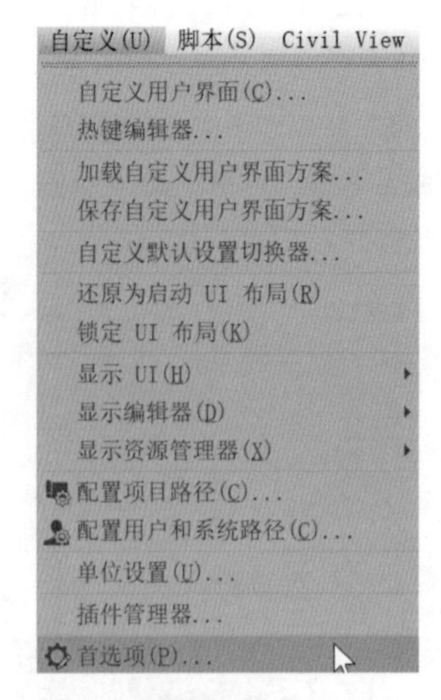

图1-88

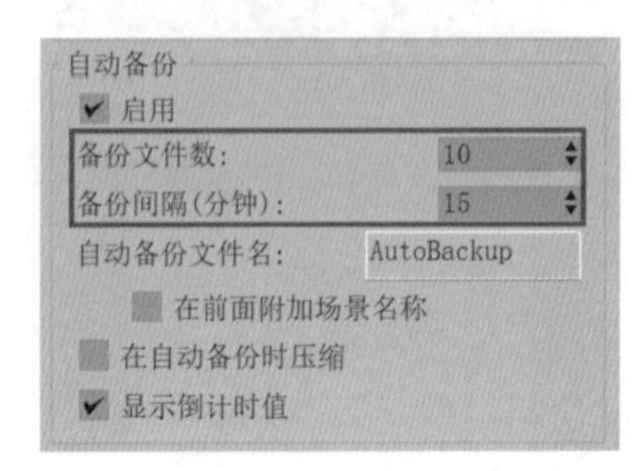

图1-89

5. 资源收集器

在制作复杂的场景文件时，常常需要将大量的贴图应用于模型上，这些贴图可能在硬盘中极为分散，不易查找。使用 3ds Max 2024 所提供的“资源收集器”命令，则可以非常方便地将当前文件所使用的所有贴图及光度学文件以复制或移动的方式放置于指定的文件夹内，如图 1-90 所示。

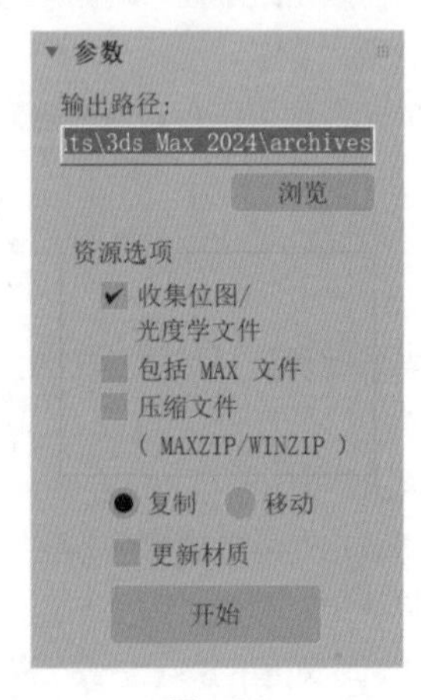

图1-90

工具解析

♦输出路径：显示当前输出路径。单击“浏览”按钮可以更改输出路径。

♦ 浏览 “浏览”按钮：单击此按钮可打开用于选择输出路径的对话框。

♦收集位图 / 光度学文件：勾选此复选框时，“资源收集器”会将场景位图和光度学文件放置到输出目录中。默认勾选此复选框。

♦包括 MAX 文件：勾选此复选框时，“资源收集器”会将场景自身（.max 文件）放置到输出目录中。

♦压缩文件：勾选此复选框会将文件压缩到 ZIP 文件中，并会将 ZIP 文件保存在输出目录中。

♦复制 / 移动：选择“复制”选项可在输出目录中制作文件的副本，选择“移动”选项可移动文件（该文件将从保存的原始目录中删除）。默认选择“复制”选项。

♦更新材质：勾选此复选框会更新材质路径。

♦ 开始 “开始”按钮：单击此按钮可以根据此按钮上方的设置收集资源文件。

图形建模

2.1 图形概述

在中文版 3ds Max 2024 中，一些模型使用二维图形进行制作会非常容易，并且可以得到造型精美的理想效果，比如精致的餐具、晾衣服的架子等，如图 2-1 和图 2-2 所示。

图2-1

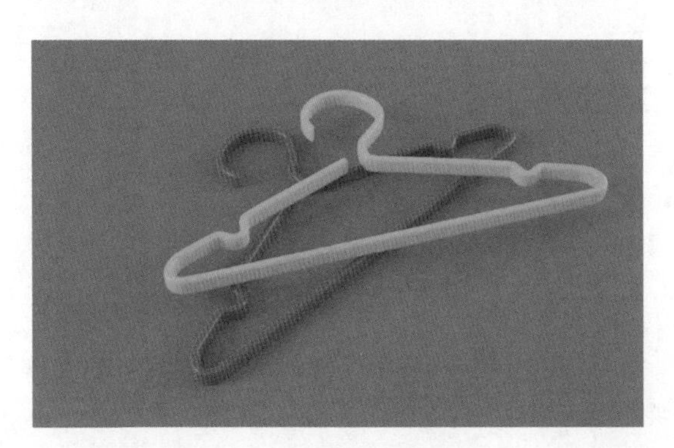

图2-2

中文版 3ds Max 2024 为用户提供了多种预先设计好的二维图形，几乎包含所有常用的图形类型。如果用户觉得在 3ds Max 2024 中绘制曲线比较麻烦，那么可以选择使用其他绘图软件（如 Illustrator、AutoCAD 等）进行图形创作，创作后将图形作品直接导入 3ds Max 2024 中进行建模。

2.2 样条线

在“创建”面板中，单击“图形”按钮，即可找到与创建图形相关的按钮，如图 2-3 所示。

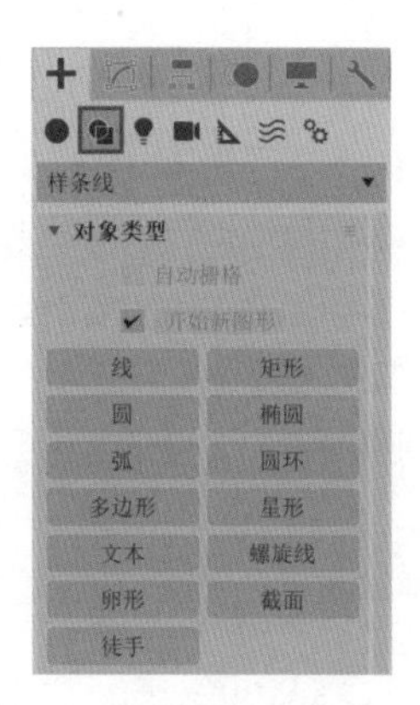

图2-3

2.2.1 线

用户可以使用“线”按钮进行任意造型的图形的绘制，比如制作 Logo、电线、灯丝等，该按钮是绘制二维图形使用频率最高的。在“创建”面板中单击“线”按钮，即可在场景中以绘制方式创建出线对象，如图 2-4 所示。

图2-4

绘制线时，在“创建方法”卷展栏中可以看到线具有两种创建类型，分别为“初始类型”和“拖动类型”，其中“初始类型”分为“角点”和“平滑”,“拖动类型”分为“角点”和“平滑”和“Bezier”，如图 2-5 所示。

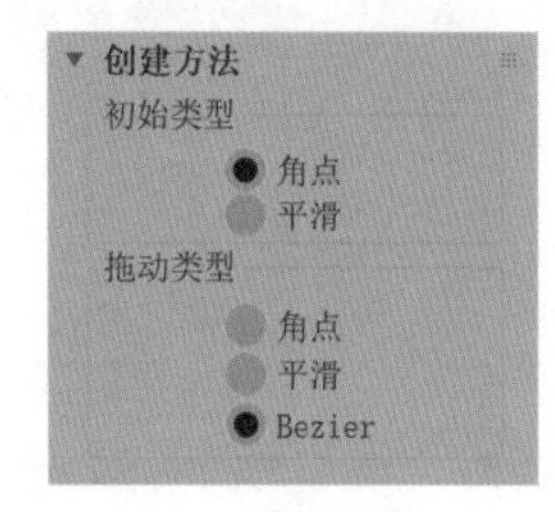

图2-5

工具解析

①“初始类型”组。

♦角点：设置创建的曲线的顶点类型为角点。

♦平滑：设置创建的曲线的顶点类型为平滑点。

②“拖动类型”组。

♦角点：创建曲线时，拖动鼠标会生成类型为角点的顶点。

♦平滑：创建曲线时，拖动鼠标会生成类型为平滑点的顶点。

♦Bezier：创建曲线时，拖动鼠标会生成类型为Bezier的顶点。

技巧与提示 线属于非参数化类型的图形，其“修改”面板中的参数设置可以参考本书2.3节。

2.2.2 矩形

在“创建”面板中单击“矩形”按钮，即可在场景中以绘制方式创建出矩形，创建结果如图2-6所示。

图2-6

矩形的参数如图2-7所示。

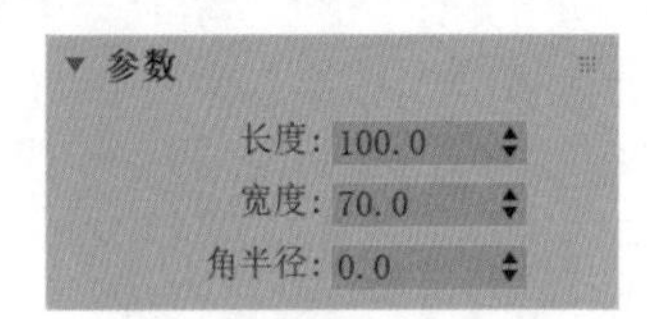

图2-7

工具解析

♦长度/宽度：设置矩形的长度和宽度。

♦角半径：设置矩形对象的圆角效果。

2.2.3 圆

在“创建”面板中单击“圆”按钮，即可在场景中以绘制方式创建出圆形，创建结果如图2-8所示。

图2-8

圆形的参数如图2-9所示。

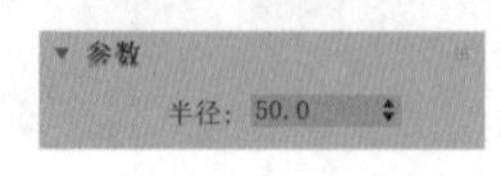

图2-9

工具解析

♦半径：设置圆形的半径大小。

2.2.4 弧

在“创建”面板中单击“弧”按钮，即可在场景中以绘制方式创建出圆弧，创建结果如图2-10所示。

图2-10

圆弧的参数如图2-11所示。

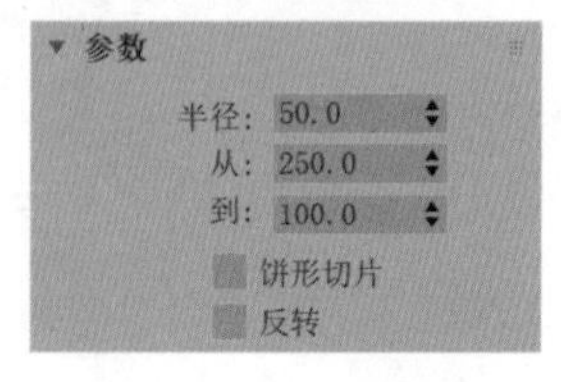

图2-11

工具解析

♦ 半径：设置圆弧的半径大小。

♦ 从 / 到：设置圆弧的起点 / 结束点的位置。

♦ 饼形切片：勾选此复选框后，添加从端点到圆心的直线段，从而创建一个闭合样条线。图 2-12 所示为勾选“饼形切片”复选框前后的圆弧效果对比。

图2-12

♦ 反转：勾选此复选框后，反转圆弧的方向。

2.2.5 文本

在“创建”面板中单击“文本”按钮，即可在场景中以绘制方式创建出文本，创建结果如图 2-13 所示。

图2-13

文本的参数如图 2-14 所示。

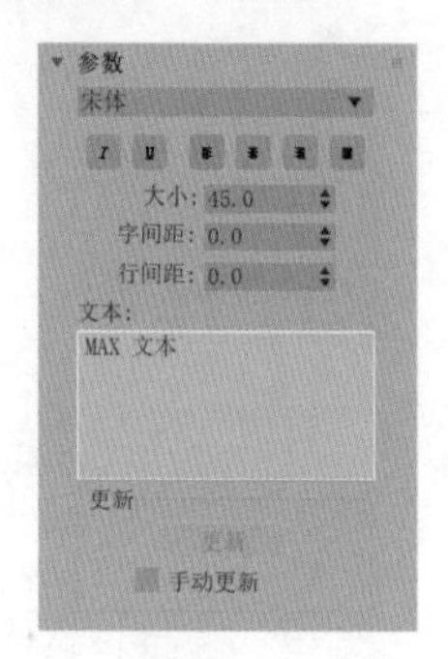

图2-14

工具解析

♦“字体”下拉列表：可以从所有可用字体的列表中进行选择。

♦ “斜体样式”按钮：切换斜体文本，图 2-15 所示为单击该按钮前后的文字效果对比。

图2-15

♦ “下划线样式”按钮：切换下划线文本，图 2-16 所示为单击该按钮前后的文字效果对比。

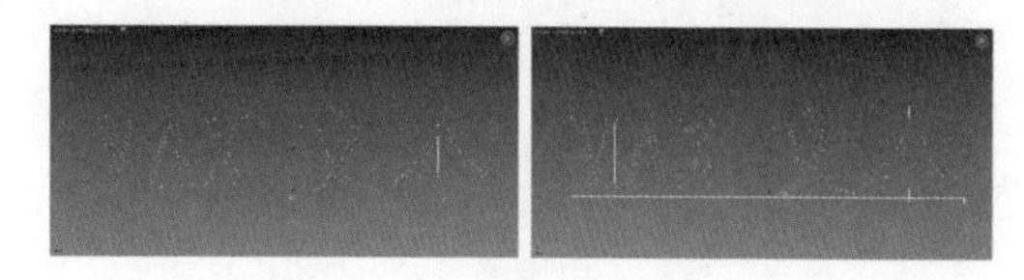

图2-16

♦ “左侧对齐”按钮：将文本与边界框的左侧对齐。

♦ “居中”按钮：将文本与边界框的中心对齐。

♦ “右侧对齐”按钮：将文本与边界框的右侧对齐。

♦ “对正”按钮：分隔所有文本行以填充边界框。

♦ 大小：设置文本高度，其中测量高度的方法由当前字体决定。

♦ 字间距：调整字间距（字符间的距离）。

♦ 行间距：调整行间距（行间的距离），只有图形中包含多行文本时才起作用。

♦ 文本编辑框：可以输入多行文本。在输入每行文本之后按“Enter”键可以开始下一行。

♦“更新”按钮：将编辑框中的文本更新到视口中。

♦ 手动更新：勾选此复选框后，输入编辑框中的文本不会直接在视口中显示，单击“更新”按钮才会显示。

2.3 编辑曲线

使用 3ds Max 2024 创建出来的二维图形都是可以编辑的，比如将几个图形合并到一起，或对某一个图形进行变换操作。在默认情况下，只有线是可以直接进行编辑操作的，在其“修改”面板中，我们可以看到“顶点”“线段”“样条线”这 3 个子层级，如图 2-17 所示。而其他图形则需要进行“转换”操作，将其转换为可编辑的样条线对象才可以进行编辑。

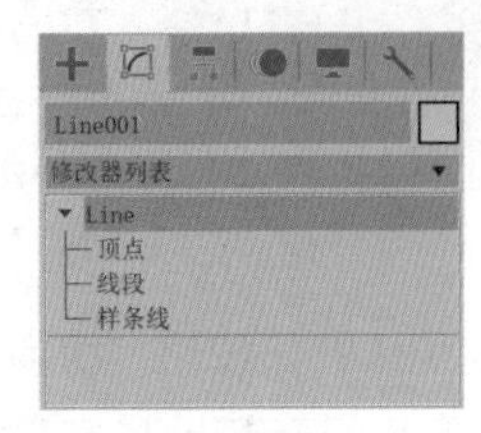

图2-17

2.3.1 转换为可编辑样条线

将一个图形转换为可编辑的样条线主要有 3 种方法。

第 1 种：选择图形，在任意视图内单击鼠标右键，在弹出的菜单中选择“转换为 / 转换为可编辑样条线”命令，如图 2-18 所示。

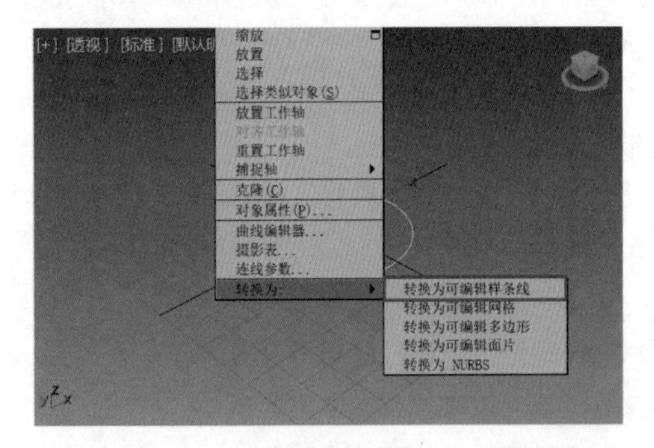

图2-18

第 2 种：选择图形，在“修改”面板中对其添加“编辑样条线”修改器来进行曲线编辑，如图 2-19 所示。

图2-19

第 3 种：选择图形，直接在“修改”面板中的对象名称上单击鼠标右键，在弹出的菜单中选择“可编辑样条线”命令，如图 2-20 所示。

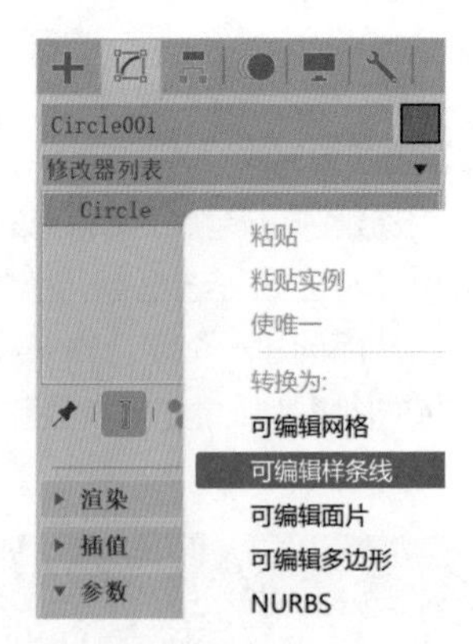

图2-20

“可编辑样条线”一共具有 5 个卷展栏，分别是“渲染”卷展栏、“插值”卷展栏、“选择”卷展栏、“软选择”卷展栏和“几何体”卷展栏，如图 2-21 所示。

图2-21

2.3.2 “渲染”卷展栏

在“渲染”卷展栏中，参数如图 2-22 所示。

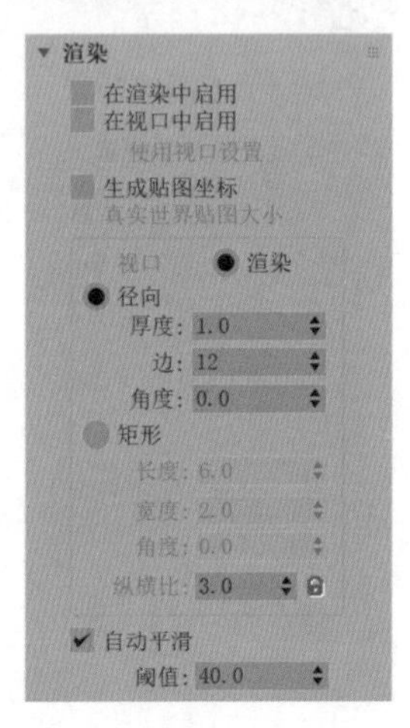

图2-22

工具解析

♦ 在渲染中启用：设置可以渲染出曲线。

♦ 在视口中启用：在视口中显示曲线的网格效果。

♦ 使用视口设置：勾选“在视口中启用”复选框时，此复选框才可用，用于激活“视口”选项。

♦ 生成贴图坐标：勾选此复选框可生成贴图坐标。

♦ 真实世界贴图大小：控制应用于对象的纹理贴图材质所使用的缩放方法。

♦ 视口：选择该选项可以为图形指定径向或矩形参数，当勾选“在视口中启用”复选框时，它将显示在视口中。

♦ 渲染：选择该选项可以为图形指定径向或矩形参数，当勾选“在视口中启用”复选框时，渲染或查看后它将显示在视口中。

♦ 径向：设置曲线的横截面为圆形。

♦ 厚度：设置曲线横截面的直径。图 2-23 所示为该值是 0.5 和 2.5 的图形显示效果对比。

图2-23

♦ 边：设置样条线网格在视图或渲染器中的边（面）数。图 2-24 所示为该值是 3 和 10 的图形显示效果对比。

图2-24

♦ 角度：调整视图或渲染器中横截面的旋转角度。

♦ 矩形：将样条线网格图形显示为矩形，如图 2-25 所示。

图2-25

♦ 长度：指定沿着局部 y 轴的横截面大小。

♦ 宽度：指定沿着 x 轴的横截面大小。

♦ 角度：调整视图或渲染器中横截面的旋转角度。

♦ 纵横比：长度和宽度的比。

♦ “锁定”按钮：可以锁定纵横比，启用“锁定”按钮之后，将宽度锁定为宽度与深度之比，此比值为恒定比率的深度。

♦ 自动平滑：勾选“自动平滑”复选框后，可使用“阈值”设置指定的阈值以自动平滑样条线。

♦ 阈值：以度为单位指定阈值角度，如果任何两个相接的样条线之间的角度小于阈值角度，则可以将它们分段放到相同的平滑组中。

2.3.3 “插值”卷展栏

在“插值”卷展栏中，参数如图 2-26 所示。

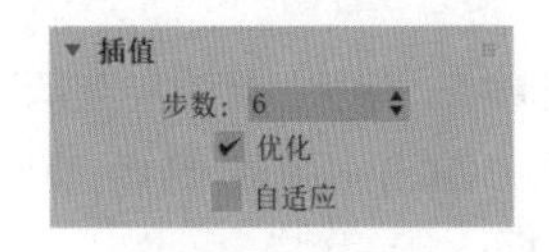

图2-26

工具解析

♦ 步数：用来设置程序在每个顶点之间使用的划分的数量，值越大，图形越细致。图 2-27 所示为“步数”值是 0 和 6 的图形显示效果对比。

图2-27

♦ 优化：勾选此复选框后，可以从样条线的直线段中删除不需要的步数。

♦ 自适应：可以自动设置每个样条线的步数，以生成平滑曲线。

2.3.4 “选择”卷展栏

在“选择”卷展栏中，参数如图 2-28 所示。

图2-28

工具解析

♦ “顶点”按钮：选择顶点。

♦ “线段”按钮：选择线段。

♦ “样条线”按钮：选择连续的曲线。

①“命名选择”组。

♦“复制”按钮：将命名选择放置到复制缓冲区。

♦“粘贴”按钮：从复制缓冲区中粘贴命名选择。

♦锁定控制柄：使用“锁定控制柄”控件可以同时变换多个 Bezier 和 Bezier 角点控制柄。

♦区域选择：允许用户自动选择所单击顶点的特定半径中的所有顶点。

♦线段端点：通过单击线段选择顶点。

♦ 选择方式... “选择方式”按钮：单击该按钮会弹出“选择方式”对话框，如图 2-29 所示。

图2-29

②“显示”组。

♦显示顶点编号：勾选此复选框后，顶点旁边会显示顶点编号，如图 2-30 所示。

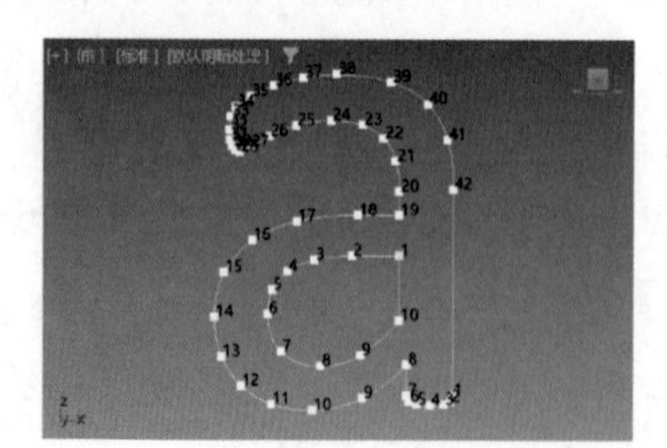

图2-30

♦仅选定：勾选此复选框后，仅在所选顶点旁边显示顶点编号，如图 2-31 所示。

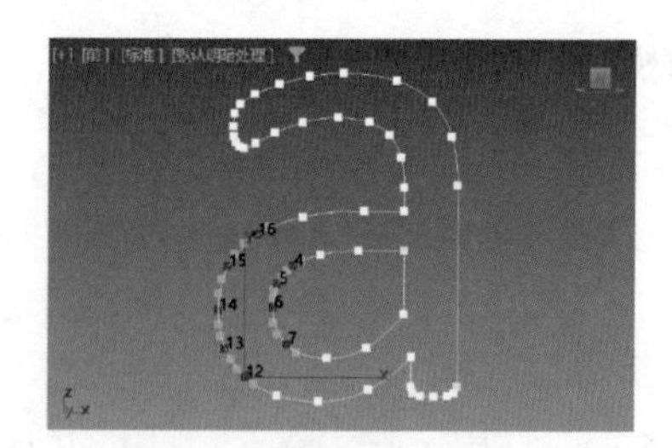

图2-31

2.3.5 “软选择”卷展栏

在“软选择”卷展栏中，参数如图 2-32 所示。

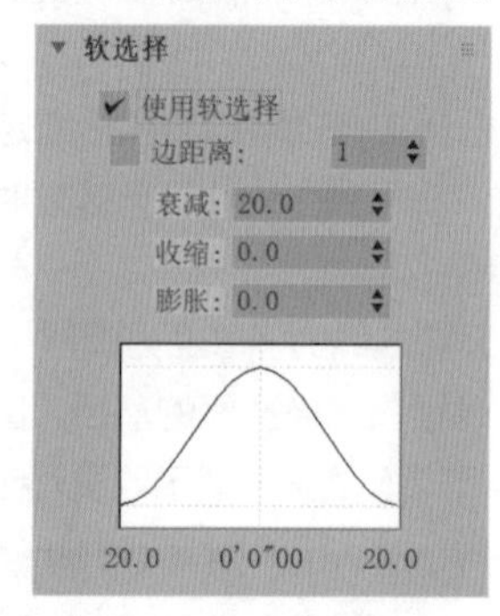

图2-32

工具解析

♦使用软选择：勾选此复选框后，效果如图 2-33 所示。

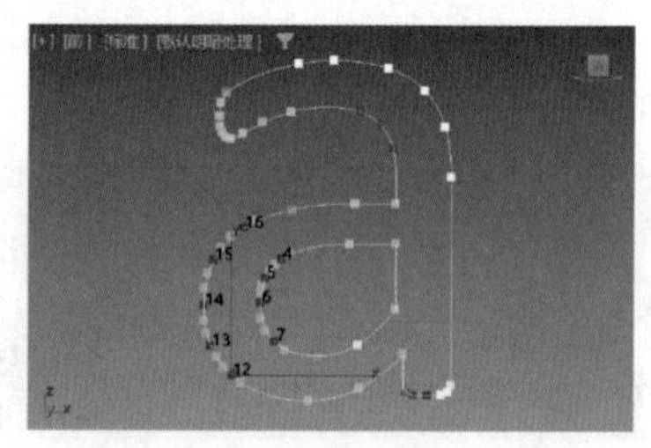

图2-33

♦边距离：根据该值设置选择的范围。

♦衰减：用于定义影响区域的大小。图 2-34 所示为该值是 10 和 30 的区域影像色彩效果对比。

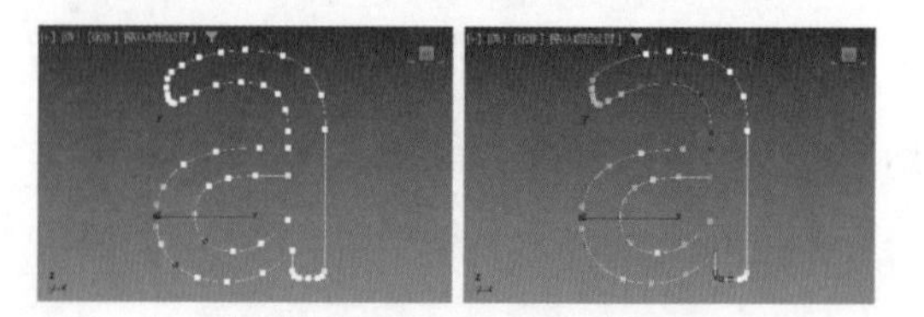

图2-34

2.3.6 “几何体”卷展栏

在“几何体”卷展栏中，参数如图 2-35 所示。

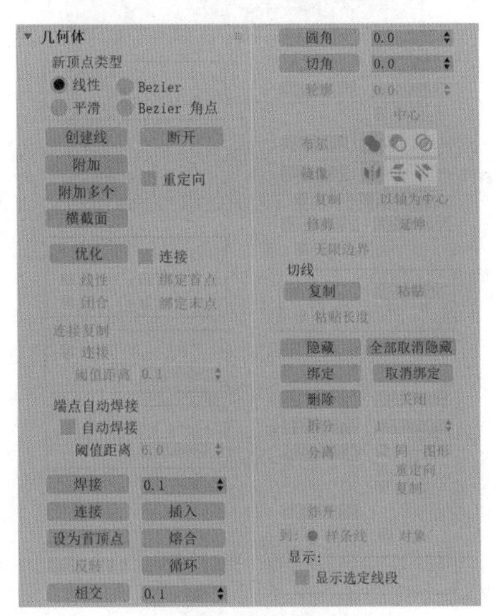

图2-35

工具解析

① “新顶点类型”组。

♦ 线性 / 平滑 /Bezier/Bezier 角点：设置新顶点的类型。

♦ 创建线 “创建线”按钮：创建新的曲线。

♦ 断开 “断开”按钮：在选中顶点的位置断开曲线。

♦ 附加 “附加”按钮：附加其他曲线到所选曲线。

♦ 附加多个 “附加多个”按钮：同时附加多条其他曲线到所选曲线。

♦ 横截面 “横截面”按钮：对曲线上的所有顶点进行连线。

② “端点自动焊接”组。

♦ 自动焊接：根据“阈值距离”来自动焊接曲线上的顶点。

♦ 阈值距离：当顶点之间的距离小于该值时，会自动焊接。

♦ 焊接 “焊接”按钮：将两个顶点焊接为一个顶点。

♦ 连接 “连接”按钮：在两个顶点之间连接一条线段。

♦ 插入 “插入”按钮：在线段上插入一个或多个顶点。

♦ 设为首顶点 “设为首顶点”按钮：设置所选顶点为首顶点。

♦ 熔合 “熔合”按钮：将选定顶点移至它们的平均中心位置，如图 2-36 所示。

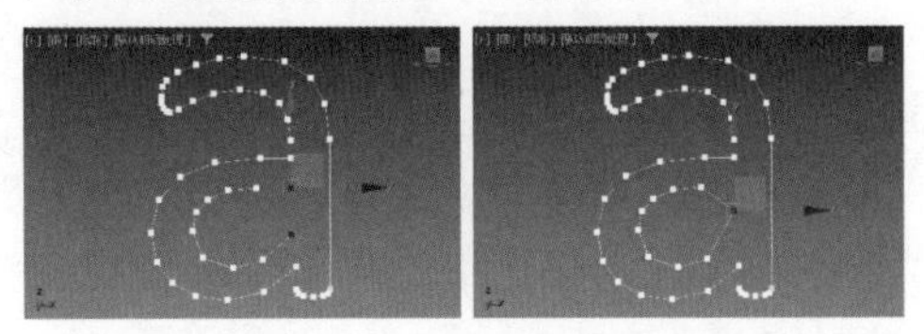
图2-36

♦ 反转 “反转”按钮：反转所选曲线的方向，反转曲线后，每个顶点的 ID 都会发生变化，如图 2-37 所示。

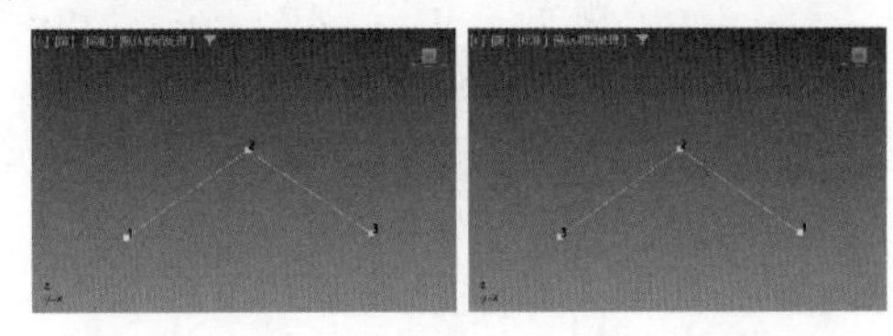
图2-37

♦ 圆角 “圆角”按钮：对所选择的顶点进行圆角处理，如图 2-38 所示。

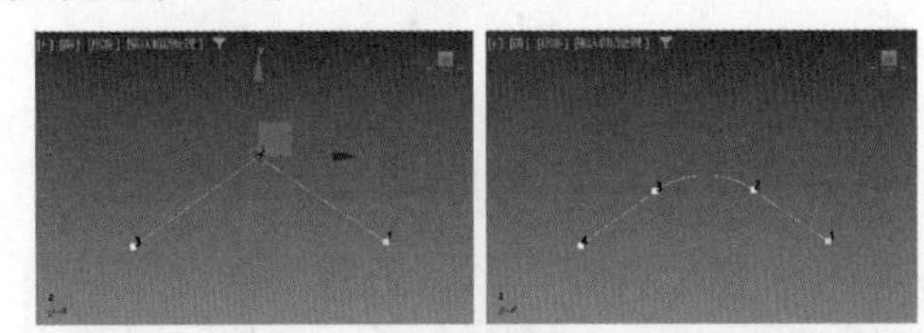
图2-38

♦ 切角 “切角”按钮：对所选择的顶点进行切角处理，如图 2-39 所示。

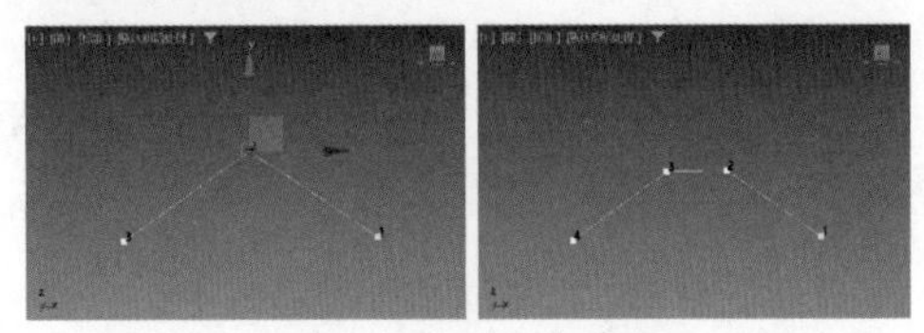
图2-39

♦ 轮廓 “轮廓”按钮：在曲线的附近生成一条新的曲线，如图 2-40 所示。

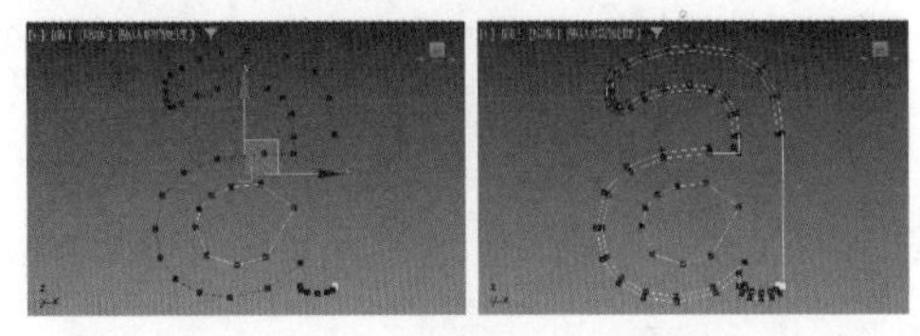
图2-40

♦ 布尔 “布尔”按钮：对曲线中的多条样条线进行布尔计算，有“并集”按钮、“交集”按钮和“差集”按钮可选。

♦ 镜像 “镜像”按钮：沿长、宽或对角线方向镜像曲线，有“水平镜像”按钮、“垂直镜像”按钮和“双向镜像”按钮可选。

♦ 修剪 “修剪”按钮：对交叉的曲线进行修剪。

♦ 延伸 “延伸”按钮：延长曲线。

♦ 无限边界：为了计算相交，可勾选此复选框将开口样条线视为无穷长。

♦ 隐藏 “隐藏”按钮：隐藏选定的样条线。

♦ 全部取消隐藏 “全部取消隐藏”按钮：显示任何隐藏的子对象。

♦ 删除 “删除”按钮：删除选定的样条线。

♦ 关闭 “关闭”按钮：闭合样条线。

♦ 拆分 “拆分”按钮：对线段进行拆分。

♦ 分离 “分离”按钮：将所选样条线从曲线中分离出去。

♦ 炸开 “炸开”按钮：分裂所选样条线。

2.3.7 实例：制作衣架模型

本实例主要讲解如何使用样条线来制作衣架模型，衣架模型的渲染效果如图2-41所示。

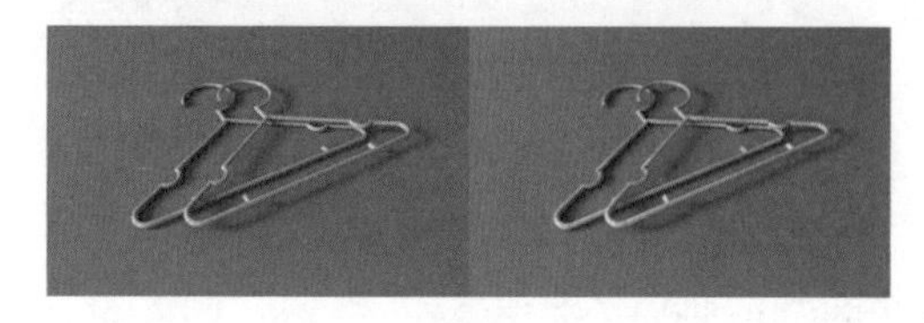

图2-41

（1）启动中文版3ds Max 2024，单击“创建”面板中的“圆”按钮，如图2-42所示。

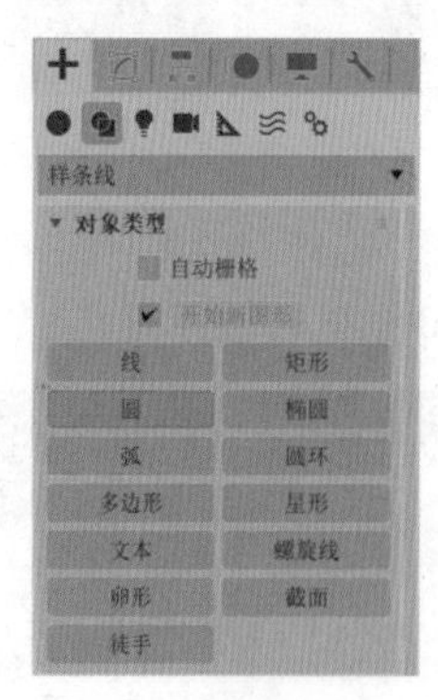

图2-42

（2）在“前”视图中创建一个圆形，如图2-43所示。

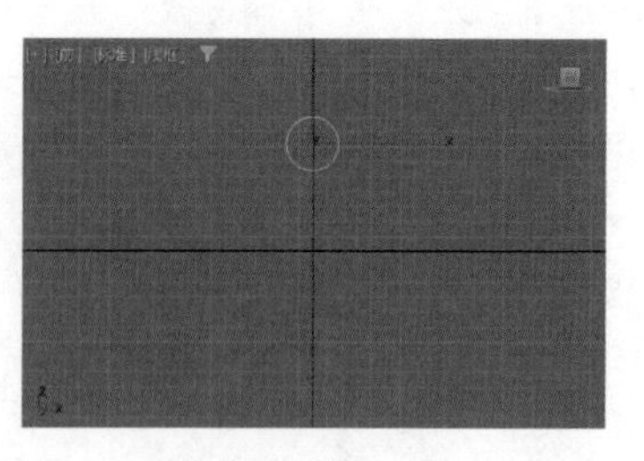

图2-43

（3）单击“创建”面板中的“矩形”按钮，如图2-44所示。

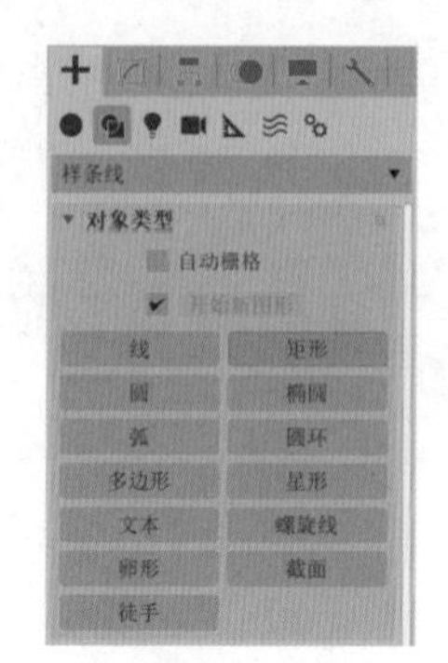

图2-44

（4）在“前”视图中创建一个矩形，如图2-45所示。

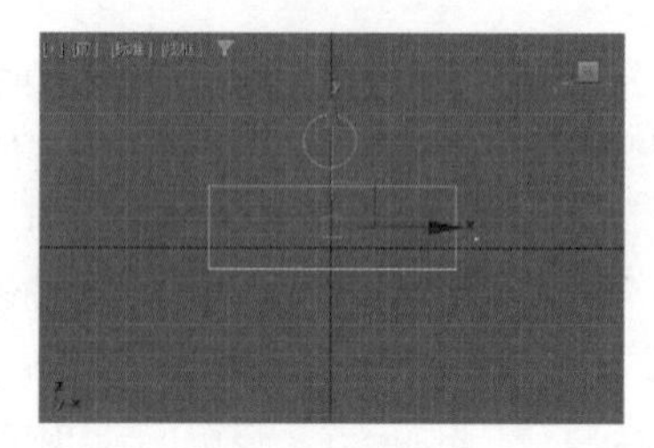

图2-45

（5）单击“创建”面板中的“线”按钮，如图2-46所示。

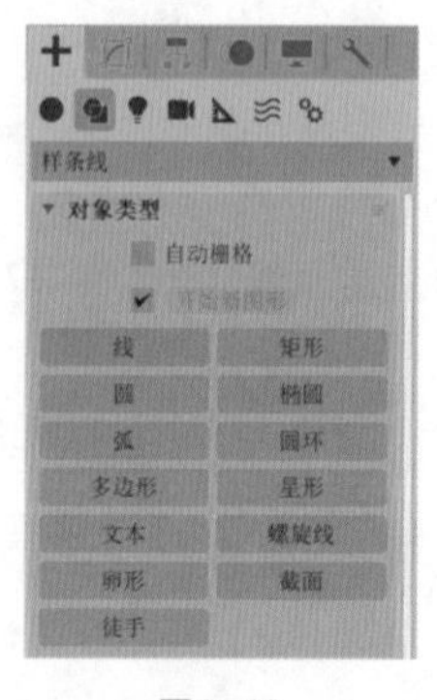

图2-46

（6）在“前”视图中创建一条直线，如图 2-47 所示。

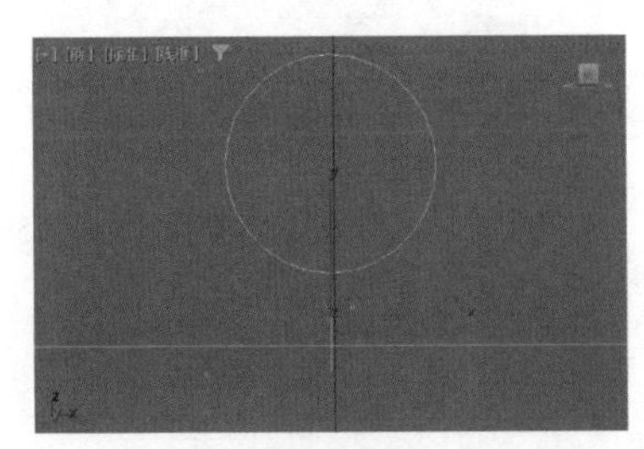

图2-47

（7）选择直线，单击鼠标右键并选择“附加”命令，如图 2-48 所示。单击场景中的矩形和圆形，将其合并为一个图形。

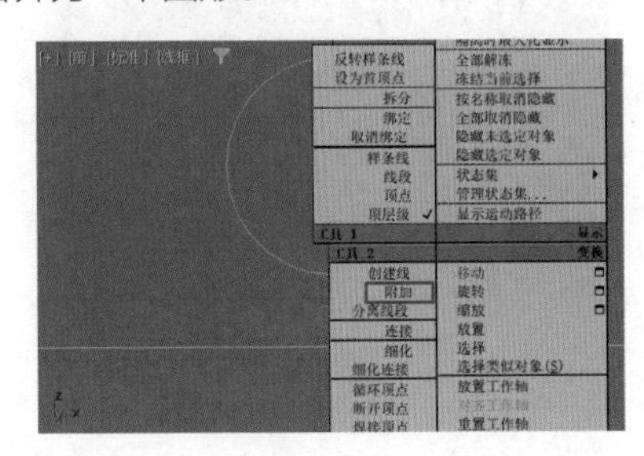

图2-48

（8）选择图 2-49 所示的两个顶点，将其“熔合”到一处，再对其进行“焊接”，将这两个顶点合并为一个顶点，如图 2-50 所示。

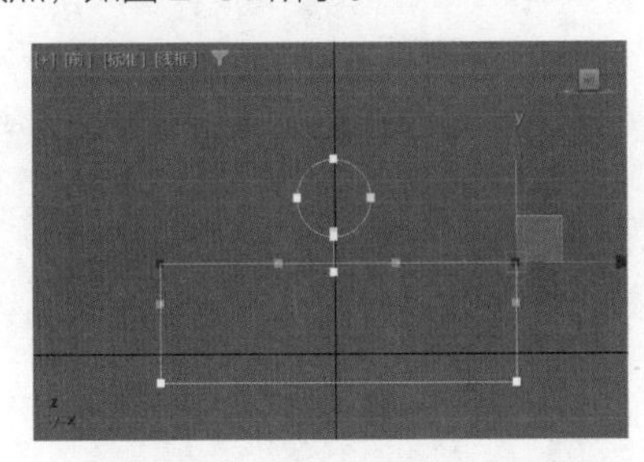

图2-49

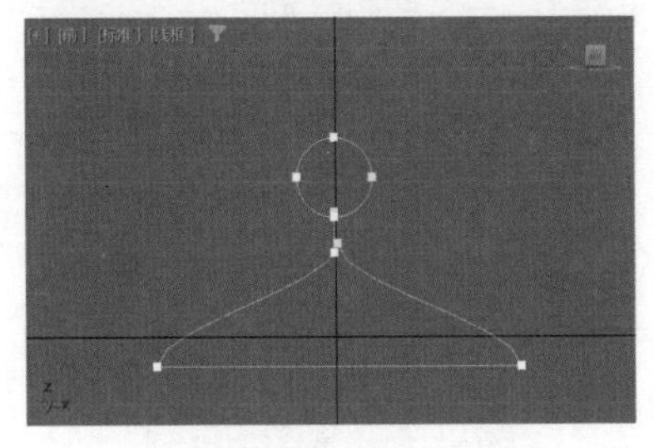

图2-50

（9）选择图 2-51 所示的顶点，单击鼠标右键，在弹出的菜单中将所选择的顶点的类型设置为“角点”，如图 2-52 所示。

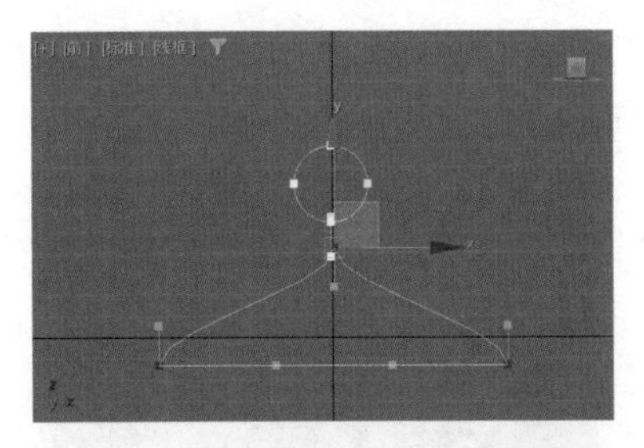

图2-51

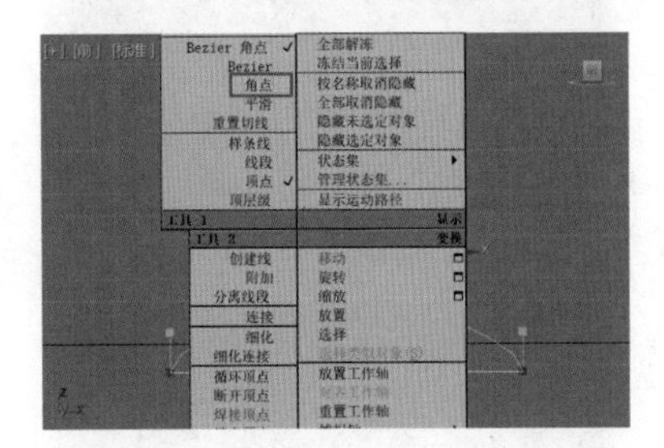

图2-52

（10）对图 2-53 所示的两处顶点进行圆角操作，制作出图 2-54 所示的曲线效果。

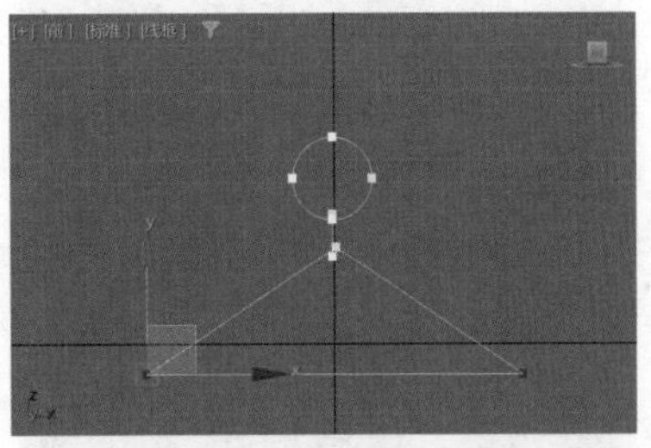

图2-53

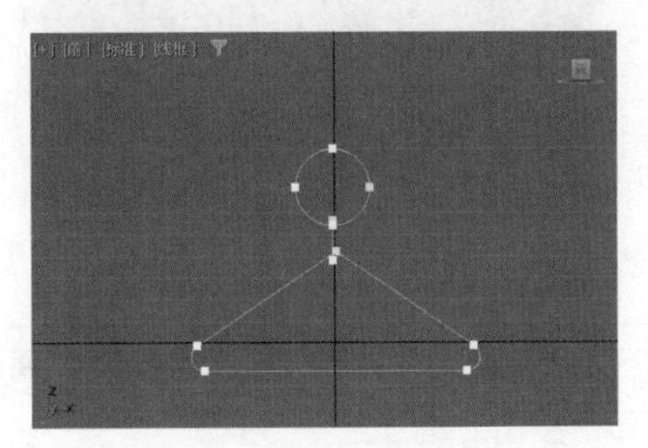

图2-54

（11）在图 2-55 所示的位置创建两个同等大小的圆形。

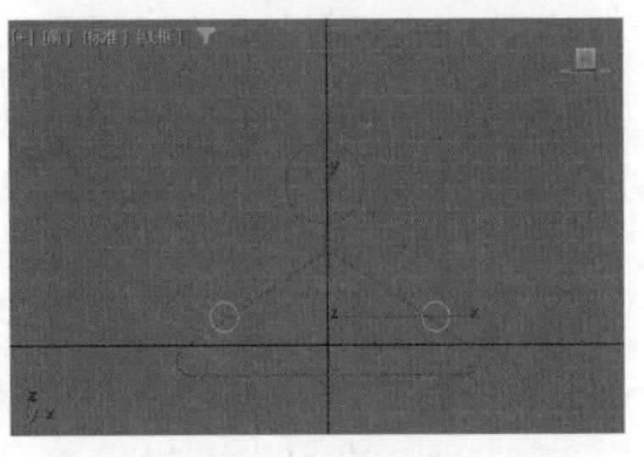

图2-55

（12）在图 2-56 所示的位置创建两条同等长度的线。

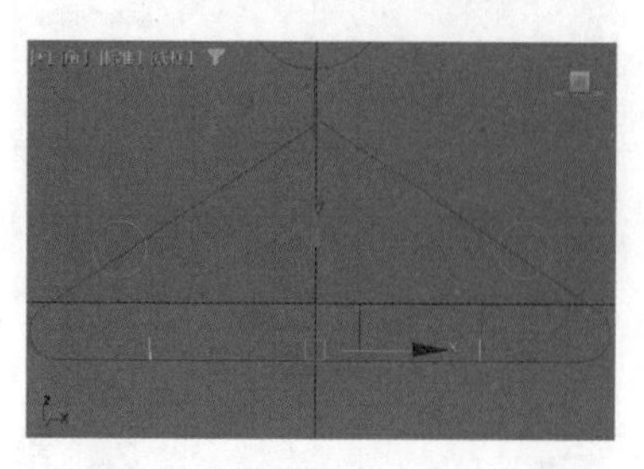

图2-56

（13）对场景中的所有线条进行“附加”操作，使之成为一个整体，如图 2-57 所示。

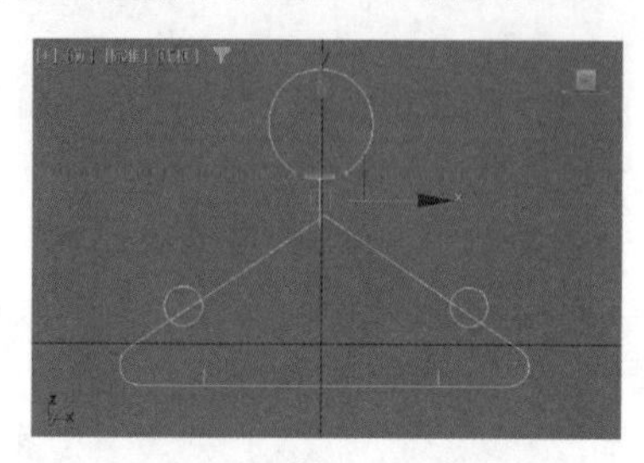

图2-57

（14）在“修改”面板中，进入“样条线”子层级，使用“修剪”工具将多余的线条剪掉，制作出图 2-58 所示的图形。

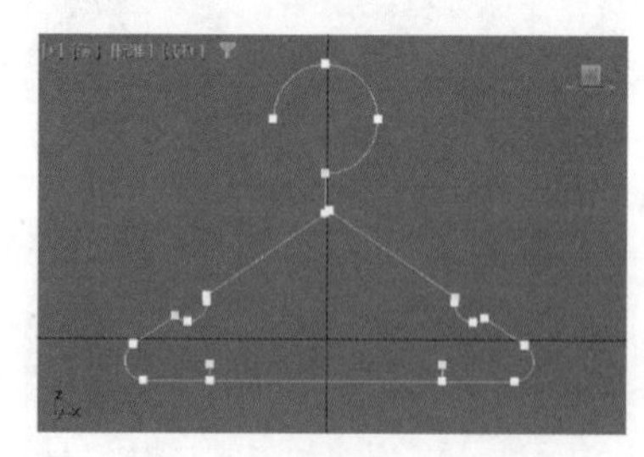

图2-58

（15）在“顶点”子层级中，选择所有顶点，单击“焊接”按钮，如图 2-59 所示。

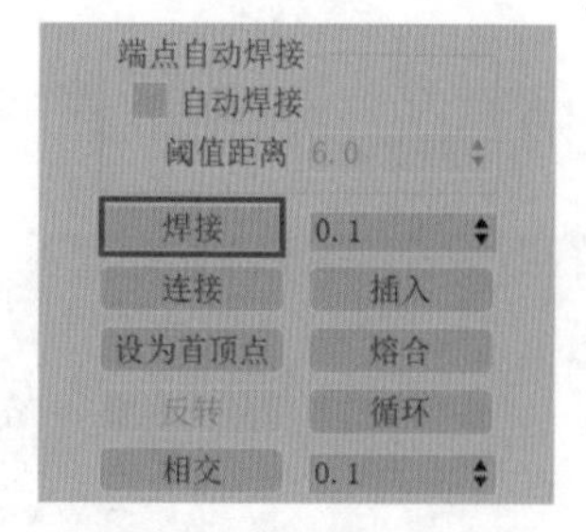

图2-59

（16）展开“渲染”卷展栏，勾选“在渲染中启用”复选框和“在视口中启用”复选框，设置“厚度”为 3，如图 2-60 所示。

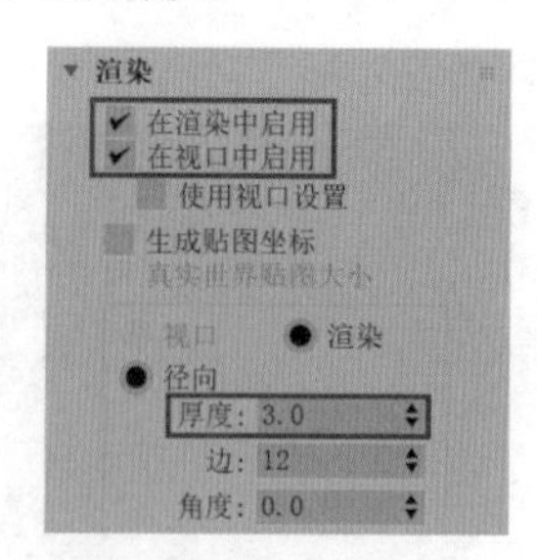

图2-60

（17）本实例制作完成后的最终模型效果如图 2-61 所示。

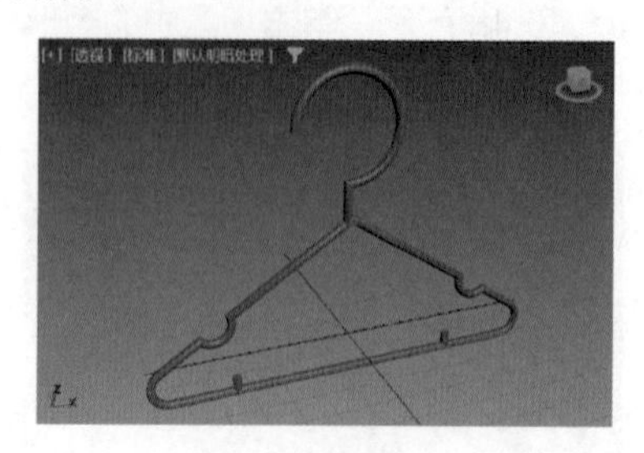

图2-61

2.3.8 实例：制作创意茶壶摆件模型

本实例主要讲解如何使用标准基本体和样条线来制作创意茶壶摆件模型，创意茶壶摆件模型的渲染效果如图 2-62 所示。

图2-62

（1）启动中文版 3ds Max 2024，在“创建”面板中单击“茶壶”按钮，如图 2-63 所示。

图2-63

（2）在场景中创建一个茶壶模型，如图 2-64 所示。

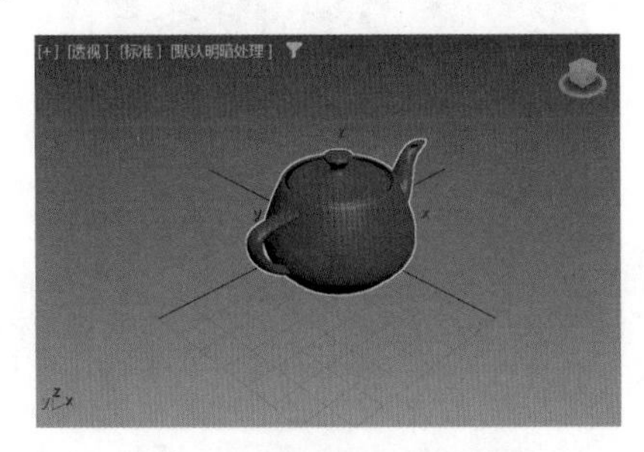

图2-64

（3）在“修改”面板中，设置“半径”为 30，“分段”为 12，如图 2-65 所示，提高茶壶的细腻程度。

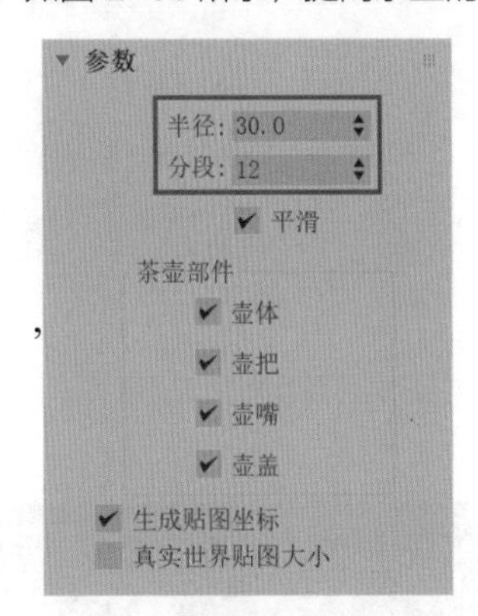

图2-65

（4）在“创建”面板中单击“截面”按钮，如图 2-66 所示，在场景中创建一个截面对象。

图2-66

（5）按“A”键，打开“角度捕捉”功能。选择截面对象，沿 y 轴方向旋转 30°，如图 2-67 所示。

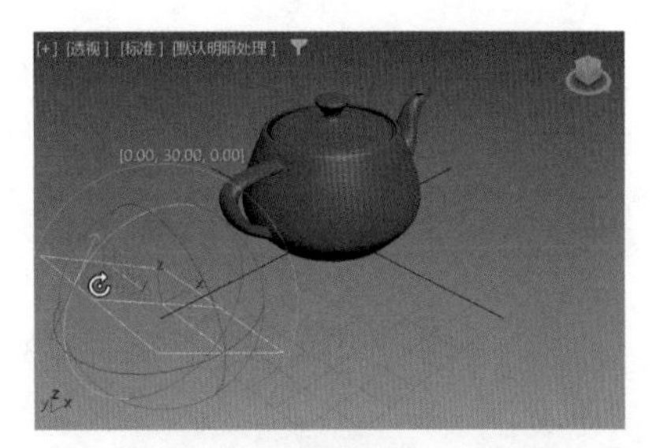

图2-67

（6）在“前”视图中，移动截面对象至图 2-68 所示的位置，使截面对象与茶壶模型相交。

图2-68

（7）选择场景中的截面对象，在“修改”面板中，单击“创建图形”按钮，如图 2-69 所示，即可在场景中创建一条茶壶的截面曲线，如图 2-70 所示。

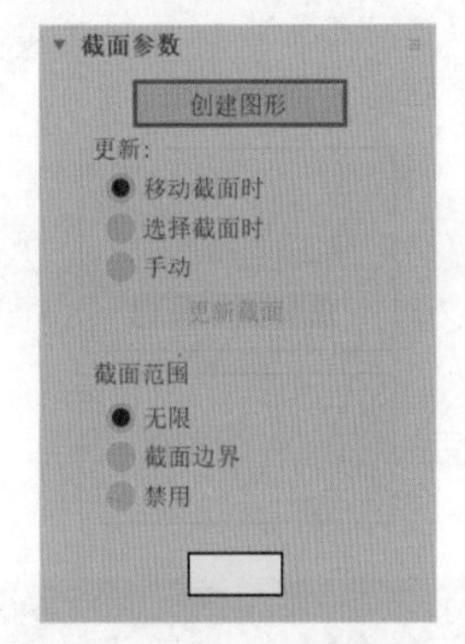

图2-69

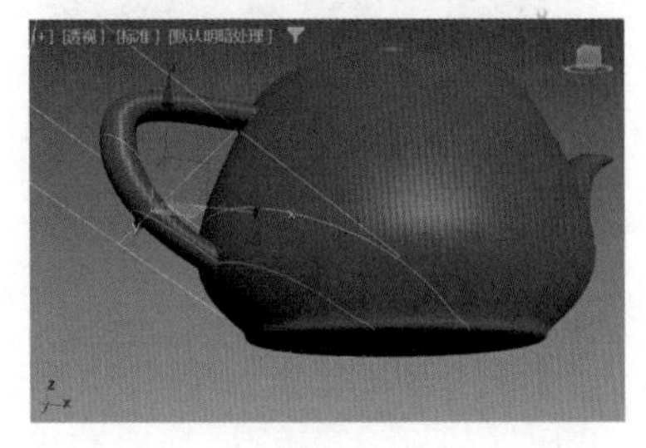

图2-70

（8）选择场景中的截面对象，向上移动至图 2-71 所示的位置，再次单击“创建图形”按钮，在场景中创建第二条茶壶的截面曲线。

图2-71

（9）重复以上操作步骤，接连创建茶壶的截面曲线，效果如图 2-72 所示。

图2-72

（10）以相似的操作得到茶壶 x 轴方向的一条截面曲线，如图 2-73 所示。

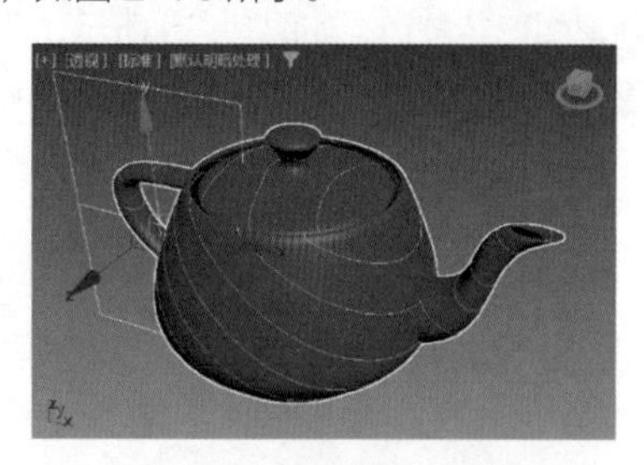

图2-73

（11）截面曲线创建完成后，删除场景中的截面对象和茶壶模型，如图 2-74 所示。

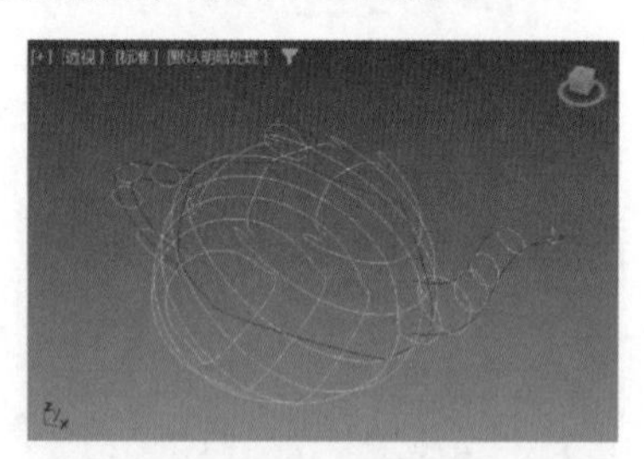

图2-74

（12）选择场景中的任意一条曲线，在“修改”面板中，单击“附加多个”按钮，将场景中的其他曲线全部附加进来，如图 2-75 所示。

（13）展开“渲染”卷展栏，勾选“在渲染中启用”复选框和“在视口中启用”复选框，如图 2-76 所示，为曲线添加厚度效果。

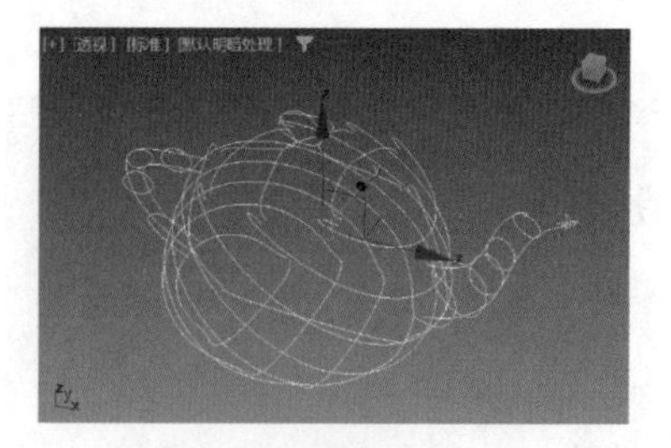

图2-75

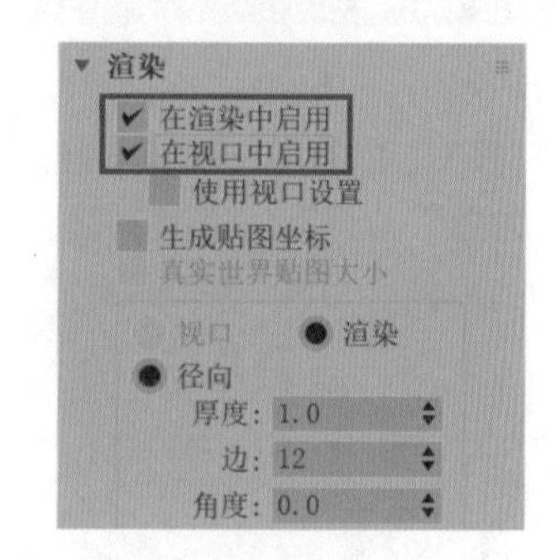

图2-76

（14）本实例制作完成后的最终模型效果如图 2-77 所示。

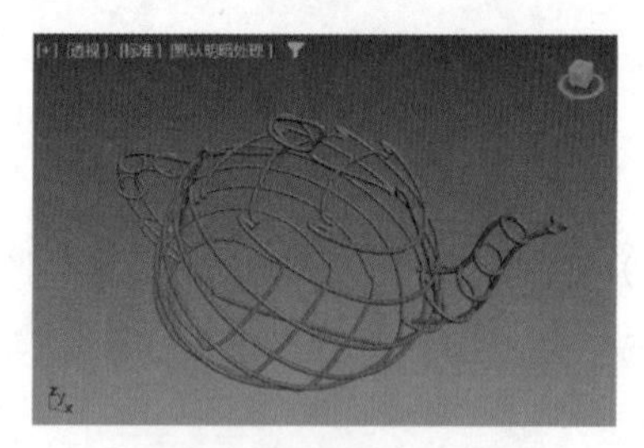

图2-77

2.3.9 实例：制作文字模型

本实例主要讲解如何通过样条线来制作文字模型，文字模型的渲染效果如图 2-78 所示。

图2-78

（1）启动中文版 3ds Max 2024，在“创建”面板中单击“文本”按钮，如图 2-79 所示。在“前”视图中创建一个文本，如图 2-80 所示。

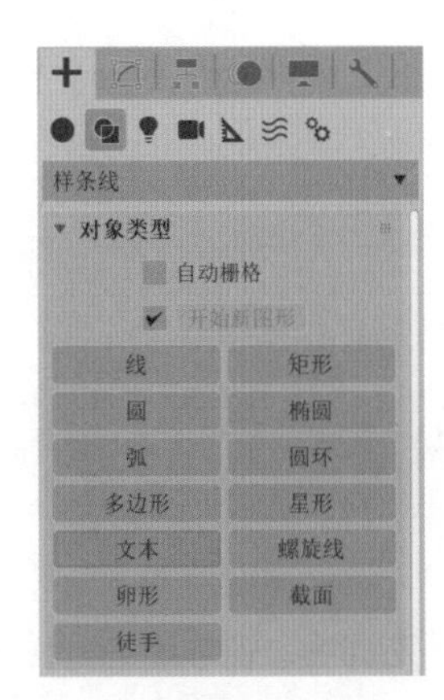

图2-79

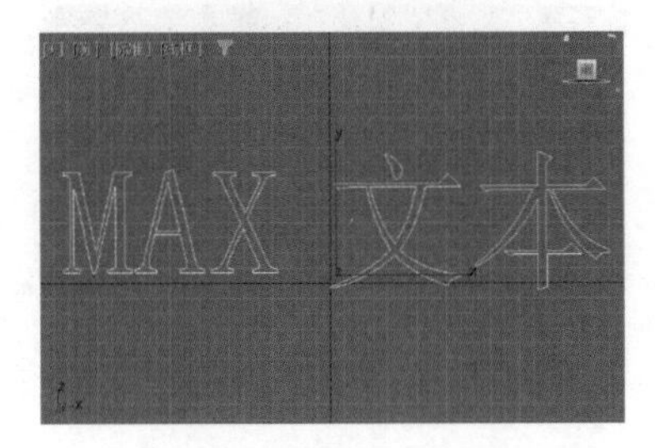

图2-80

（2）在“参数”卷展栏中，设置文本的字体为 Arial，文本的内容为 Hello，如图 2-81 所示。

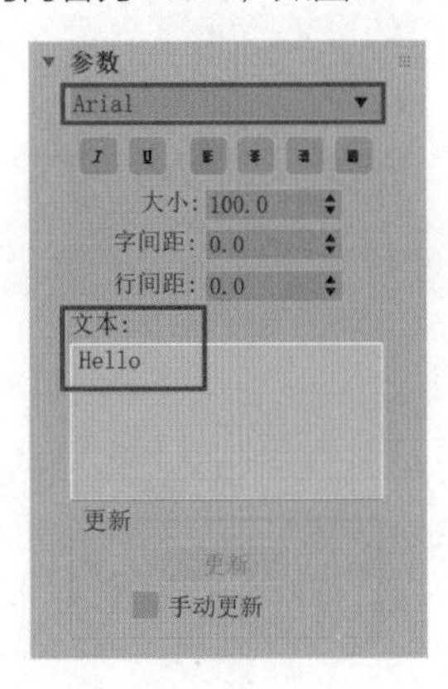

图2-81

（3）设置完成后，文本的视图显示效果如图 2-82 所示。

图2-82

（4）在“修改”面板中，为文本添加“倒角”修改器，如图 2-83 所示。

图2-83

（5）在“倒角值”卷展栏中，设置“级别 1”“级别 2”“级别 3”内的参数值，如图 2-84 所示。

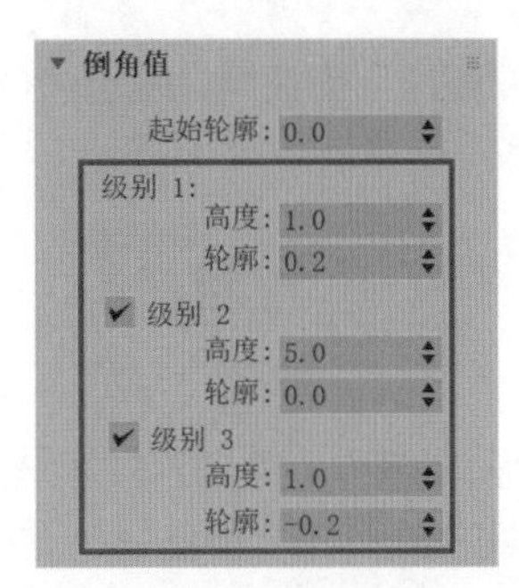

图2-84

（6）本实例制作完成后的最终模型效果如图 2-85 所示。

图2-85

2.3.10 实例：制作花瓶模型

本实例主要讲解如何使用样条线来制作花瓶模型，花瓶模型的渲染效果如图 2-86 所示。

图2-86

（1）启动中文版3ds Max 2024，在“创建”面板中单击“圆”按钮，如图2-87所示，在场景中创建一个圆形。

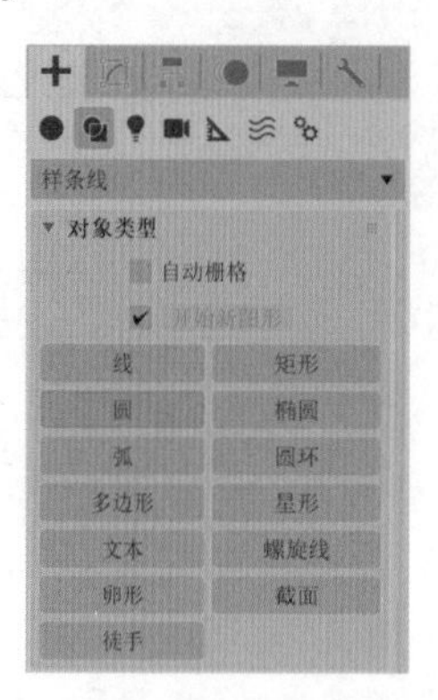

图2-87

（2）在“修改”面板中，设置圆形的“半径”为12，如图2-88所示。

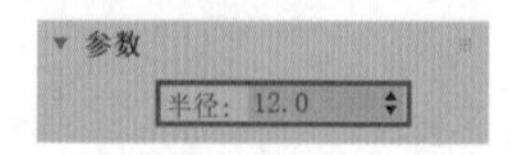

图2-88

（3）以同样的操作步骤，在场景中创建一个“半径”为6的圆形和一个“半径”为5的圆形，如图2-89所示。

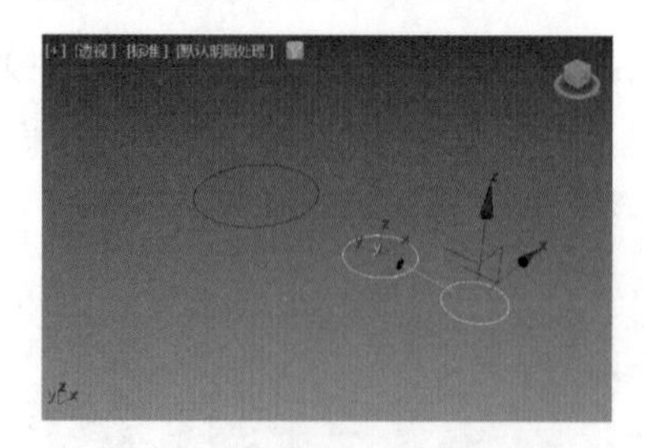

图2-89

（4）在“创建”面板中单击“星形”按钮，如图2-90所示，在场景中创建一个多边形。

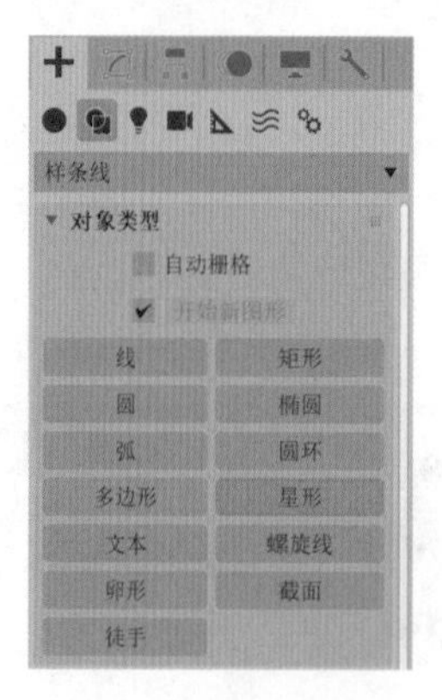

图2-90

（5）在“参数”卷展栏中，设置多边形的参数值，如图2-91所示。

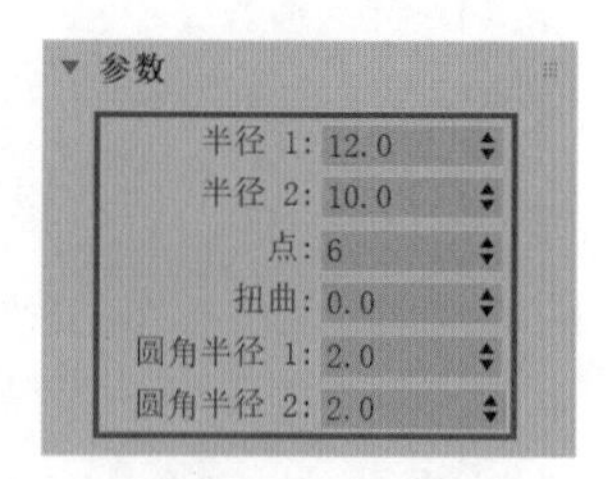

图2-91

（6）设置完成后，多边形的视图显示效果如图2-92所示。

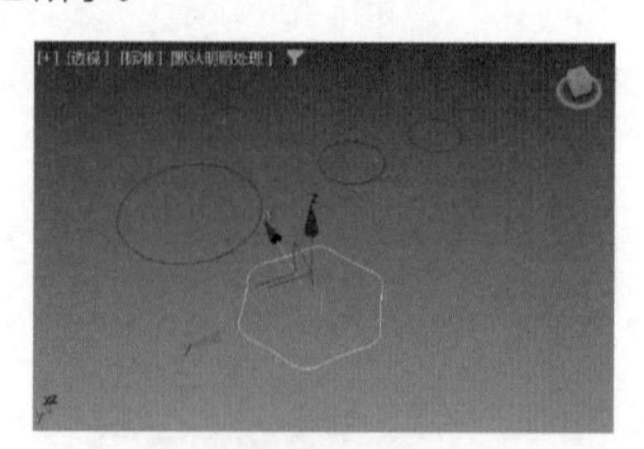

图2-92

（7）在“创建”面板中单击“矩形”按钮，如图2-93所示，在“前”视图中创建一个矩形。

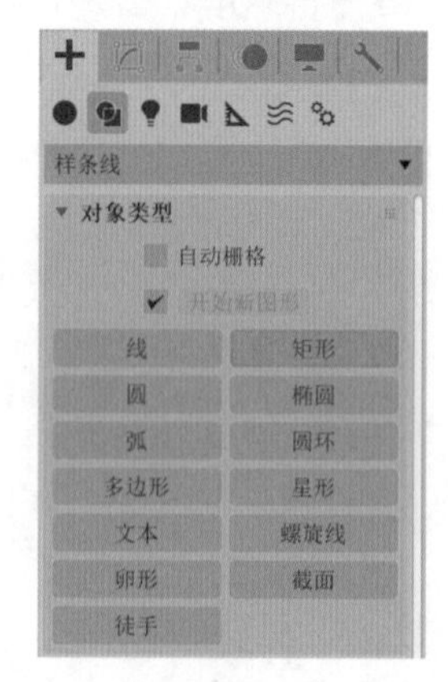

图2-93

（8）在“修改”面板中，设置矩形的参数值，如图2-94所示。

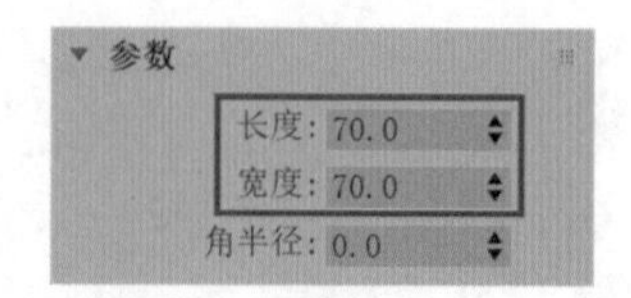

图2-94

（9）设置完成后，矩形的视图显示效果如图2-95所示。

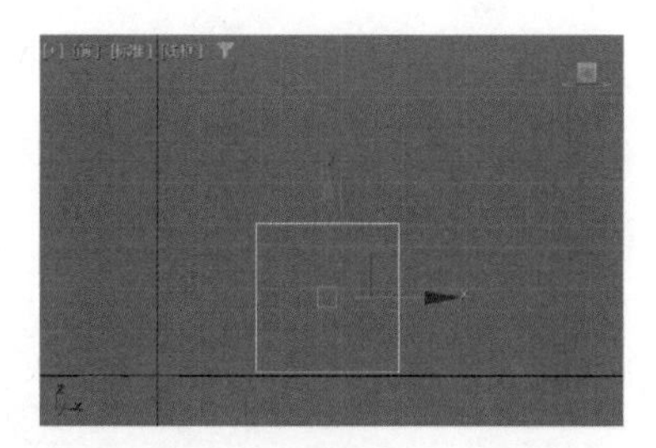

图2-95

（10）将矩形的3条线段删除，只保留一条竖线，如图2-96所示。

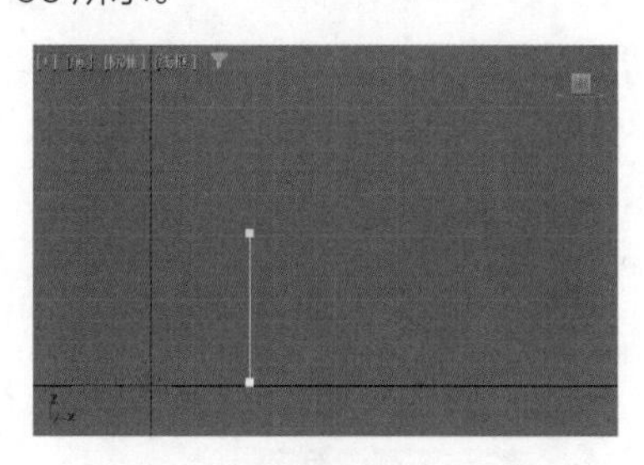

图2-96

（11）在“创建”面板中单击“放样”按钮，如图2-97所示。

图2-97

（12）在“路径参数”卷展栏中，设置“路径”为0，单击“获取图形”按钮，如图2-98所示。拾取场景中“半径”为5的圆形，得到图2-99所示的模型效果。

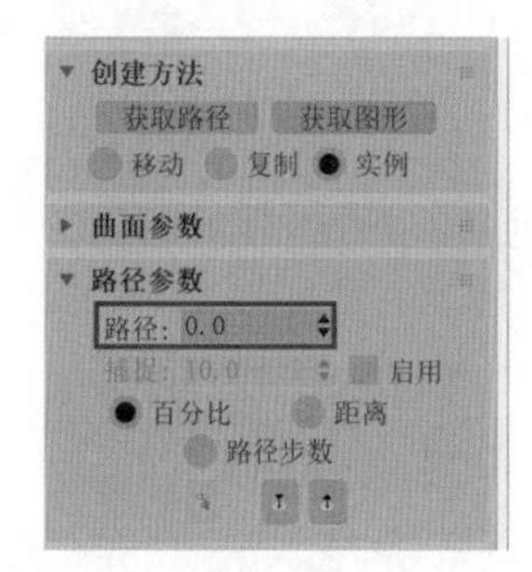

图2-98

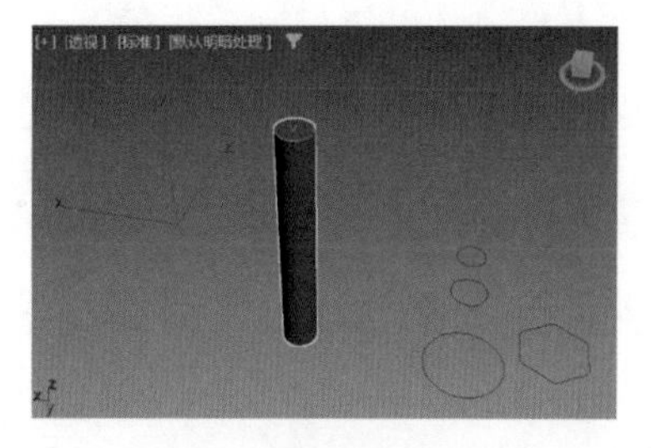

图2-99

（13）在“路径参数”卷展栏中，设置“路径”为10，单击“获取图形”按钮，如图2-100所示。拾取场景中“半径”为5的圆形，得到图2-101所示的模型效果。

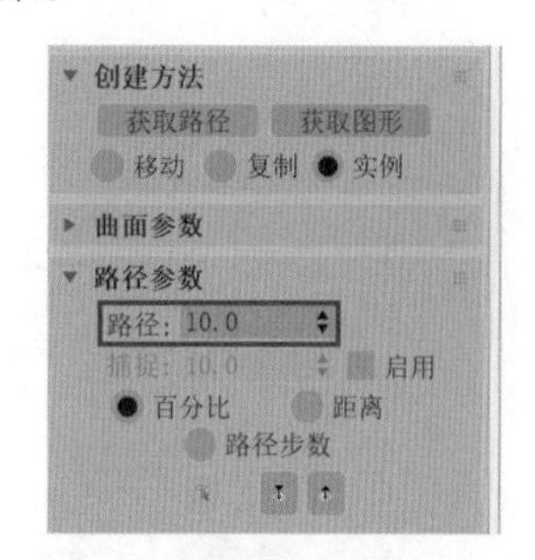

图2-100

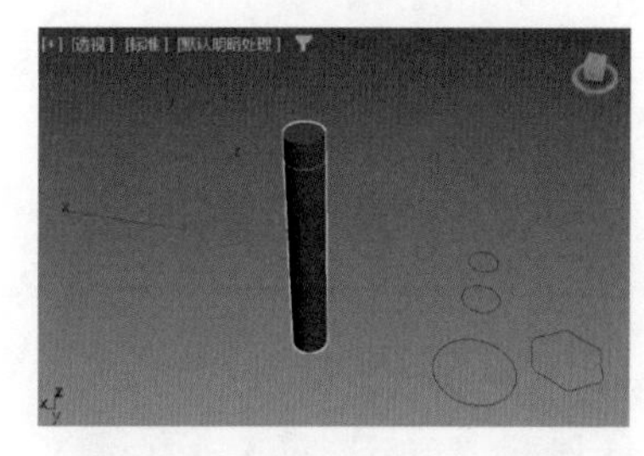

图2-101

（14）在“路径参数”卷展栏中，设置“路径”为30，单击“获取图形”按钮，如图2-102所示。拾取场景中“半径”为6的圆形，得到图2-103所示的模型效果。

图2-102

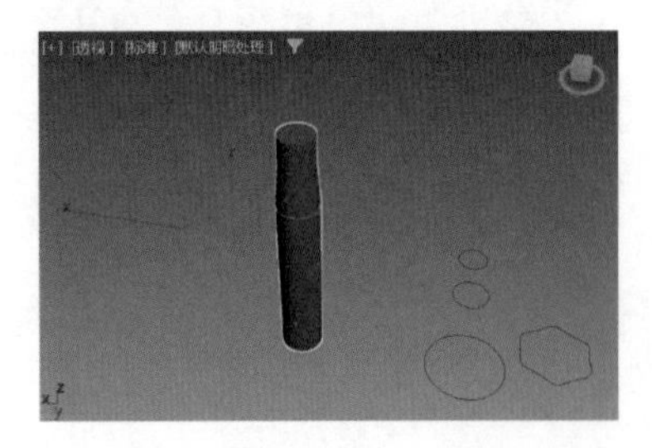

图2-103

（15）在“路径参数”卷展栏中，设置“路径”为40，单击“获取图形”按钮，如图2-104所示。拾取场景中“半径”为12的圆形，得到图2-105所示的模型效果。

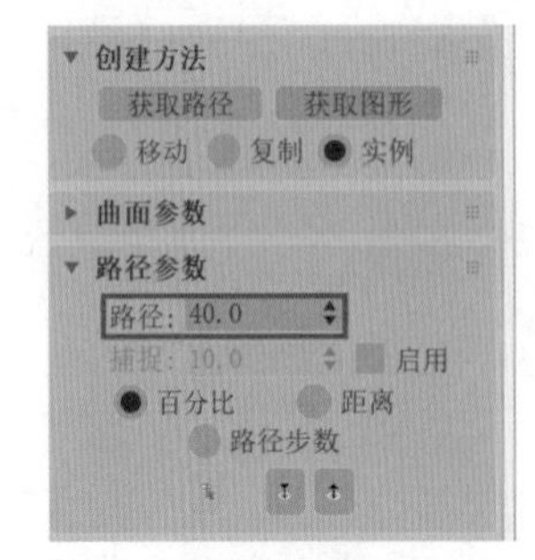

图2-104

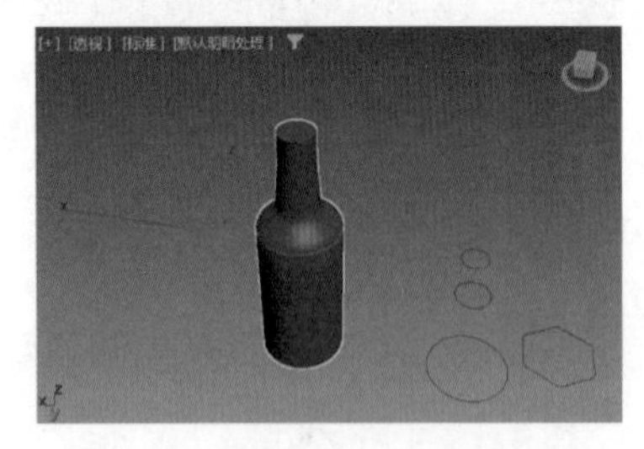

图2-105

（16）在“路径参数”卷展栏中，设置“路径”为70，单击“获取图形”按钮，如图2-106所示。拾取场景中的星形，得到图2-107所示的模型效果。

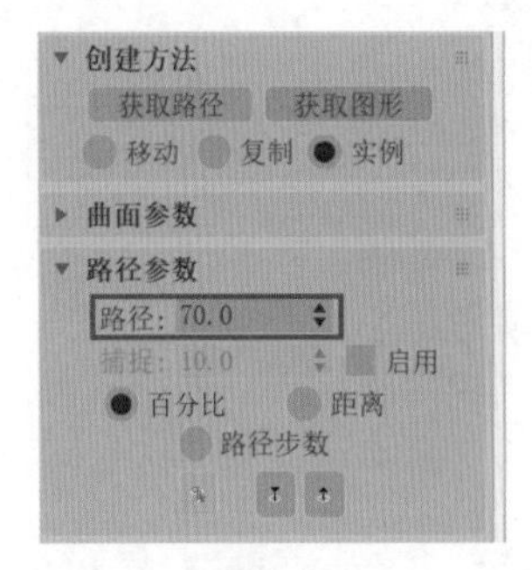

图2-106

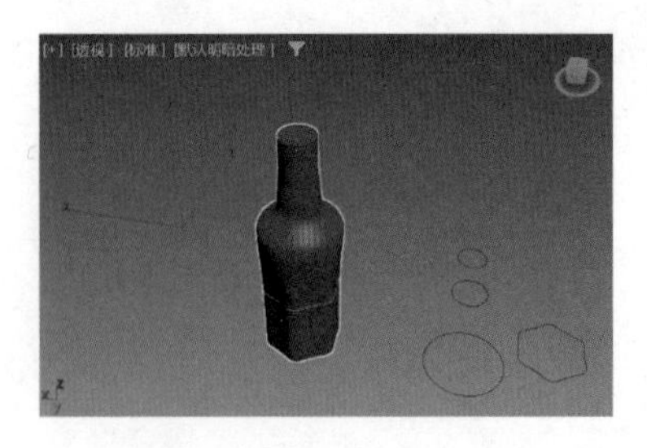

图2-107

（17）在“路径参数”卷展栏中，设置“路径”为95，单击“获取图形”按钮，如图2-108所示。拾取场景中“半径”为12的圆形，得到图2-109所示的模型效果。

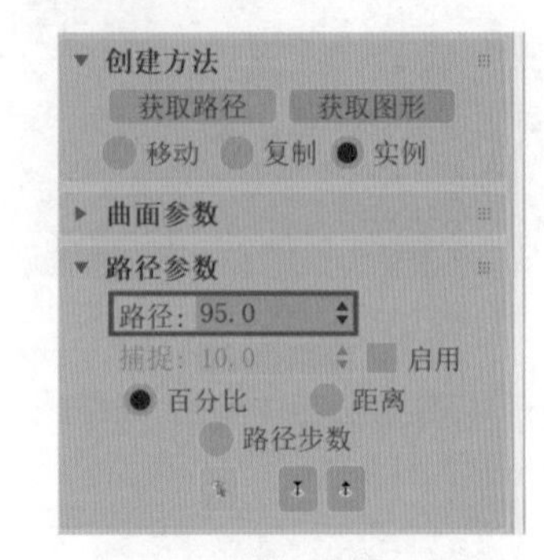

图2-108

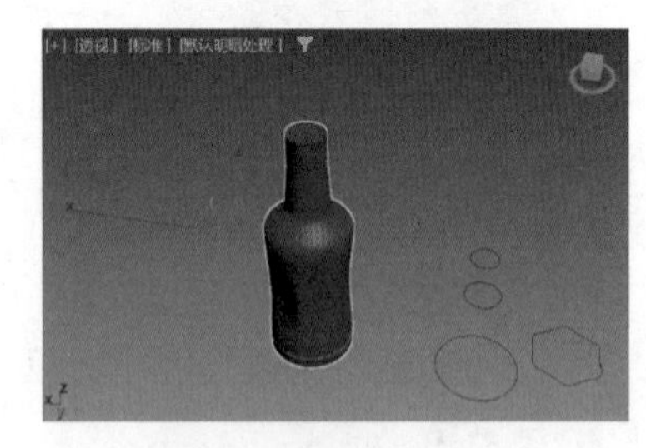

图2-109

（18）在“蒙皮参数”卷展栏中，取消勾选“封口始端”复选框，如图2-110所示。

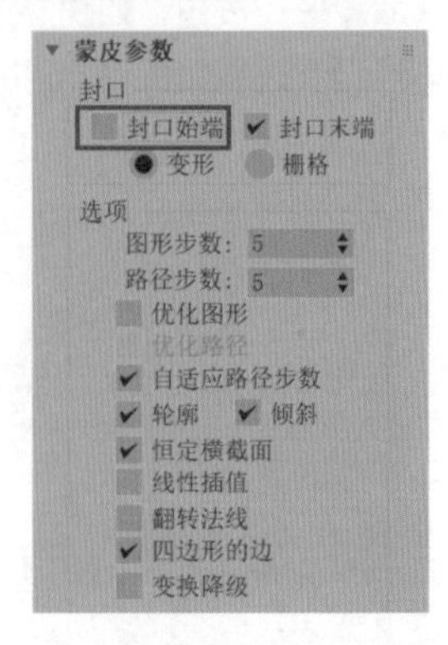

图2-110

（19）在“修改”面板中，为其添加“壳”修改器，设置“外部量”为0.5，如图2-111所示。

图2-111

（20）本实例制作完成后的最终模型效果如图2-112所示。

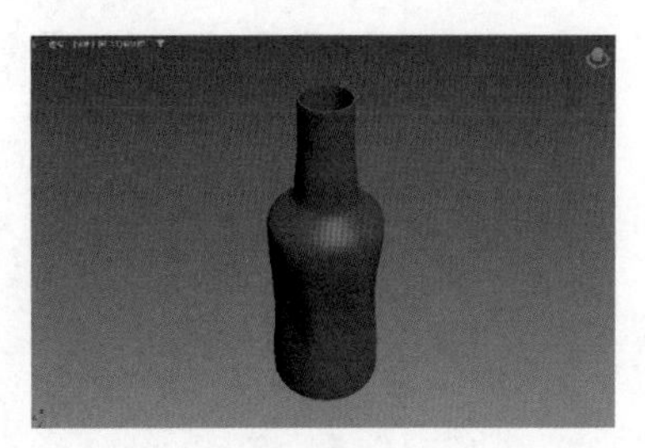

图2-112

几何体建模

3.1 几何体概述

中文版3ds Max 2024在“创建”面板的“几何体”分类中为用户提供了一些简单的几何体模型，这些几何体模型从3ds Max的第一个版本就开始出现，历经二十多年直到现在仍在使用，这足以说明它们是多么的经典。这些几何体看起来跟我们在刚刚接触素描绘画时所画的那些几何体一模一样，但是我们不要小看这些简单的模型，因为很多造型复杂的模型就是使用这些简单的几何体制作出来的，如图3-1和图3-2所示。

图3-1

图3-2

3.2 标准基本体

在“创建”面板中单击“几何体”按钮，即可找到与创建几何体相关的按钮，如图3-3所示。

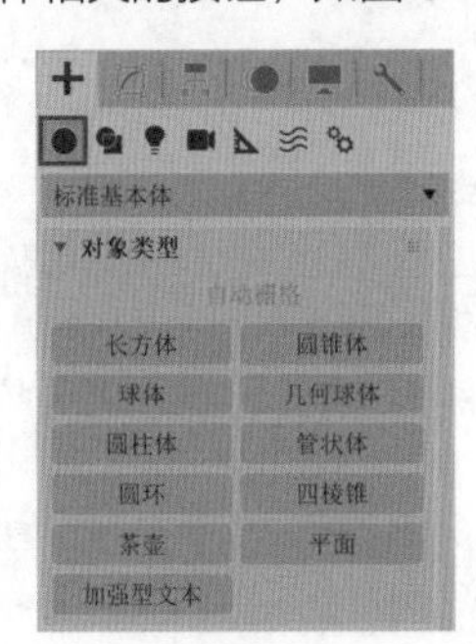

图3-3

3.2.1 长方体

在“创建”面板中单击“长方体”按钮，即可在场景中以绘制方式创建出长方体对象，如图3-4所示。使用该按钮可以快速制作出箱子、方盒等造型为长方体的三维模型。

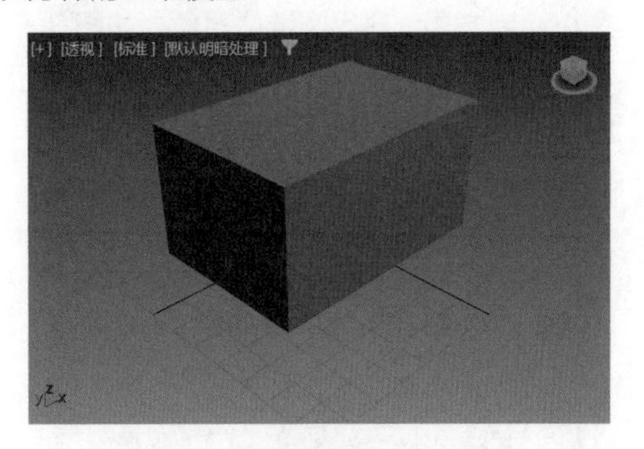

图3-4

展开“键盘输入”卷展栏，如图3-5所示。3ds Max 2024为用户提供了一种通过键盘预先输入数值的方式，以确定所要创建的模型的位置及基本属性，输入数值后单击“创建”按钮，即可在场景中的指定位置创建出一个长方体模型。

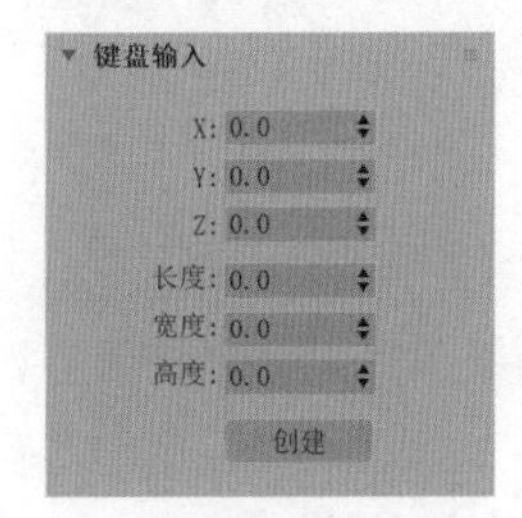

图3-5

在“参数”卷展栏中，参数如图3-6所示。

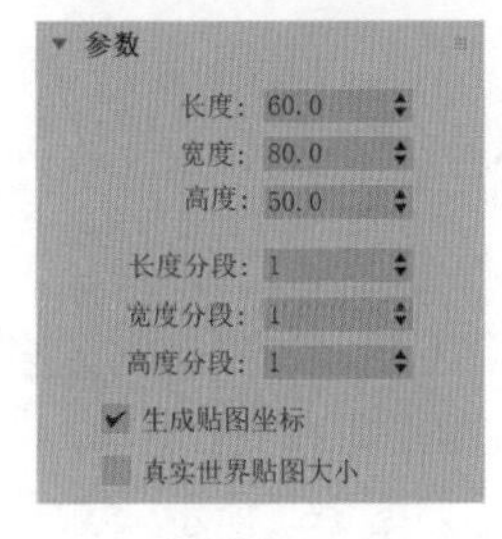

图3-6

工具解析

◆长度/宽度/高度：设置长方体的长度、宽度和高度。

♦长度分段/宽度分段/高度分段：设置长方体长度/宽度/高度方向上的分段数量。

3.2.2 圆锥体

在“创建”面板中单击“圆锥体”按钮，即可在场景中以绘制方式创建出圆锥体对象，如图3-7所示。圆锥体的参数包含两个半径值，当两个半径值相同时，所创建出来的模型为圆柱体。

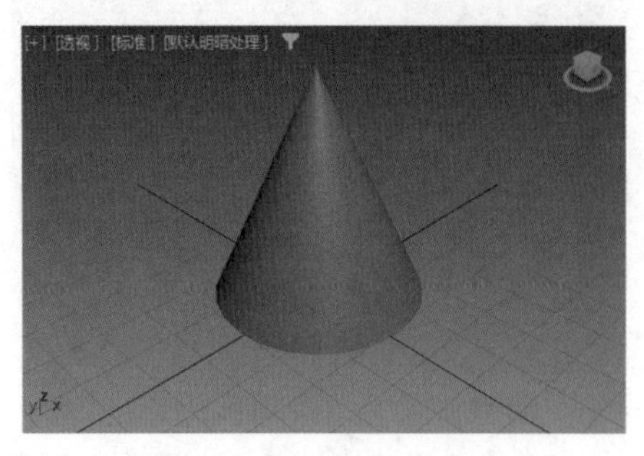

图3-7

圆锥体的参数如图3-8所示。

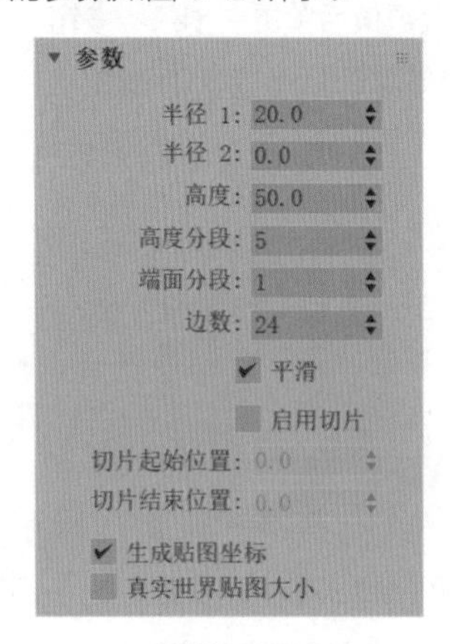

图3-8

工具解析

♦半径1/半径2：设置圆锥体的第1个半径/第2个半径。当“半径2”的值为0时，所创建出来的模型为圆锥体，如图3-9所示。当“半径2”的值与“半径1”的值相同时，所创建出来的模型为圆柱体，如图3-10所示。当“半径2”的值与“半径1”的值不同，且不为0时，所创建出来的模型为圆台体，如图3-11所示。

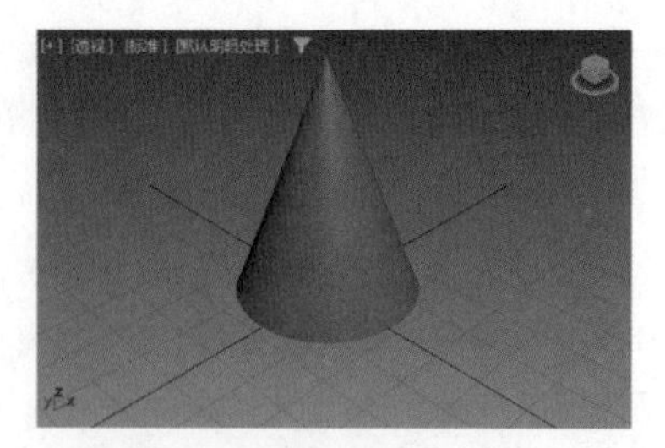

图3-9

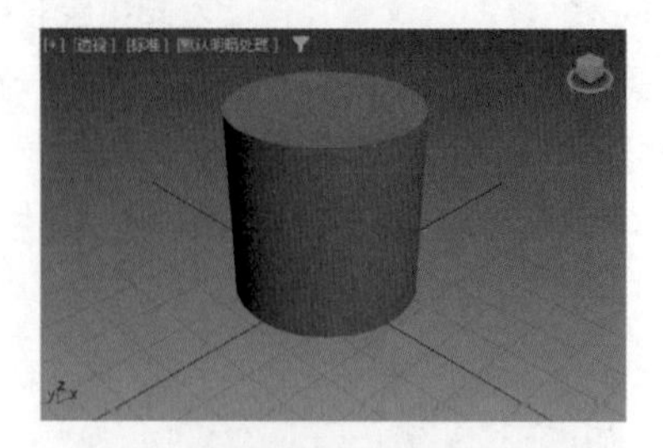

图3-10

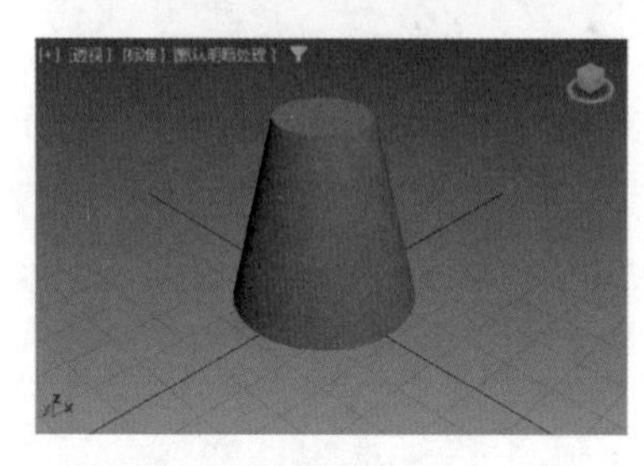

图3-11

♦高度：设置圆锥体的高度。

♦高度分段：设置圆锥体高度方向上的分段数量。

♦端面分段：设置圆台体顶面和底面的分段数量。图3-12所示为该值是1和3的模型线框显示效果对比。

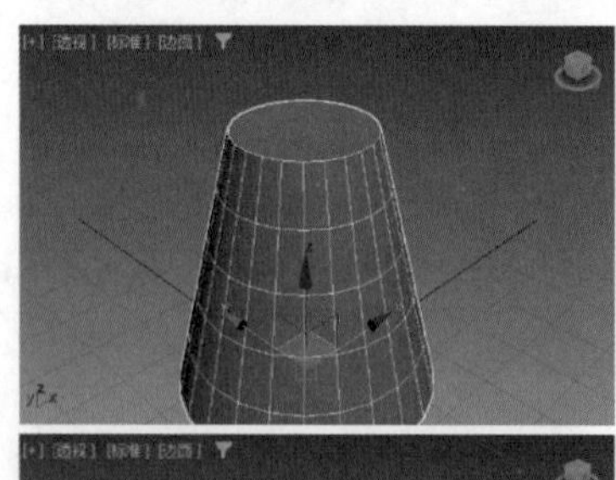

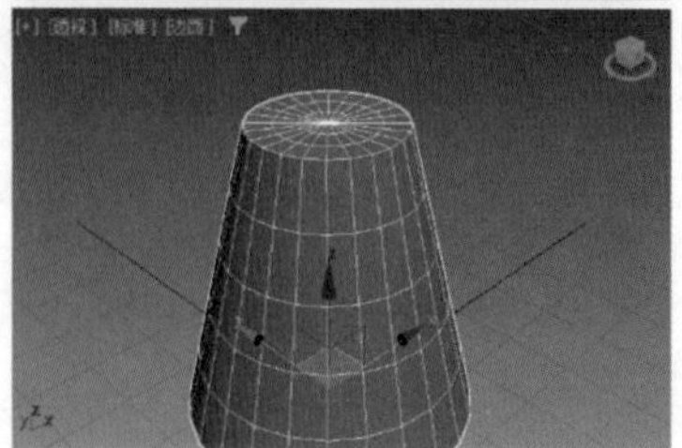

图3-12

♦ 边数：设置圆锥体周围边数，如果该值过小，则会影响圆锥体的形体。图 3-13 所示为该值是 24 和 8 的模型显示效果对比。

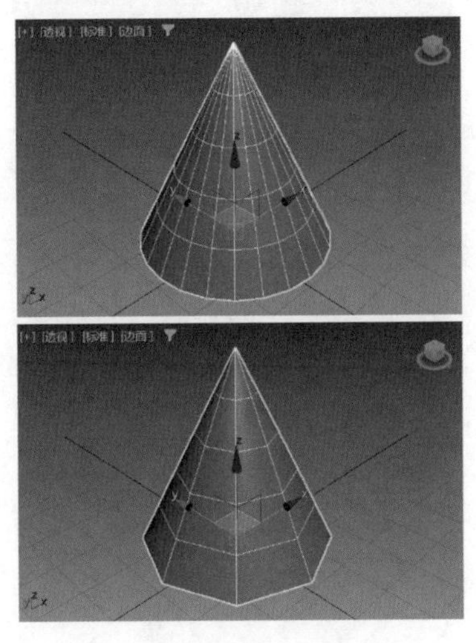

图3-13

♦ 启用切片：启用“切片”功能。

♦ 切片起始位置 / 切片结束位置：分别用来设置从局部 x 轴的零点开始围绕局部 z 轴的度数，通过设置该值，用户可以得到一个具有局部结构的不完整圆锥体。图 3-14 所示为勾选“启用切片”复选框前后的模型显示效果对比。

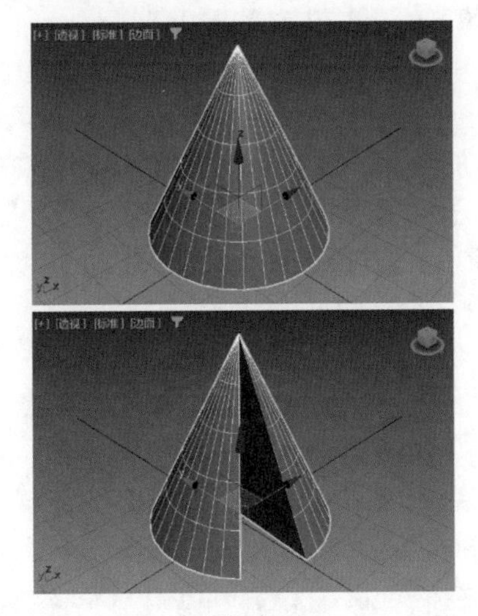

图3-14

3.2.3　球体

在“创建”面板中单击“球体”按钮，即可在场景中以绘制方式创建出球体对象，如图 3-15 所示。使用该按钮并配合材质纹理贴图可以快速地制作出形体类似于球体的三维模型，如地球、篮球、水晶球等模型。

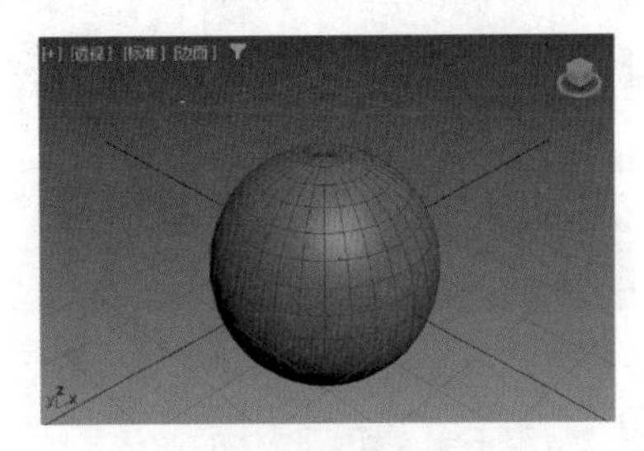

图3-15

球体的参数如图 3-16 所示。

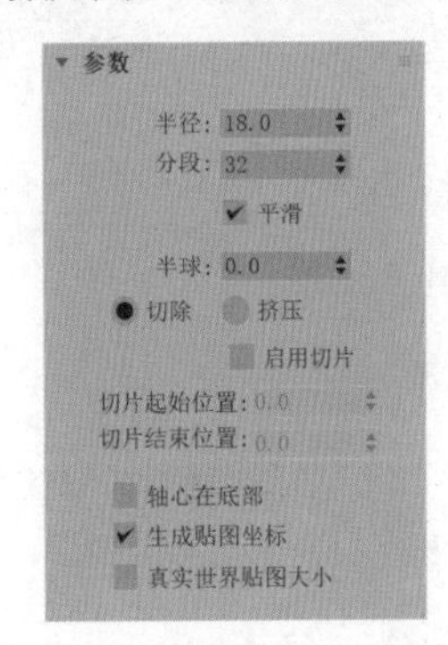

图3-16

工具解析

♦ 半径：指定球体的半径。

♦ 分段：设置球体的分段数量。

技巧与提示 “分段”值并不是越大越好。在 3ds Max 2024 中，场景里的面数越多，操作起来就会越慢，当模型及其面数达到一定数量时，3ds Max 2024 甚至会出现无法响应的情况。所以，在创建球体时，“分段”值调整到球体看起来光滑就好，以满足视觉需要。另外，当“分段”值达到一定程度并继续增大时，球体的表面看起来基本上无显著变化。

♦ 平滑：为球体创建平滑的外观。图 3-17 所示为勾选此复选框前后的模型显示效果对比。

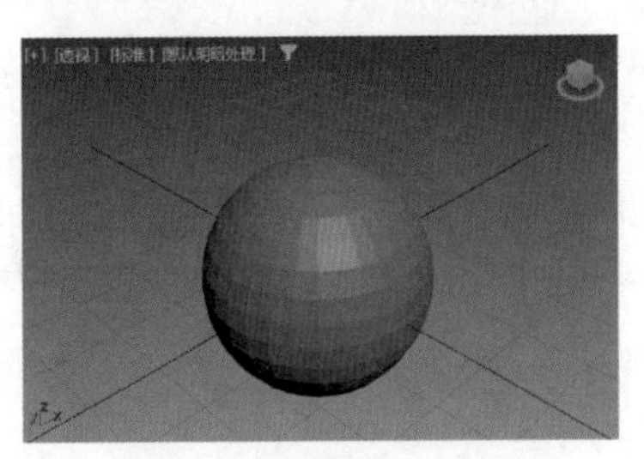

图3-17

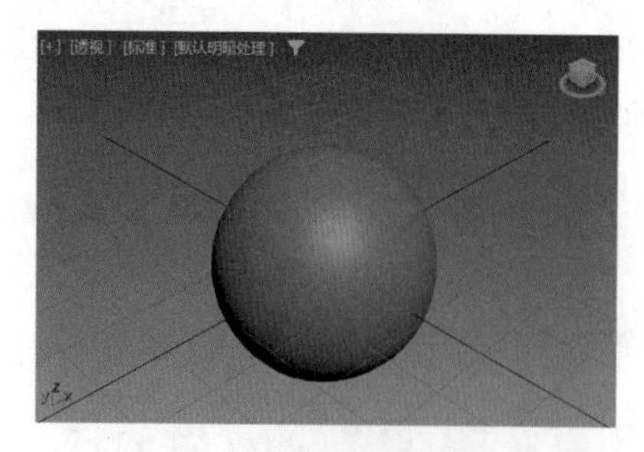

图3-17（续）

◆半球：用于制作切断球体的效果。图 3-18 所示为该值是 0.6 和 0.3 的模型显示效果对比。

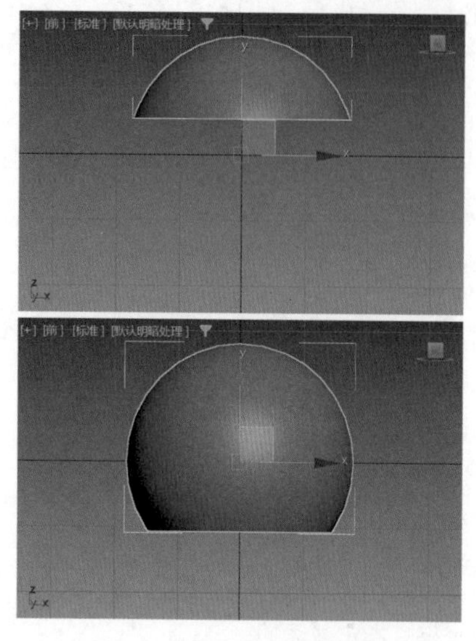

图3-18

◆切除：通过在切断球体时将球体中的顶点和面“切除”来减少它们的数量。默认选择“切除”选项。

◆挤压：保持原始球体中的顶点数和面数，将几何体向着球体的顶部“挤压”，直到体积越来越小。

◆启用切片：启用“切片”功能。

◆切片起始位置 / 切片结束位置：分别用来设置从局部 x 轴的零点开始围绕局部 z 轴的度数。

◆轴心在底部：勾选该复选框，则将球体的坐标轴轴心设置在球体的底部。

3.2.4 圆柱体

在“创建”面板中单击“圆柱体”按钮，即可在场景中以绘制方式创建出圆柱体对象，如图 3-19 所示。使用该按钮可以制作出形体类似圆柱体的三维模型。

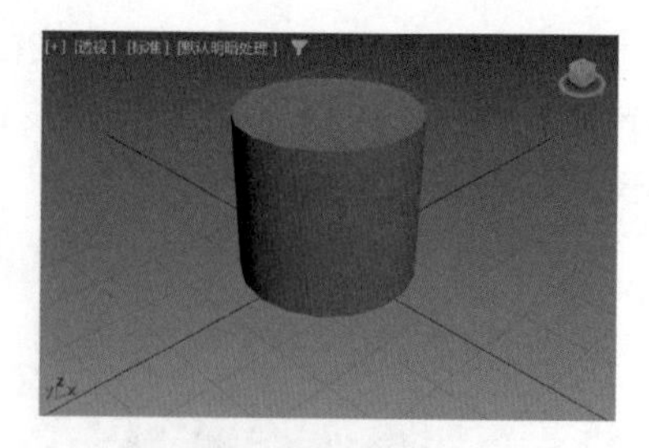

图3-19

圆柱体的参数如图 3-20 所示。

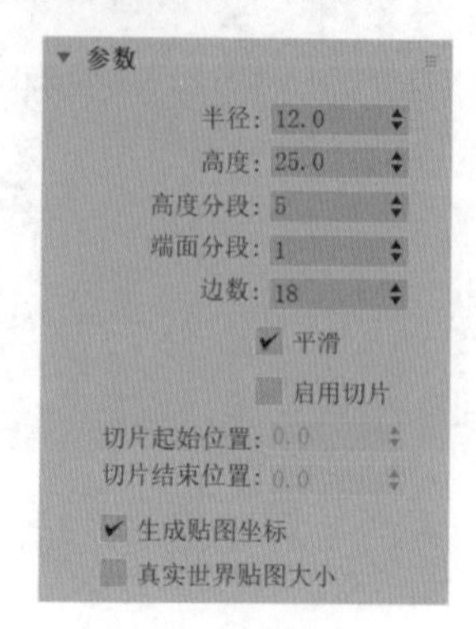

图3-20

工具解析

◆半径：设置圆柱体的半径。

◆高度：设置圆柱体的高度。

◆高度分段：设置圆柱体高度方向上的分段数量。

◆端面分段：设置围绕圆柱体顶部和底部的中心的同心分段数量。

◆边数：设置圆柱体周围的边数。

◆平滑：为圆柱体创建平滑的外观。

3.2.5 实例：制作电视柜模型

本实例主要讲解如何使用简单的几何体来制作电视柜模型，电视柜模型的渲染效果如图 3-21 所示。

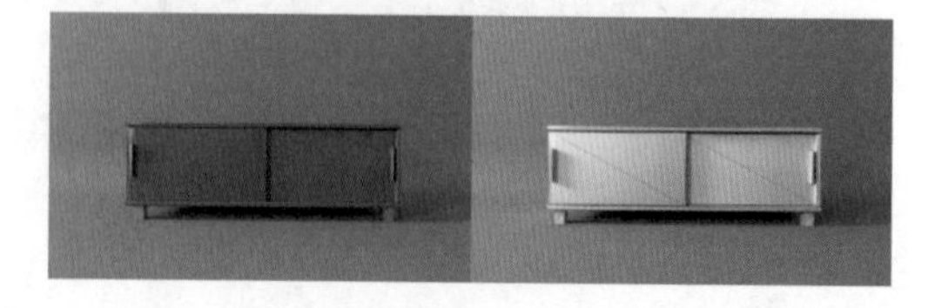

图3-21

（1）启动中文版 3ds Max 2024，单击“创建”面板中的“切角长方体”按钮，如图 3-22 所示，在场景中创建一个切角长方体模型。

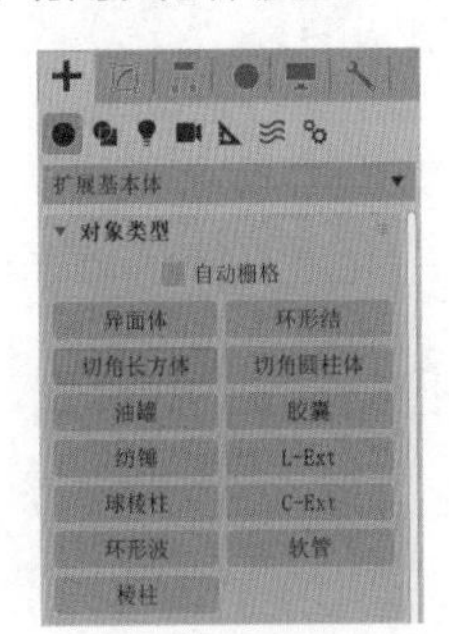

图3-22

（2）在“修改”面板中，设置切角长方体的“长度”为41，“宽度”为108，“高度”为2，“圆角”为0.5，如图3-23所示。

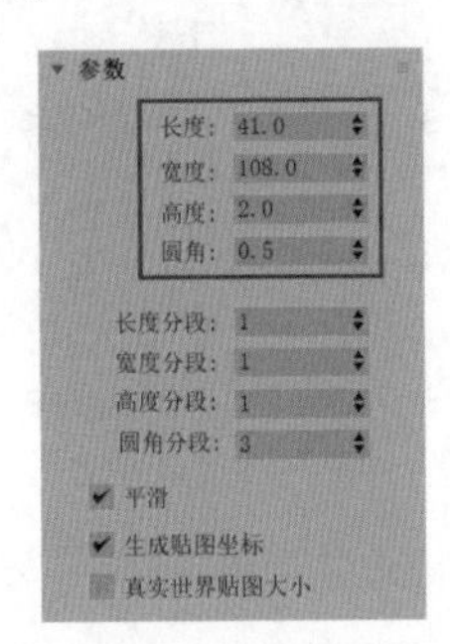

图3-23

（3）设置完成后，切角长方体的视图显示效果如图3-24所示。

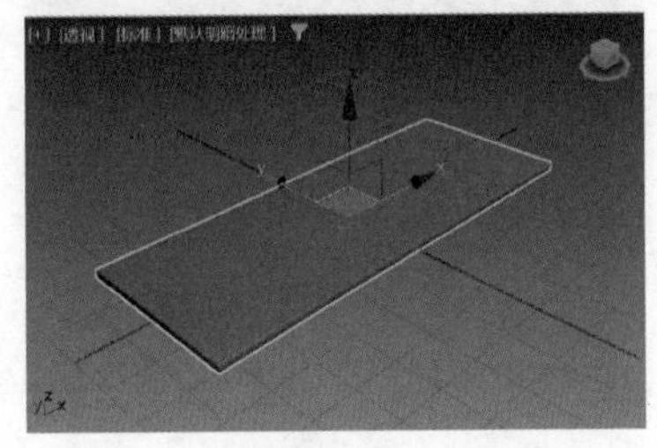

图3-24

（4）选择切角长方体，按住“Shift”键，向上拖曳鼠标复制出另一个切角长方体，并调整其位置，如图3-25所示。

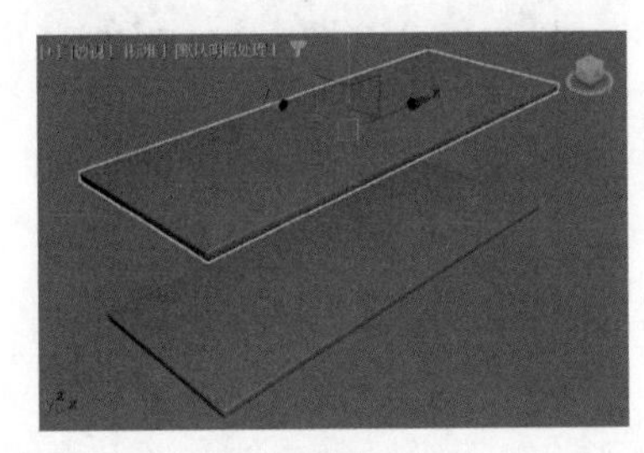

图3-25

（5）选择创建的第一个切角长方体对象，对其进行旋转复制操作，如图3-26所示。

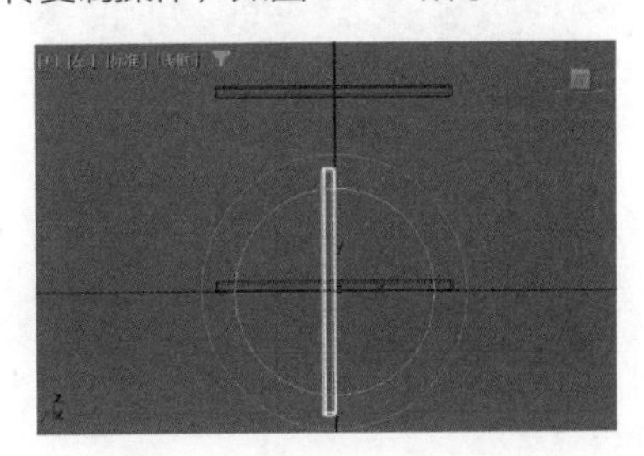

图3-26

（6）在“修改”面板中，更改旋转复制出的切角长方体的“长度”为28，如图3-27所示，并调整其位置，如图3-28所示。

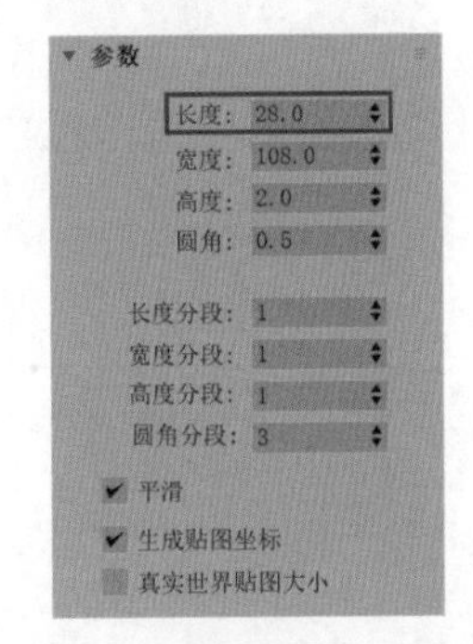

图3-27

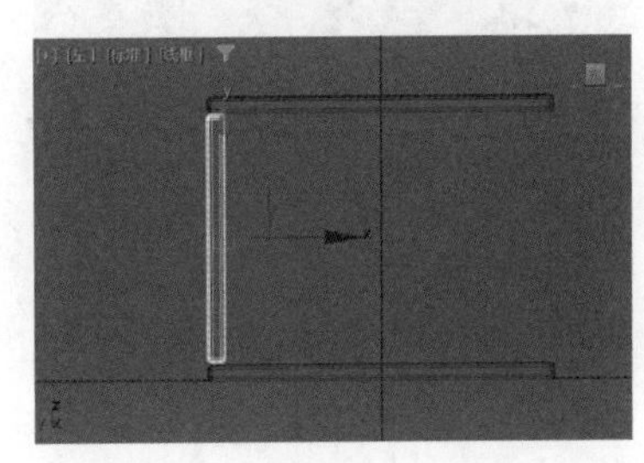

图3-28

（7）重复以上操作，将柜子的结构制作完成，如图3-29所示。

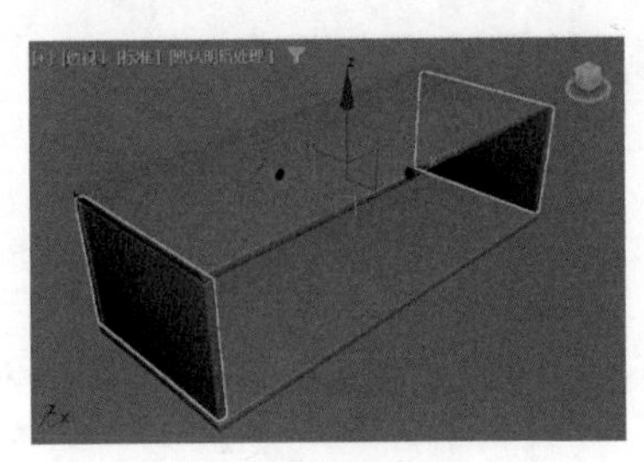

图3-29

（8）将构成柜子背板的切角长方体选中，按住“Shift”键，向前方复制出一个切角长方体，用来当作柜子的柜门，如图 3-30 所示。

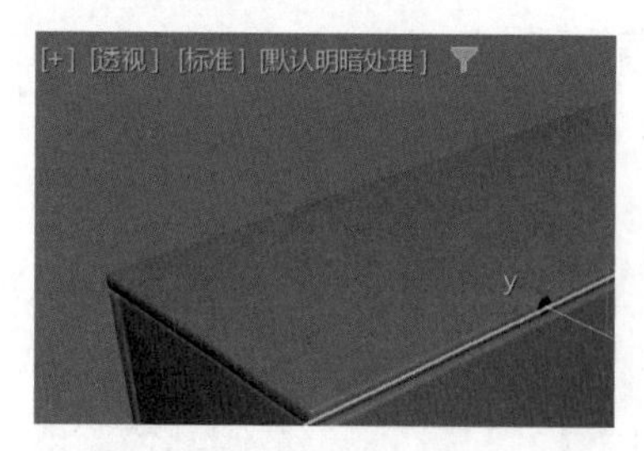

图3-30

（9）在“修改”面板中，更改作为柜门的切角长方体，设置“宽度”为 54，如图 3-31 所示，并调整其位置，如图 3-32 所示。

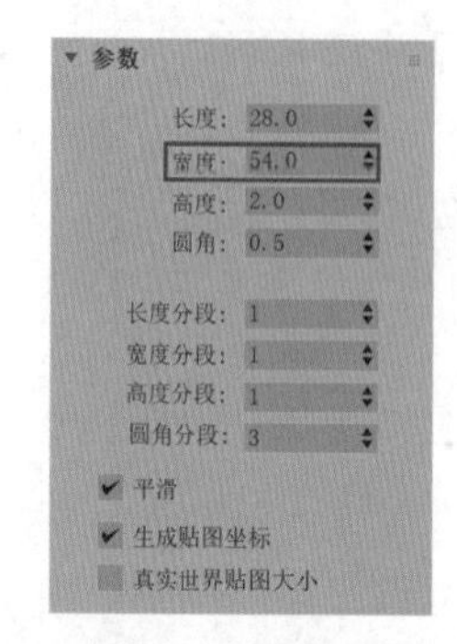

图3-31

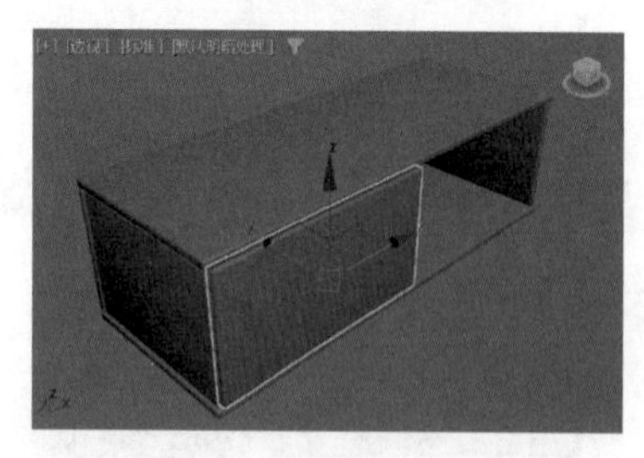

图3-32

（10）按住“Shift”键，拖曳鼠标复制构成柜门的切角长方体，制作出另一侧的柜门结构，如图 3-33 所示。

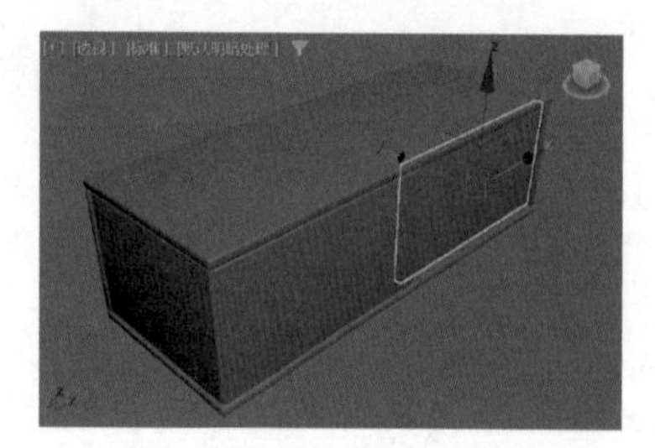

图3-33

（11）在“创建”面板中单击“长方体”按钮，如图 3-34 所示，在场景中绘制出一个长方体。

图3-34

（12）在“修改”面板中，设置“长度”为 4，“宽度”为 4，“高度”为 6，如图 3-35 所示。

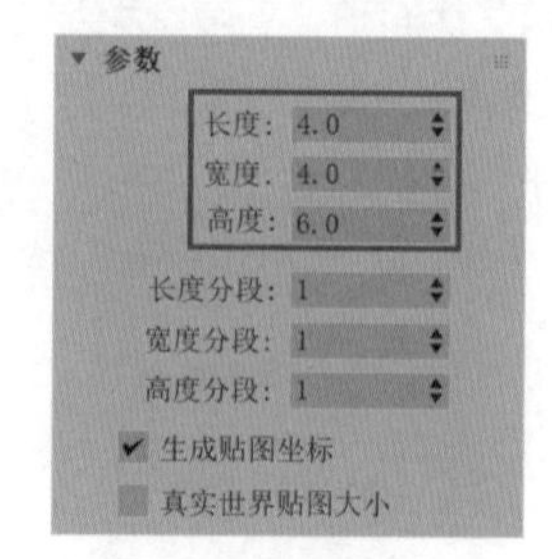

图3-35

（13）移动长方体至图 3-36 所示的位置，制作出柜脚结构。

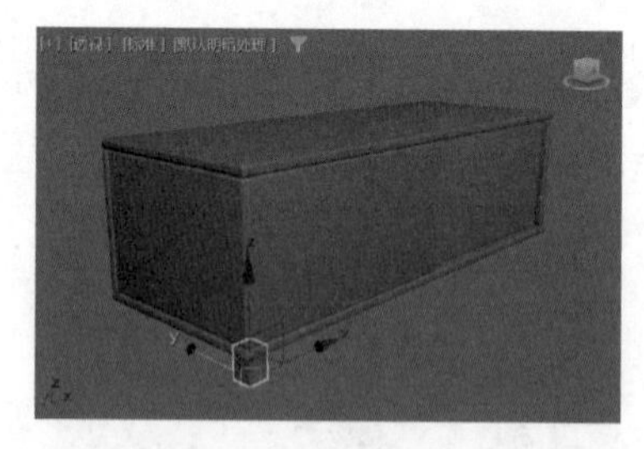

图3-36

（14）选择柜脚模型，以复制的方式制作出其他 3 处的柜脚结构，制作完成后如图 3-37 所示。

图3-37

（15）在场景中创建一个新的切角长方体，在“修改”面板中，设置“长度”为 2，“宽度”为 0.6，“高度”为 12.5，“圆角”为 0.05，如图 3-38 所示，并调整其位置，如图3-39所示，制作出柜子的把手结构。

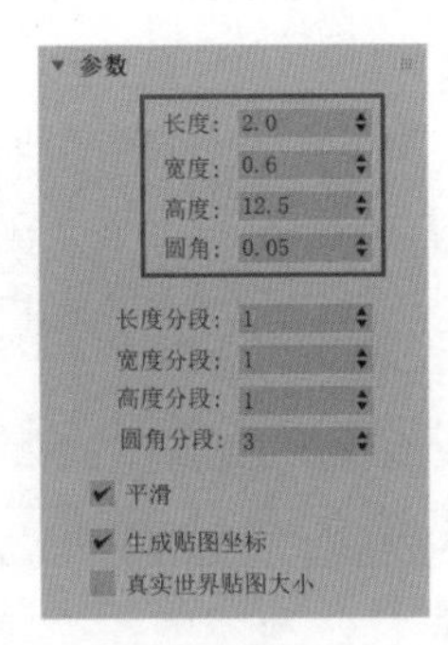

图3-38

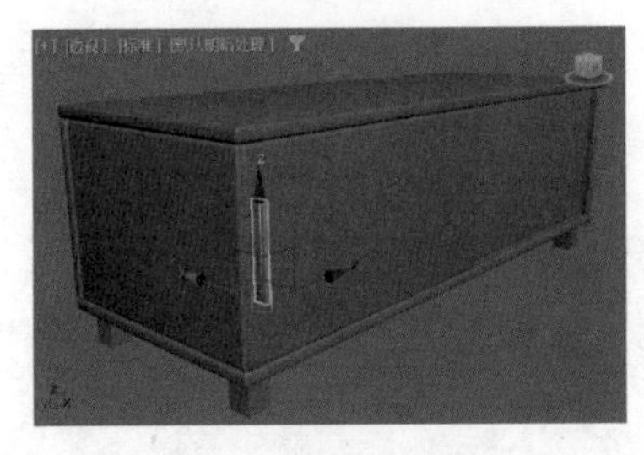

图3-39

（16）以复制的方式制作出另一个柜门的把手。本实例制作完成后的最终模型效果如图3-40所示。

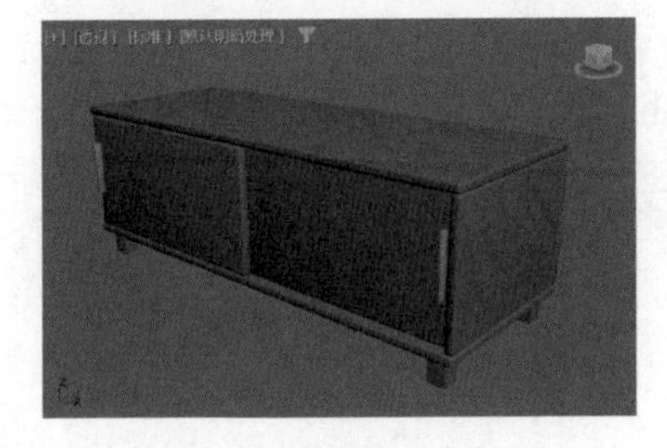

图3-40

3.2.6　实例：制作圆凳模型

本实例主要讲解如何使用简单的几何体来制作圆凳模型，圆凳模型的渲染效果如图3-41所示。

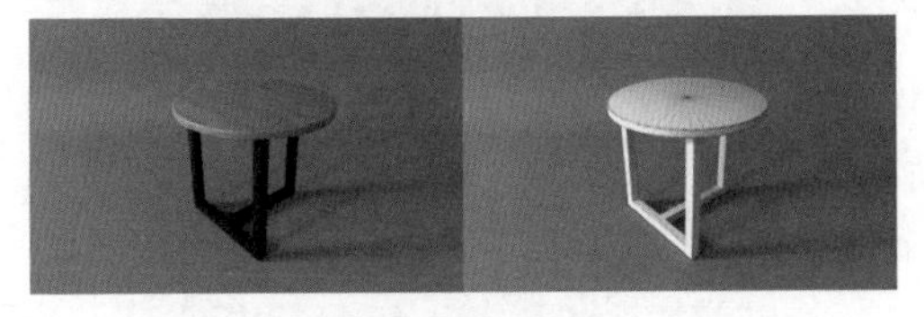

图3-41

（1）启动中文版3ds Max 2024，单击“创建”面板中的“长方体”按钮，如图3-42所示，在场景中创建一个长方体模型。

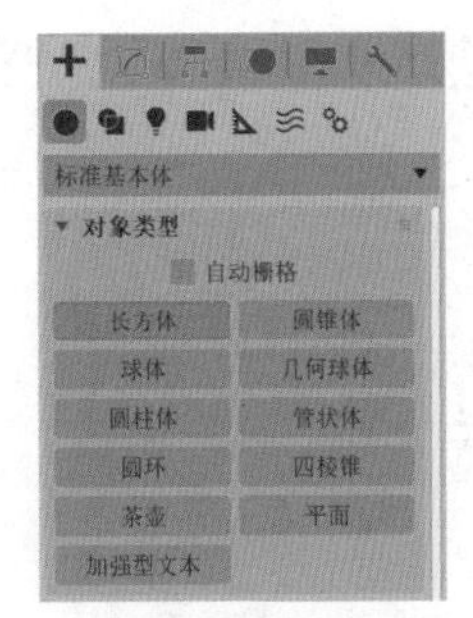

图3-42

（2）在“修改”面板中，调整长方体的“长度”为4.5，“宽度”为4.5，“高度”为60，如图3-43所示。

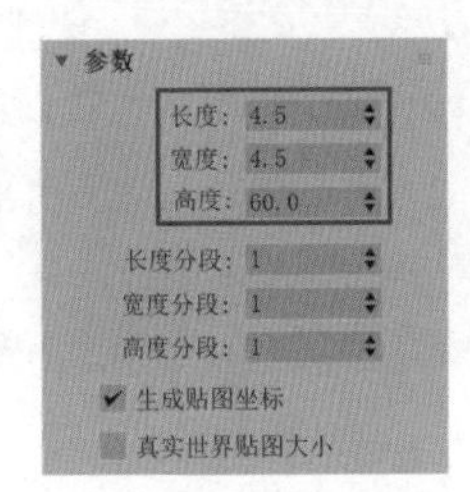

图3-43

（3）设置完成后，长方体模型的视图显示效果如图3-44所示。

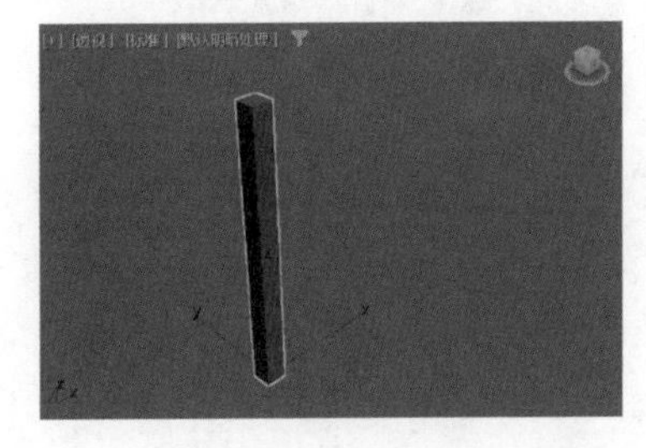

图3-44

（4）按住“Shift”键，以拖曳的方式复制出另一个长方体，并调整其位置，如图3-45所示。

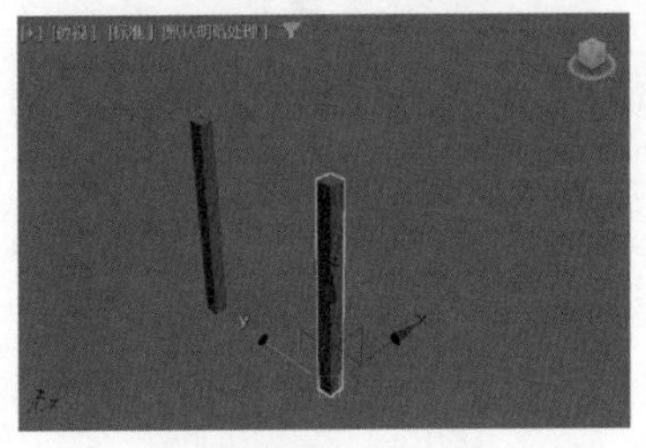

图3-45

（5）按住“Shift”键，以旋转复制的方式复制出一个长方体，并调整其位置和大小，如图3-46所示，将之前的两个长方体拼接起来。

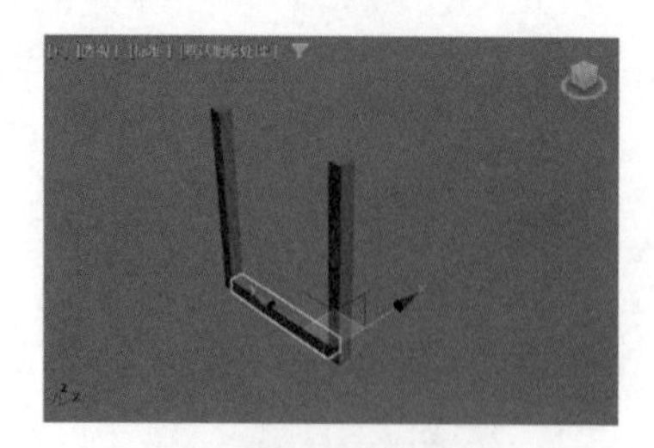

图3-46

（6）使用相同的方法复制出其他长方体，拼接制作出凳子的整个支撑结构，制作完成后如图 3-47 所示。

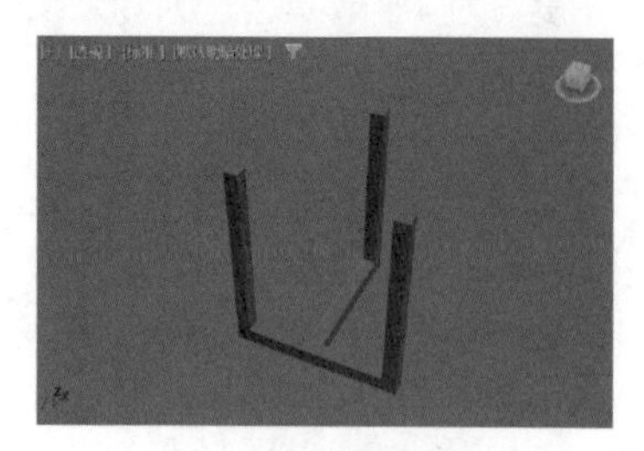

图3-47

（7）在“创建”面板中单击“切角圆柱体”按钮，如图 3-48 所示，在场景中创建出一个切角圆柱体。

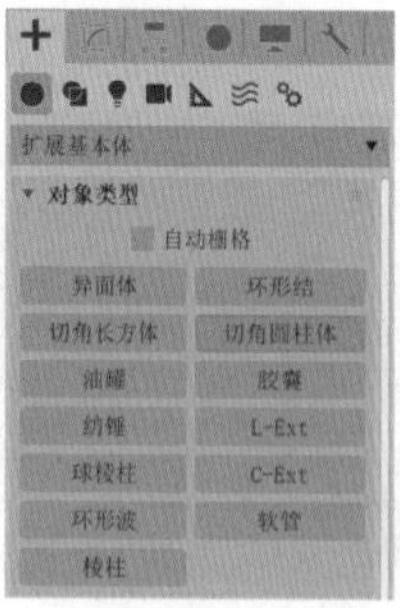

图3-48

（8）在“修改”面板中，设置切角圆柱体的“半径”为36.5，“高度”为3.5，“圆角”为0.6，“高度分段”为1，“圆角分段”为3，“边数”为50，如图 3-49 所示，制作出凳子的凳面结构。

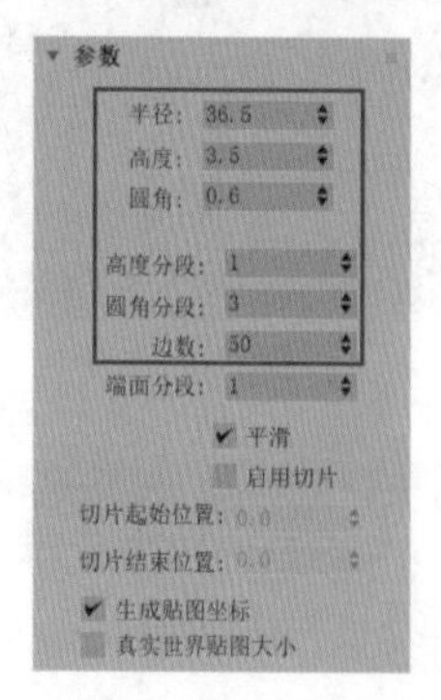

图3-49

（9）调整切角圆柱体的位置至凳子支撑结构的上方。本实例制作完成后的最终模型效果如图 3-50 所示。

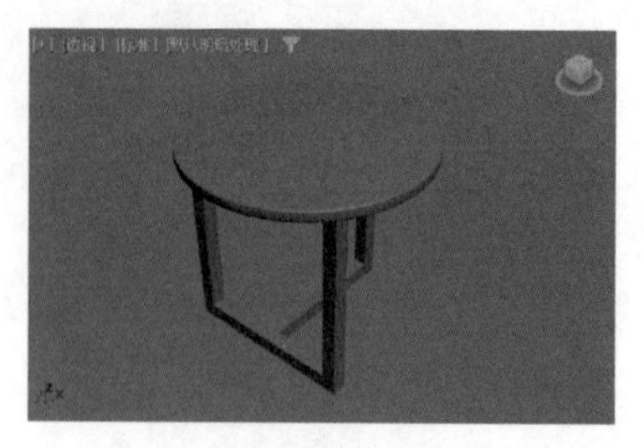

图3-50

3.2.7 实例：制作螺旋楼梯模型

本实例主要讲解螺旋楼梯模型的制作方法，螺旋楼梯模型的渲染效果如图 3-51 所示。

图3-51

（1）启动中文版 3ds Max 2024，单击“创建”面板中的“螺旋楼梯”按钮，如图 3-52 所示，在场景中创建一个螺旋楼梯模型，如图 3-53 所示。

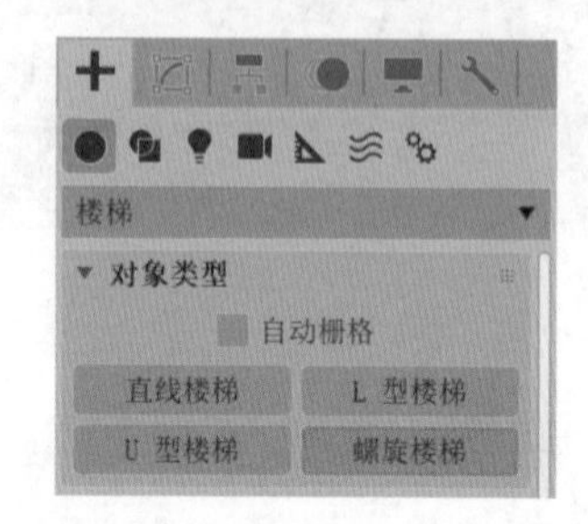

图3-52

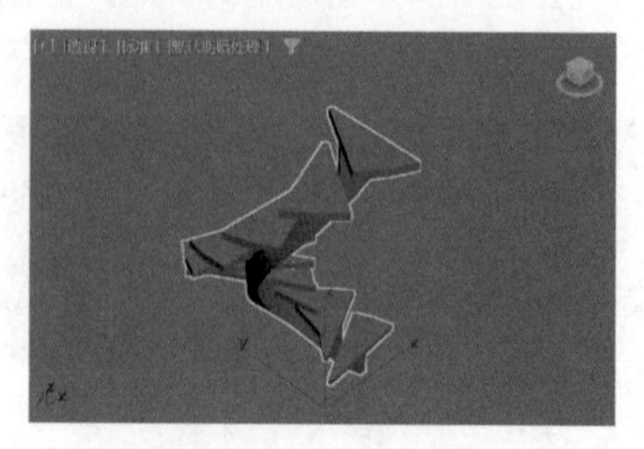

图3-53

（2）在“修改”面板的“参数”卷展栏的“布局”组中，设置“半径”为180，“旋转”为1.5，“宽度”

为100；在“梯级”组中，设置楼梯的“总高”为500，增加楼梯的高度，设置“竖板高”为25，如图3-54所示。设置完成后，螺旋楼梯模型的视图显示效果如图3-55所示。

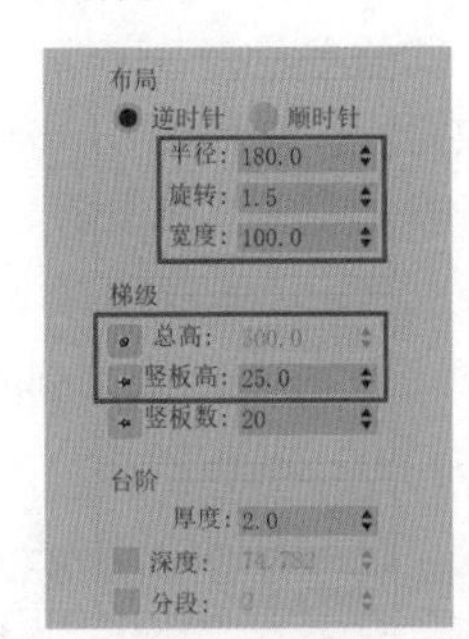

图3-54

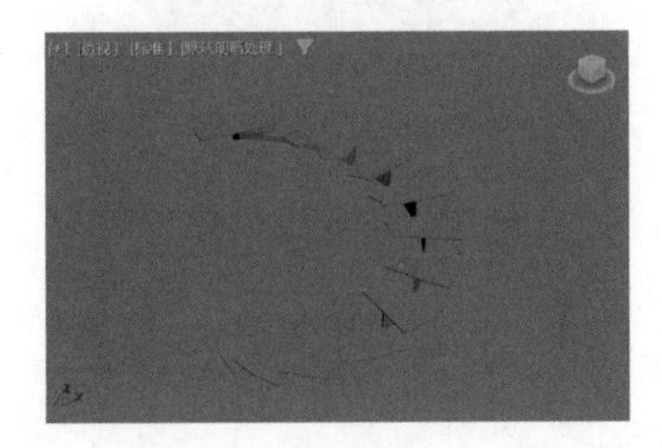

图3-55

（3）在“生成几何体”组中，勾选“侧弦”“支撑梁”“中柱”复选框，以及“扶手”的“内表面”和“外表面”复选框，如图3-56所示。

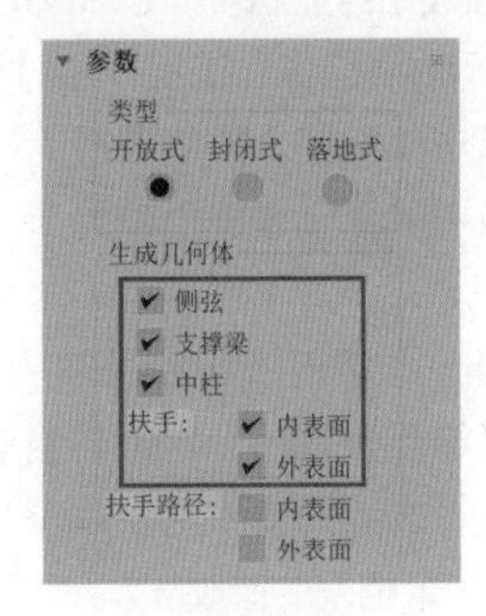

图3-56

（4）在“侧弦”卷展栏中，设置侧弦的“深度”为40，“宽度”为6，“偏移”为0，如图3-57所示，调整侧弦结构的细节。

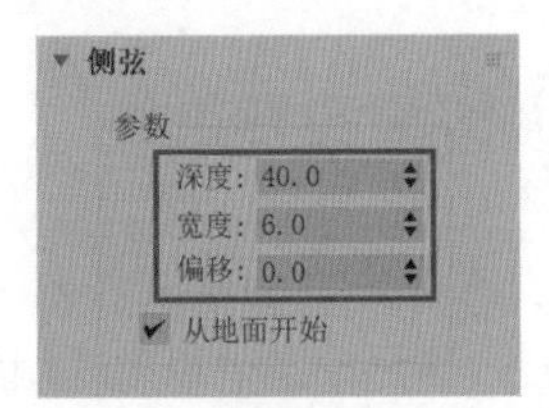

图3-57

（5）在“中柱”卷展栏中，设置中柱的“半径”为20，“分段”为30，如图3-58所示。设置完成后，螺旋楼梯模型的视图显示效果如图3-59所示。

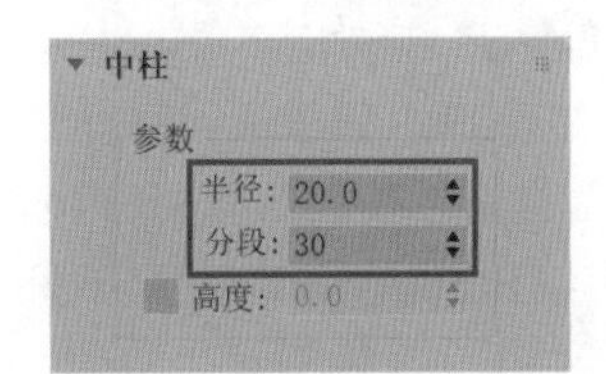

图3-58

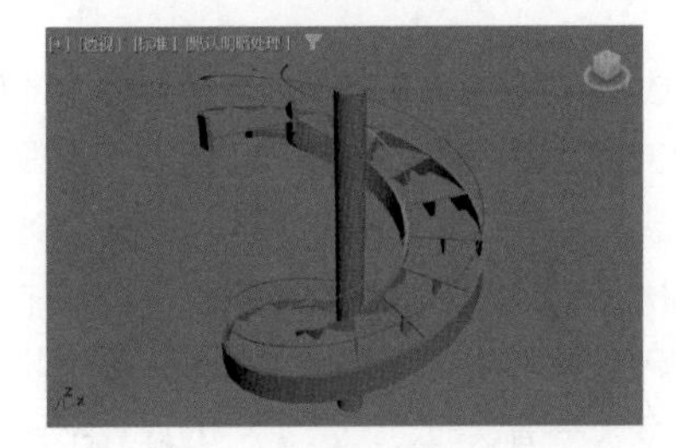

图3-59

（6）在“栏杆”卷展栏中，设置“高度”为45，“偏移”为0，“分段”为8，“半径”为2，如图3-60所示。

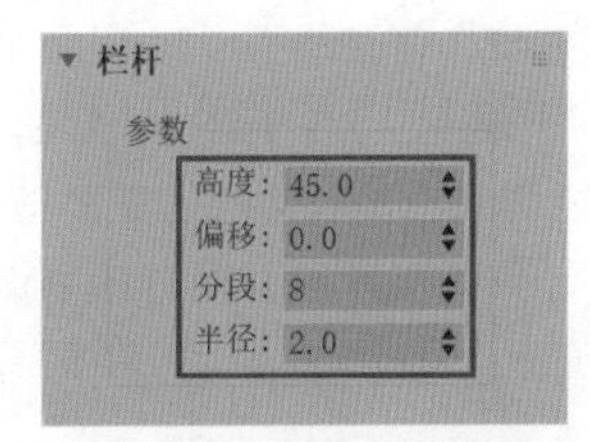

图3-60

（7）本实例制作完成后的最终模型效果如图3-61所示。

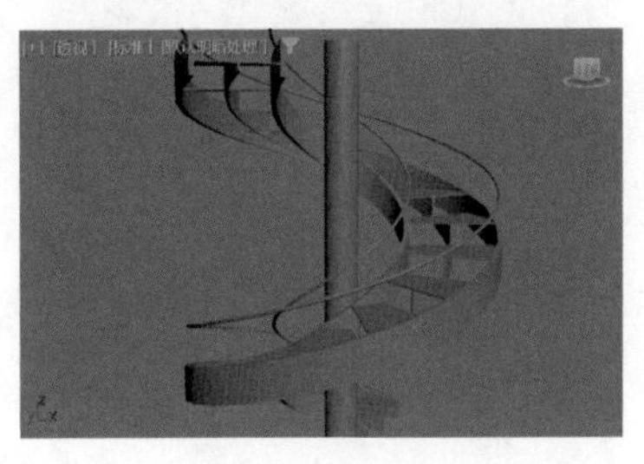

图3-61

3.3　修改器建模

修改器是3ds Max 2024为三维设计师提供的

一种用于解决对模型进行重新塑形、编辑贴图、添加动画等制作技术问题的命令集合。这些命令集合被放置于“修改”面板中的“修改器列表”里。选择了场景中的对象后，就激活了“修改”面板，然后便可以在“修改器列表”里选择合适的修改器来进行下一步的操作。需要注意的是，选择不同类型的对象，“修改器列表”里出现的修改器也会不同。

3.3.1 修改器堆栈

修改器堆栈是用于管理应用在对象上的所有修改器的位置及命令的。在这里，用户可以很方便地查看对象所应用的修改器的名称、顺序及参数设置。修改器所产生的结果跟它们在修改器堆栈中的位置息息相关，如果用户擅自改变修改器叠加的顺序，则可能会产生错误的、无法预料的计算结果。不同的修改器具有不同数量的子层级，当用户为对象添加了一个修改器后，如果该修改器的名称前方出现了一个黑色的三角符号，则证明该修改器具有子层级，用户可以单击该三角符号以展开修改器的子层级。“编辑多边形”修改器下设有“顶点”“边”“边界”“多边形”“元素”这5个子层级，如图3-62所示。如果修改器名称前方没有黑色的三角符号，则证明该修改器没有子层级。“优化”修改器没有子层级，如图3-63所示。

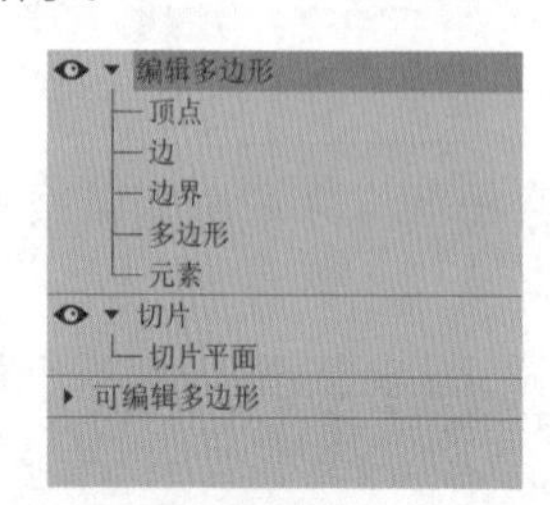

图3-62

图3-63

技巧与提示 所有修改器的子层级的数量都不会超过5个，进入每个子层级所对应的快捷键是数字键：“1”“2”“3”“4”“5”。

每个修改器内的命令数量也差别巨大。比如“属性承载器”修改器里面不提供任何命令，因为该修改器内的命令需要由3ds Max 2024高级用户自行添加。有的修改器内命令比较少，比如“波浪”修改器，仅需要调整几个参数就可以改变对象的形态。还有的修改器内命令特别多，比如用于模拟布料动画的Cloth修改器。

此外，修改器堆栈里的修改器可以在不同的对象上应用（复制、剪切和粘贴）。修改器名称前面的图标还可以控制应用或取消所添加修改器的效果，如图3-64所示。

图3-64

工具解析

- “锁定堆栈”按钮：用于将堆栈锁定到当前选定的对象，无论之后是否选择该对象或者其他对象，“修改”面板始终显示被锁定对象的修改命令。
- “显示最终结果”按钮：当对象应用了多个修改器时，单击该按钮，即使选择的不是最上方的修改器，视口中的显示效果仍然为应用了所有修改器的最终效果。
- “使唯一”按钮：当此按钮处于激活状态时，说明场景中可能至少有一个对象与当前所选择对象为实例化关系，或者场景中至少有一个对象应用了与当前所选择对象相同的修改器。
- “从堆栈中移除修改器”按钮：删除当前所选择的修改器。
- “配置修改器集”按钮：单击此按钮可弹出“修改器集”菜单。

3.3.2 塌陷修改器堆栈

随着修改器堆栈里的修改器越来越多，3ds Max 2024程序可能会因为计算量过大而开始变得运行缓慢。另外，过多的修改器命令也可能会使模型开始变得不太稳定，从而导致工程文件损坏。这时，有一个比较理想的解决办法就是对修改器堆栈中的命令进行塌陷。该操作可以清空修改器堆栈中的所有修改器命令，并保留应用了修改器后模型的最终计算结果，大大减少了模型的数据，进而节省了系统的计算资源。

塌陷修改器堆栈有两种方式，分别为“塌陷到”和“塌陷全部”，如图 3-65 所示。

图3-65

如果只是希望塌陷众多修改器命令中的某一个命令，则可以在当前修改器上单击鼠标右键，在弹出的菜单中选择“塌陷到”命令，这时系统会自动弹出“警告：塌陷到”对话框，如图 3-66 所示。

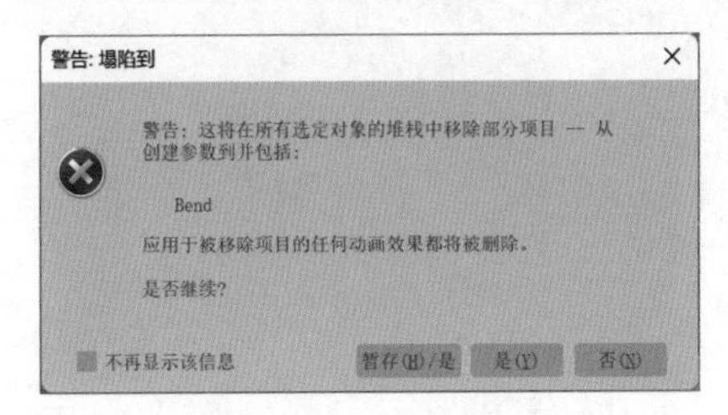

图3-66

如果希望塌陷所有的修改器命令，则可以在修改器名称上单击鼠标右键并选择“塌陷全部”命令，这时系统会自动弹出“警告：塌陷全部”对话框，如图 3-67 所示。

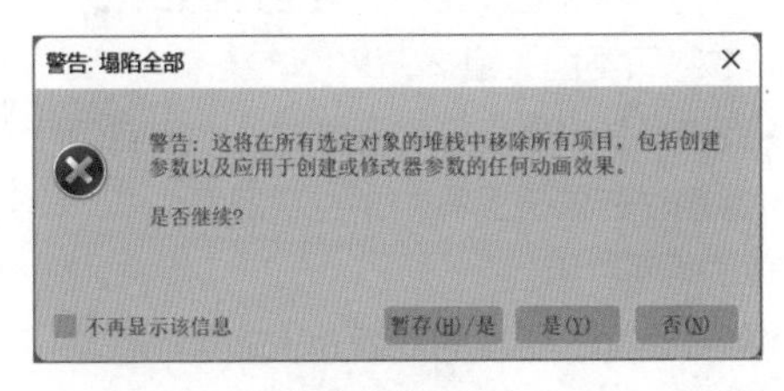

图3-67

3.3.3 “车削”修改器

“车削”修改器通过绕轴旋转一条曲线来创建三维模型对象，其参数如图 3-68 所示。

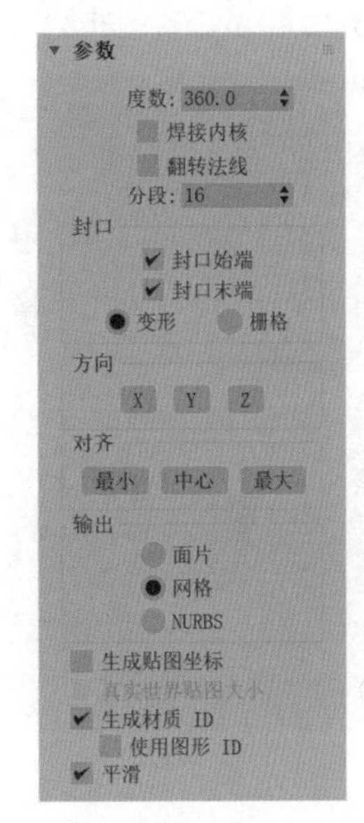

图3-68

工具解析

♦ 度数：确定对象绕轴旋转多少度，默认值为 360。如果该值小于 360，则生成一个不完全的旋转对象。图 3-69 所示为该值是 220 和 360 的模型显示效果对比。

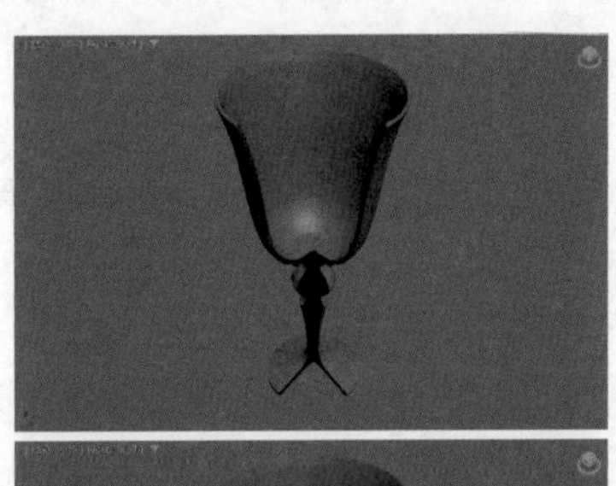

图3-69

♦ 焊接内核：通过将旋转轴中的顶点焊接来简化网格。

◆翻转法线：依赖图形上顶点的方向和旋转方向，旋转对象可能会内部外翻。

◆分段：在起始点之间，确定在曲面上创建多少插补线段。该值越大，生成的模型越光滑。图 3-70 所示为该值是 5 和 30 的模型显示效果对比。

图3-70

①“封口”组。

◆封口始端：度数小于 360 度的车削对象的始点，并形成闭合图形。

◆封口末梢：度数小于 360 度的车削对象的终点，并形成闭合图形。

◆变形：按照创建变形目标所需的可预见且可重复的方案排列封口面。

◆栅格：在图形边界上的方形修剪栅格中排列封口面。

②“方向”组。

◆X/Y/Z：设置曲线沿 x 轴、y 轴、z 轴的方向进行旋转。

③“对齐”组。

◆ 最小 “最小”按钮：将旋转轴与图形的最小范围对齐。

◆ 中心 “中心”按钮：将旋转轴与图形的中心范围对齐。

◆ 最大 “最大”按钮：将旋转轴与图形的最大范围对齐。

④“输出”组。

◆面片：生成一个可以塌陷到面片对象的对象。

◆网格：生成一个可以塌陷到网格对象的对象。

◆NURBS：生成一个可以塌陷到 NURBS 曲面的对象。

3.3.4 “倒角”修改器

“倒角”修改器可以将图形挤出为立体对象并在边缘应用倒角效果，常用于制作立体文字模型，其参数分别位于“参数”卷展栏和“倒角值”卷展栏当中，如图 3-71 所示。

图3-71

1.“参数”卷展栏

在“参数”卷展栏中，参数如图 3-72 所示。

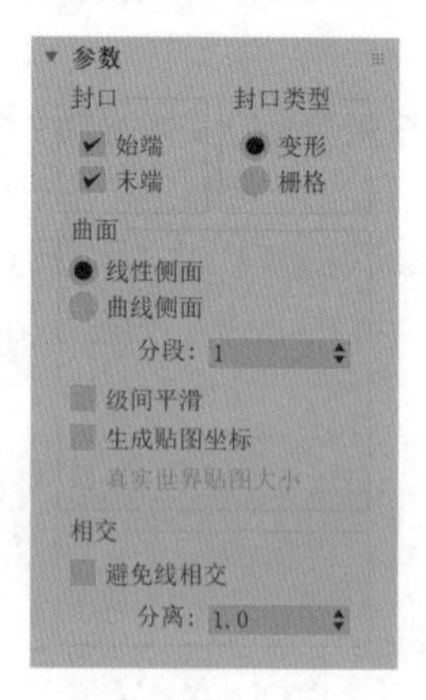

图3-72

工具解析

①“封口”组。

◆始端：对模型的起始位置进行封口。

◆末端：对模型的终端位置进行封口。

②“封口类型”组。

◆变形：为设置变形动画创建适合的封口面。

◆栅格：在栅格图案中创建封口面。

③“曲面”组。

◆线性侧面：生成的侧面处于笔直状态。

◆曲线侧面：生成的侧面处于弯曲状态。

◆分段：级别之间中级分段的数量。图 3-73 和

图 3-74 所示分别为该值是 1 和 3 的模型线框效果。

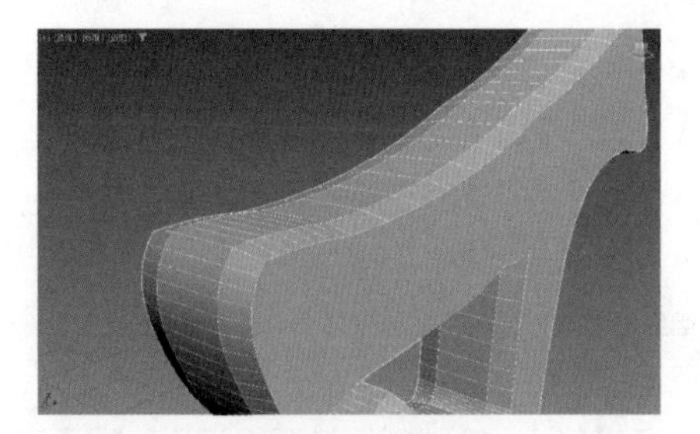
图3-73

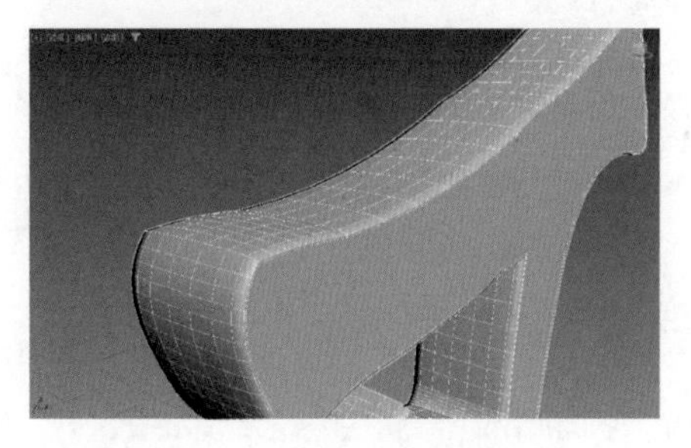
图3-74

④“相交”组。

♦ 避免线相交：防止轮廓彼此相交。

♦ 分离：设置边之间所保持的距离。

2.“倒角值”卷展栏

在“倒角值”卷展栏中，参数如图 3-75 所示。

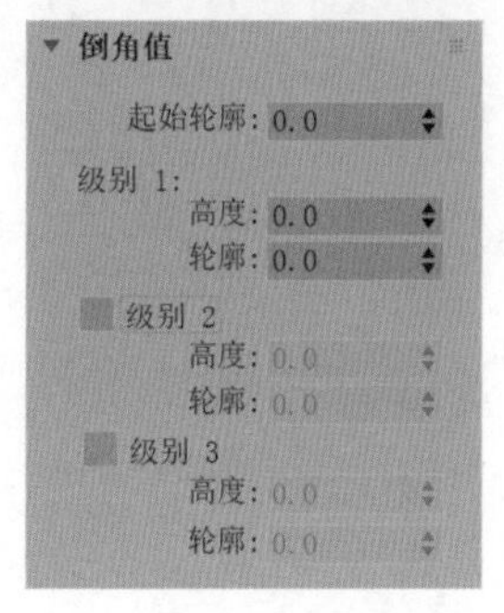

图3-75

工具解析

♦ 起始轮廓：设置起始轮廓到原始图形的偏移距离。

♦ 级别 1/ 级别 2/ 级别 3：每个级别均包含“高度”和“轮廓”两个参数，它们用于设置起始级别。

♦ 高度：设置不同级别在起始级别之上的距离。

♦ 轮廓：设置不同级别对应的轮廓到起始轮廓的偏移距离。

3.3.5 “扫描”修改器

“扫描”修改器用于沿着曲线路径生成立体网格，包括“截面类型”“插值”“参数”“扫描参数”这 4 个卷展栏，如图 3-76 所示。

图3-76

1.“截面类型”卷展栏

在“截面类型”卷展栏中，参数如图 3-77 所示。

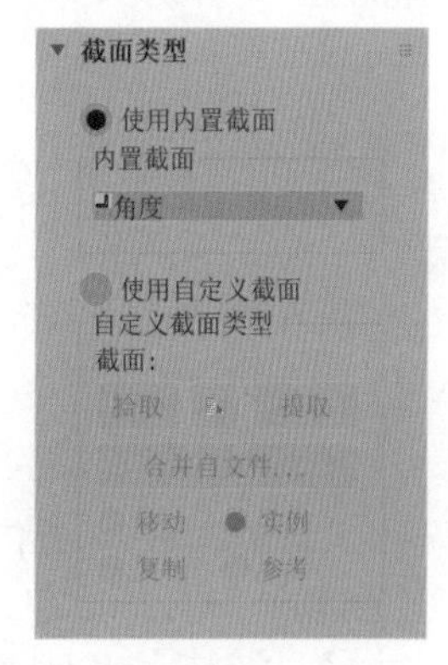

图3-77

工具解析

♦ 使用内置截面：选择该选项可使用一个内置的备用截面。

♦“内置截面”下拉列表：单击下拉按钮可以打开下拉列表，其中会显示出 3ds Max 2024 所提供的常用截面，如图 3-78 所示。

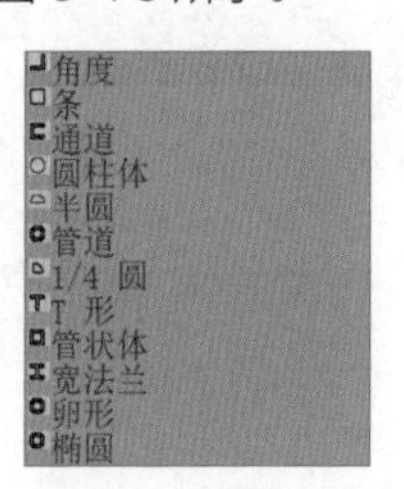

图3-78

◆使用自定义截面：允许用户使用自己已经创建的截面，或者把当前场景中的另一个图形当作截面。

◆ 拾取 “拾取”按钮：从场景中拾取图形作为截面。

◆ 提取 “提取”按钮：单击该按钮，会在场景中创建一个新图形。

◆ 合并自文件... “合并自文件”按钮：选择存储在另一个 MAX 文件中的截面。

◆移动：沿着指定的样条线扫描自定义截面。

◆实例：沿着指定的样条线以实例的方式扫描选定截面。

◆复制：沿着指定的样条线以复制的方式扫描选定截面。

◆参考：沿着指定样条线以参考的方式扫描选定截面。

2.“插值”卷展栏

在“插值”卷展栏中，参数如图 3-79 所示。

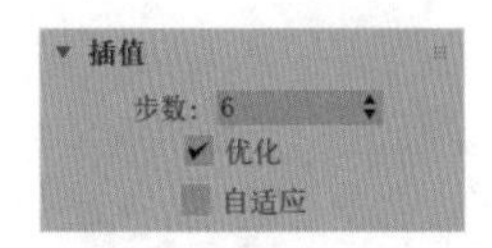

图3-79

工具解析

◆步数：设置 3ds Max 2024 在内置的截面顶点间所使用的分段数量。

◆优化：勾选此复选框后，可以从样条线的直线段中删除不需要的步数。默认勾选此复选框。

◆自适应：勾选此复选框后，可以自动设置所有样条线的步数，以生成平滑曲线。

3.“参数”卷展栏

在“参数”卷展栏中，参数如图 3-80 所示。

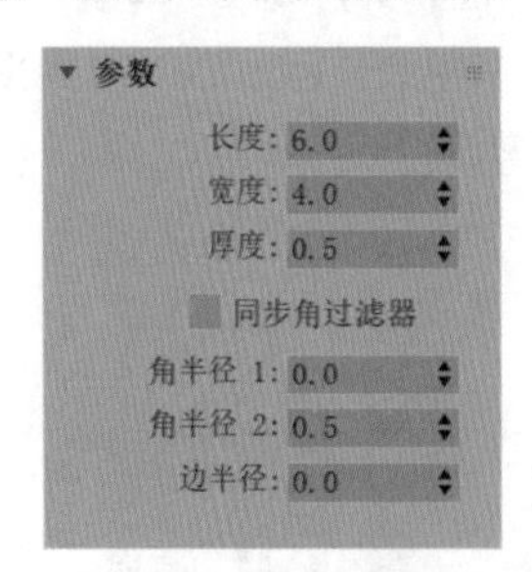

图3-80

工具解析

◆长度：控制角度截面垂直边的高度。

◆宽度：控制角度截面水平边的宽度。

◆厚度：控制角度的两条边的厚度。

◆同步角过滤器：勾选此复选框后，“角半径 1”控制垂直边和水平边之间内外角的半径。它还保持截面的厚度不变。

◆角半径 1：控制角度截面垂直边和水平边之间的外径。

◆角半径 2：控制角度截面垂直边和水平边之间的内径。

◆边半径：控制垂直边和水平边的最外部边缘的内径。

4.“扫描参数”卷展栏

在“扫描参数”卷展栏中，参数如图 3-81 所示。

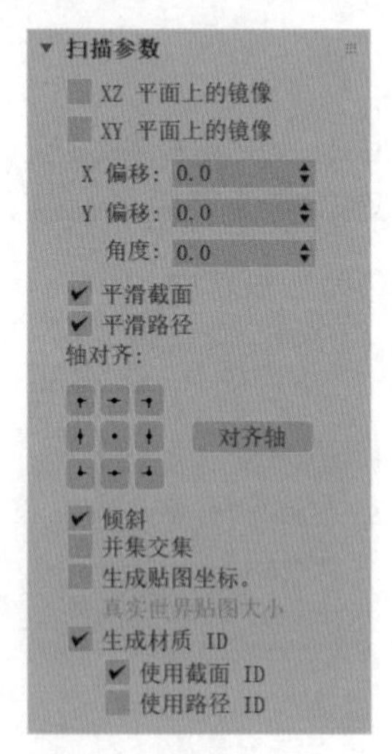

图3-81

工具解析

◆XZ 平面上的镜像：勾选此复选框后，截面相对于应用“扫描”修改器的样条线垂直翻转。

◆XY 平面上的镜像：勾选此复选框后，截面相对于应用“扫描”修改器的样条线水平翻转。

◆X 偏移 /Y 偏移：用于设置截面图形在水平 / 垂直方向上的偏移程度。

◆角度：用于设置截面图形的旋转角度。

◆平滑截面：对生成模型的截面进行平滑计算。

♦ 平滑路径：对生成模型的路径进行平滑计算。

♦ 轴对齐：3ds Max 2024 设置了 9 个按钮来供用户选择作为围绕样条线路径移动截面的轴，如图 3-82 所示。

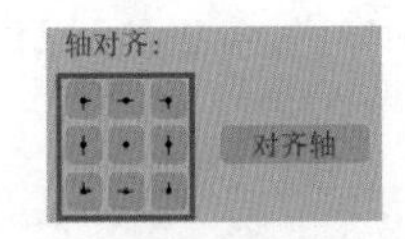

图3-82

♦ 对齐轴 “对齐轴”按钮：“轴对齐”栅格在视口中以三维外观显示，如图 3-83 所示。

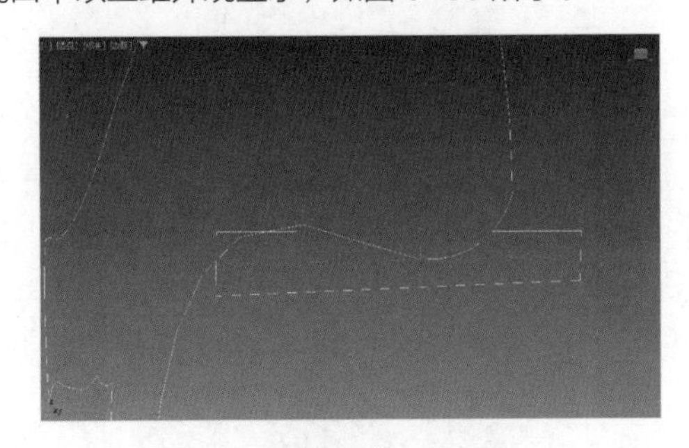

图3-83

♦ 倾斜：勾选此复选框后，只要路径弯曲并改变其局部 *z* 轴的高度，截面就会围绕样条线路径旋转。

♦ 并集交集：如果使用多条交叉样条线，比如栅格，那么勾选此复选框可以生成清晰且更真实的交叉点。

♦ 生成贴图坐标：将贴图坐标应用到挤出对象中。

♦ 真实世界贴图大小：控制应用于对象的纹理贴图材质所使用的缩放方法。

♦ 生成材质 ID：将不同的材质 ID 指定给扫描的侧面与封口。

♦ 使用截面 ID：使用指定给截面分段的材质 ID。

♦ 使用路径 ID：使用指定给基本曲线中基本样条线或曲线子对象分段的材质 ID。

3.3.6 “弯曲”修改器

“弯曲”修改器，顾名思义，是对模型进行弯曲变形的一种修改器。其参数如图 3-84 所示。

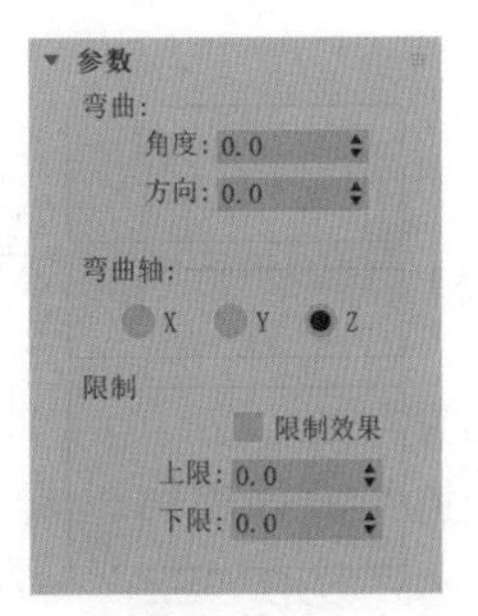

图3-84

工具解析

①“弯曲”组。

♦ 角度：设置模型弯曲的角度。

♦ 方向：设置模型弯曲的方向。

②“弯曲轴”组。

♦X/Y/Z：指定要弯曲的轴。

③“限制”组。

♦ 限制效果：将限制约束应用于弯曲效果。

♦ 上限：设置模型弯曲中心点上方的部分不再产生弯曲效果。

♦ 下限：设置模型弯曲中心点下方的部分不再产生弯曲效果。

3.3.7 “噪波”修改器

使用“噪波”修改器可以对对象从 3 个不同的轴向来设置强度，使对象产生随机性较强的噪波起伏效果。“噪波”修改器常用来制作起伏的水面、山峦或飘扬的小旗等。其参数如图 3-85 所示。

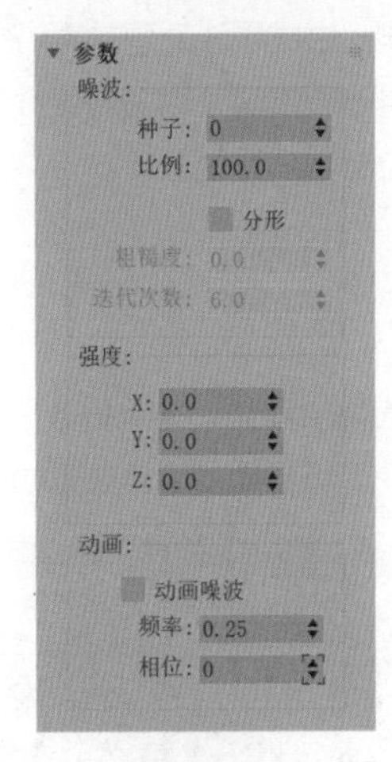

图3-85

工具解析

①“噪波”组。

♦种子：根据随机生成的起始点得到不同的噪波效果。

♦比例：设置噪波的大小。

♦分形：生成细节更加丰富的噪波效果。图3-86和图3-87分别为勾选“分形”复选框前后的视图显示效果。

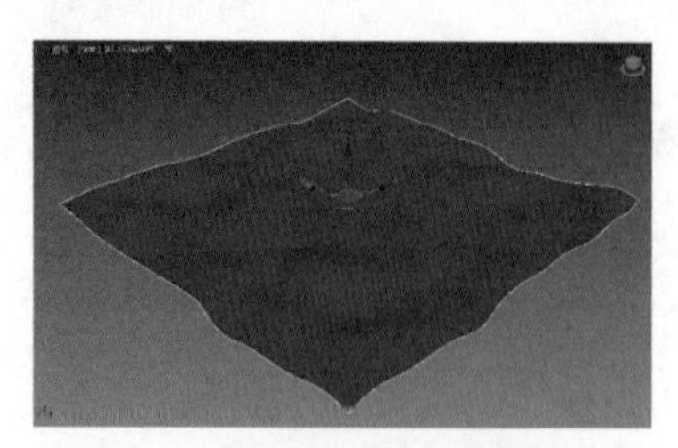

图3-86

图3-87

♦粗糙度：决定分形变化的程度。

♦迭代次数：控制分形的平滑效果。

②“强度”组。

♦X/Y/Z：沿着 x 轴、y 轴、z 轴设置噪波效果的强度。

③“动画”组。

♦动画噪波：生成噪波动画效果。

♦频率：用于调整噪波动画的速度。

♦相位：控制噪波的位置。

3.3.8 实例：制作玻璃酒杯模型

本实例为大家讲解如何使用修改器来制作一个酒杯的三维模型，酒杯模型的渲染效果如图3-88所示。

图3-88

（1）启动中文版3ds Max 2024，在“创建”面板中单击“线”按钮，如图3-89所示。

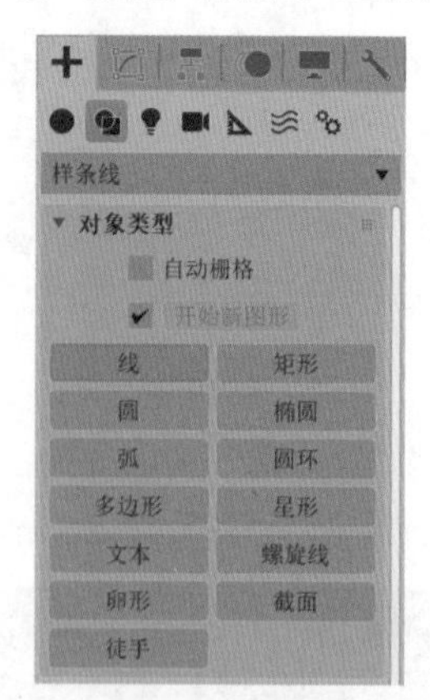

图3-89

（2）在“前”视图中绘制出酒杯的一半轮廓，如图3-90所示。

图3-90

（3）在“修改”面板中，进入“顶点”子层级，如图3-91所示。

图3-91

（4）选择曲线上的所有顶点，单击鼠标右键，在弹出的菜单中选择“Bezier角点”命令，如图3-92所示，将所选择的点由默认的“角点”转换为“Bezier角点”。

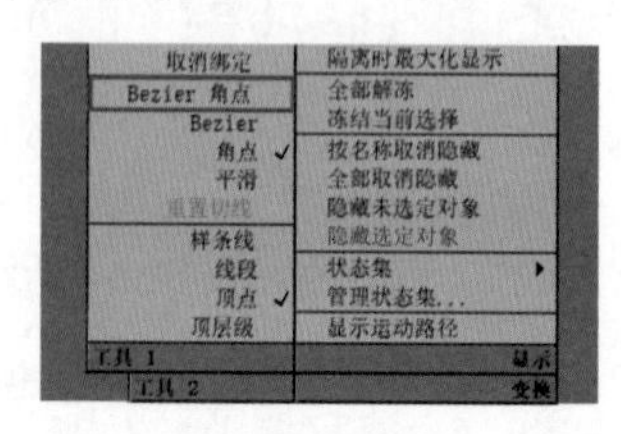

图3-92

（5）仔细调整各个顶点的位置及手柄，让酒杯壁的厚度尽可能均匀，使构成酒杯底座部分的线条更加平滑，如图3-93和图3-94所示。

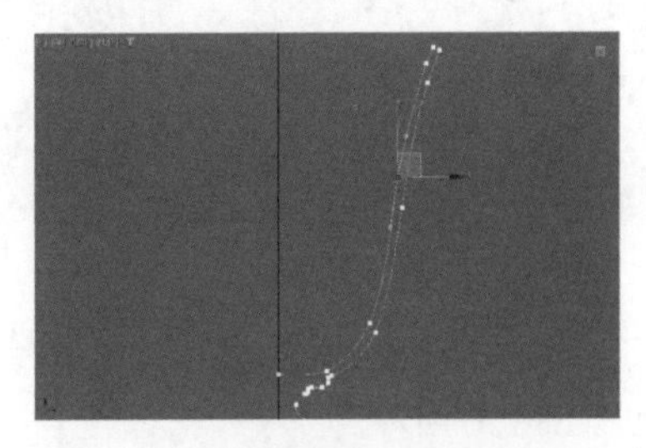

图3-93

图3-94

（6）调整完成后，退出“顶点”子层级，线条的形态如图3-95所示。

图3-95

（7）选择绘制完成后的曲线，在“修改”面板中，为其添加“车削”修改器，如图3-96所示。

图3-96

（8）设置完成后，生成模型的效果如图3-97所示。

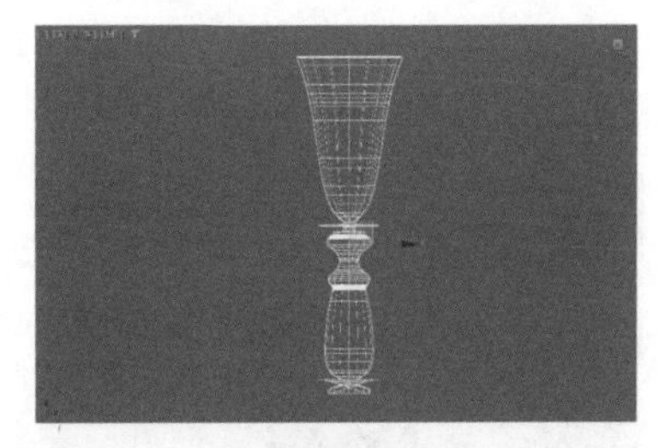

图3-97

（9）在“修改”面板中，展开“参数”卷展栏，设置“分段”为32，并单击“最小”按钮，如图3-98所示，即可得到一个杯子的三维模型。

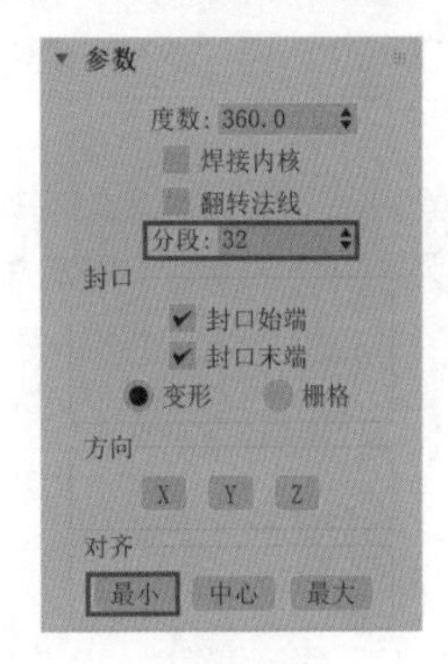

图3-98

（10）在“透视”视图中，观察杯子模型，可以发现在默认状态下，模型表面呈黑色，如图3-99所示，这表明模型的法线可能是反的。

图3-99

（11）在“修改”面板中，勾选“翻转法线”复选框，如图3-100所示，即可更改模型的法线方向。

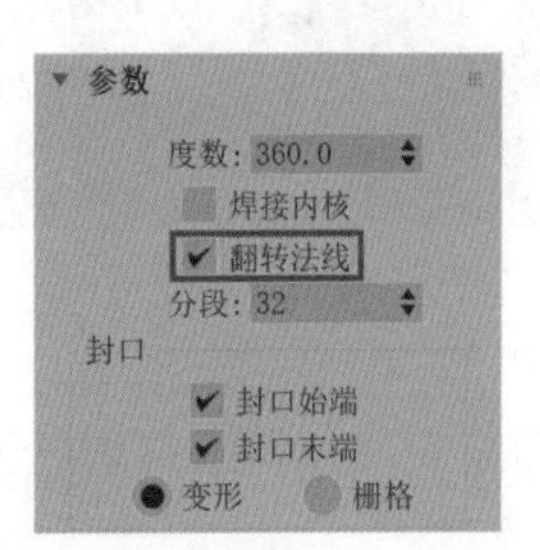

图3-100

（12）仔细观察杯子的底部，可以看到模型底面中心会出现黑点，如图 3-101 所示。

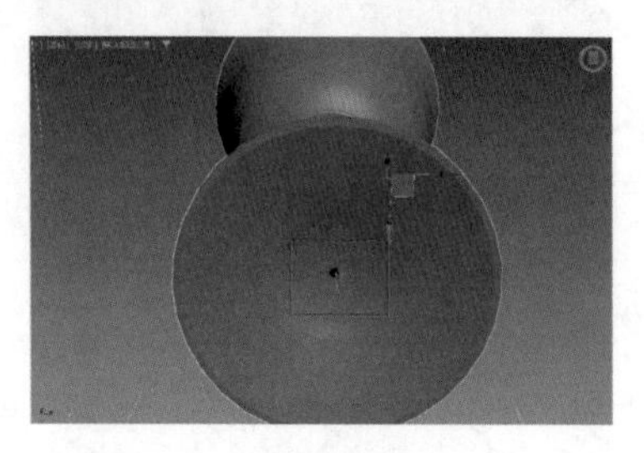

图3-101

（13）在“参数”卷展栏中，勾选“焊接内核”复选框，如图 3-102 所示。这样，杯子底部的黑点就去掉了，如图 3-103 所示。

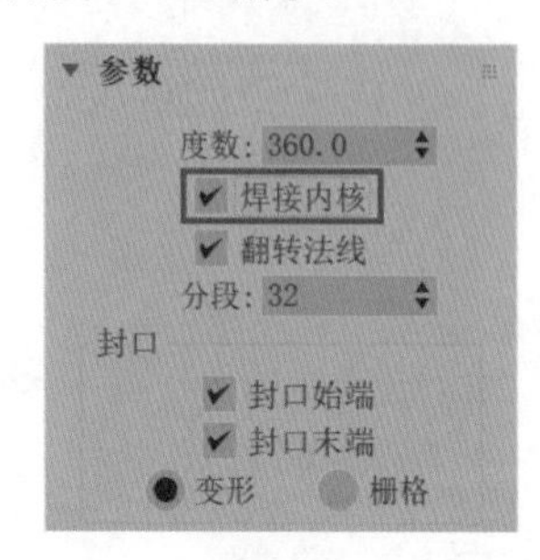

图3-102

图3-103

（14）本实例制作完成后的最终模型效果如图 3-104 所示。

图3-104

3.3.9 实例：制作足球模型

本实例为大家讲解如何使用多种修改器来制作一个足球的三维模型，足球模型的渲染效果如图 3-105 所示。

图3-105

（1）启动中文版3ds Max 2024，单击“异面体”按钮，如图 3-106 所示。

图3-106

（2）在场景中创建一个异面体对象，如图 3-107 所示。

图3-107

（3）在“修改”面板中，设置异面体的“系列”为“十二面体 / 二十面体”，在“系列参数”组中，设置 P 为 0.36，如图 3-108 所示。

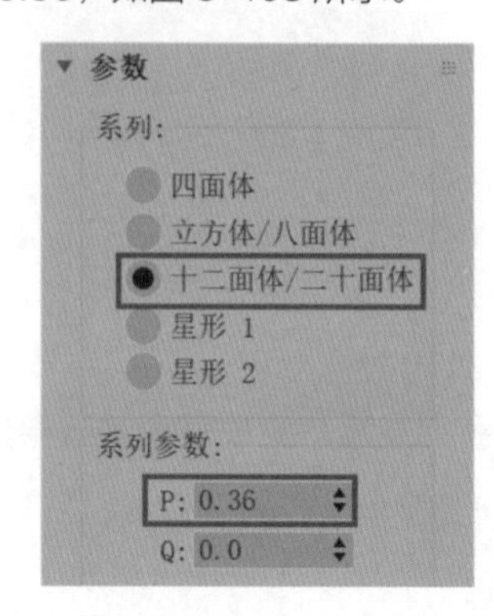

图3-108

（4）选择异面体，单击鼠标右键，在弹出的菜单中选择“转换为 / 转换为可编辑网格”命令，如图 3-109 所示。

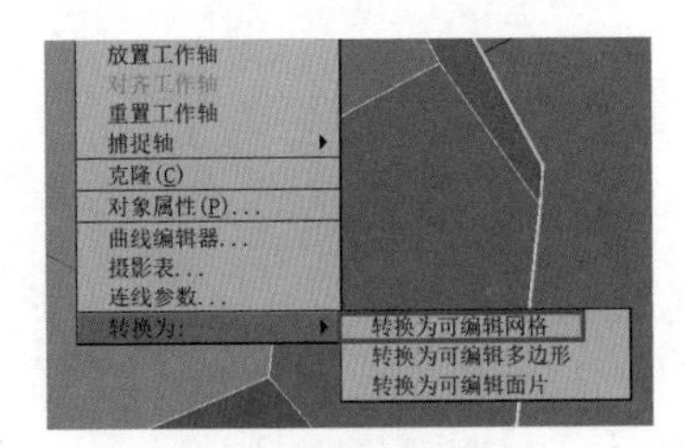

图3-109

（5）在“修改”面板中，进入“多边形”子层级，如图 3-110 所示。

图3-110

（6）选择异面体上的所有面，如图 3-111 所示。

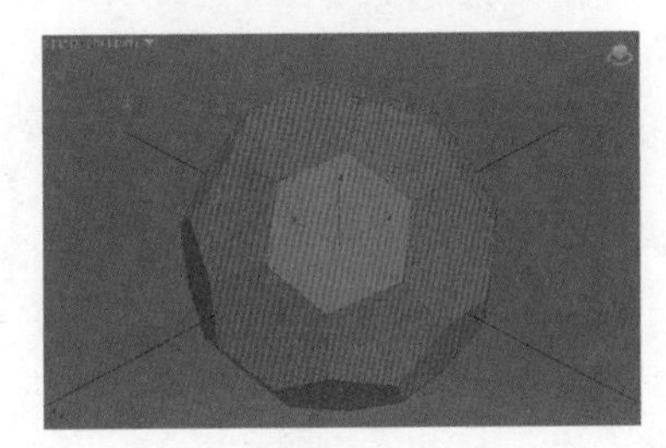

图3-111

（7）在“修改”面板中，单击“炸开”按钮，如图 3-112 所示。在系统自动弹出的“炸开为对象”对话框中单击“确定”按钮，如图 3-113 所示。

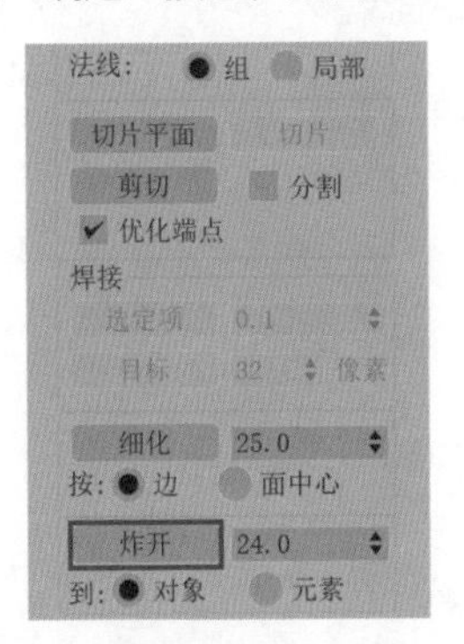

图3-112

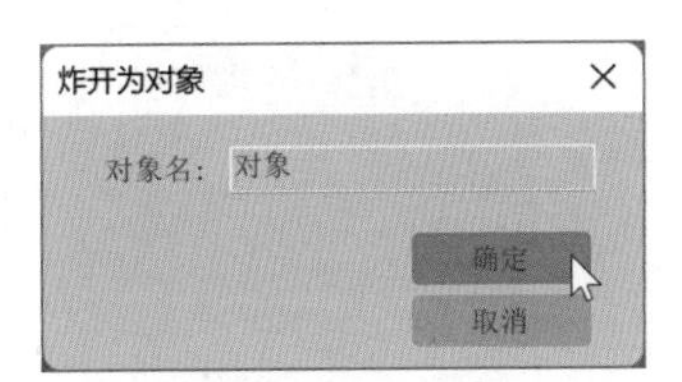

图3-113

（8）退出“多边形”子层级，选择场景中所有被炸开的模型，如图 3-114 所示。

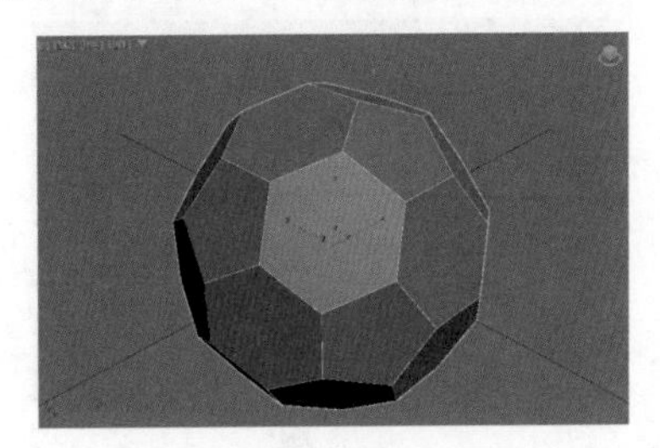

图3-114

（9）为所选择的模型添加“涡轮平滑”修改器，并设置“主体”组的“迭代次数”为 2，如图 3-115 所示。

图3-115

（10）设置完成后，异面体的视图显示效果如图 3-116 所示。

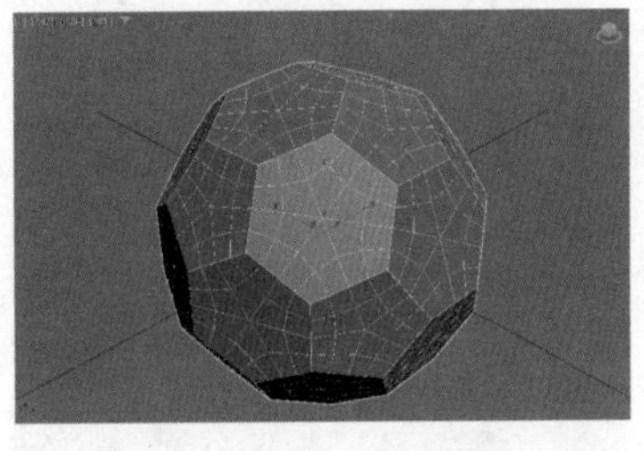

图3-116

（11）在“修改”面板中，为所有选择的对象添加“球形化”修改器，如图 3-117 所示。这时，模型看起来和球体一样光滑，如图 3-118 所示。

图3-117

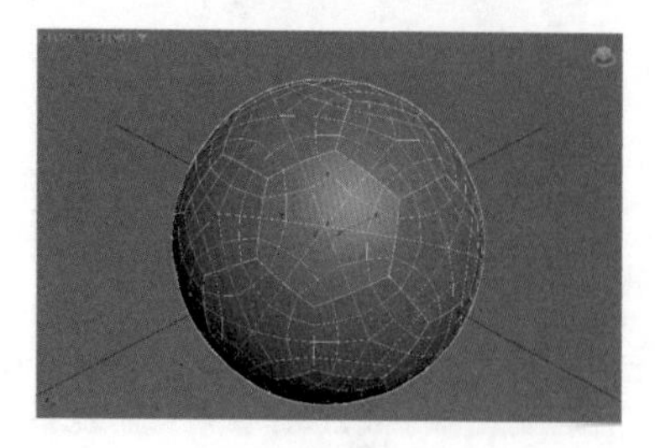
图3-118

（12）在“修改”面板中，为所有选择的对象添加“网格选择”修改器，并单击“多边形”，进入“网格选择”修改器的“多边形”子层级，如图 3-119 所示。

图3-119

（13）按组合键“Ctrl+A”，选择所有面，如图 3-120 所示。

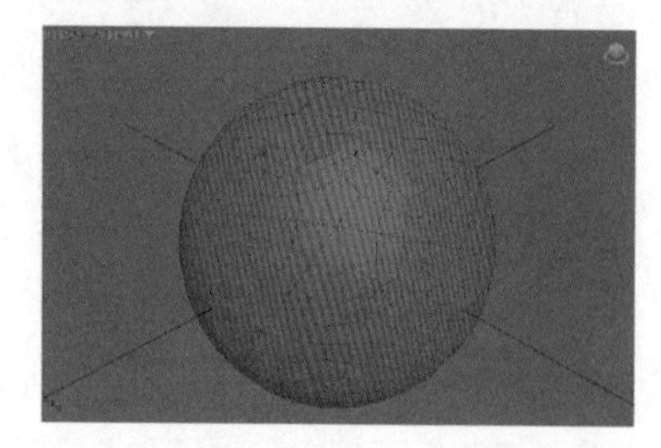
图3-120

（14）在“修改”面板中，为所有选择的对象添加“面挤出”修改器，并调整“数量”为 1，“比例”为 95，如图 3-121 所示，得到图 3-122 所示的模型显示效果。

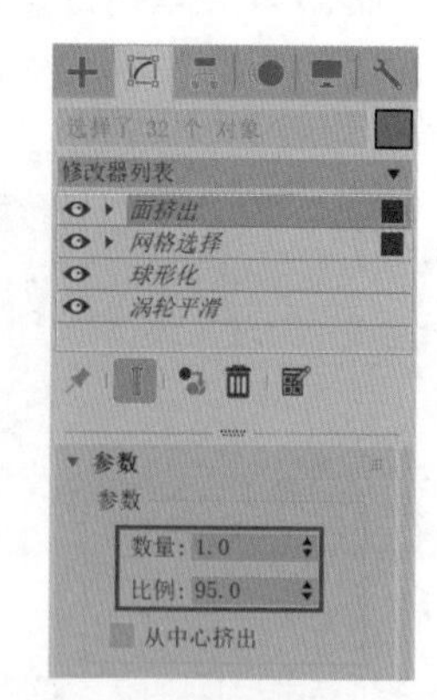

图3-121

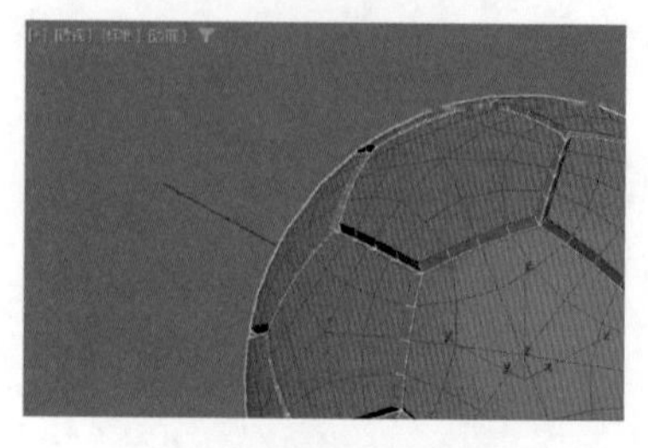
图3-122

（15）在“修改”面板中，为所有选择的对象添加“网格平滑”修改器，如图 3-123 所示。

图3-123

（16）在“细分方法”卷展栏中，设置“细分方法”为“四边形输出”；在“细分量”卷展栏中，设置“迭代次数”为 2，如图 3-124 所示，使足球模型看起来更加光滑。

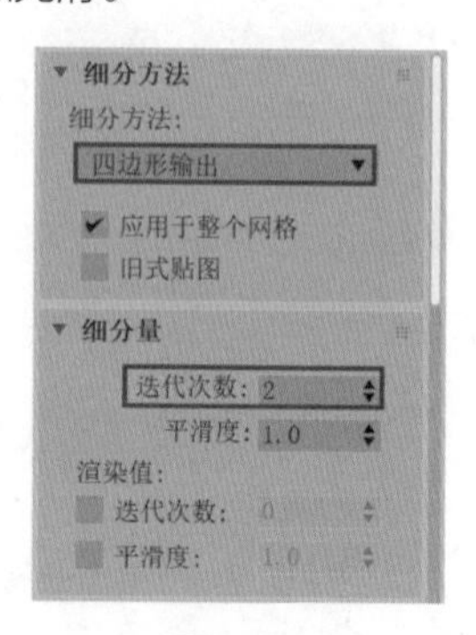

图3-124

（17）本实例制作完成后的最终模型效果如图 3-125 所示。

图3-125

3.4 多边形建模

多边形建模是目前最为流行的三维建模技术，也是 3ds Max 2024 的修改器命令之一。用户只需要为场景中的对象添加“可编辑多边形”修改器，即可使用这一技术。使用多边形建模技术几乎可以制作出任何模型，比如工业产品模型、建筑景观模型、卡通角色模型等。

多边形对象的创建方法主要有两种：一种为将要修改的对象直接转换为可编辑的多边形，另一种为在“修改”面板的下拉列表中为对象添加“可编辑多边形”修改器。“可编辑多边形”修改器包括“顶点”“边”“边界”“多边形”“元素”这 5 个子层级，如图 3-126 所示。

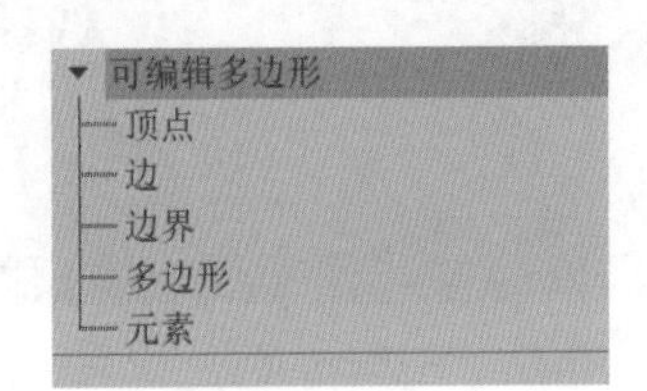

图3-126

3.4.1 “选择”卷展栏

“选择”卷展栏主要用于控制选择多边形的子对象，其参数如图 3-127 所示。

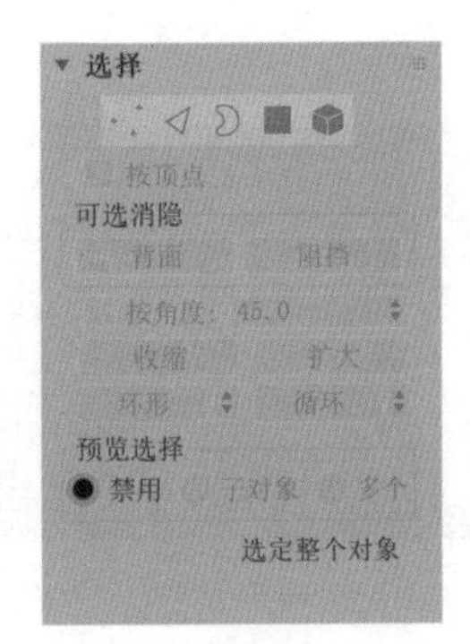

图3-127

工具解析

◆ “顶点”按钮：用于访问“顶点”子层级，如图 3-128 所示。

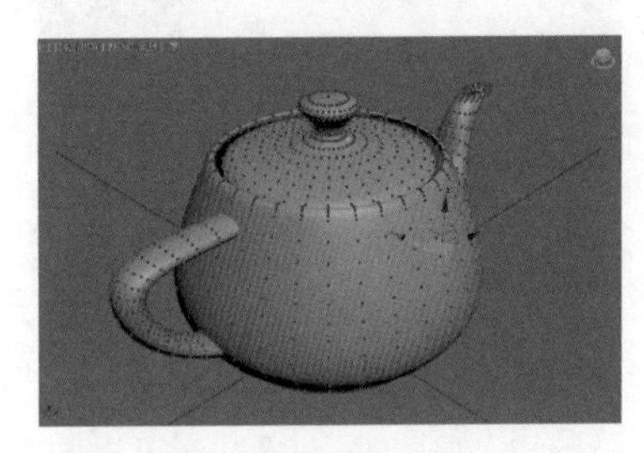

图3-128

◆ “边”按钮：用于访问“边”子层级，如图 3-129 所示。

图3-129

◆ “边界”按钮：用于访问“边界”子层级，如图 3-130 所示。

图3-130

◆ “多边形”按钮：用于访问“多边形”子层

级，如图 3-131 所示。

图3-131

◆ "元素"按钮：用于访问"元素"子层级，如图 3-132 所示。

图3-132

◆按顶点：勾选此复选框时，只有选择子对象的顶点，才能选择子对象。

◆可选消隐（背面）：勾选此复选框后，将无法选择模型背面朝向的子对象。

◆按角度：勾选此复选框时，选择一个多边形会基于复选框右侧的角度值选择相邻多边形。

◆ 收缩 "收缩"按钮：通过取消选择最外部的子对象缩小子对象的选择区域。如果不再缩小选择区域，则可以取消选择其余的子对象，如图 3-133 所示。

图3-133

◆ 扩大 "扩大"按钮：朝所有可用方向外侧扩展选择区域，作用与"收缩"按钮正好相反。

◆ 环形 "环形"按钮：通过选择所有平行于选中边的边来扩展边选择。"环形"按钮只应用于边和边界选择，如图 3-134 所示。

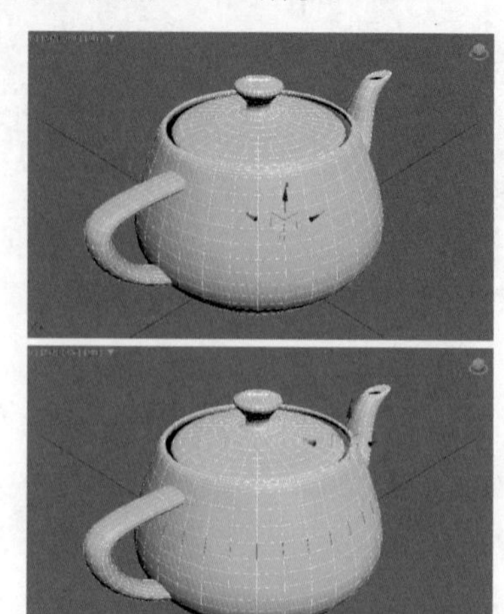

图3-134

◆ 循环 "循环"按钮：自动选择与所选边对齐的扩展边，如图 3-135 所示。

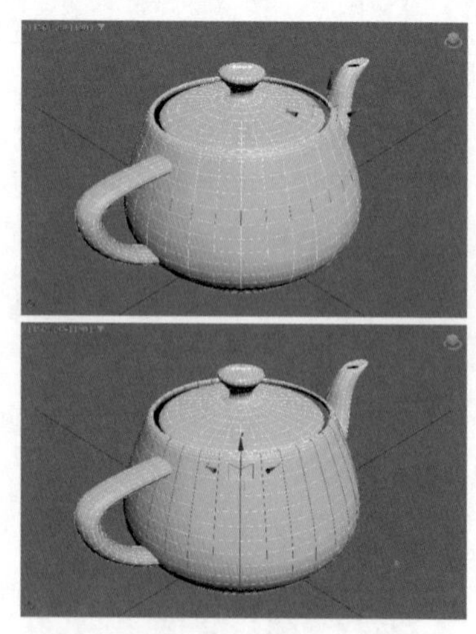

图3-135

3.4.2 "编辑顶点"卷展栏

改变模型的形态最简单的方式就是调节多边形对象内顶点的位置。顶点是构成多边形对象的子对象的基本元素。当用户改变顶点的位置时，相应地，它们所形成的几何体也会受到影响。顶点可以独立存在，孤立顶点可以用来构建几何体，但在渲染时，它们是不可见的。在多边形对象中，每一个顶点均有自己的 ID。可以通过单击模型上的任意顶点，在“修改”面板中的“选择”卷展栏下方查看顶点的 ID，如图 3-136 所示。

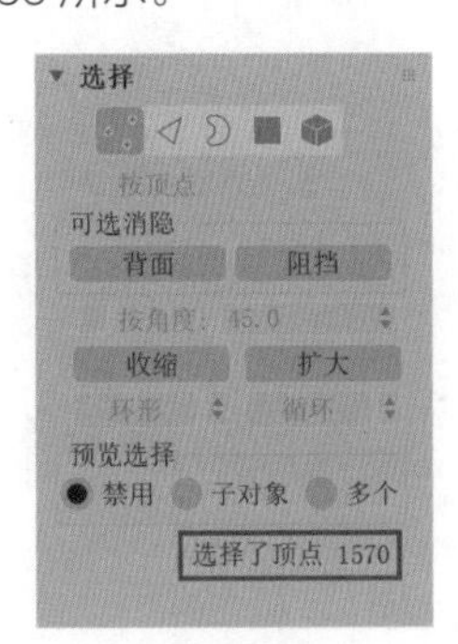

图3-136

在“可编辑多边形”修改器的“顶点”子层级中，如果选择了多个顶点，则“选择”卷展栏下方会提示具体选择了多少个顶点，如图 3-137 所示。

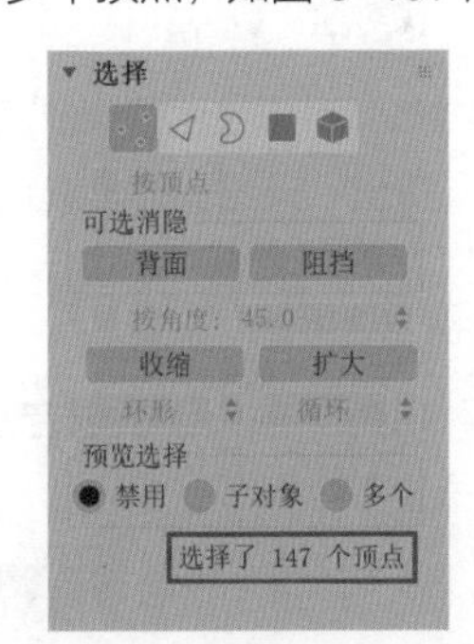

图3-137

此外，当用户进入“可编辑多边形”修改器的“顶点”子层级后，“修改”面板中会出现“编辑顶点”卷展栏，如图 3-138 所示。

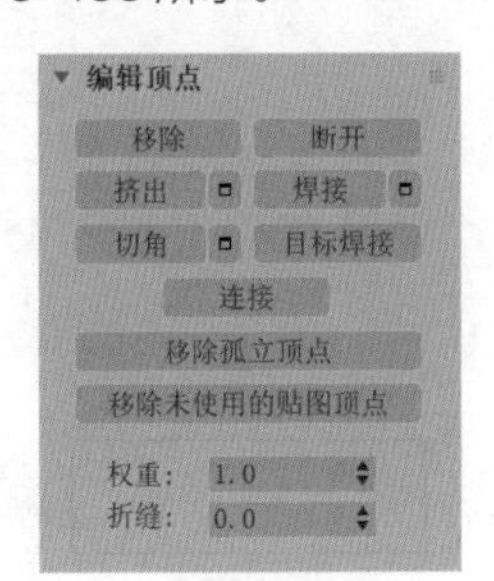

图3-138

工具解析

♦ 移除 “移除”按钮：删除选中的顶点，并接合起使用它们的多边形，如图 3-139 所示，其快捷键是“Backspace”。

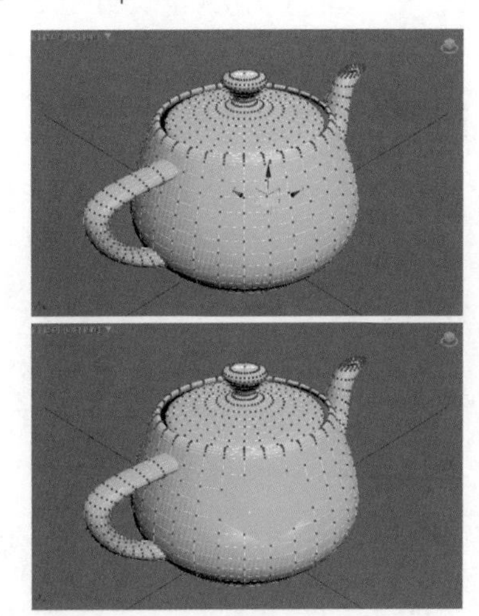

图3-139

♦ 断开 “断开”按钮：在与选定顶点相连的每个多边形上都创建一个新顶点，这可以使多边形的转角相互分开，使它们不再相连于原来的顶点。如果顶点是孤立的或者只被一个多边形使用，则顶点不受影响。

♦ 挤出 “挤出”按钮：可以手动挤出顶点，方法是在视图中直接操作。单击此按钮，然后在任意顶点上垂直拖曳鼠标，就可以挤出顶点。

♦ 焊接 “焊接”按钮：对“焊接”助手中指定的公差范围内选定的连续顶点进行合并，所有边都会与产生的单个顶点连接，如图 3-140 所示。

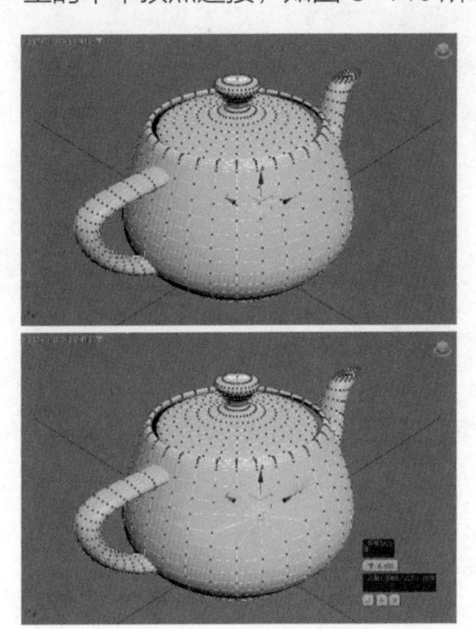

图3-140

♦ 切角 “切角”按钮：单击此按钮，然后在活动对象中拖动顶点。要用数字切角顶点，可以单击“切角设置”按钮，然后设置“切角量”，如

图 3-141 所示。

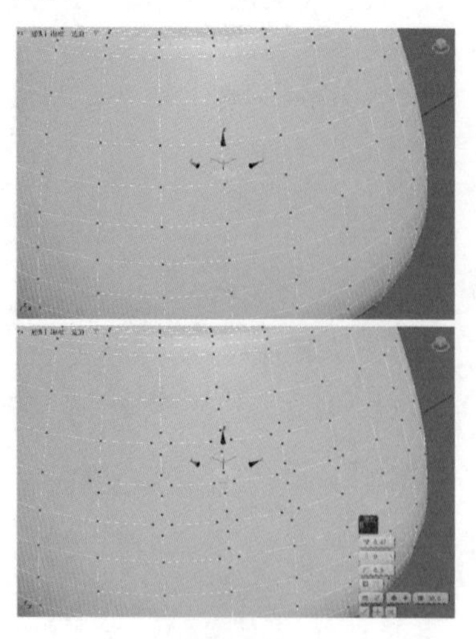

图3-141

♦ 目标焊接 “目标焊接”按钮：可以选择一个顶点，并将它焊接到相邻的顶点上。

♦ 连接 “连接”按钮：在选中的顶点对之间创建新的边。

♦ 移除孤立顶点 “移除孤立顶点”按钮：删除模型中的孤立顶点。

♦ 移除未使用的贴图顶点 “移除未使用的贴图顶点”按钮：删除没有使用的贴图顶点。

技巧与提示 3ds Max 2024为用户提供的Ribbon工具栏中有一个“建模”选项卡，展开该选项卡，可以看到其中的按钮跟“修改”面板中“可编辑多边形”修改器的按钮是一一对应的。比如，如果用户在“修改”面板中激活了“挤出”按钮，则相应地，也会激活Ribbon工具栏中相应的按钮，如图3-142所示。

图3-142

3.4.3 “编辑边”卷展栏

边是连接两个顶点的直线，它可以作为多边形的边。进入“可编辑多边形”修改器的“边”子层级后，“修改”面板中会出现“编辑边”卷展栏，展开后参数如图 3-143 所示。

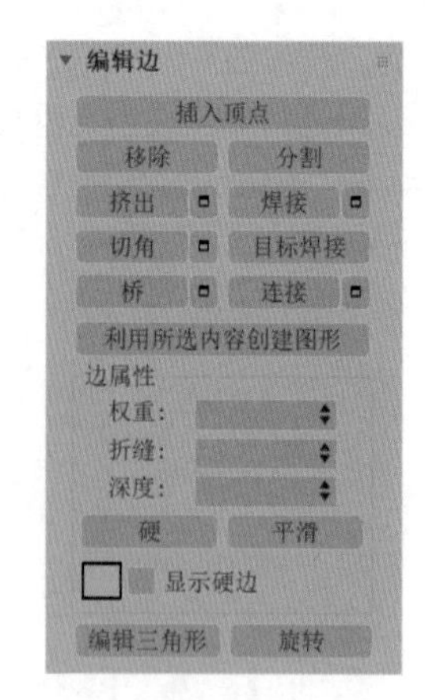

图3-143

工具解析

♦ 插入顶点 “插入顶点”按钮：用于手动细分可视的边。

♦ 移除 “移除”按钮：删除选定边。

♦ 分割 “分割”按钮：沿着选定边分割网格。

♦ 挤出 “挤出”按钮：挤出选定边。

♦ 焊接 “焊接”按钮：将指定阈值范围内的选定边进行合并。

♦ 切角 “切角”按钮：从选定边创建两个或更多新边，如图 3-144 所示。

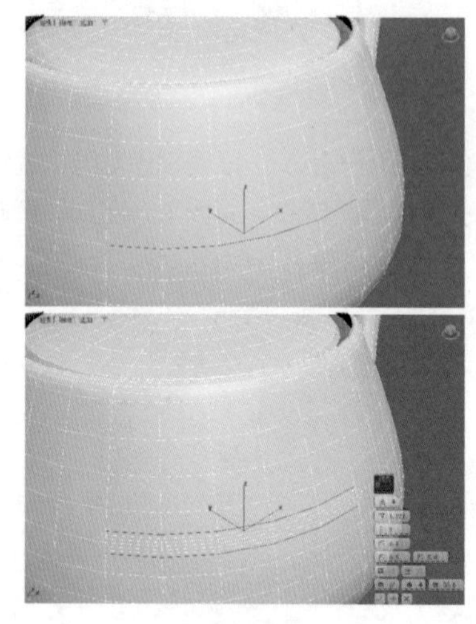

图3-144

♦ 目标焊接 “目标焊接”按钮：将选定边焊接到目标边，如图 3-145 所示。

♦ 桥 “桥”按钮：在选定边之间生成新的面来进行桥接，如图 3-146 所示。

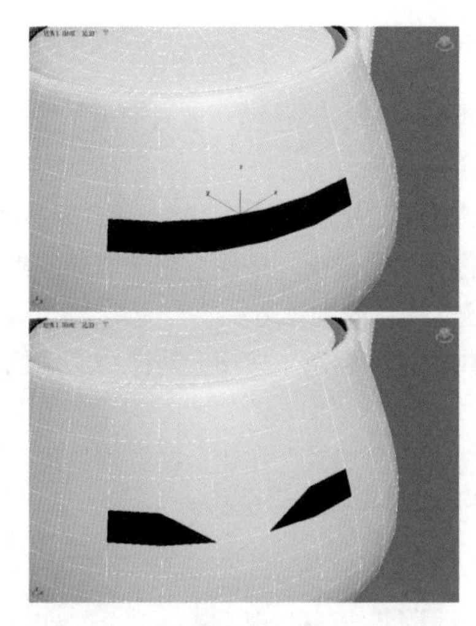

图3-145

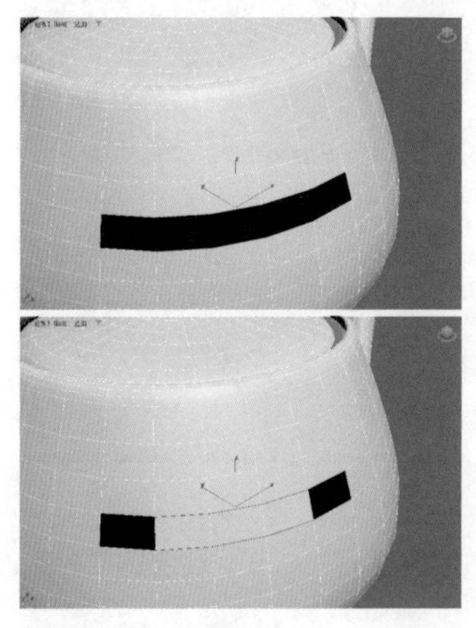

图3-146

◆ 连接 “连接”按钮：在选定边之间连接新的边，如图 3-147 所示。

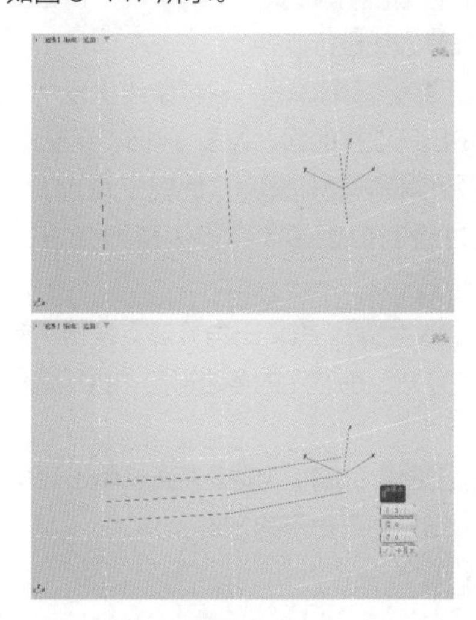

图3-147

◆ 利用所选内容创建图形 “利用所选内容创建图形”按钮：根据选定边创建曲线。

◆ 编辑三角形 “编辑三角形”按钮：显示出模型的三角面。

◆ 旋转 “旋转”按钮：旋转模型的三角面方向。

3.4.4 “编辑边界”卷展栏

边界是网格的线性部分，通常可以描述为孔洞的边缘。它通常是多边形仅位于一面时的边序列，简单说来，边界是指一个完整闭合的模型因缺失了部分的面而产生了开口的地方，所以我们常常使用边界来检查模型是否有破损的情况。进入“可编辑多边形”修改器的“边界”子层级后，“修改”面板中会出现“编辑边界”卷展栏，其参数如图 3-148 所示。

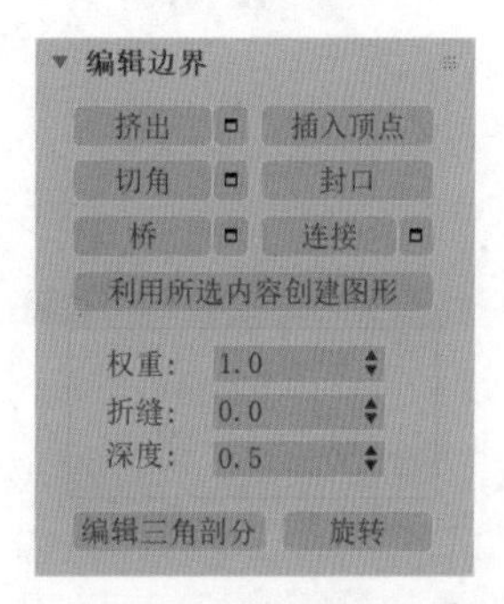

图3-148

工具解析

◆ 挤出 “挤出”按钮：对边界进行挤出。

◆ 插入顶点 “插入顶点”按钮：用于手动细分边界。

◆ 切角 “切角”按钮：对选定边界进行切角。

◆ 封口 “封口”按钮：创建新的面来封上边界，如图 3-149 所示。

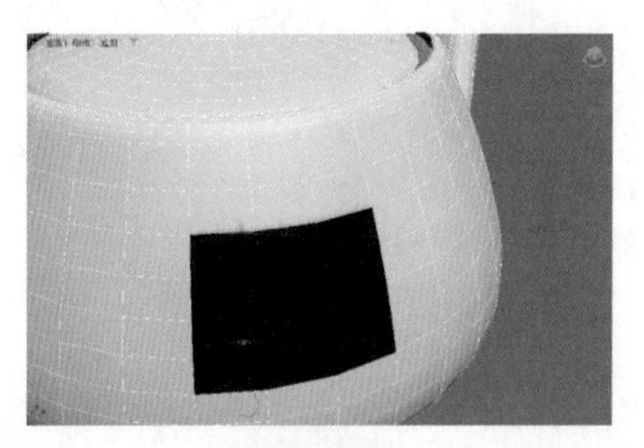

图3-149

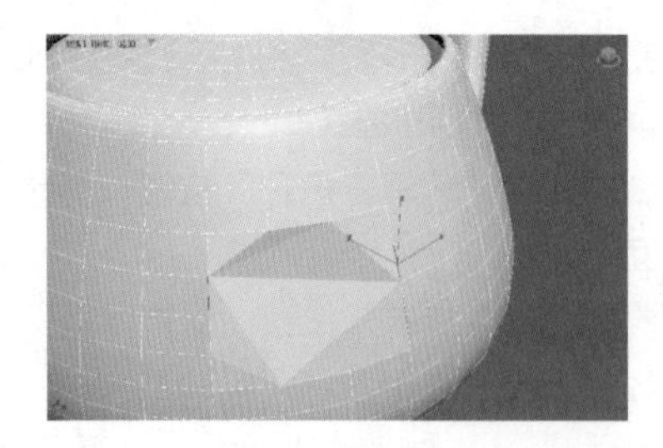

图3-149（续）

♦ 桥 “桥”按钮：创建新的面来连接两处边界，如图 3-150 所示。

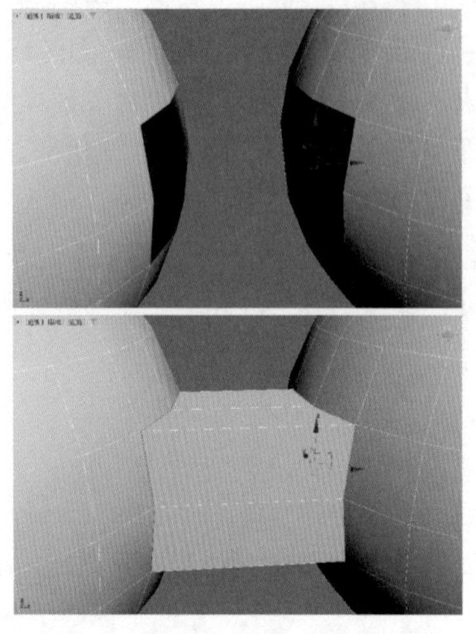

图3-150

♦ 连接 “连接”按钮：在选定边界之间创建新边。

♦ 利用所选内容创建图形 “利用所选内容创建图形”按钮：根据选定边界创建曲线。

3.4.5 “编辑多边形”卷展栏

多边形是指模型上由 3 条或 3 条以上边所构成的面，进入“可编辑多边形”修改器的“多边形”子层级后，“修改”面板中会出现“编辑多边形”卷展栏，其参数如图 3-151 所示。

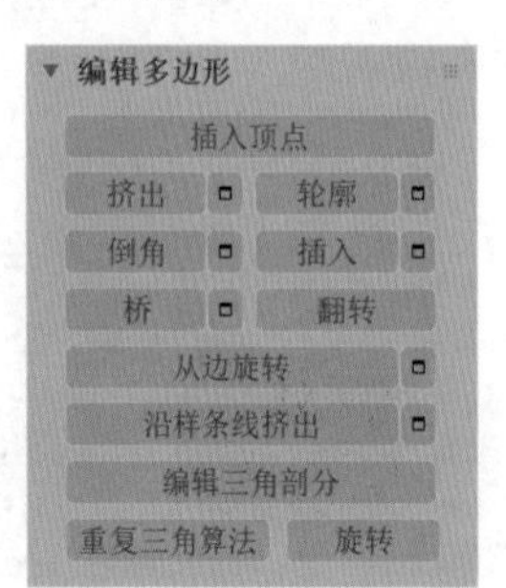

图3-151

工具解析

♦ 插入顶点 “插入顶点”按钮：用于手动细分多边形。

♦ 挤出 “挤出”按钮：挤出所选择的面。

♦ 轮廓 “轮廓”按钮：用于增加或减少每组连续的选定多边形的外边。

♦ 倒角 “倒角”按钮：对选择的面的外边进行倒角。

♦ 插入 “插入”按钮：在选择的面上插入新的面，如图 3-152 所示。

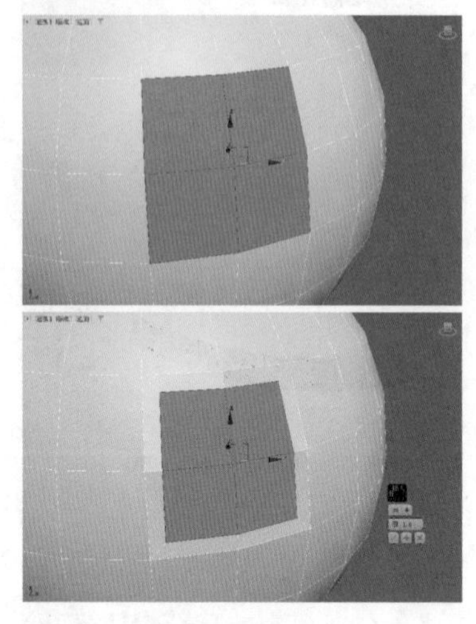

图3-152

♦ 桥 “桥”按钮：在所选择的面之间创建新的面。

♦ 翻转 “翻转”按钮：翻转选定多边形的法线方向。

♦ 从边旋转 “从边旋转”按钮：将所选择的面绕其边线进行旋转。

♦ 沿样条线挤出 “沿样条线挤出”按钮：沿样条线挤出所选择的面，如图 3-153 所示。

♦ 编辑三角剖分 “编辑三角剖分”按钮：可以通过绘制内边修改将多边形细分为三角形的方式。

♦ 重复三角算法 “重复三角算法”按钮：允许 3ds Max 2024 对当前选定的多边形自动执行最佳的三角剖分操作。

♦ 旋转 “旋转”按钮：通过单击对角线修改将多边形细分为三角形的方式。

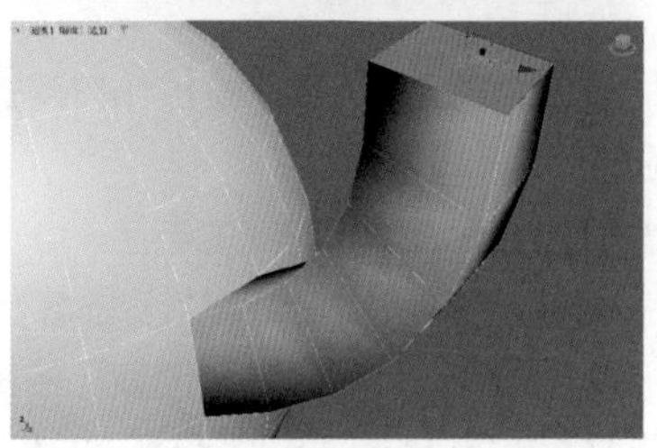

图3-153

3.4.6 “编辑元素”卷展栏

在“可编辑多边形”修改器的“元素”子层级中，可以选中多边形内部整个的几何体。进入“可编辑多边形”修改器的“元素”子层级后，“修改”面板中会出现“编辑元素”卷展栏，如图 3-154 所示。

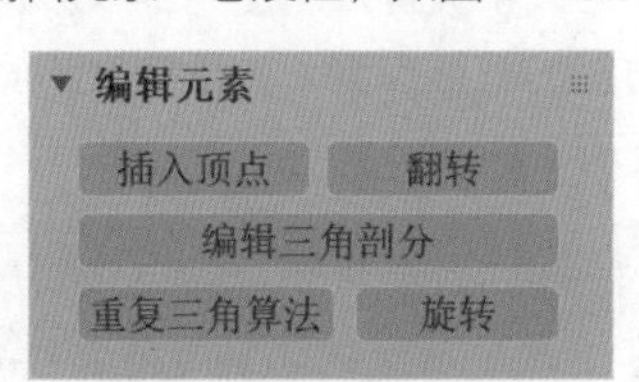

图3-154

工具解析

◆ 插入顶点 “插入顶点”按钮：用于手动细分多边形。

◆ 翻转 “翻转”按钮：翻转选定多边形的法线方向。

◆ 编辑三角剖分 “编辑三角剖分”按钮：显示出模型的三角面。

◆ 重复三角算法 “重复三角算法”按钮：允许 3ds Max 2024 对当前选定的多边形自动执行最佳的三角剖分操作。

◆ 旋转 “旋转”按钮：旋转模型的三角面方向。

3.4.7 “编辑几何体”卷展栏

“编辑几何体”卷展栏用于对模型的整体结构进行调整，其参数如图 3-155 所示。

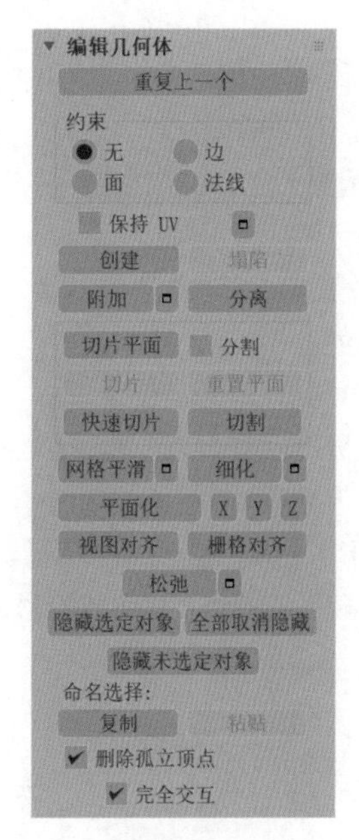

图3-155

工具解析

◆ 重复上一个 “重复上一个”按钮：重复最近使用的命令。

◆约束：可以使用现有的几何体约束子对象的变换，有“无”“边”“面”“法线”4 个选项可选。

◆ 创建 “创建”按钮：创建新的几何体。

◆ 塌陷 “塌陷”按钮：将选择的多个顶点合并为一个顶点。

◆ 附加 “附加”按钮：附加场景中的其他模型。

◆ 分离 “分离”按钮：将选定的子对象分离为新对象或元素。

◆ 网格平滑 “网格平滑”按钮：对模型进行平滑计算。

◆ 细化 “细化”按钮：对模型进行增加网格密度的计算。

◆ 平面化 “平面化”按钮：强制让所有选定的不同朝向的面朝向一个方向。

◆ 视图对齐 “视图对齐”按钮：使对象中的所有顶点与活动视口所在的平面对齐。

◆ 栅格对齐 “栅格对齐”按钮：将选定对象中的所有顶点与当前视图的栅格对齐，并将其移动到栅格所处的平面上。

◆ 松弛 “松弛”按钮：对模型进行规划化网格计算。

◆ 隐藏选定对象 “隐藏选定对象”按钮：隐藏选定的子对象。

◆ 全部取消隐藏 “全部取消隐藏”按钮：将隐藏的子对象恢复为可见。

◆ 隐藏未选定对象 “隐藏未选定对象”按钮：隐藏未选定的子对象。

3.4.8 “绘制变形”卷展栏

“绘制变形”卷展栏主要用于在模型表面以绘制的方式来改变模型的形态，其参数如图 3-156 所示。

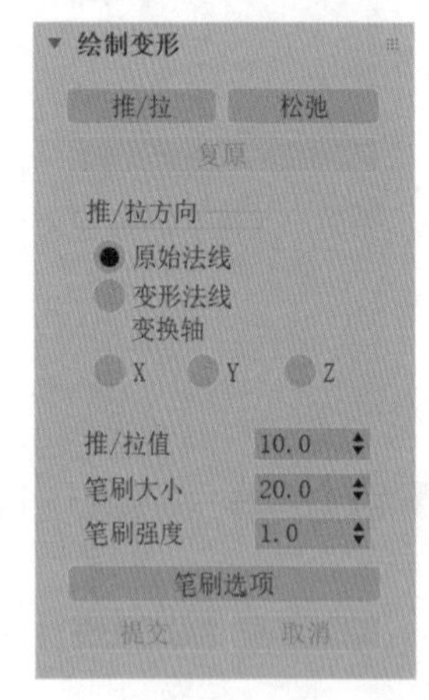

图3-156

工具解析

◆ 推/拉 “推 / 拉”按钮：单击该按钮后，鼠标指针将变为笔刷形状，可以对面进行推进或拉出，如图 3-157 所示。

图3-157

◆ 松弛 “松弛”按钮：通过调整顶点的位置来平滑模型。

◆ 复原 “复原”按钮：通过绘制可以逐渐擦除或反转“推 / 拉”“松弛”的效果。

◆ 推 / 拉方向：指定对顶点进行推或拉是根据曲面法线、原始法线、变形法线进行，还是沿着指定轴进行。

◆ 推 / 拉值：确定单个推 / 拉操作应用的方向和最大范围。

◆ 笔刷大小：设置圆形笔刷的半径。

◆ 笔刷强度：设置笔刷应用“推 / 拉值”的速率。

◆ 笔刷选项 “笔刷选项”按钮：单击此按钮可以打开“绘制选项”对话框，在该对话框中可以设置各种与笔刷相关的参数。

◆ 提交 “提交”按钮：使变形的更改永久化。

◆ 取消 “取消”按钮：取消自最初应用“绘制变形”以来的所有更改。

3.4.9 实例：制作方篮模型

本实例为大家讲解如何使用多边形建模技术来制作一个方篮的三维模型，方篮模型的渲染效果如图 3-158 所示。

图3-158

（1）启动中文版3ds Max 2024，单击“长方体”按钮，如图 3-159 所示，在场景中创建一个长方体模型。

图3-159

（2）在“修改”面板中，设置长方体的参数，如图 3-160 所示。

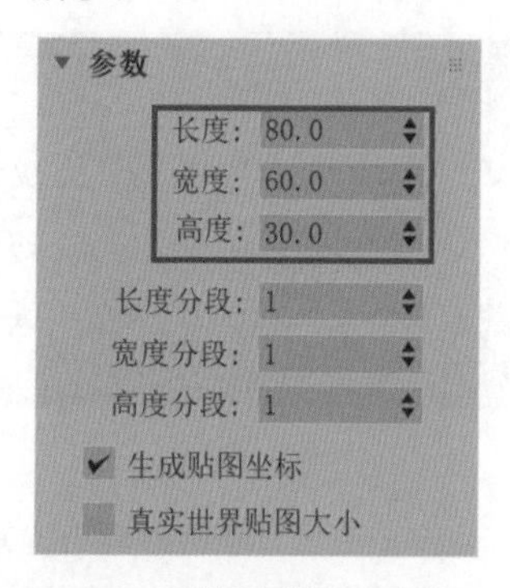

图3-160

（3）设置完成后，长方体的视图显示效果如图 3-161 所示。

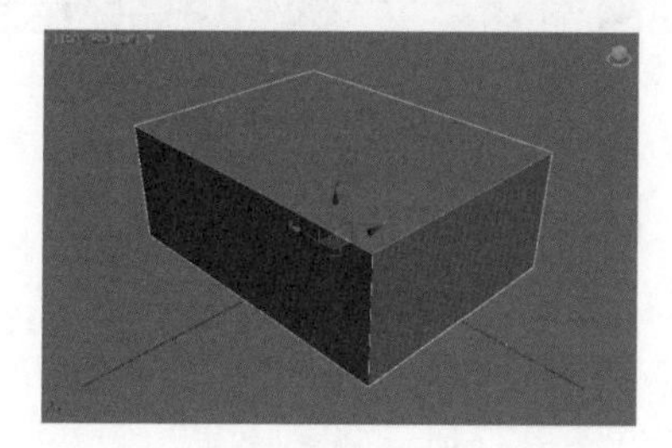

图3-161

（4）选择长方体，单击鼠标右键并选择“转换为 / 转换为可编辑多边形”命令，如图 3-162 所示。

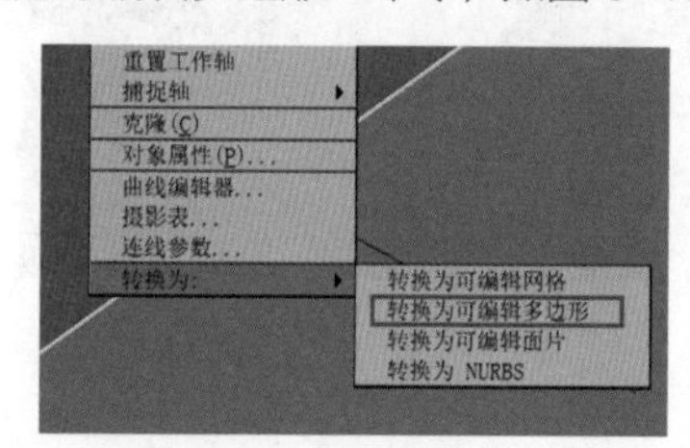

图3-162

（5）选择图 3-163 所示的面，删除所选择的面，得到图 3-164 所示的模型效果。

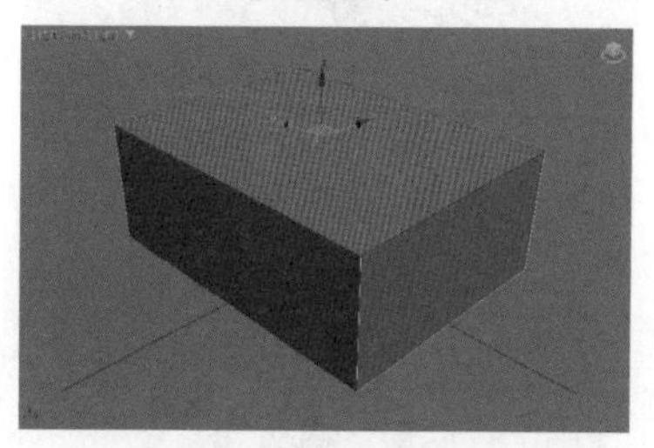

图3-163

图3-164

（6）框选模型上的所有边线，如图 3-165 所示。使用“切角”工具制作出图 3-166 所示的模型效果。

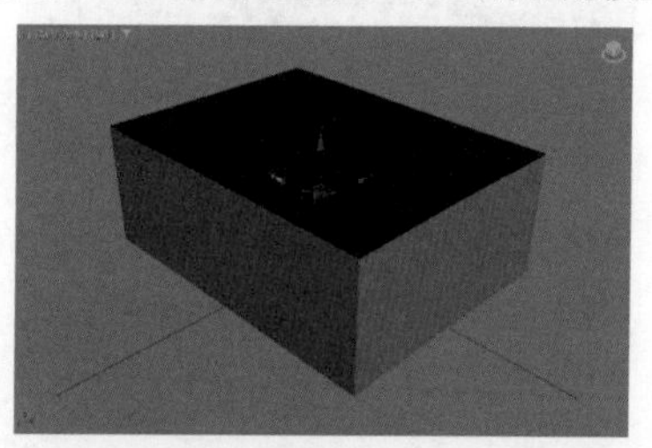

图3-165

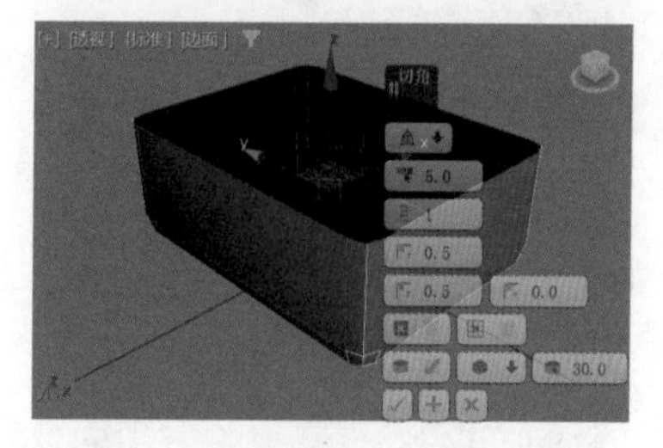

图3-166

（7）选择图 3-167 所示的边线，使用“连接”工具为方篮模型添加环形边线，如图 3-168 所示。

图3-167

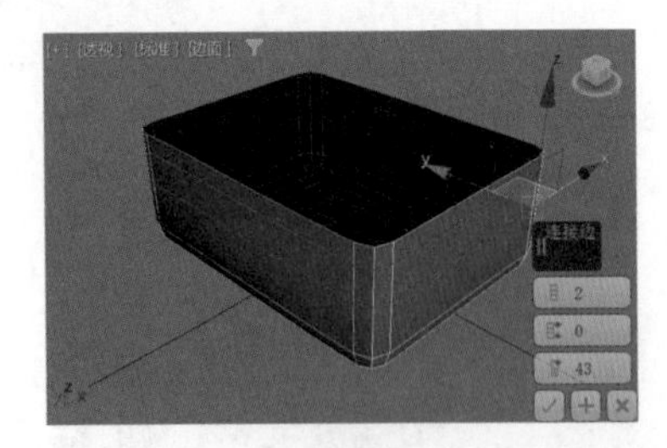
图3-168

（8）使用同样的操作再次为模型添加环形边线，如图3-169和图3-170所示。

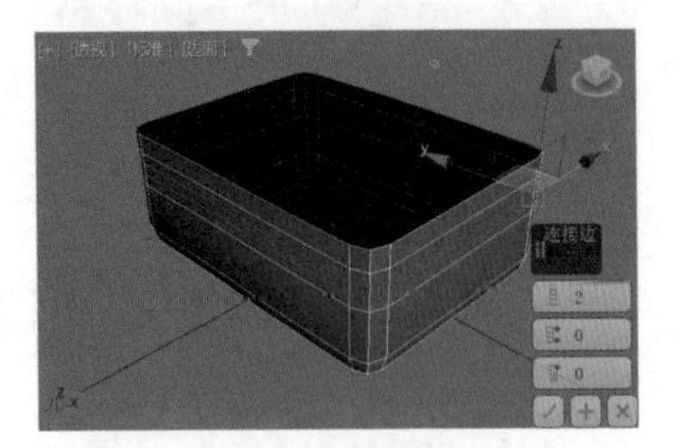
图3-169

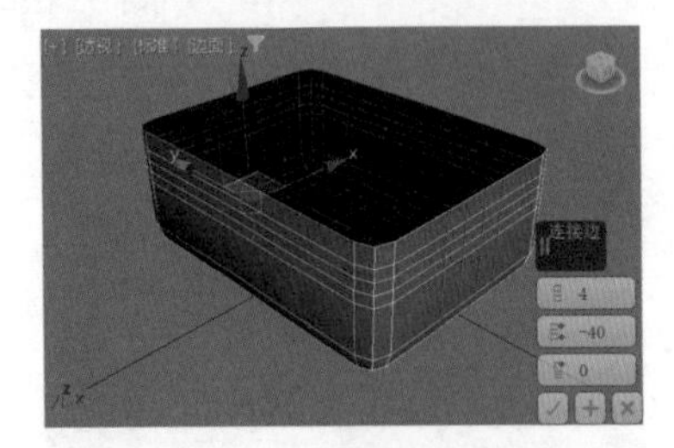
图3-170

（9）选择图3-171所示的面，删除所选择的面，得到图3-172所示的模型效果。

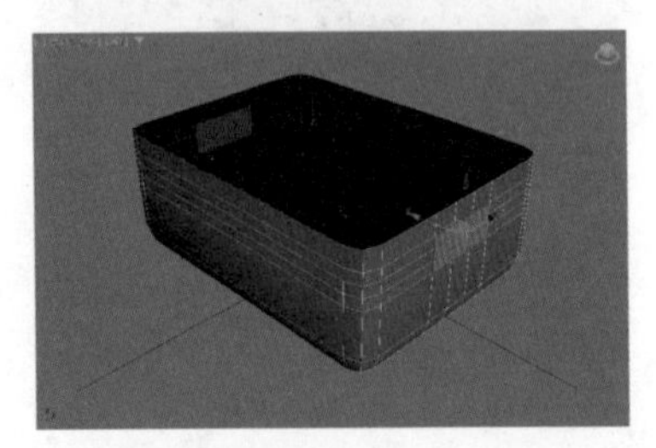
图3-171

图3-172

（10）在“修改”面板中，为模型添加“壳”修改器，如图3-173所示，得到图3-174所示的模型效果。

图3-173

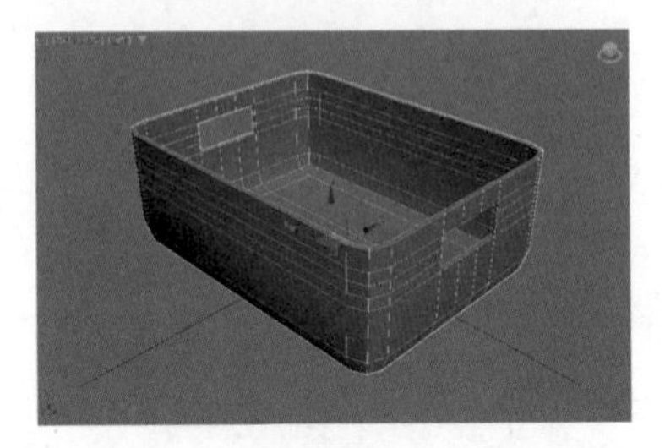
图3-174

（11）选择方篮模型，单击鼠标右键并选择“转换为/转换为可编辑多边形”命令，如图3-175所示。

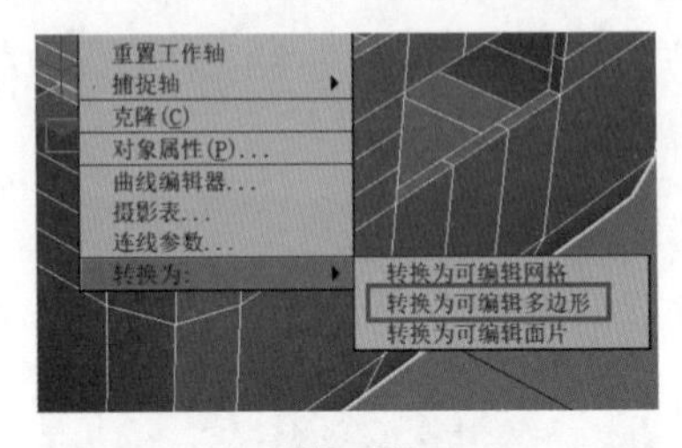

图3-175

（12）选择图3-176所示的面，使用“挤出”工具制作出图3-177所示的模型效果。

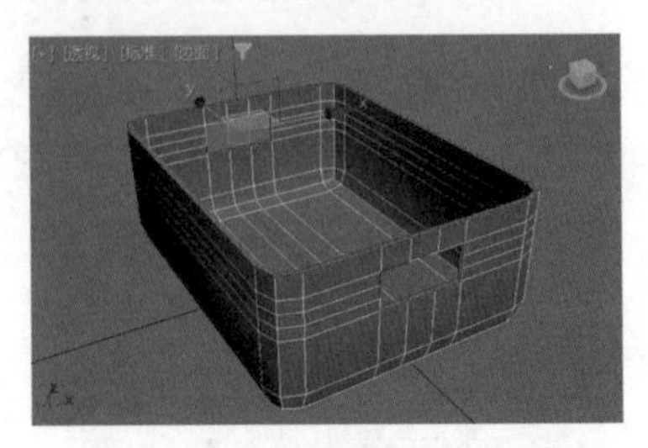
图3-176

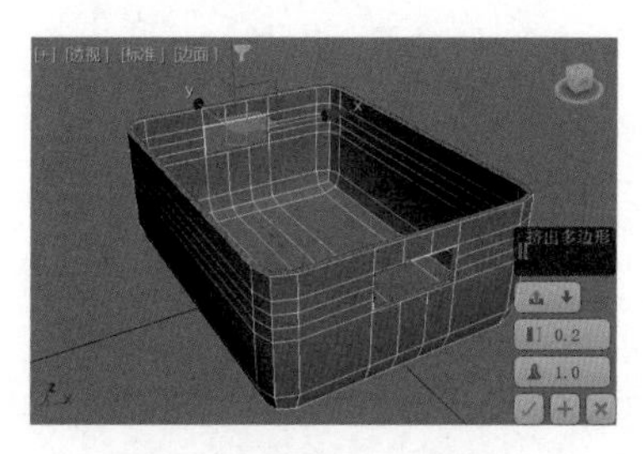

图3-177

（13）在“修改”面板中，为模型添加“网格平滑”修改器，设置“迭代次数”为2，如图3-178所示，对模型进行平滑计算。

图3-178

（14）本实例制作完成后的最终模型效果如图3-179所示。

图3-179

3.4.10　实例：制作沙发模型

本实例为大家讲解如何使用多边形建模技术配合修改器来制作一个沙发的三维模型，沙发模型的渲染效果如图3-180所示。

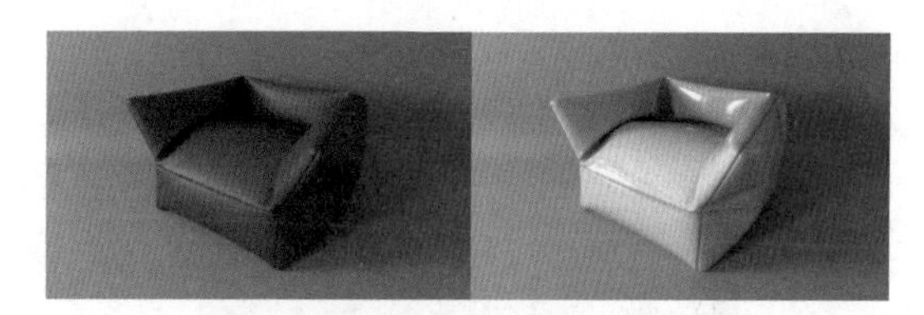

图3-180

（1）启动中文版3ds Max 2024，单击“长方体”按钮，如图3-181所示，在场景中创建一个长方体模型。

图3-181

（2）在“修改”面板中，设置长方体的参数，如图3-182所示。

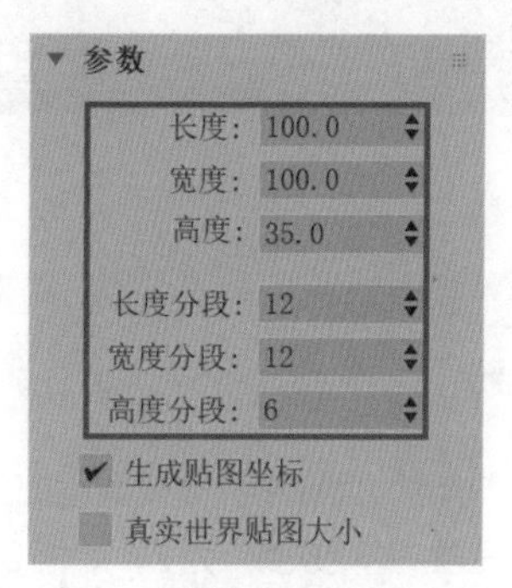

图3-182

（3）设置完成后，长方体的视图显示效果如图3-183所示。

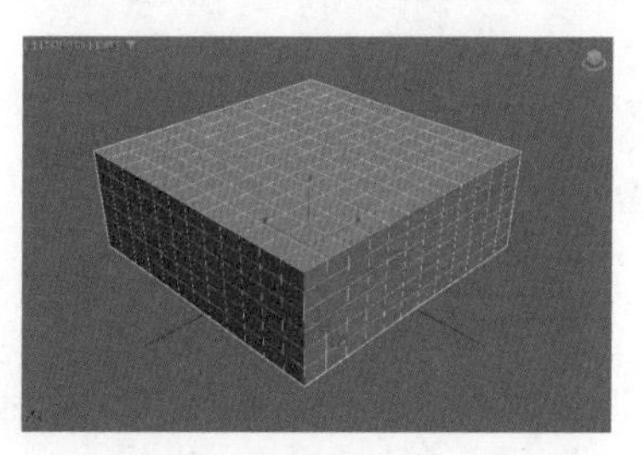

图3-183

（4）选择长方体，单击鼠标右键并选择“转换为 / 转换为可编辑多边形”命令，如图 3-184 所示。

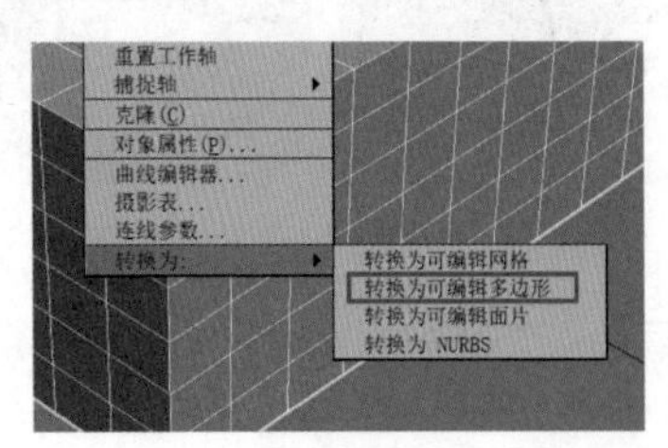

图3-184

（5）选择图 3-185 所示的面，使用“挤出”工具制作出图 3-186 所示的模型效果。

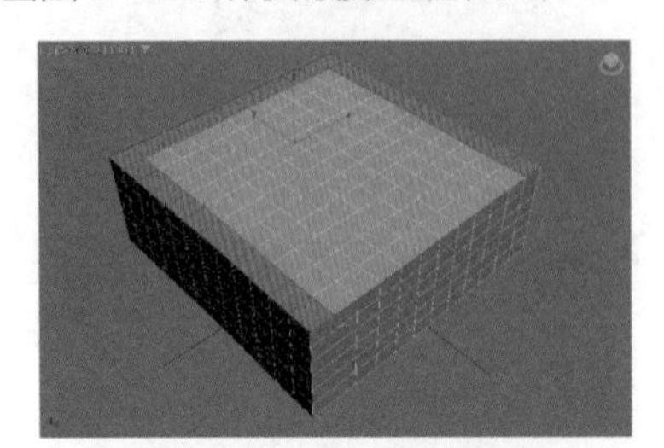

图3-185

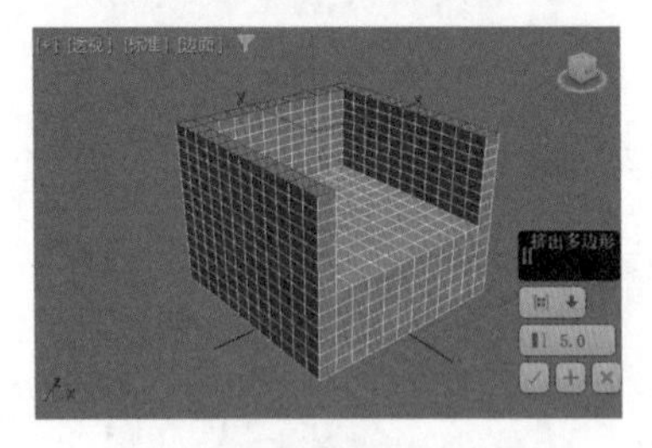

图3-186

技巧与提示 选择面时，按住“Shift”键后拖动鼠标可以快速选择相连的面。

（6）在“修改”面板中，为模型添加“涡轮平滑”修改器，并设置“迭代次数”为2，如图3-187 所示，得到图 3-188 所示的模型效果。

图3-187

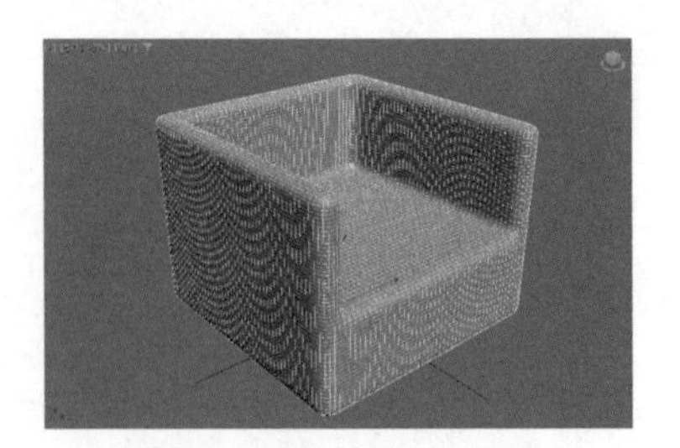

图3-188

（7）在“修改”面板中，为模型添加 Cloth 修改器，并单击“对象属性”按钮，如图 3-189 所示。

图3-189

（8）在弹出的“对象属性”对话框中，选择“布料”选项，设置“预设”为 Terrycloth,“压力”为 3，如图 3-190 所示。

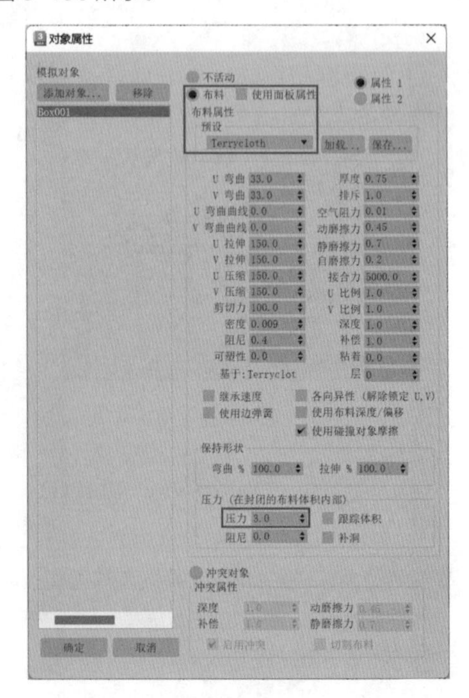

图3-190

（9）在场景中再次创建一个长方体模型，如图 3-191 所示。

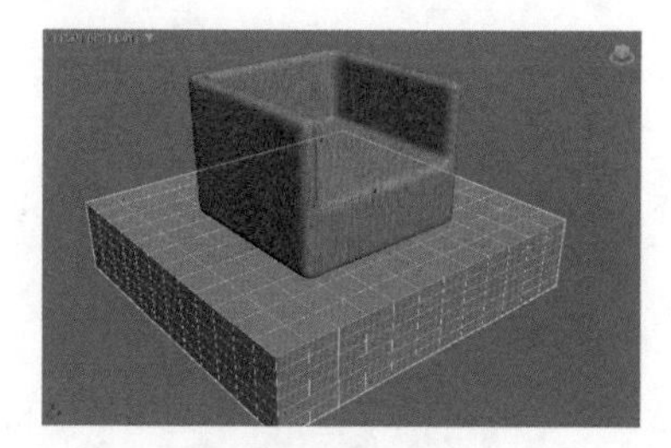

图3-191

（10）在“对象属性”对话框中，将刚刚创建的长方体添加进来，并将其设置为“冲突对象”，如图 3-192 所示。

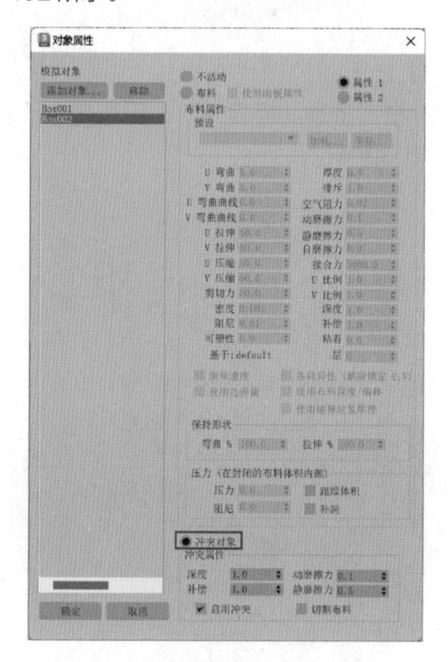

图3-192

（11）在“模拟参数”卷展栏中，单击“重力”按钮，使“重力”按钮处于未按下状态，如图 3-193 所示。

图3-193

（12）设置完成后，在“对象”卷展栏中单击“模拟”按钮，如图 3-194 所示，开始对沙发模型进行布料模拟计算。

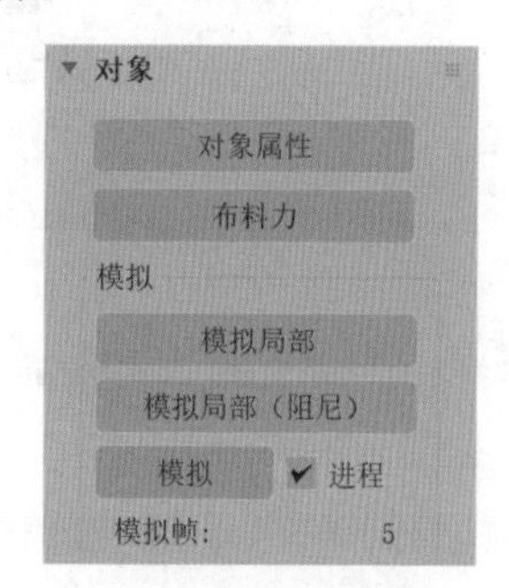

图3-194

（13）计算完成后，第 45 帧的模拟效果如图 3-195 所示。

图3-195

（14）删除场景中后创建的长方体模型，选择沙发模型，单击鼠标右键并选择“转换为 / 转换为可编辑多边形”命令，如图 3-196 所示。

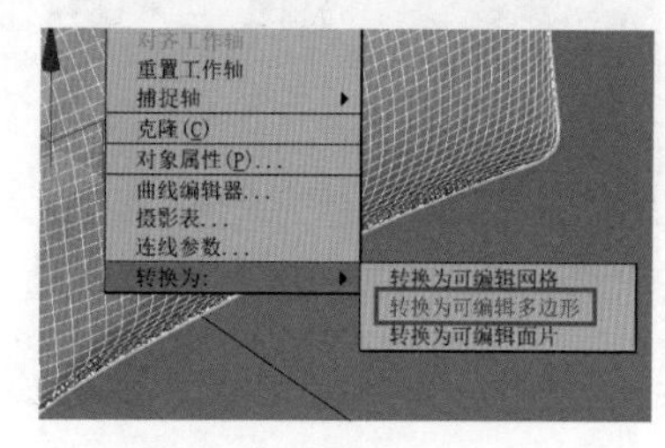

图3-196

（15）选择图 3-197 所示的边线，使用“挤出”工具制作出图 3-198 所示的模型效果。

图3-197

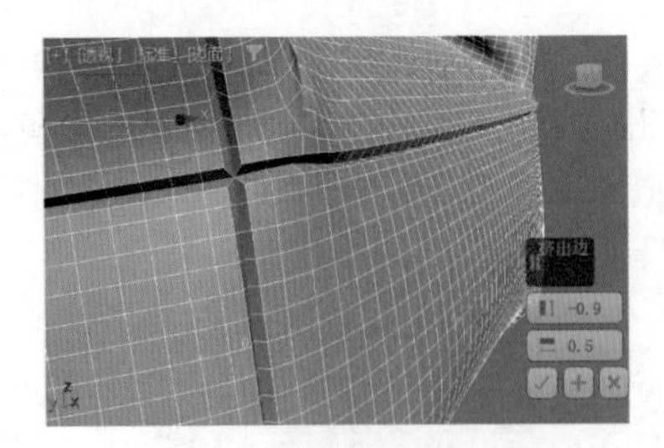

图3-198

（16）在“修改”面板中，为模型添加“涡轮平滑”修改器，如图3-199所示。

图3-199

（17）本实例制作完成后的最终模型效果如图3-200所示。

图3-200

3.4.11 实例：制作三通管件模型

本实例为大家讲解如何使用多边形建模技术来制作一个三通管件的三维模型，三通管件模型的渲染效果如图3-201所示。

图3-201

（1）启动中文版3ds Max 2024，单击“管状体”按钮，如图3-202所示，在场景中创建一个管状体模型。

图3-202

（2）在“修改”面板中，设置管状体的参数，如图3-203所示。

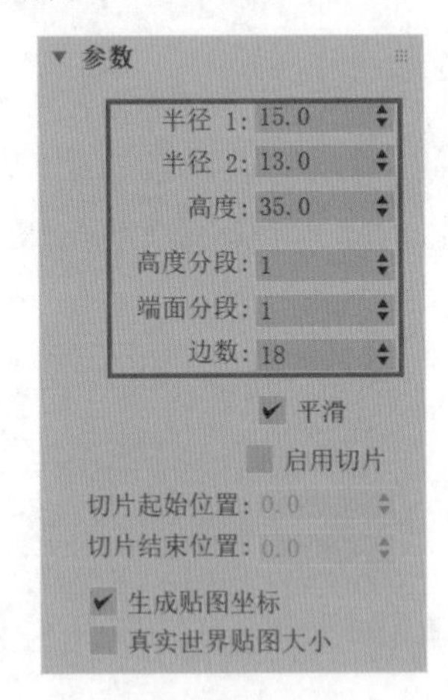

图3-203

（3）设置完成后，管状体的视图显示效果如图3-204所示。

图3-204

（4）在“修改”面板中，为模型添加“对称”修改器，并单击“镜像”，进入“镜像”子层级，如图3-205所示。

图3-205

（5）在场景中旋转镜像轴至图 3-206 所示的方向。

图3-206

（6）单击鼠标右键并选择“转换为 / 转换为可编辑多边形”命令，如图 3-207 所示，将模型转换为可编辑多边形对象。

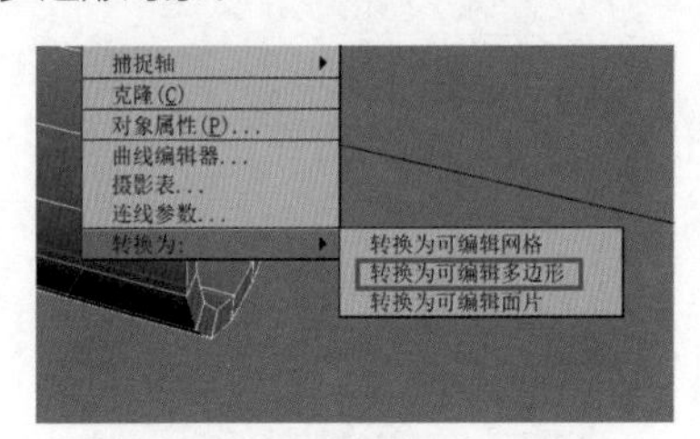

图3-207

（7）选择图 3-208 所示的面，使用“挤出”工具制作出图 3-209 所示的模型效果。

图3-208

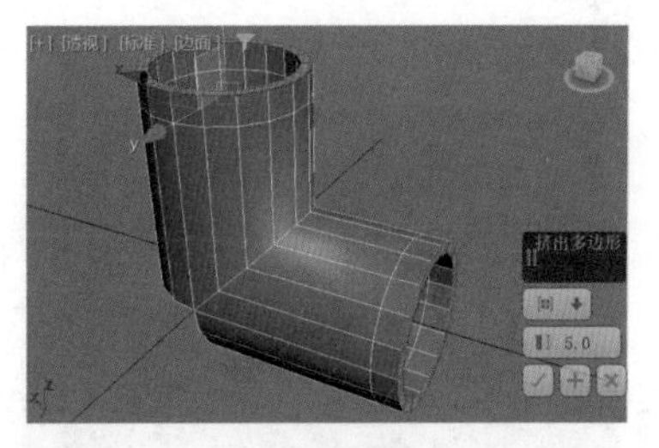

图3-209

（8）选择图 3-210 所示的面，使用“挤出”工具制作出图 3-211 所示的模型效果。

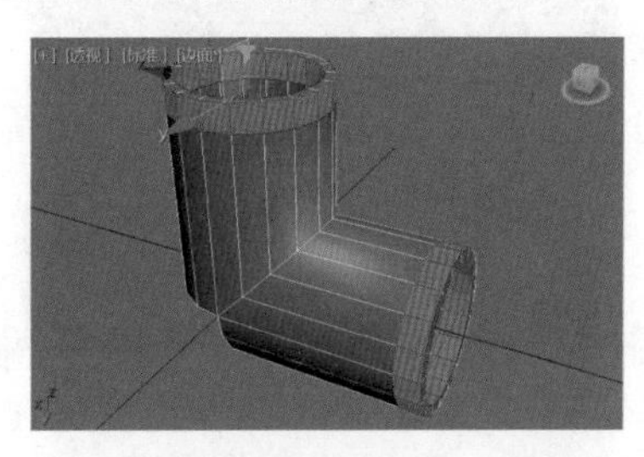

图3-210

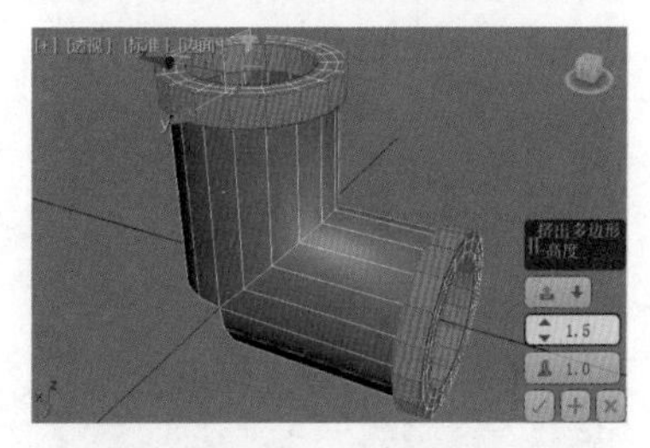

图3-211

（9）选择图 3-212 所示的面，将其删除，得到图 3-213 所示的模型效果。

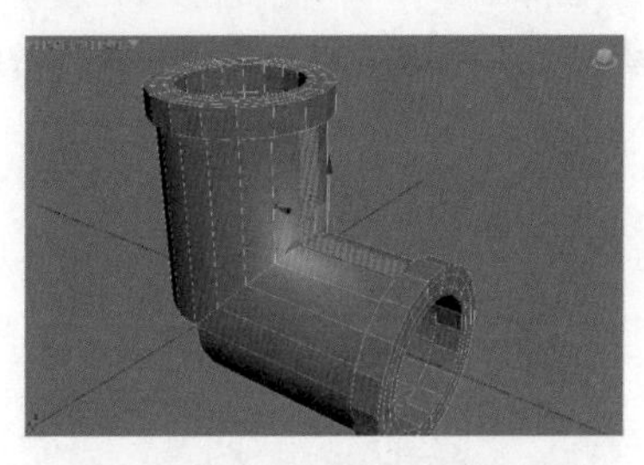

图3-212

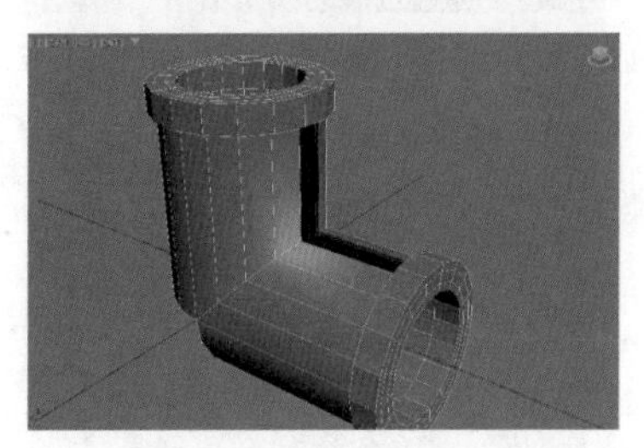

图3-213

（10）选择图 3-214 所示的边线，使用“桥”工具制作出图 3-215 所示的模型效果。

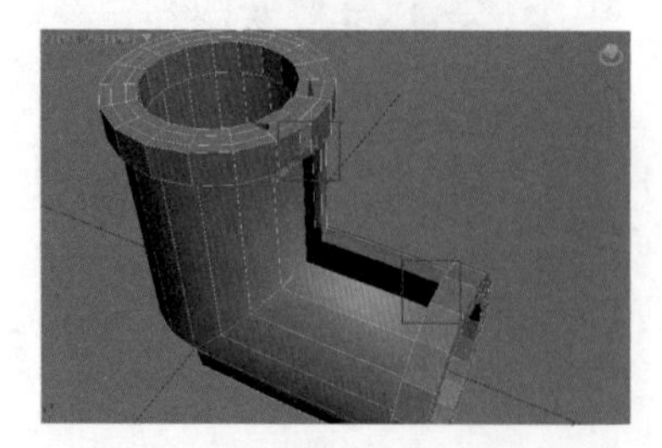

图3-214

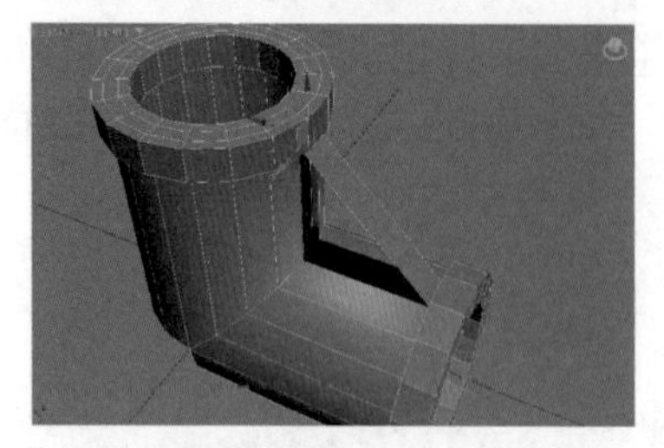

图3-215

（11）使用“封口”工具将模型缺面的地方进行封口，如图 3-216 所示。

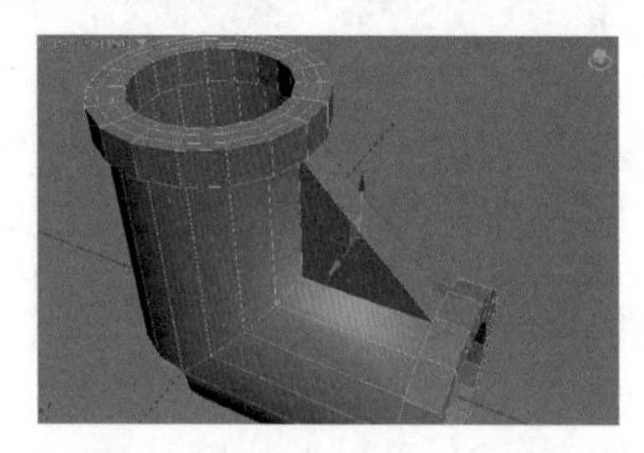

图3-216

（12）选择图 3-217 所示的顶点，使用“移除”工具将其删除，得到图 3-218 所示的模型效果。

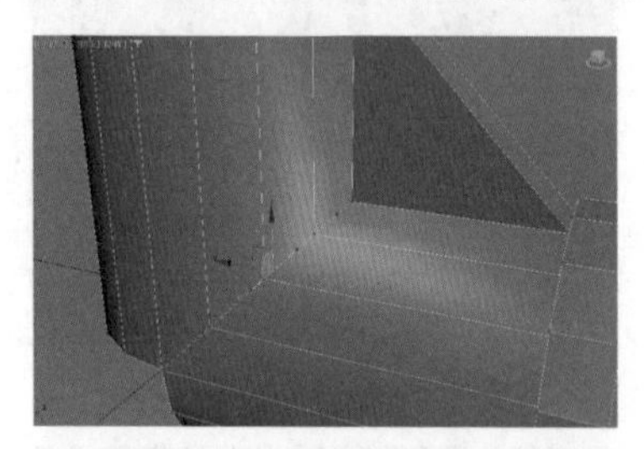

图3-217

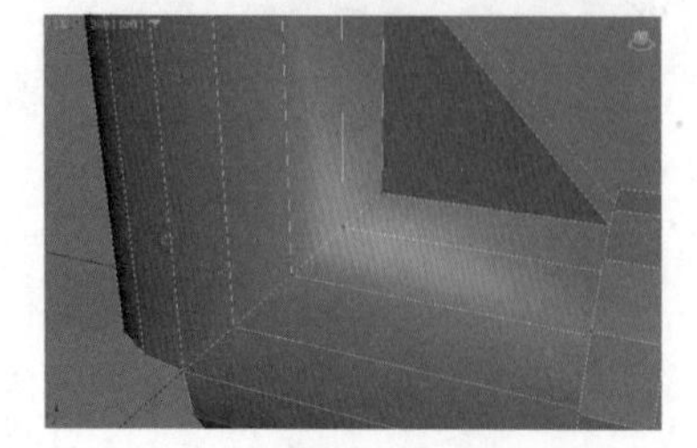

图3-218

（13）选择如图 3-219 所示的边线，使用“切角”工具制作出图 3-220 所示的模型效果。

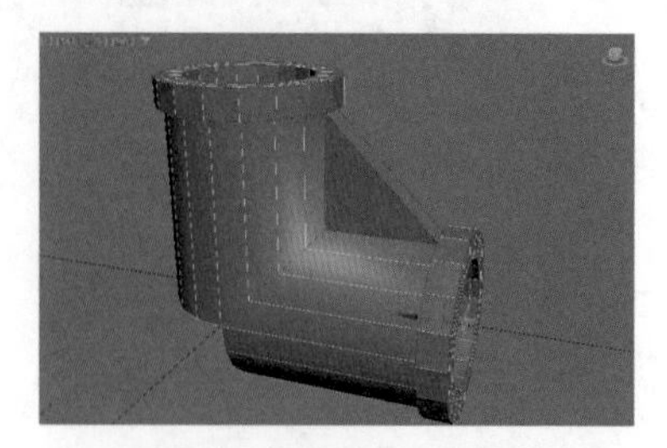

图3-219

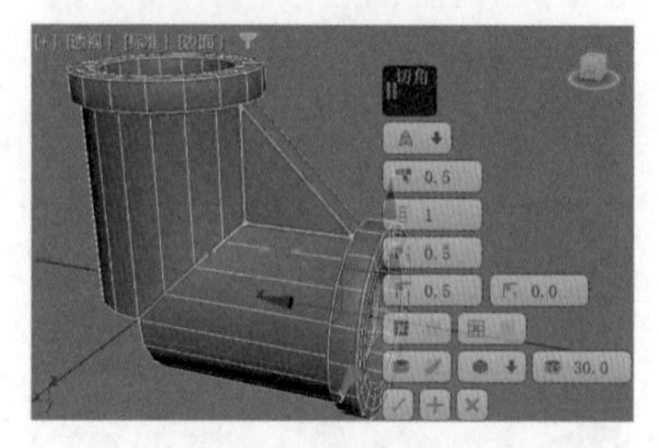

图3-220

（14）在“修改”面板中，再次为模型添加“对称”修改器，并设置“镜像轴”为 X，勾选“翻转”复选框，如图 3-221 所示，得到图 3-222 所示的模型效果。

图3-221

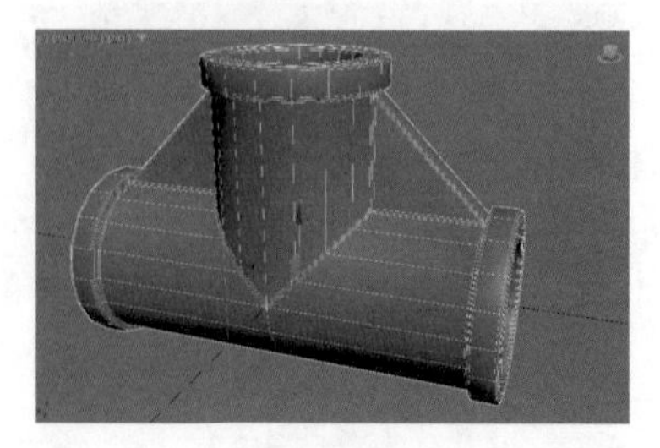

图3-222

（15）单击鼠标右键并选择“转换为 / 转换为可编辑多边形”命令，如图 3-223 所示，将模型转换为可编辑多边形对象。

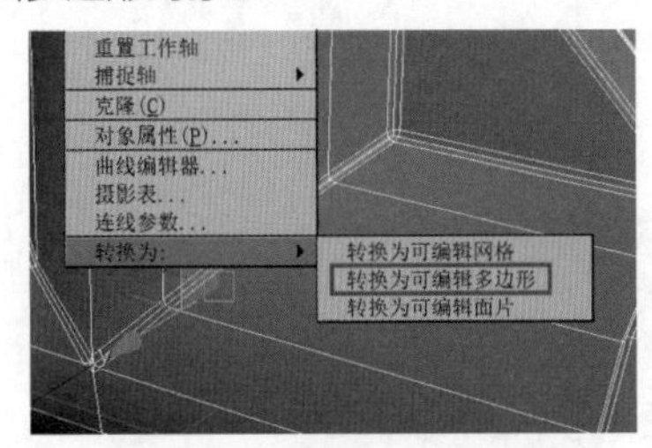

图3-223

（16）选择图 3-224 所示的顶点，使用“塌陷”工具制作出图 3-225 所示的模型效果。

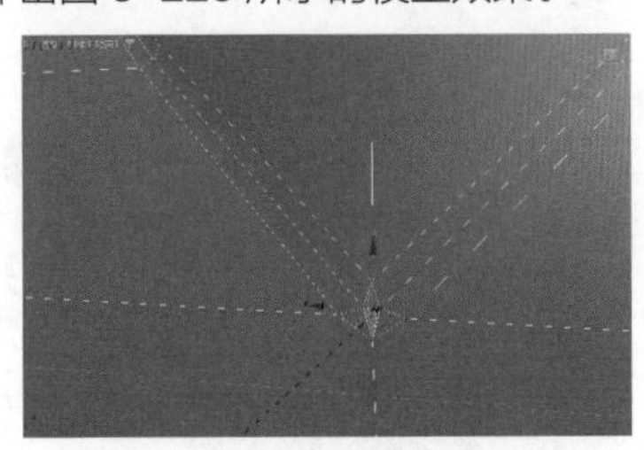

图3-224

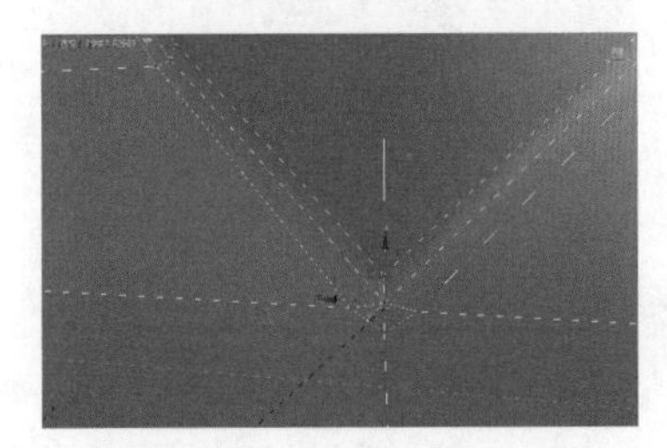

图3-225

（17）选择图 3-226 所示的顶点，使用“塌陷”工具制作出图 3-227 所示的模型效果。

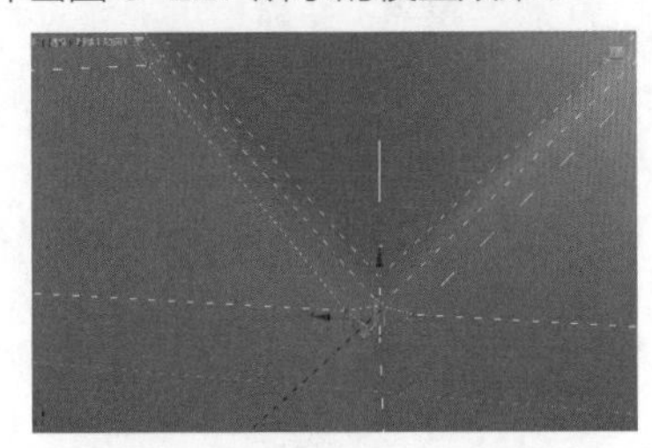

图3-226

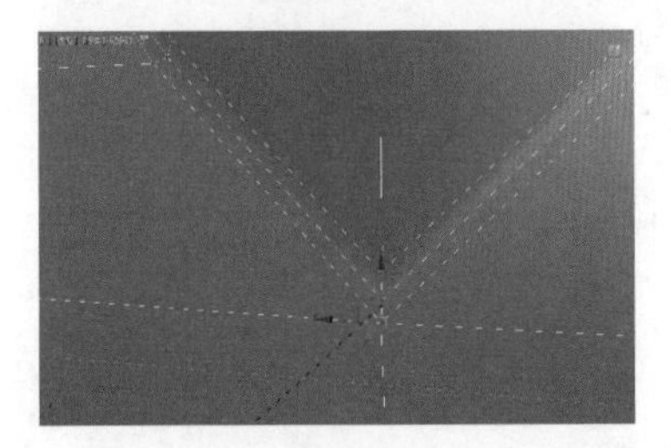

图3-227

（18）选择管道内部的边线，如图 3-228 所示。使用“切角”工具制作出图 3-229 所示的模型效果。

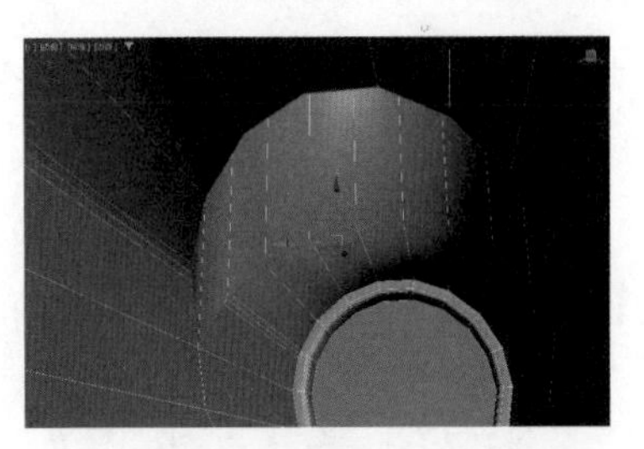

图3-228

图3-229

（19）在“修改”面板中，为模型添加“网格平滑”修改器，并设置“迭代次数”为 2，如图 3-230 所示。

图3-230

（20）本实例制作完成后的最终模型效果如图 3-231 所示。

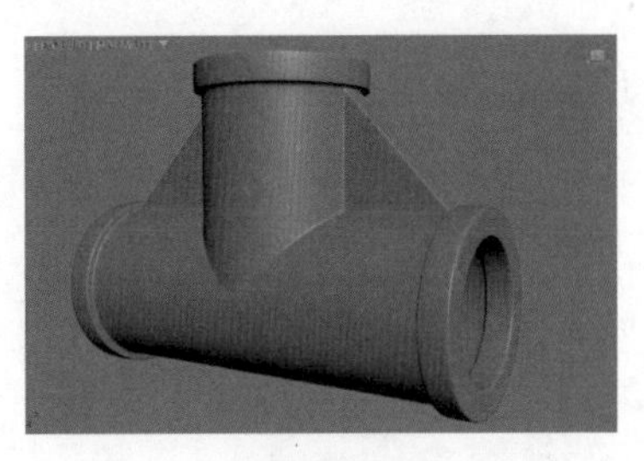

图3-231

灯光技术

4.1 灯光概述

中文版 3ds Max 2024 为用户提供的灯光命令相较其他命令来说，并不太多，但是这并不意味着灯光设置学习起来就非常容易。灯光的核心设置主要在于颜色和强度这两个方面。即便是同一个场景，在不同的时间段、不同的天气下所拍摄出来的照片的色彩与亮度也大不相同，所以在为场景设置灯光之前，优秀的灯光师通常需要寻找大量的相关素材进行参考，这样才能在灯光设置这一环节得心应手，制作出更加真实的灯光效果。图 4-1~ 图 4-4 所示分别为生活中所拍摄的有关光影特效的照片素材。

图4-1

图4-2

图4-3

图4-4

灯光是画面的重要构成要素之一，其主要功能如下。

第 1 点：为画面提供足够的亮度。

第 2 点：通过光与影的关系来表达画面的空间感。

第 3 点：为场景添加环境气氛，塑造画面所表达的意境。

中文版 3ds Max 2024 为用户提供了 3 种类型的灯光，分别是“光度学”灯光、“标准”灯光和 Arnold 灯光。在“创建”面板中，通过下拉列表即可选择灯光的类型，如图 4-5 所示。其中，“光度学”灯光和 Arnold 灯光在项目制作中的使用较为频繁，需重点掌握。

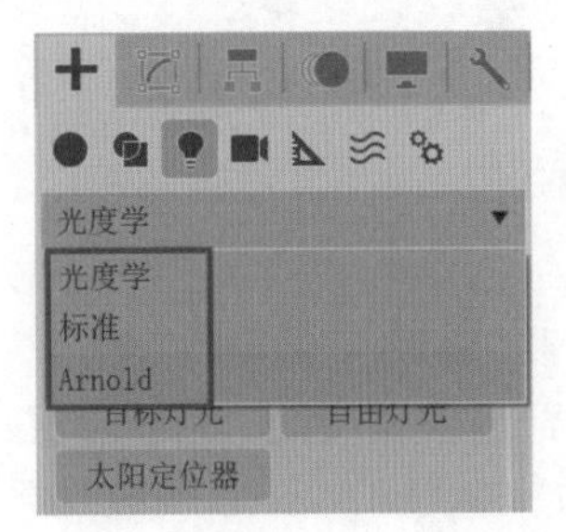

图4-5

4.2 “光度学”灯光

“光度学”灯光包含“目标灯光”按钮、“自由灯光”按钮和“太阳定位器”按钮，如图 4-6 所示。

图4-6

4.2.1 目标灯光

目标灯光带有一个目标点，用来指明灯光的照射方向，如图 4-7 所示。目标灯光常被用来制作室内的灯具照明效果，如床头灯灯光、壁灯灯光等。

图4-7

当用户首次在场景中创建目标灯光时，系统会自动弹出“创建光度学灯光”对话框，询问用户是否使用物理摄影机曝光控制，如图 4-8 所示。如果用户对 3ds Max 2024 比较了解，则可以忽略该对话框，在后续的项目制作过程中随时更改该设置。

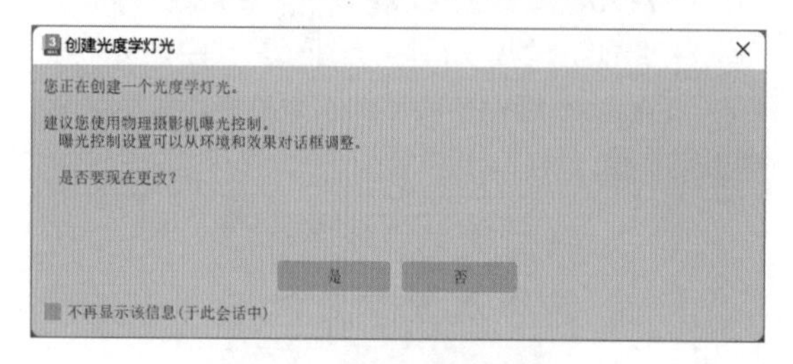

图4-8

在“修改”面板中，“目标灯光”有“模板”“常规参数”“强度 / 颜色 / 衰减”“图形 / 区域阴影”“阴影贴图参数”“大气和效果”“高级效果”这 7 个卷展栏，如图 4-9 所示。

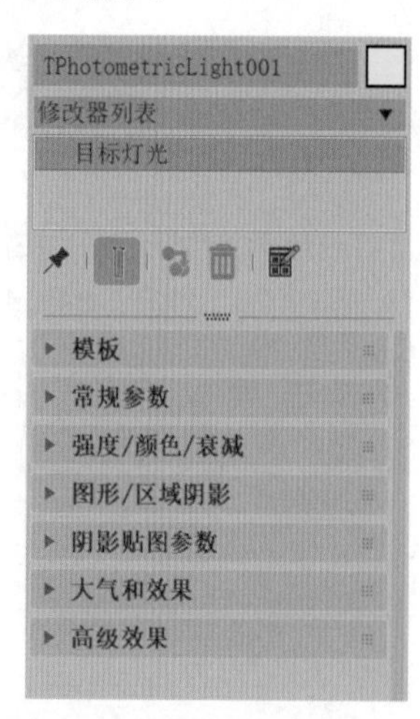

图4-9

1.“模板”卷展栏

目标灯光提供了多种模板以供用户选择使用。展开“模板”卷展栏，可以看到“选择模板”的命令提示，如图 4-10 所示。

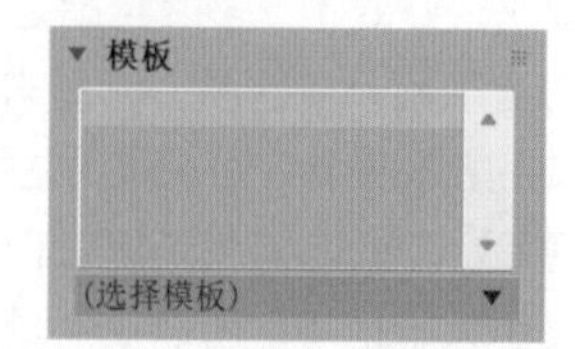

图4-10

单击“选择模板”旁边的下拉按钮，即可看到目标灯光的模板库，如图 4-11 所示。

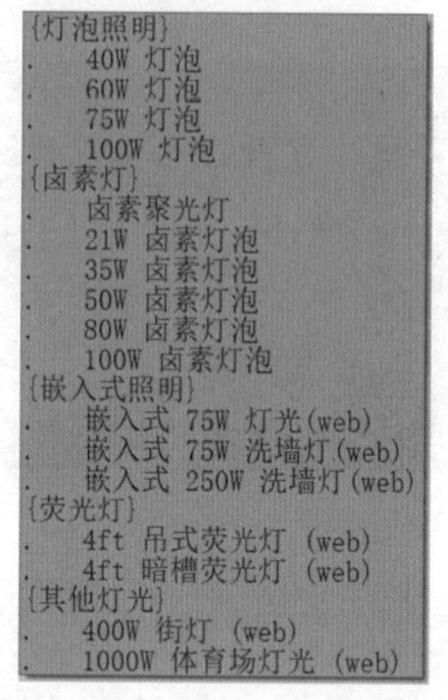

图4-11

当我们选择模板库中的不同灯光模板时，场景中的灯光图标以及“修改”面板中的卷展栏分布都会发生相应的变化，同时，“模板”卷展栏的文本框内会出现该模板的简单使用提示，如图 4-12 所示。

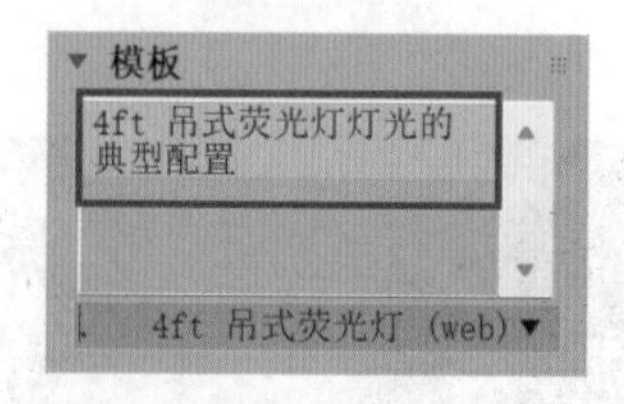

图4-12

2.“常规参数”卷展栏

在“常规参数”卷展栏中，参数如图 4-13 所示。

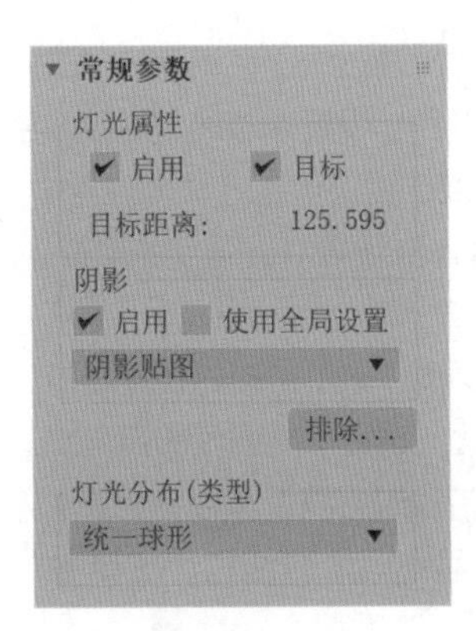

图4-13

工具解析

①“灯光属性”组。

♦ 启用：用于控制所选择的灯光是否开启照明。

♦ 目标：用于控制所选择的灯光是否具有目标点。

♦ 目标距离：显示灯光与目标点之间的距离。

②“阴影”组。

♦ 启用：决定当前灯光是否投射阴影。图 4-14 所示为开启阴影计算前后的渲染效果对比。

图4-14

♦ 使用全局设置：使用当前灯光投射阴影的全局设置。

♦“阴影方法”下拉列表：设置灯光的阴影算法，如图 4-15 所示。

图4-15

♦ 排除... “排除”按钮：单击此按钮可以打开“排除 / 包含”对话框，如图 4-16 所示。

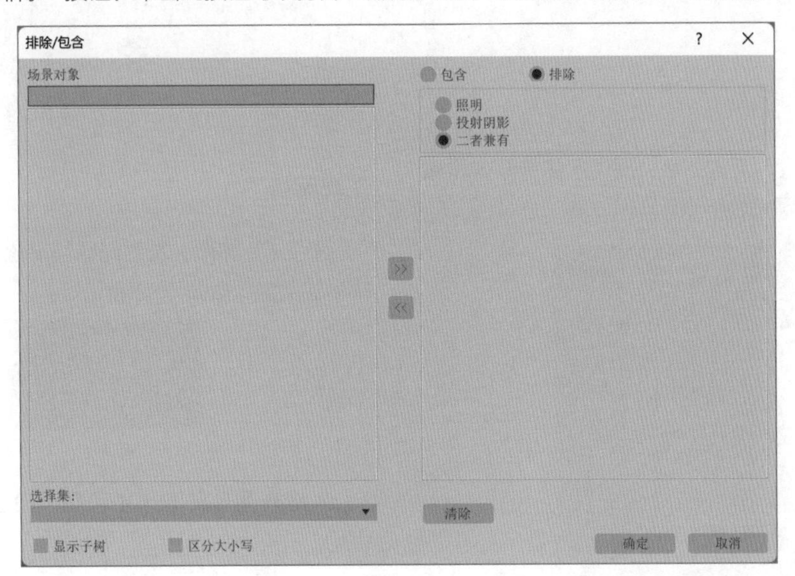

图4-16

③“灯光分布（类型）”组。

♦“灯光分布（类型）”下拉列表：设置灯光的分布类型，如图 4-17 所示。

图4-17

3.“强度/颜色/衰减”卷展栏

在“强度/颜色/衰减”卷展栏中，参数如图4-18所示。

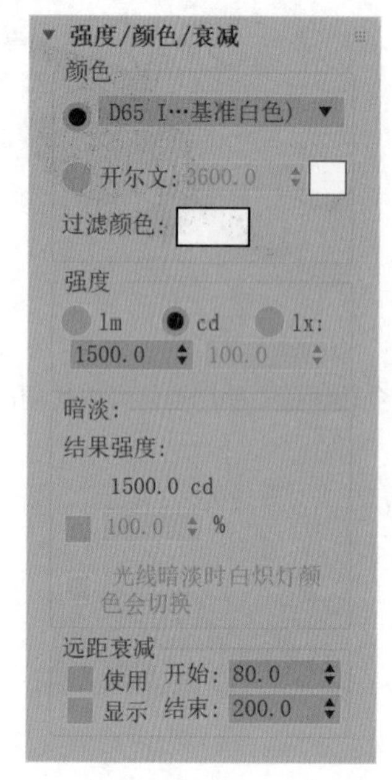

图4-18

工具解析

①“颜色”组。

♦“颜色预设”下拉列表：提供了多种预先设置好的选项，如图4-19所示。

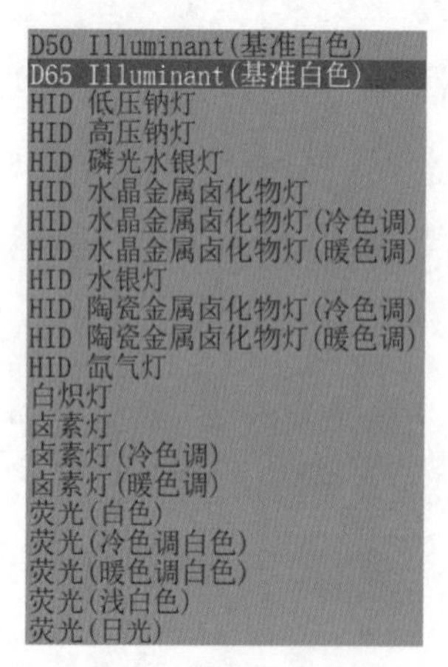

图4-19

♦开尔文：通过调整色温值来更改灯光的颜色。

♦过滤颜色：设置光源的过滤色效果。

②“强度”组。

♦lm/cd/lx：设置灯光强度的单位。

③“暗淡”组。

♦结果强度：显示灯光的强度。

♦百分比：设置灯光强度的百分比。

♦光线暗淡时白炽灯颜色会切换：勾选此复选框之后，灯光可在暗淡时通过产生更多黄色来模拟白炽灯。

④“远距衰减”组。

♦使用：启用灯光的远距衰减。

♦显示：在视口中显示远距衰减范围。

♦开始：设置灯光开始衰减的位置。

♦结束：设置灯光结束的位置。

4.“图形/区域阴影”卷展栏

在“图形/区域阴影”卷展栏中，参数如图4-20所示。

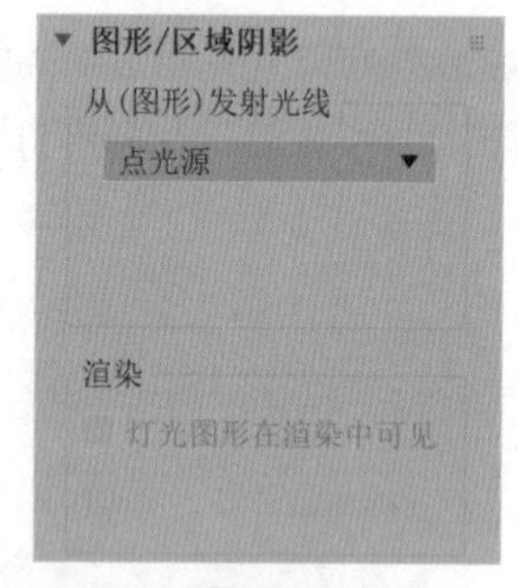

图4-20

工具解析

♦“从（图形）发射光线”下拉列表：选择生成阴影的类型，如图4-21所示。

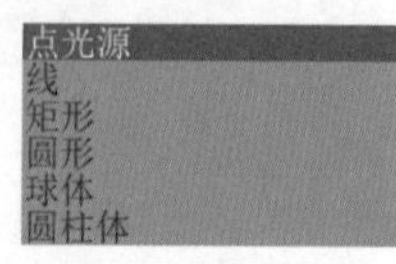

图4-21

♦灯光图形在渲染中可见：设置灯光在渲染中可见。

5.“阴影贴图参数”卷展栏

在“阴影贴图参数”卷展栏中，参数如图4-22所示。

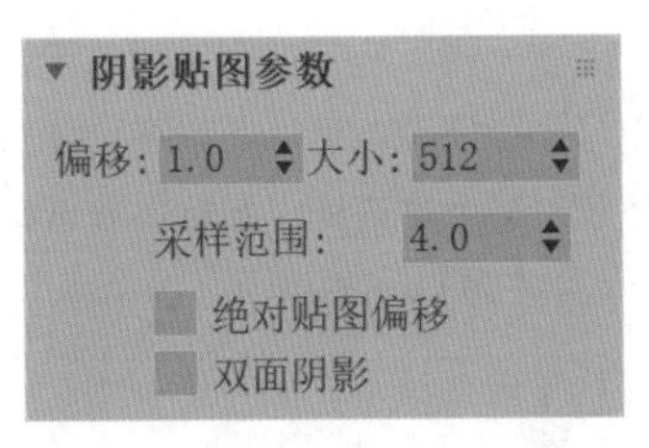

图4-22

工具解析

♦ 偏移：将阴影移向或移开投射阴影的对象。

♦ 大小：设置用于计算灯光的阴影贴图的大小，该值越大，阴影越清晰。图 4-23 所示为该值是 200 和 2000 的渲染效果对比。

图4-23

♦ 采样范围：决定阴影的计算精度，该值越大，阴影的虚化效果越好。图 4-24 所示为该值是 2 和 15 的渲染效果对比。

图4-24

图4-24（续）

♦ 绝对贴图偏移：勾选此复选框后，阴影贴图的偏移是不标准的，但是该偏移在固定比例的基础上会以 3ds Max 2024 的单位来表示。

♦ 双面阴影：勾选此复选框后，计算阴影时，对象的背面也可以产生投影。

6.“大气和效果”卷展栏

在“大气和效果”卷展栏中，参数如图 4-25 所示。

图4-25

工具解析

♦ 添加 “添加”按钮：单击此按钮可以打开“添加大气或效果”对话框，如图 4-26 所示。在该对话框中可以将大气或效果添加到灯光上。

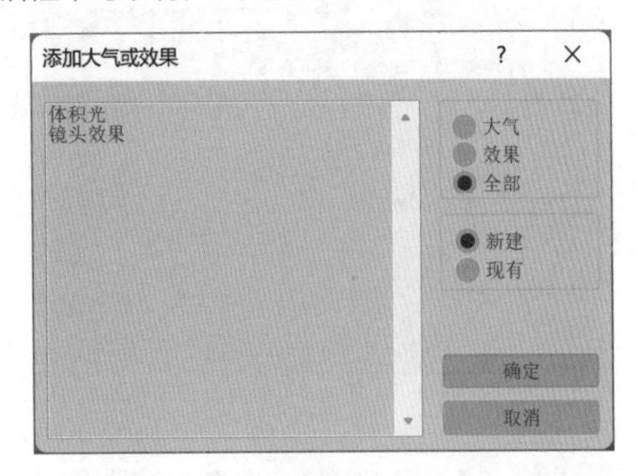

图4-26

♦ 删除 “删除”按钮：添加大气或效果之后，在列表中选择大气或效果，然后单击此按钮可以将其删除。

♦ 设置 “设置”按钮：单击此按钮可以打开“环境和效果”窗口，如图 4-27 所示。

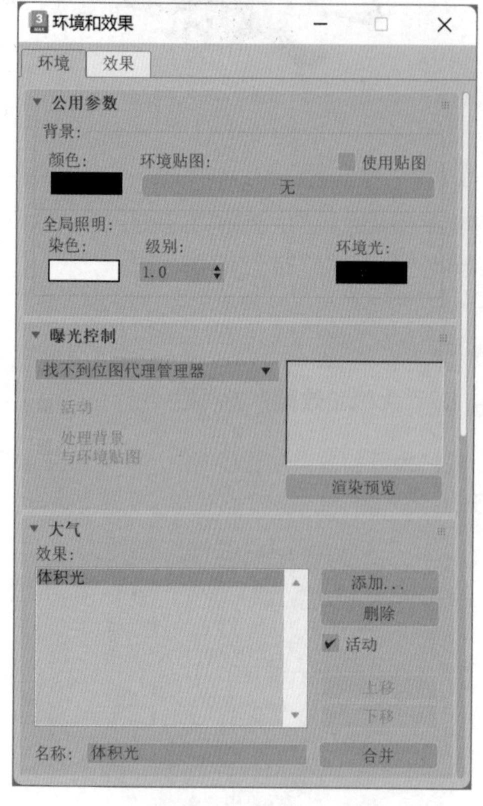

图4-27

4.2.2 自由灯光

自由灯光无目标点。在“创建”面板中单击“自由灯光”按钮，即可在场景中创建出一个自由灯光，如图 4-28 所示。

图4-28

“自由灯光”的参数与上一小节所讲的“目标灯光”的参数完全一样，它们的区别仅在于是否具有目标点。自由灯光创建完成后，可以在“修改”面板通过“常规参数”卷展栏内的“目标”复选框来设置是否具有目标点，如图 4-29 所示。

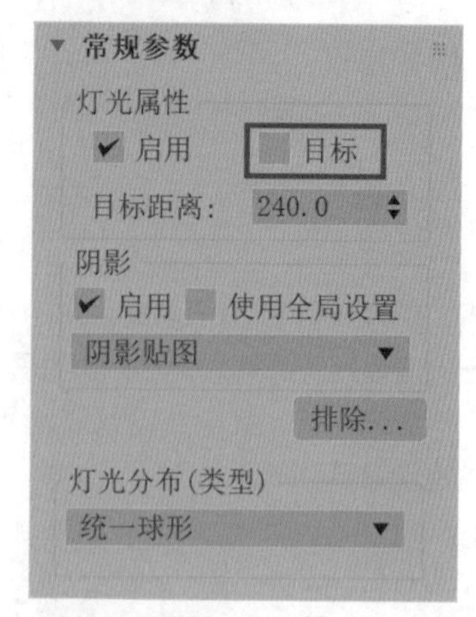

图4-29

4.2.3 太阳定位器

太阳定位器是使用频率较高的一种灯光，配合 Arnold 渲染器使用，可以非常方便地模拟出自然的室内及室外光线照明效果。在“创建”面板中单击“太阳定位器”按钮，即可在场景中创建出该灯光，如图 4-30 所示。

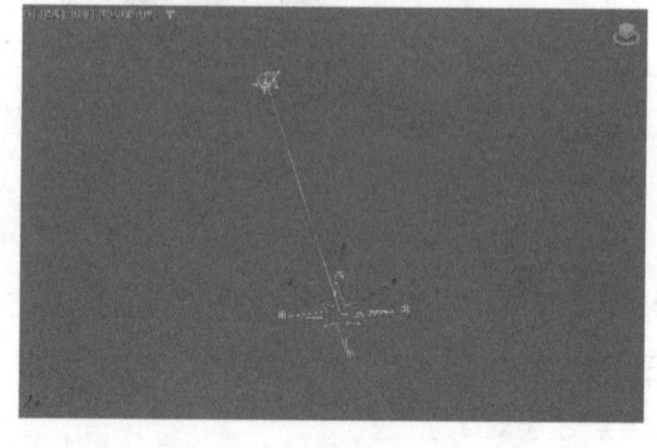

图4-30

创建完太阳定位器后，打开“环境和效果”窗口。在“环境”选项卡中，展开“公用参数”卷展栏，可以看到系统自动为“环境贴图”通道上加载了“物理太阳和天空环境”贴图，如图 4-31 所示。这样，渲染场景后，可以看到逼真的天空环境效果。同时，在“曝光控制”卷展栏内，系统还为用户自动选择了“物理摄影机曝光控制”选项。

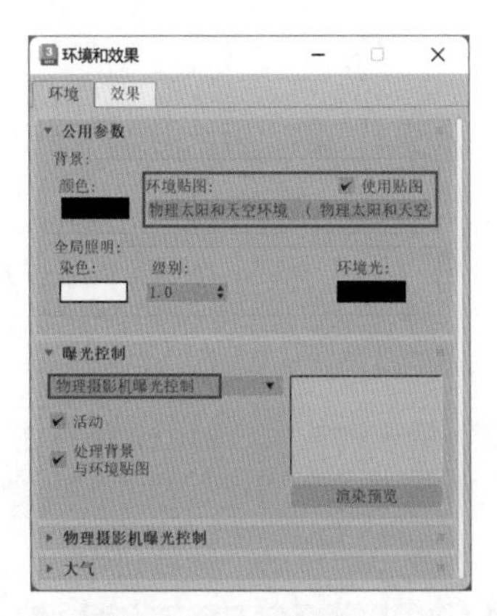

图4-31

在“修改”面板中，可以看到“太阳定位器”包含“显示”和“太阳位置”这两个卷展栏，如图4-32所示。

图4-32

1. “显示”卷展栏

在“显示”卷展栏中，参数如图4-33所示。

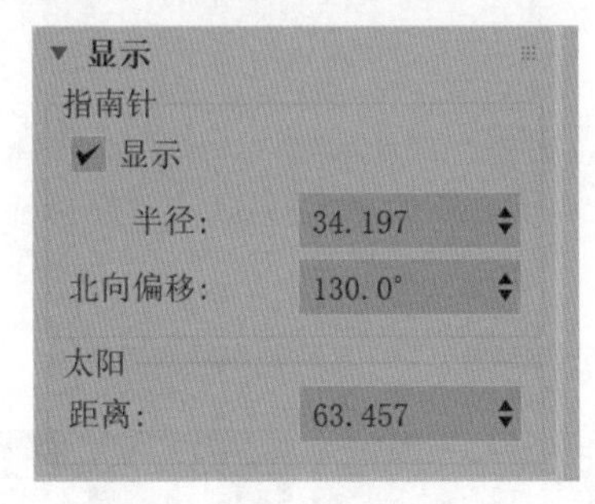

图4-33

工具解析

①“指南针”组。

♦显示：显示指南针图标。

♦半径：控制指南针图标的大小。

♦北向偏移：调整灯光的照射方向。

②“太阳”组。

♦距离：设置灯光与指南针之间的距离。

2. “太阳位置”卷展栏

在“太阳位置”卷展栏中，参数如图4-34所示。

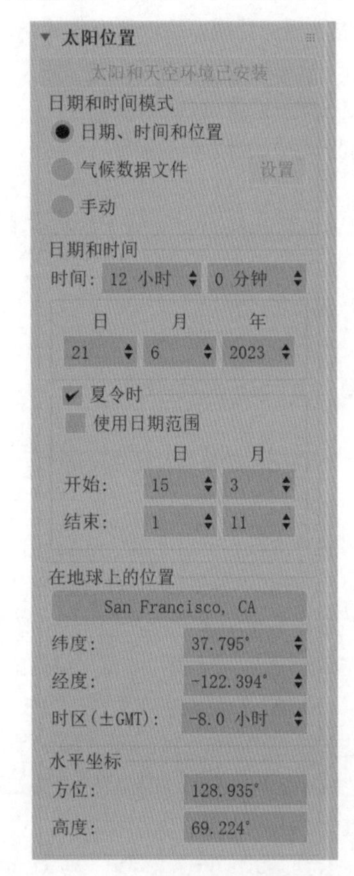

图4-34

工具解析

①“日期和时间模式”组。

♦日期、时间和位置：“太阳定位器”的默认选项。用户可以精准地设置太阳的具体照射位置、照射时间。

♦气候数据文件：选择该选项，用户可以单击该选项右侧的“设置”按钮，读取气候数据文件来控制场景照明。

♦手动：选择该选项，用户可以手动调整太阳的方位和高度。

②“日期和时间”组。

♦时间：用于设置“太阳定位器”所模拟的年、

月、日以及当天的具体时间。

♦ 使用日期范围：用于设置“太阳定位器”所模拟的时间段。

③“在地球上的位置”组。

♦ 选择位置按钮：单击该按钮，系统会自动弹出“地理位置”对话框。用户可以根据该对话框内的简易地图选择所要模拟的地区来生成当地的光照环境。

♦ 纬度：用于设置太阳的纬度。

♦ 经度：用于设置太阳的经度。

♦ 时　区（±GMT）：　用 GMT（Greenwich Mean Time，格林尼治标准时）的偏移量来表示时间。

④“水平坐标”组。

♦ 方位：用于设置人阳的照射方向。

♦ 高度：用于设置太阳的高度。

4.2.4 “物理太阳和天空环境”贴图

虽然“物理太阳和天空环境”贴图属于材质贴图方面的知识，但其却用于在场景中控制天空照明环境。当我们在场景中创建“太阳定位器”灯光时，这个贴图会自动添加到“环境和效果”窗口的“环境”选项卡中，所以把这个较为特殊的贴图放置于本章内为读者进行详细讲解。

“物理太阳和天空环境”卷展栏的参数如图 4-35 所示。

物理太阳和天空环境
太阳位置构件：太阳定位器001　创建
全局
强度：1.0　薄雾：0.0
太阳
圆盘强度：1.0　圆盘大小：100%
光晕强度：1.0
天空
天空强度：1.0
照度模型
自动
太阳位置构件中不存在气候数据文件。请使用物理模型。
夜晚天空
亮度：1.0 cd/m²
地平线和地面
地平线模糊：0.1°　地平线高度：0.0°
地面颜色：
颜色调试
饱和度：1.0　染色：

图4-35

工具解析

太阳位置构件：默认显示为当前场景中已经存在的太阳定位器。

①“全局”组。

♦ 强度：控制太阳定位器所产生的整体光照强度。

♦ 薄雾：用于模拟大气对阳光所产生的散射影响。图 4-36 所示为该值是 0 和 0.2 的天空渲染效果对比。

图4-36

②“太阳”组。

♦ 圆盘强度：用于控制场景中太阳的光线强弱，该值较大时可以对建筑物产生明显的投影。图 4-37 所示为该值是 1 和 0.15 时的渲染效果对比。

图4-37

♦ 圆盘大小：用于控制阳光对场景投影的虚化程度。

♦ 光晕强度：用于控制天空中太阳的渲染大小。图 4-38 所示为该值是 1 和 50 的材质球显示效果对比。

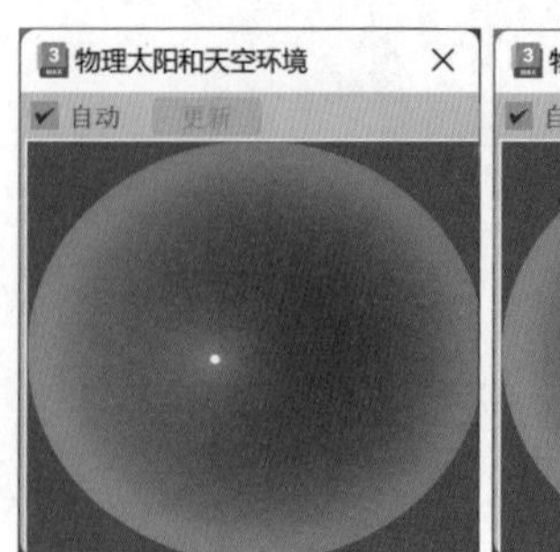

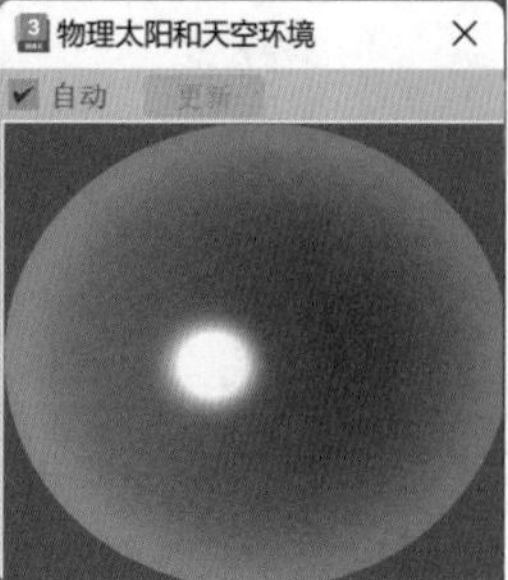

图4-38

③“天空”组。

♦ 天空强度：控制天空的光照强度。图 4-39 所示为该值是 1.5 和 0.5 的材质球显示效果对比。

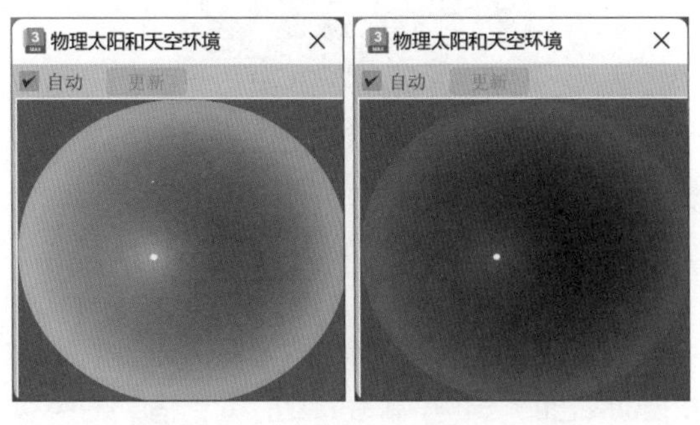

图4-39

♦“照度模型”下拉列表：有“自动”“物理（Preetham et al.）”“测量（Perez 所有天气）”3 种方式可选，如图 4-40 所示。

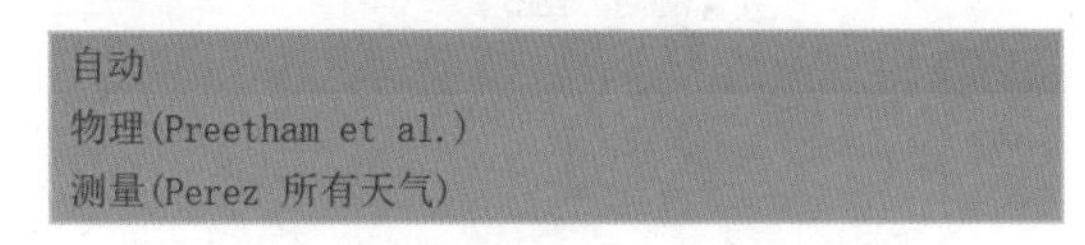

图4-40

④“地平线和地面”组。

♦ 地平线模糊：用于控制地平线的模糊程度。

♦ 地平线高度：用于设置地平线的高度。

♦ 地面颜色：设置地平线以下的颜色。

⑤“颜色调试”组。

♦ 饱和度：通过调整太阳和天空环境的色彩饱和度，进而影响整个渲染计算的画面色彩。图 4-41 所示是该值为 0.5 和 1.5 的渲染效果对比。

图4-41

♦ 染色：控制天空的环境染色。

4.2.5 实例：制作阳光照明效果

本实例为大家讲解如何使用太阳定位器来制作阳光照射进室内的照明效果，本实例的渲染效果如图 4-42 所示。

图4-42

（1）启动中文版 3ds Max 2024，打开本书配套资源“客厅 .max”文件。本实例的场景为摆放了简单家具的客厅的一部分，并且设置好了材质及摄影机的拍摄角度，如图 4-43 所示。

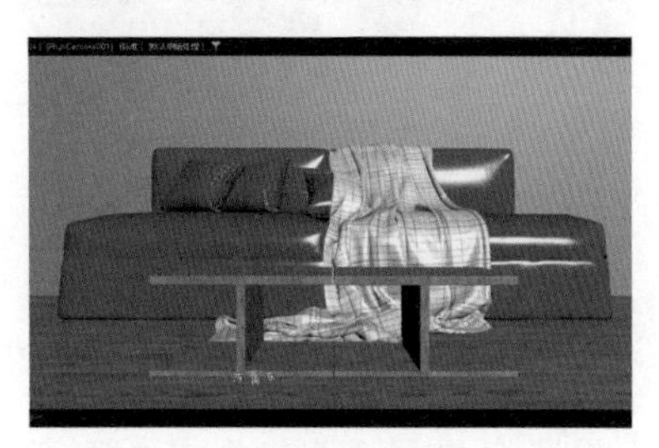

图4-43

（2）单击“创建”面板中的“太阳定位器”按钮，如图 4-44 所示。

图4-44

（3）在“顶”视图中，创建一个太阳定位器，如图 4-45 所示。

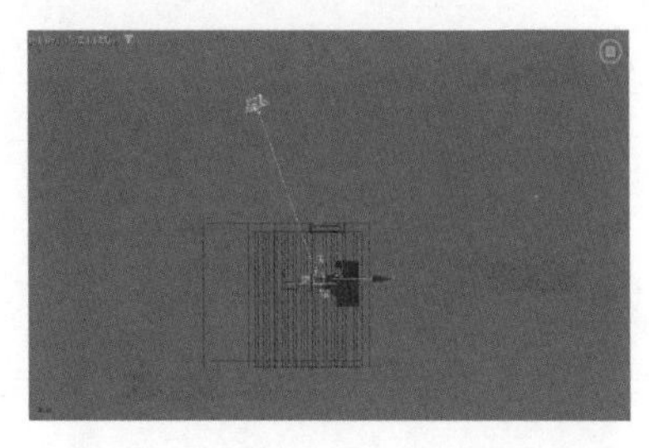

图4-45

（4）在“修改”面板中，进入“太阳”子层级，如图 4-46 所示。

图4-46

（5）在“左”视图中调整太阳至图 4-47 所示的位置。

图4-47

（6）设置完成后，渲染场景，渲染效果如图 4-48 所示。可以看到默认情况下画面较暗。

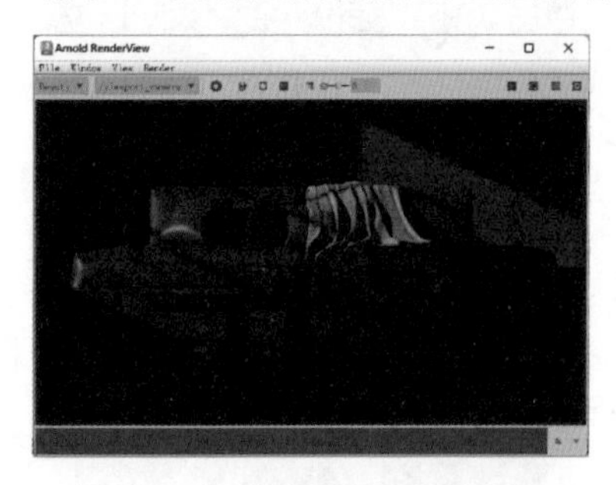

图4-48

（7）执行“渲染 / 环境”命令，打开“环境和效果”窗口，如图 4-49 所示。可以看到创建太阳定位器后，系统会自动在“环境贴图”通道上添加“物理太阳和天空环境”贴图。

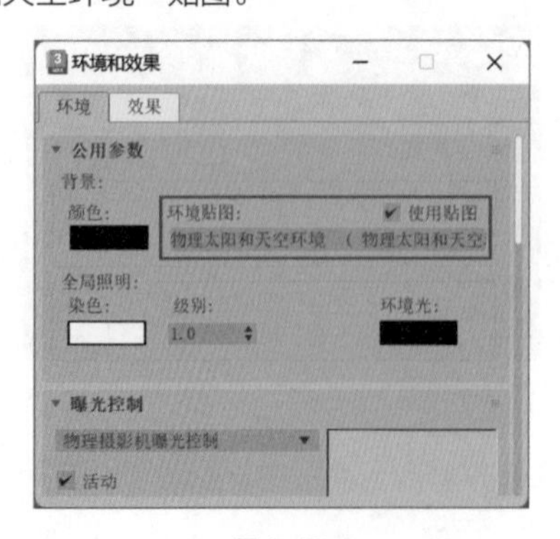

图4-49

（8）单击主工具栏上的“材质编辑器”按钮，如图 4-50 所示。

图4-50

（9）将“环境和效果”窗口中的“物理太阳和天空环境”贴图拖曳至“材质编辑器”窗口中，在系统自动弹出的“实例（副本）贴图”对话框中选择“实例”选项，如图 4-51 所示。这样，我们就可以在“材质编辑器”窗口中调整太阳定位器的参数了，如图 4-52 所示。

图4-51

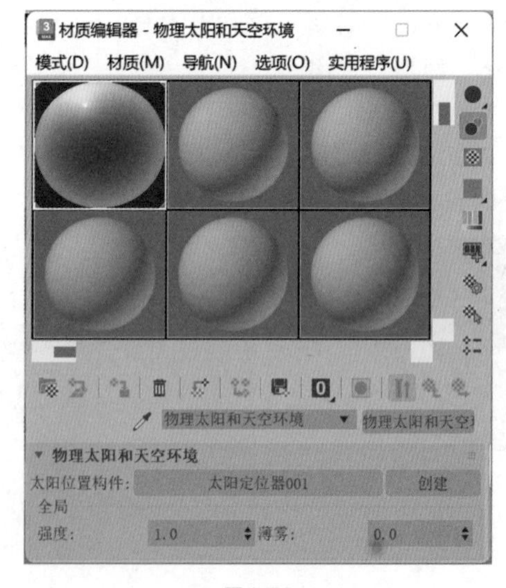

图4-52

（10）在“物理太阳和天空环境”卷展栏中，设置“强度”为 6，“圆盘大小”为 300%，“天空强度”为 6，如图 4-53 所示。

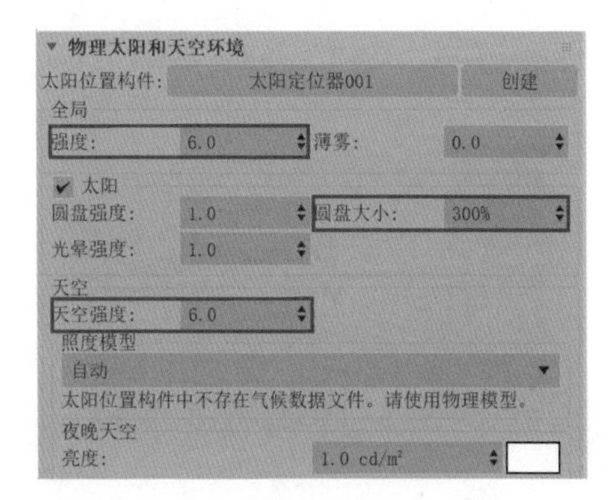

图4-53

（11）在主工具栏上单击“渲染设置”按钮，如图 4-54 所示。

图4-54

（12）在“渲染设置”窗口中，取消勾选 Use For This Scene（使用该场景）复选框，如图 4-55 所示。这样即可在 3ds Max 2024 的渲染帧窗口渲染场景。

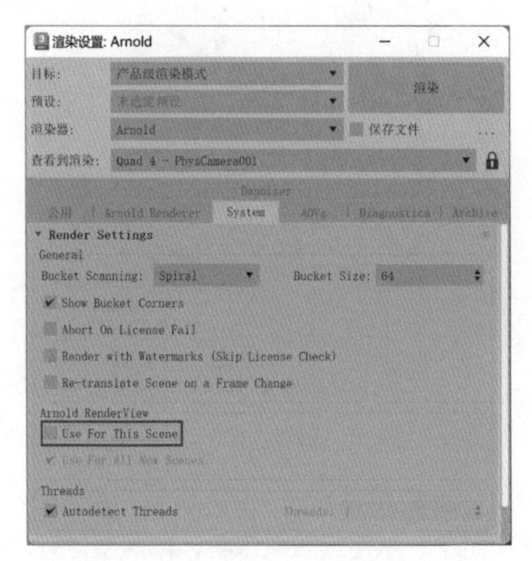

图4-55

> 技巧与提示　中文版 3ds Max 2024 在默认状态下会启用 Arnold RenderView（Arnold 渲染帧窗口）来渲染场景，我们可以通过取消勾选 Use For This Scene 复选框来使用默认的渲染帧窗口来渲染场景。

（13）渲染场景，渲染效果如图 4-56 所示。可以看到现在场景中的亮度明显提升了许多，画面看起来更加自然了。

图4-56

4.2.6　实例：制作天光照明效果

本实例为大家讲解如何使用目标灯光来制作天光照射进室内的照明效果，本实例的渲染效果如图 4-57 所示。

图4-57

（1）启动中文版 3ds Max 2024，打开本书配套场景文件“客厅 .max”，如图 4-58 所示。本实例的场景为摆放了简单家具的客厅的一部分，并且设置好了材质及摄影机的拍摄角度。

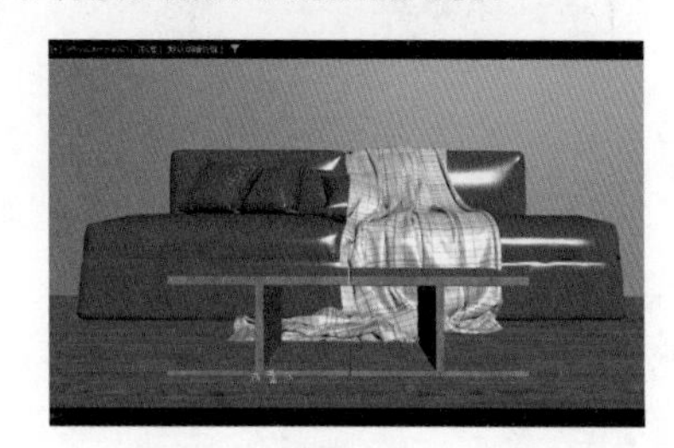

图4-58

（2）单击“创建”面板中的“目标灯光”按钮，如图 4-59 所示。

图4-59

（3）在系统自动弹出的“创建光度学灯光”对话框中单击“是”按钮，如图 4-60 所示。

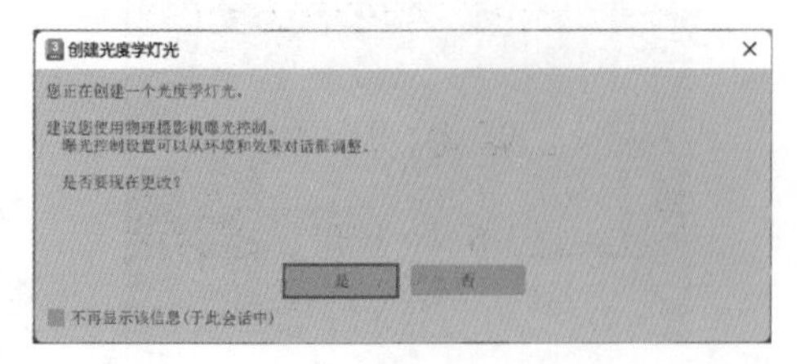

图4-60

（4）在“顶”视图中的窗户处创建一个目标灯光，如图 4-61 所示。

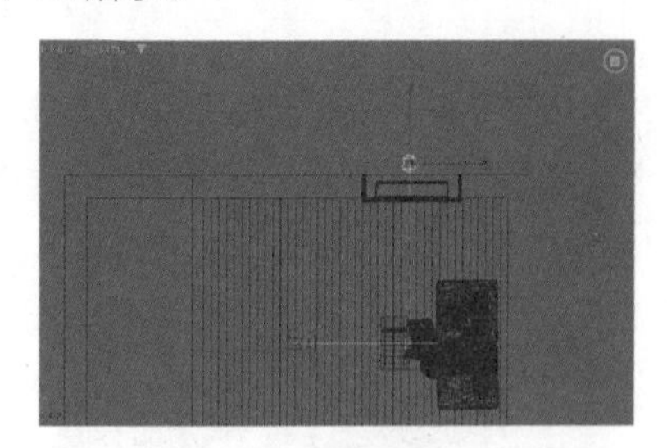

图4-61

（5）在“图形 / 区域阴影”卷展栏中，设置“从（图形）发射光线”为“矩形”，设置“长度”为170，“宽度”为 125，如图 4-62 所示。

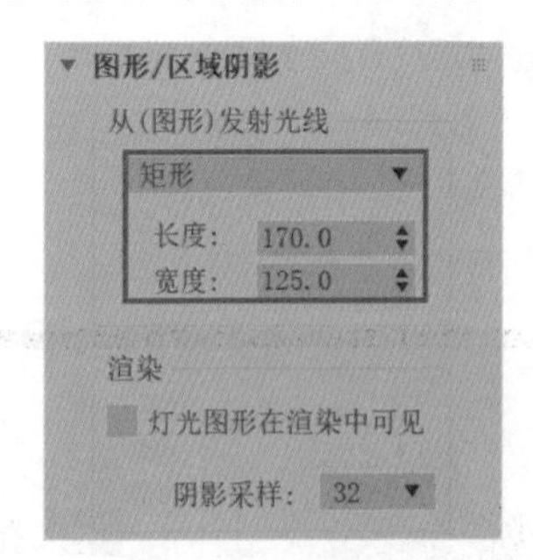

图4-62

（6）在“强度 / 颜色 / 衰减”卷展栏中，设置灯光的强度值为 6500，如图 4-63 所示。

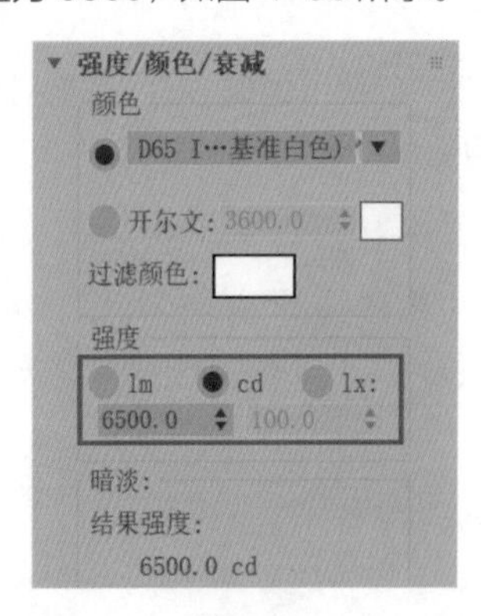

图4-63

（7）在“透视”视图中，调整目标灯光至图 4-64 所示的位置，使得灯光从窗外向室内进行照明。

图4-64

（8）在“顶”视图中，复制出另一个目标灯光，并调整其至图 4-65 所示的位置。

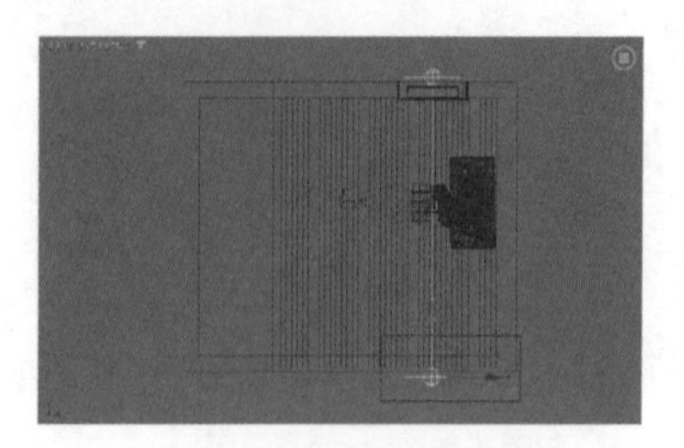

图4-65

（9）在“强度 / 颜色 / 衰减”卷展栏中，设置灯光的强度值为 3500，如图 4-66 所示。

图4-66

（10）设置完成后，渲染场景，渲染效果如图 4-67 所示，从渲染效果来看，场景整体有点暗。

图4-67

（11）在“顶”视图中，将之前创建出来的两个目标灯光选中，再次进行复制，并调整其至图 4-68 所示的位置。

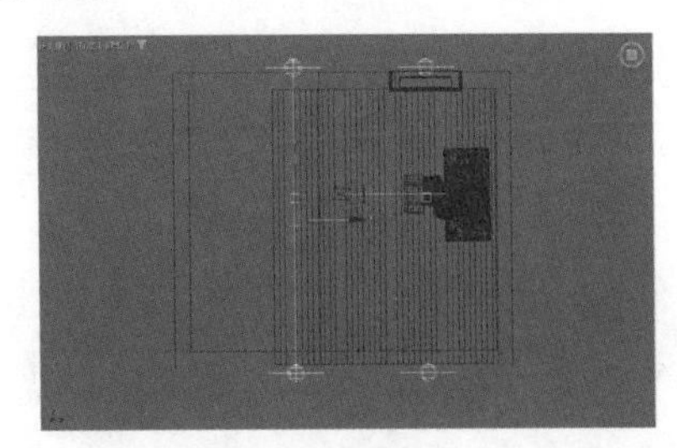

图4-68

（12）设置完成后，渲染场景，这次可以发现场景较上次明亮了许多，本实例的最终渲染效果如图 4-69 所示。

图4-69

4.3 Arnold灯光

Arnold 灯光功能强大，用该灯光几乎可以模拟我们身边常见的各种照明环境，如图 4-70 所示。需要注意的是，即使是在中文版 3ds Max 2024 中，该灯光的参数仍然显示为英文。

图4-70

在“修改”面板中，我们可以看到 Arnold 灯光的卷展栏分布如图 4-71 所示。

图4-71

4.3.1 General（常规）卷展栏

General（常规）卷展栏主要用于设置 Arnold 灯光的开关及目标点等相关参数。在 General 卷展栏中，参数如图 4-72 所示。

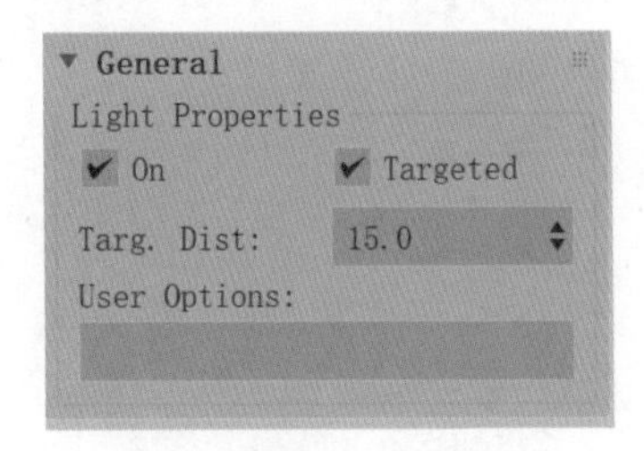

图4-72

工具解析

- On：开启灯光照明。
- Targeted：为灯光添加目标点。
- Targ. Dist：设置目标点与灯光的间距。

4.3.2 Shape（形状）卷展栏

Shape（形状）卷展栏主要用于设置灯光的类型。在 Shape 卷展栏中，参数如图 4-73 所示。

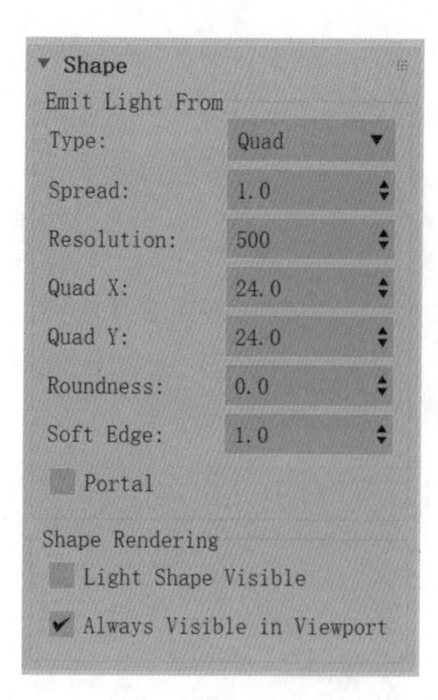

图4-73

工具解析

♦ Type：用于设置灯光的类型。中文版 3ds Max 2024 为用户提供了图 4-74 所示的 9 种灯光类型，以满足用户不同的照明环境模拟需求。从这些类型来看，Arnold 灯光可以模拟出点光源、聚光灯、面光源、天空环境、光度学、网格灯光等多种不同灯光的照明效果。

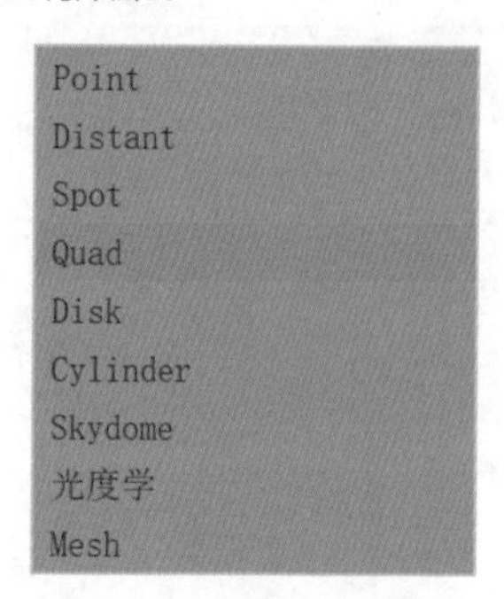

图4-74

♦ Spread：用于控制 Arnold 灯光的扩散照明效果。当该值为默认值 1 时，灯光的照明效果会让对象产生散射状的投影；当该值为 0 时，灯光的照明效果会让对象产生清晰的投影。

♦ Quad X/Quad Y：用于设置灯光的长度或宽度。

♦ Soft Edge：用于设置投影的边缘虚化程度。

4.3.3 Color/Intensity（颜色/强度）卷展栏

Color/Intensity（颜色 / 强度）卷展栏主要用于控制灯光的色彩及照明强度。在 Color/Intensity 卷展栏中，参数如图 4-75 所示。

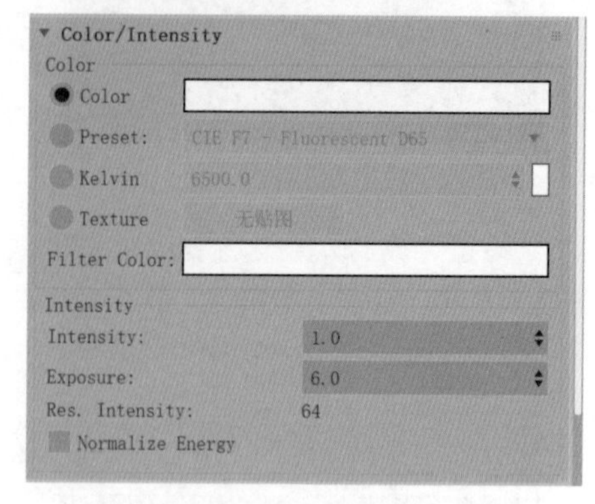

图4-75

工具解析

① Color（颜色）组。

♦ Color：用于设置灯光的颜色。

♦ Kelvin：使用色温值来控制灯光的颜色。

♦ Texture：使用贴图来控制灯光的颜色。

♦ Filter Color：设置灯光的过滤颜色。

② Intensity（强度）组。

♦ Intensity：设置灯光的照明强度。

♦ Exposure：设置灯光的曝光值。

4.3.4 Rendering（渲染）卷展栏

在 Rendering（渲染）卷展栏中，参数如图 4-76 所示。

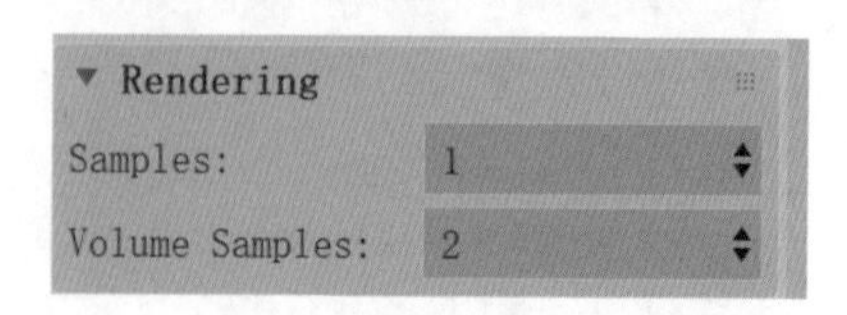

图4-76

工具解析

♦ Samples：设置灯光的采样值。

♦ Volume Samples：设置灯光的体积采样值。

4.3.5　Shadow（阴影）卷展栏

在 Shadow（阴影）卷展栏中，参数如图 4-77 所示。

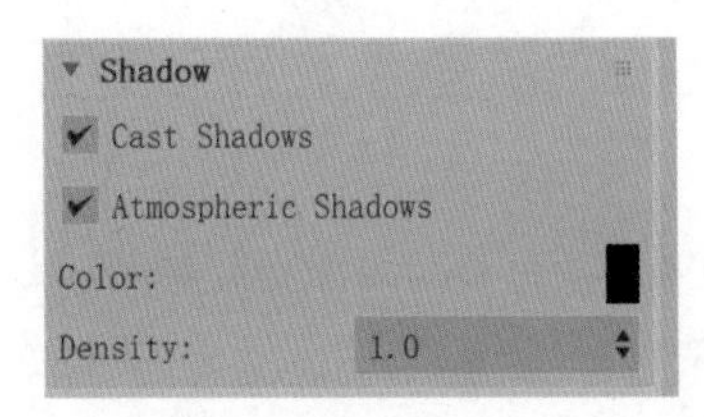

图4-77

工具解析

♦ Cast Shadows：设置灯光是否投射阴影。

♦ Atmospheric Shadows：设置灯光是否投射大气阴影。

♦ Color：设置阴影的颜色。

♦ Density：设置阴影的密度值。

4.3.6　实例：制作灯丝照明效果

本实例为大家讲解如何使用 Arnold 灯光来制作灯丝照明效果，本实例的渲染效果如图 4-78 所示。

图4-78

（1）启动中文版 3ds Max 2024，打开本书配套场景文件“台灯 .max”，如图 4-79 所示。场景中有一个房屋模型，里面摆放了一个台灯模型，并且设置好了材质及摄影机的拍摄角度。

图4-79

（2）在“创建”面板中单击 Arnold Light 按钮，如图 4-80 所示。

图4-80

（3）在“顶”视图中的窗户处创建一个 Arnold 灯光，如图 4-81 所示。

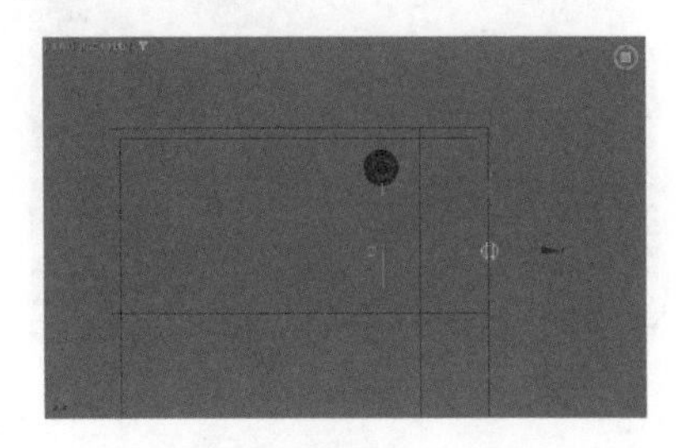

图4-81

（4）在 Shape 卷展栏中，设置 Quad X 为 55，Quad Y 为 71，如图 4-82 所示。

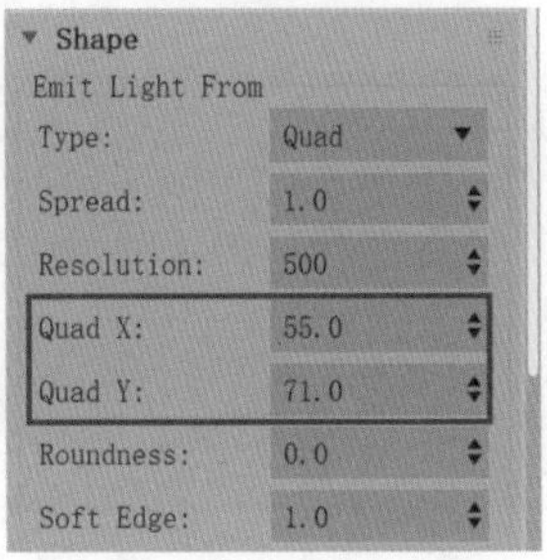

图4-82

（5）在 Color/Intensity 卷展栏中，设置 Intensity 为 1，Exposure 为 3，如图 4-83 所示。

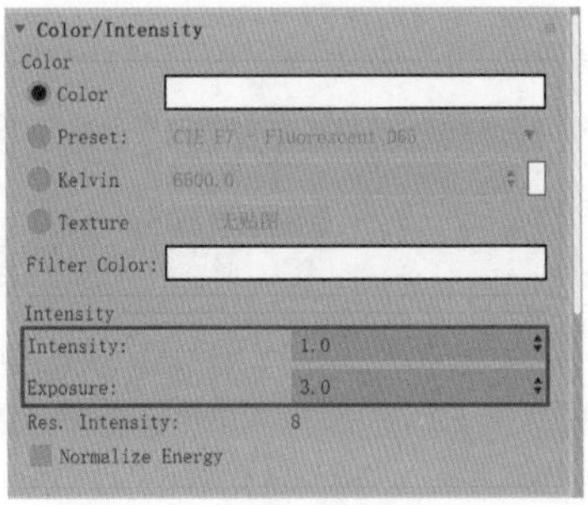

图4-83

（6）在“左”视图中调整灯光至图 4-84 所示的位置，使得灯光从窗外向屋内进行照明。

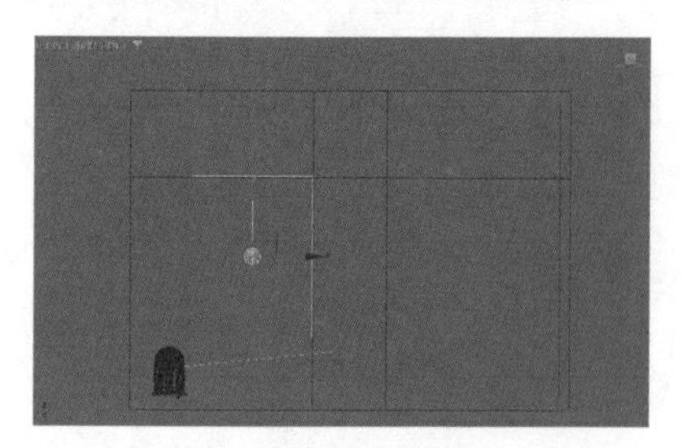

图4-84

（7）复制刚刚创建的灯光至旁边的窗户位，如图 4-85 所示。

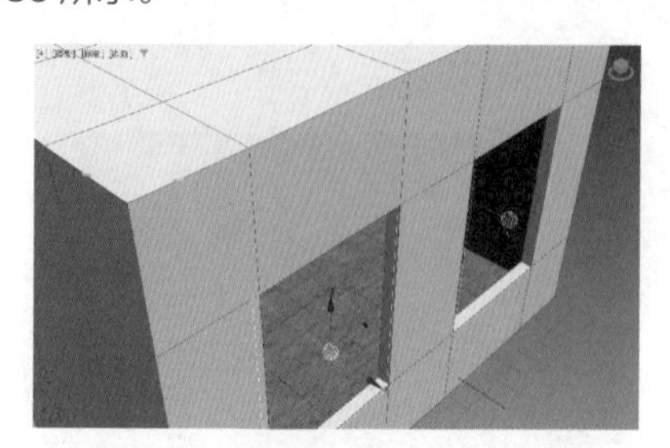

图4-85

（8）设置完成后，渲染场景，渲染效果如图 4-86 所示。

图4-86

（9）单击“创建”面板中的 Arnold Light 按钮，在场景中的任意位置创建一个 Arnold 灯光，如图 4-87 所示。

图4-87

（10）在“修改”面板中，展开 Shape 卷展栏，设置 Type 为 Mesh，并设置 Mesh 为场景中名称为“灯丝”的模型，如图 4-88 所示。

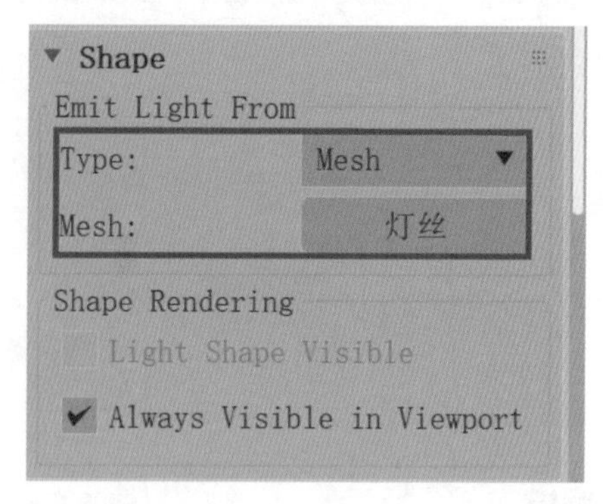

图4-88

（11）展开 Color/Intensity 卷展栏，选择 Color 组的 Kelvin 选项，并调整相应的值为 3500，这时可以看到灯光的颜色变为橙色；在 Intensity 组中设置 Intensity 为 0.1，Exposure 为 8，如图 4-89 所示。

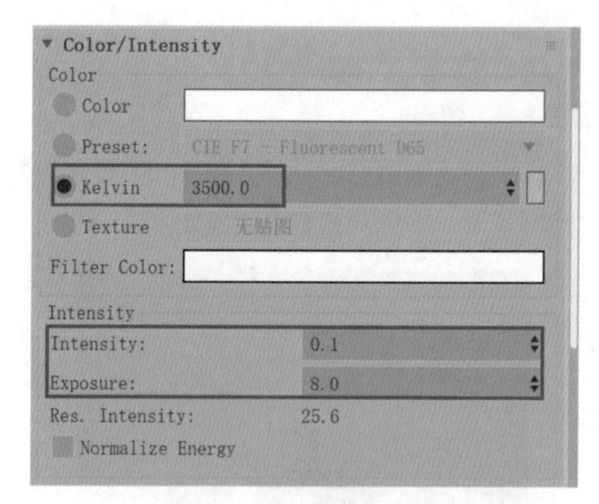

图4-89

（12）设置完成后，渲染场景，最终渲染效果如图 4-90 所示。通过渲染效果我们可以清楚地看到灯泡内的灯丝所产生的照明效果。

图4-90

4.3.7 实例：制作射灯照明效果

本实例为大家讲解如何使用 Arnold 灯光来制作射灯所产生的照明效果，本实例的渲染效果如图 4-91 所示。

图4-91

（1）启动中文版 3ds Max 2024，打开本书配套场景文件“静物 .max”，如图 4-92 所示。场景中有一个房屋模型，里面摆放了一个木雕模型，并且设置好了环境灯光、材质及摄影机的拍摄角度。

图4-92

（2）渲染场景，渲染效果如图 4-93 所示。

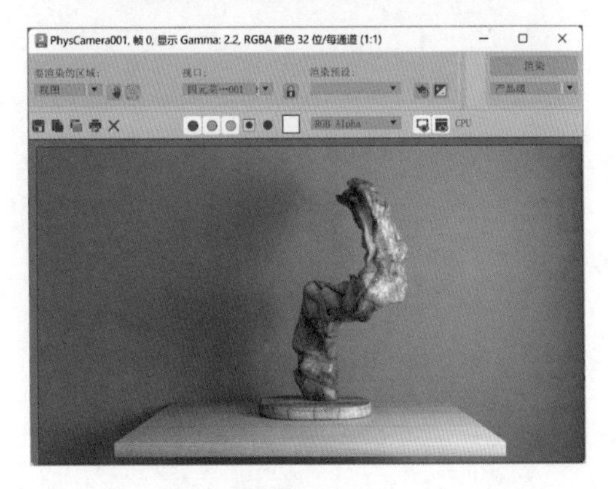

图4-93

（3）在“创建”面板中单击 Arnold Light 按钮，如图 4-94 所示。

图4-94

（4）在“左”视图中木雕模型的上方创建一个 Arnold 灯光，如图 4-95 所示。

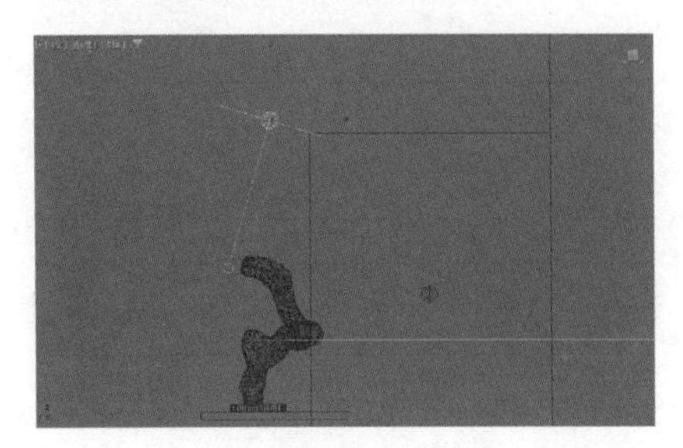

图4-95

（5）在“前”视图中，调整灯光至图 4-96 所示的位置。

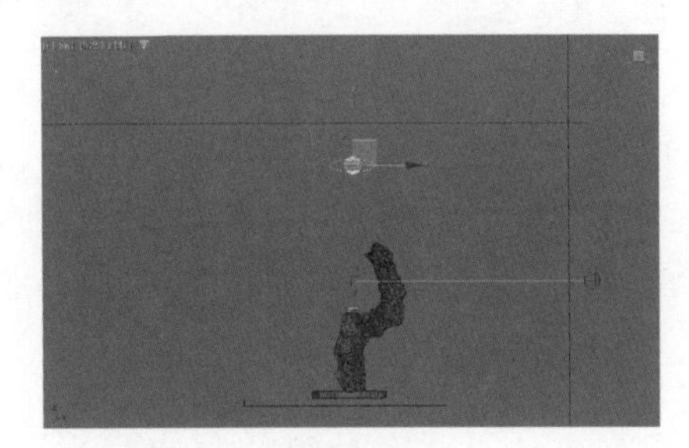

图4-96

（6）在 Shape 卷展栏中，设置 Type 为“光度学”，并为 File 属性添加“射灯 c.ies”文件，如图 4-97 所示。

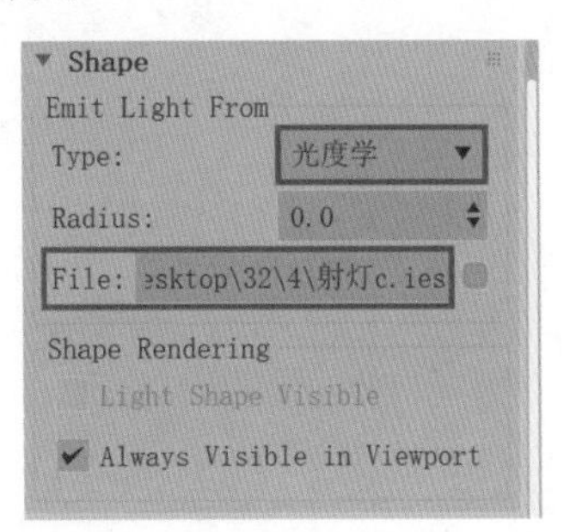

图4-97

（7）在 Color/Intensity 卷展栏中，选择 Color

组的 Kelvin 选项，并调整相应的值为 2500，如图 4-98 所示，这时可以看到灯光的颜色变为橙色。

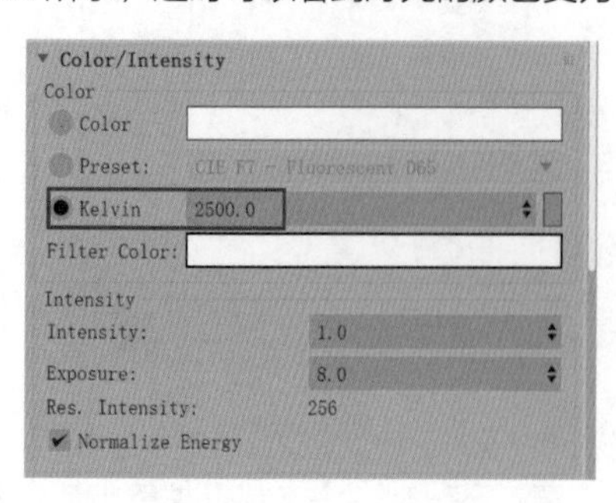

图4-98

（8）设置完成后，渲染场景，最终渲染效果如图 4-99 所示。

图4-99

摄影机技术

5.1 摄影机概述

3ds Max 2024 的摄影机中所包含的参数与现实当中我们所使用的摄影机的参数非常相似，比如焦距、光圈、快门、曝光等。也就是说，读者如果是摄影爱好者，那么学习本章的内容将会得心应手。中文版 3ds Max 2024 提供了多种类型的摄影机供用户选择使用，通过为场景设置摄影机，用户可以轻松地在三维软件里记录自己摆放好的镜头的位置并设置动画。摄影机的参数相对较少，但是却并不意味着每个人都可以轻松地掌握摄影机技术。学习摄影机技术就像学习拍照一样，读者最好还要额外学习画面构图方面的知识。图 5-1~ 图 5-4 所示为编者在日常生活中所拍摄的一些画面。

图5-1

图5-2

图5-3

图5-4

打开中文版 3ds Max 2024，可以看到“创建”面板内有“物理”“目标”“自由”这 3 种摄影机类型，如图 5-5 所示。这 3 种摄影机的参数非常相似，故本章以“物理”摄影机为例，对其参数进行讲解。

图5-5

5.2 “物理”摄影机

中文版 3ds Max 2024 为用户提供了基于真实世界摄影机调试方法的“物理”摄影机，用户如果对摄影机的使用方法非常熟悉，那么在 3ds Max 2024 中使用“物理”摄影机将会得心应手。在“创建”面板中单击“物理”按钮，即可在场景中创建出一个“物理”摄影机，如图 5-6 所示。

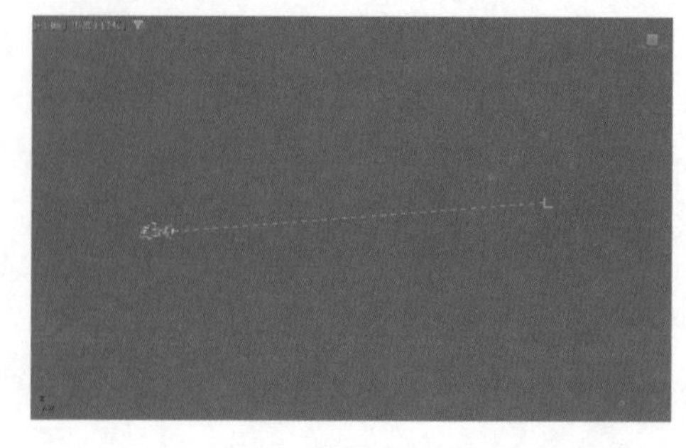

图5-6

在“修改”面板中，“物理摄影机”包含“基本”“物理摄影机”“曝光”“散景（景深）”“透视控制”“镜头扭曲”“其他”这 7 个卷展栏，如图 5-7 所示。

图5-7

5.2.1 “基本”卷展栏

在“基本”卷展栏中，参数如图 5-8 所示。

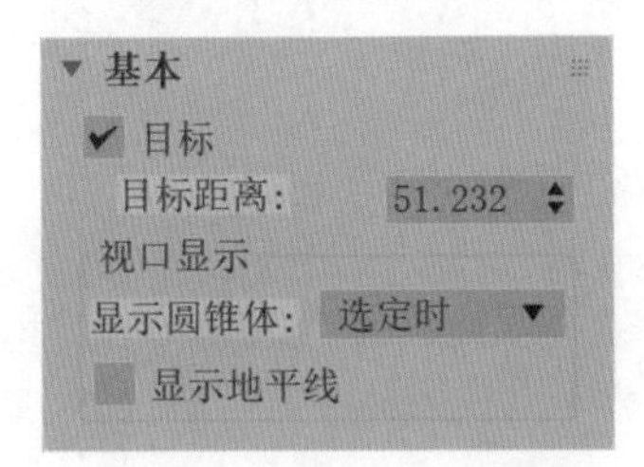

图5-8

工具解析

♦ 目标：勾选此复选框后，摄影机将启用目标点功能，并与“目标”摄影机的行为相似。

♦ 目标距离：设置目标点与焦平面之间的距离。

♦ 显示圆锥体：有“选定时”（默认设置）、“始终”或“从不”3 个选项可选，如图 5-9 所示。

图5-9

♦ 显示地平线：勾选此复选框后，地平线在摄影机视图中显示为水平线。图 5-10 所示为勾选“显示地平线”复选框前后的摄影机视图显示效果对比。

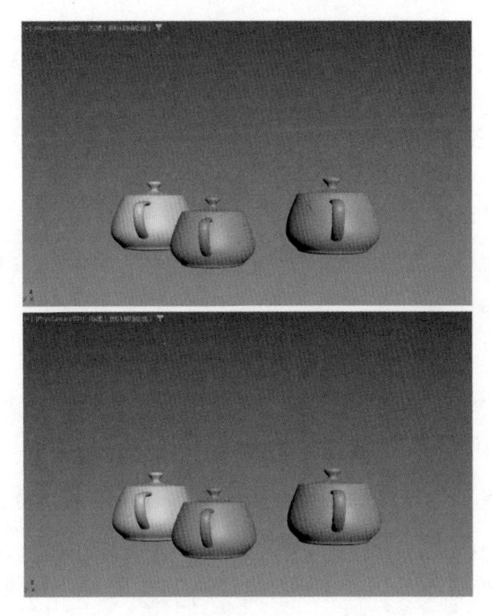

图5-10

5.2.2 “物理摄影机”卷展栏

在“物理摄影机”卷展栏中，参数如图 5-11 所示。

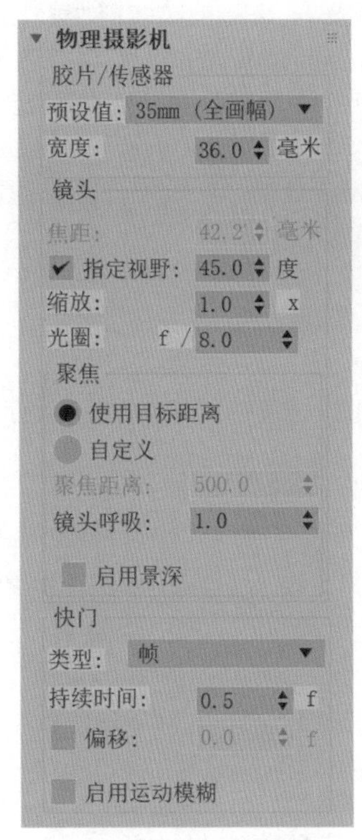

图5-11

工具解析

①“胶片/传感器”组。

♦预设值：3ds Max 2024提供了多种预设值，如图5-12所示。

图5-12

♦宽度：可以手动调整帧的宽度。

②“镜头”组。

♦焦距：设置镜头的焦距。

♦指定视野：勾选此复选框时，可以设置新的视野(FOV)值（以度为单位）。

♦缩放：在不更改摄影机位置的情况下缩放画面。

♦光圈：设置曝光和景深效果。

♦启用景深：启动景深计算。

③“快门”组。

♦类型：选择测量快门速度所使用的单位。

♦持续时间：根据所选的单位设置快门速度。该值可能影响曝光、景深和运动模糊效果。

♦偏移：勾选此复选框时，可以指定相对于每帧的开始时间的快门打开时间。更改此值会影响运动模糊效果。

♦启用运动模糊：勾选此复选框后，摄影机可以生成运动模糊效果。

5.2.3 “曝光”卷展栏

在“曝光”卷展栏中，参数如图5-13所示。

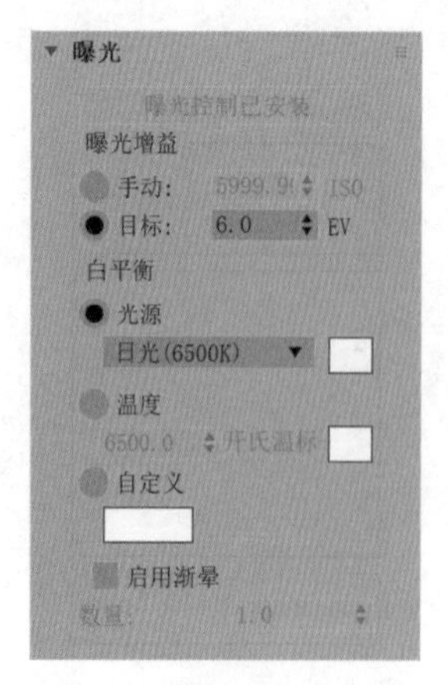

图5-13

工具解析

①“曝光增益”组。

♦手动：通过ISO值设置曝光增益。

♦目标：通过EV值设置曝光增益。

②“白平衡”组。

♦光源：按照标准光源设置白平衡颜色。

♦温度：以色温的形式设置白平衡颜色。

♦自定义：手动设置白平衡颜色。

③“启用渐晕”组。

♦数量：增加数量可以增强渐晕效果。

5.2.4 “散景（景深）”卷展栏

在“散景（景深）”卷展栏中，参数如图5-14所示。

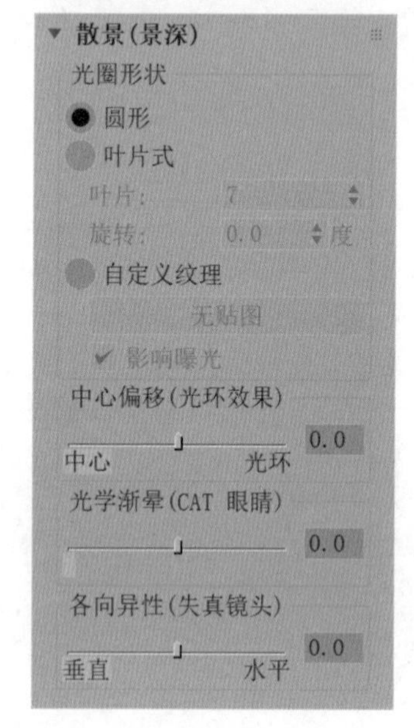

图5-14

工具解析

♦圆形：设置光圈为圆形。

♦叶片式：设置光圈为多边形。

叶片：设置多边形的边数。

旋转：设置多边形的旋转角度。

♦自定义纹理：使用贴图作为光圈形状。

♦中心偏移（光环效果）：使光圈透明度向中心（负值）或边（正值）偏移。

♦光学渐晕(CAT 眼睛)：通过模拟“猫眼”效

果使光圈形状呈现渐晕效果。

♦ 各向异性（失真镜头）：“垂直”或“水平”拉伸光圈形状。

5.2.5 “透视控制”卷展栏

在“透视控制”卷展栏中，参数如图 5-15 所示。

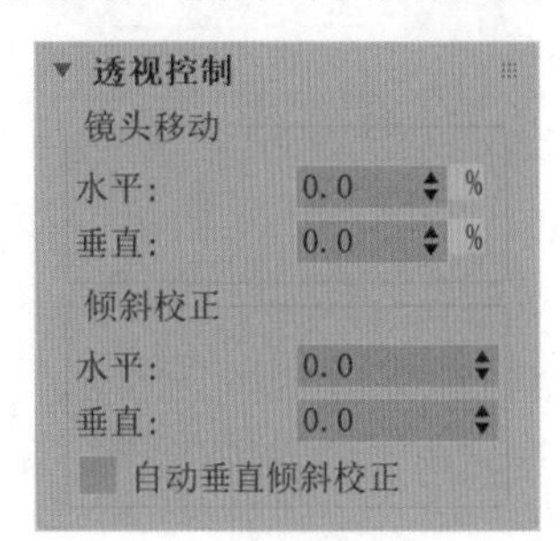

图5-15

工具解析

①“镜头移动”组。

♦ 水平：沿水平方向移动摄影机视图。

♦ 垂直：沿垂直方向移动摄影机视图。

②“倾斜校正”组。

♦ 水平：沿水平方向倾斜摄影机视图。

♦ 垂直：沿垂直方向倾斜摄影机视图。

5.2.6 实例：制作景深效果

本实例为大家讲解如何使用“物理”摄影机来制作景深效果，本实例的渲染效果如图 5-16 所示。

图5-16

（1）启动 3ds Max 2024，打开本书的配套资源“花瓶 .max”文件，如图 5-17 所示。

图5-17

（2）在“创建”面板中单击“物理”按钮，如图 5-18 所示。

图5-18

（3）在“顶”视图中创建一个“物理”摄影机，如图 5-19 所示。

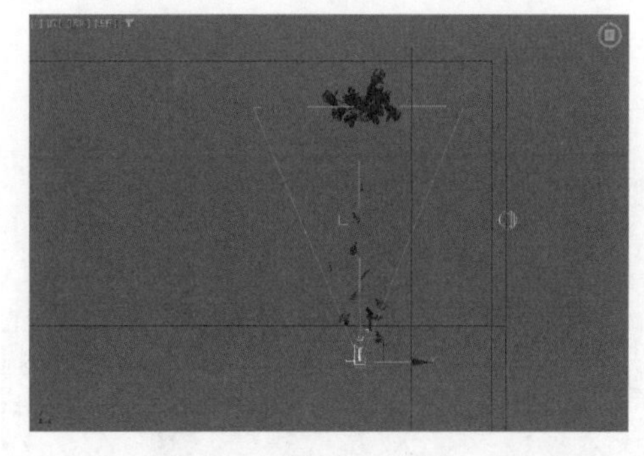

图5-19

（4）调整摄影机至图 5-20 所示的位置，调整摄影机目标点至图 5-21 所示的位置。

X: -0.8　Y: -25.5　Z: 20.0

图5-20

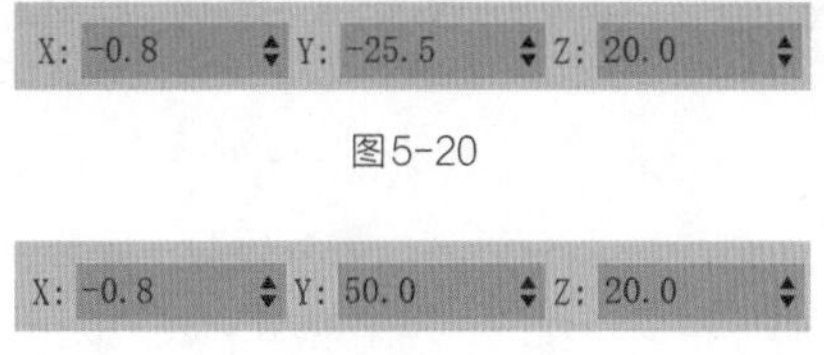

图5-21

（5）按“C”键，在摄影机视图中调整好摄影机的观察角度，如图 5-22 所示。

图5-22

（6）按组合键“Shift+F”，显示出安全框，摄影机视图的显示效果如图 5-23 所示。

图5-23

（7）设置完成后，渲染场景，渲染效果如图 5-24 所示。

图5-24

（8）接下来，开始制作景深效果。在“物理摄影机”卷展栏中，勾选“启用景深”复选框，并设置“光圈”为 3，如图 5-25 所示。

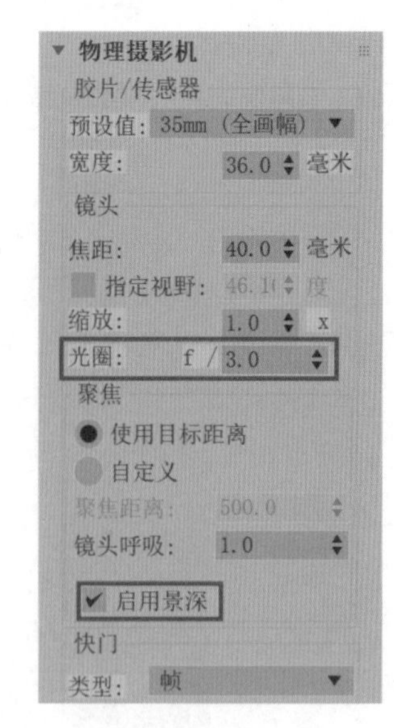

图5-25

（9）观察摄影机视图，这时可以看到非常明显的景深效果，如图 5-26 所示。需要读者注意的是，画面中摄影机的目标点所在位置的图像较为清晰。

（10）设置完成后，渲染场景，本实例的最终渲染效果如图 5-27 所示。

图5-26

图5-27

5.2.7　实例：制作运动模糊效果

本实例将使用上一个实例制作的场景来为读者讲解如何渲染带有运动模糊效果的画面，本实例的渲染效果如图 5-28 所示。

图5-28

（1）启动 3ds Max 2024，打开本书的配套资源“花瓶 - 景深完成 .max”文件，本实例的场景中已经设置好了摄影机，摄影机视图的显示效果如图 5-29 所示。

图5-29

（2）选择场景中的距离摄影机较近的花瓣模型，如图 5-30 所示。

图5-30

（3）播放场景动画，可以看到该模型已经预先设置好的上下位移动画效果，如图 5-31 和图 5-32 所示。

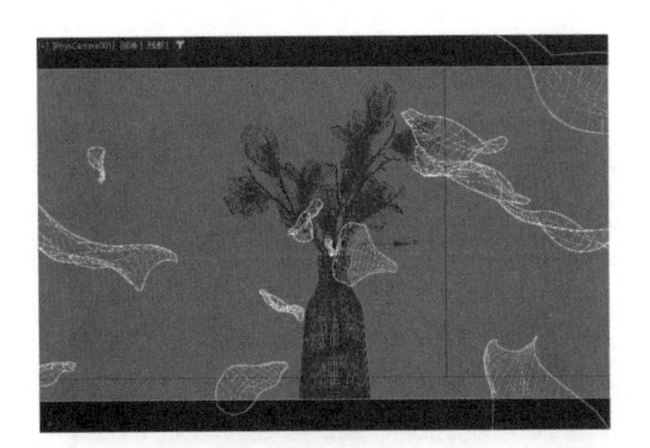

图5-31

图5-32

（4）选择摄影机，在“修改”面板中，展开“物理摄影机”卷展栏，勾选“启用运动模糊”复选框，如图 5-33 所示。

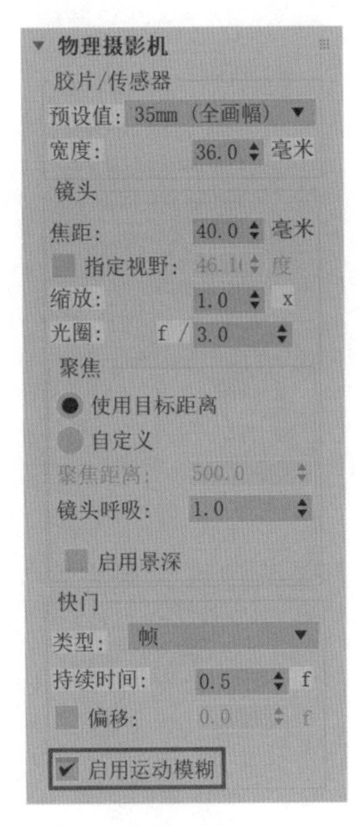

图5-33

（5）在第 5 帧处，渲染场景，默认状态下的运动模糊渲染效果如图 5-34 所示。

图5-34

（6）在“物理摄影机”卷展栏中，设置“持续时间”为2，如图5-35所示。

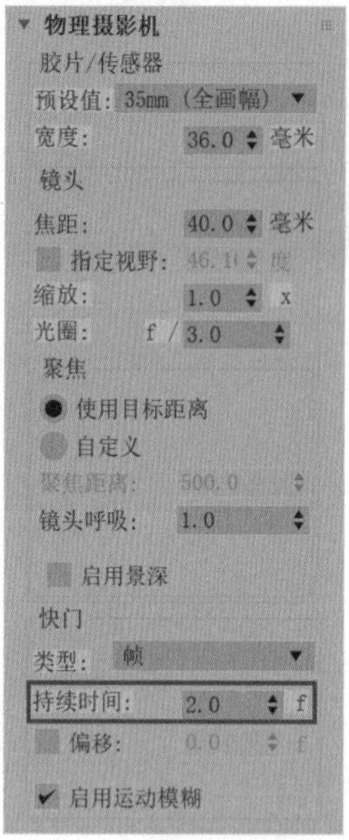

物理摄影机
胶片/传感器
预设值：35mm（全画幅）
宽度：36.0 毫米
镜头
焦距：40.0 毫米
指定视野：46.1 度
缩放：1.0 x
光圈：f / 3.0
聚焦
使用目标距离
自定义
聚焦距离：500.0
镜头呼吸：1.0
启用景深
快门
类型：帧
持续时间：2.0 f
偏移：0.0 f
启用运动模糊

图5-35

（7）再次渲染场景，本实例的最终渲染效果如图5-36所示。

图5-36

材质技术

6.1 材质概述

中文版 3ds Max 2024 为用户提供了功能丰富的材质编辑系统，用于模拟自然界中存在的各种各样物体的质感。就像绘画中的色彩一样，材质可以为三维模型注入“生命”，使得场景充满活力，渲染出来的作品仿佛原本就存在于真实世界之中一样。3ds Max 2024 的材质包含表面纹理、高光、透明度、自发光、反射及折射等多种属性，设计师通过对这些属性进行合理设置，可以创作出令人印象深刻的三维作品。图 6-1~ 图 6-4 所示为编者在日常生活中所拍摄的一些表现物体质感的照片。

图6-1

图6-2

图6-3

图6-4

6.2 材质编辑器

3ds Max 2024 所提供的与材质有关的命令大部分都集中在“材质编辑器”窗口里，用户可以在此调试材质球并将其赋予自己所创建的三维模型。由于材质会直接影响作品渲染的质量，所以 3ds Max 2024 将“材质编辑器”命令归类于“渲染”菜单中，用户可以通过执行“渲染 / 材质编辑器”命令，找到“精简材质编辑器”命令和“Slate 材质编辑器”命令来打开对应的“材质编辑器”窗口，如图 6-5 所示。

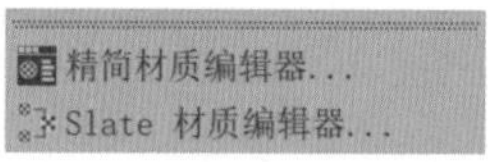

精简材质编辑器...
Slate 材质编辑器...

图6-5

用户可以在主工具栏上找到“精简材质编辑器”按钮和“Slate 材质编辑器”按钮，如图 6-6 所示，单击这两个按钮也可以打开对应的“材质编辑器”窗口。

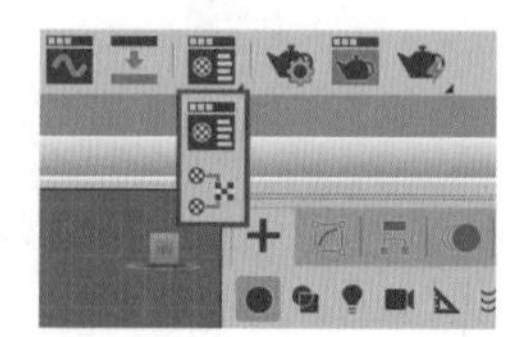

图6-6

打开“材质编辑器”窗口是 3ds Max 2024 中的常用操作，使用频率相当高，所以 3ds Max 2024 为用户提供了通过快捷键来打开“材质编辑器”窗口的功能。按快捷键“M”，就可以快速打开“材质编辑器”窗口。“材质编辑器”窗口有两种显示方式：一种为精简材质编辑器，如图 6-7 所示；另一种为 Slate 材质编辑器，如图 6-8 所示。这两种显示方式所包含的命令完全一样，用户可以根据自己的喜好选择相应的显示方式来进行材质调试工作。在实际的工作中，由于精简材质编辑器更为常用，故本书以精简材质编辑器来进行讲解。

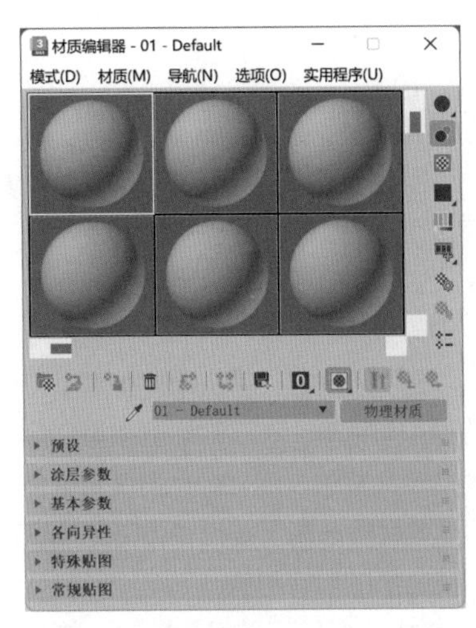

图6-7

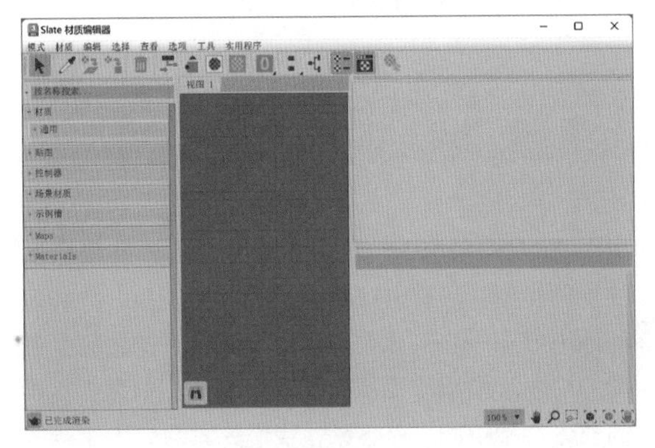

图6-8

6.2.1 材质球示例窗口

材质球示例窗口主要用来显示材质的预览效果，通过观察材质球示例窗口中的材质球可以很方便地查看调整参数对材质造成的影响，如图6-9所示。

图6-9

在材质球示例窗口中，选择任意材质球，可以通过双击的方式打开独立的材质球显示对话框，并可以随意调整其大小以便观察，如图6-10所示。

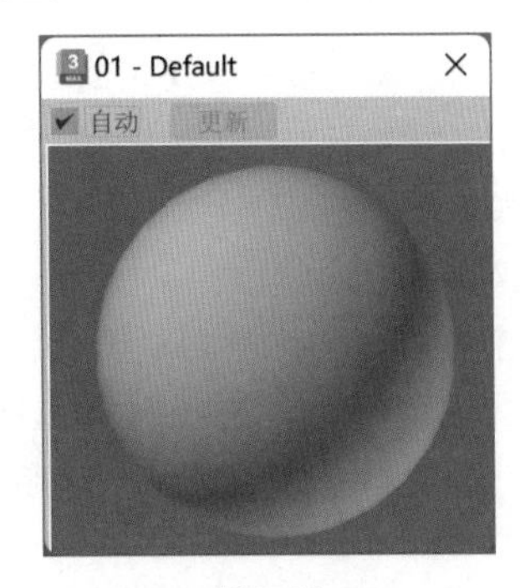

图6-10

技巧与提示 在默认情况下，材质球示例窗口内共有12个材质球，我们不但可以通过拖曳滚动条的方式来显示出其他的材质球，还可以通过在材质球上单击鼠标右键并选择相应的命令来更改显示出的材质球的数量，如图6-11所示。

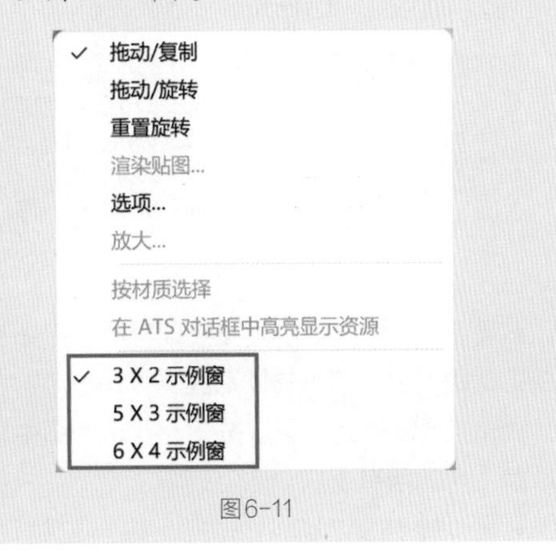

图6-11

6.2.2 工具栏

“材质编辑器”窗口中材质球示例窗口的右侧和下方分别设置了工具栏，如图6-12所示。

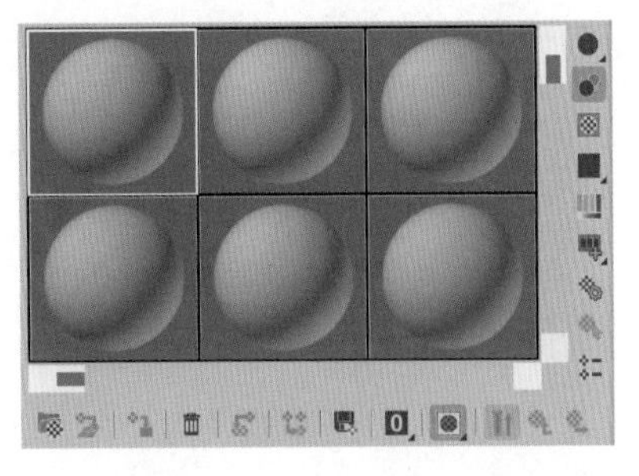

图6-12

工具解析

◆ “获取材质”按钮：为选定的材质打开“材质/贴图浏览器”对话框。

◆ “将材质放入场景”按钮：在编辑好材质后，单击该按钮可以更新已应用于对象的材质。

◆ “将材质指定给选定对象”按钮：将材质指定给选定的对象。

◆ “重置贴图/材质为默认设置”按钮：删除修改的所有属性，将材质属性恢复为默认值。

◆ “生成材质副本”按钮：在选定的示例图中创建当前材质的副本。

◆ “使唯一”按钮：将实例化的材质设置为独立的材质。

◆ “放入库”按钮：重新命名材质并将其保存到当前打开的库中。

◆ “材质ID通道”按钮：为应用后期制作效果设置唯一的ID通道，单击该按钮可弹出ID数字下拉列表，如图6-13所示。

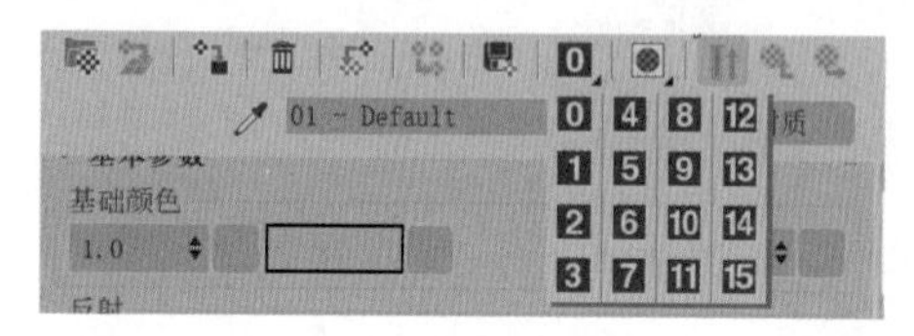

图6-13

◆ “在视图中显示明暗处理材质”按钮：在视图中的对象上显示二维材质贴图。

◆ “显示最终结果”按钮：在示例图中显示材质以及应用的所有层次。

◆ “转到父对象”按钮：将当前材质上移一级。

◆ “转到下一个同级项”按钮：选定同一层级的下一个贴图或材质。

◆ “采样类型”按钮：控制材质球示例窗口显示的对象类型，默认为球体，还有圆柱体和立方体可选，如图6-14所示。

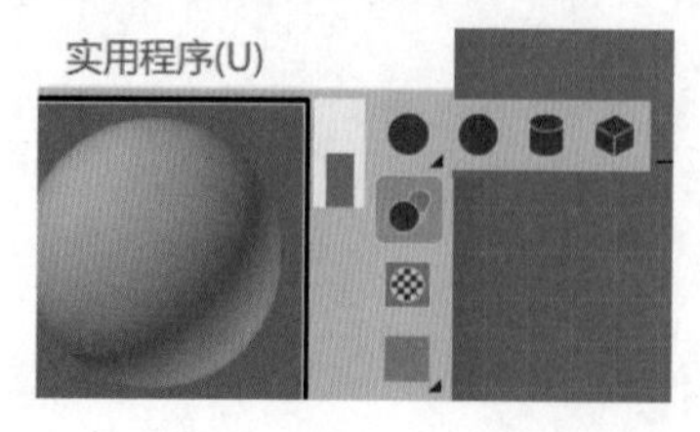

图6-14

◆ “背光”按钮：打开或关闭选定材质球示例窗口中的背景灯光。

◆ “背景”按钮：在材质球后面显示方格背景图像，在观察具有透明、反射及折射属性的材质时非常有用。

◆ “采样UV平铺”按钮：为材质球示例窗口中的贴图设置UV平铺显示。

◆ “视频颜色检查”按钮：检查当前材质中NTSC制式和PAL制式不支持的颜色。

◆ “生成预览”按钮：用于生成、浏览和保存材质预览渲染效果。

◆ “选项”按钮：单击此按钮可以打开“材质编辑器选项”对话框，在该对话框中可以启用材质动画、加载自定义背景、定义灯光亮度及颜色等。

◆ “按材质选择”按钮：单击此按钮可以选定使用了当前材质的所有对象。

◆ “材质/贴图导航器”按钮：单击此按钮可以打开“材质/贴图导航器”对话框。

6.3 常用材质

在制作材质时，第一个步骤应该是选择合适的材质类型，只有选择了合适的材质类型，才能顺利地进行下一步的工作——调节参数。这是因为不同的材质类型用于模拟自然界中的不同材质，其中的命令大不相同。接下来，我们先学习较为常用的材质。

6.3.1 物理材质

物理材质是3ds Max 2024的默认材质，其重要性不言而喻。物理材质有3种材质模式，如图6-15所示。其中，默认状态下的“经典简单”在实际工作中较为常用，故本小节以该材质模式中的参数设置为例来进行讲解。

图6-15

1. “预设”卷展栏

在“预设”卷展栏中，参数如图 6-16 所示。

图6-16

工具解析

♦“预设”下拉列表：这里提供了许多预先设置好参数的材质供用户选择使用。

♦“材质模式”下拉列表：提供了“经典简单”和“经典高级”这两种模式供用户选择使用，默认为“经典简单”。

2. “涂层参数”卷展栏

在“涂层参数”卷展栏中，参数如图 6-17 所示。

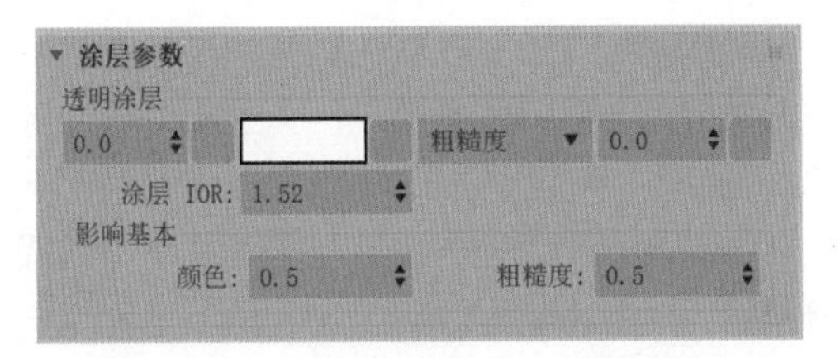

图6-17

工具解析

♦权重：涂层的厚度，默认值为 0。

♦颜色：用于设置涂层的颜色。

♦粗糙度：用于设置涂层表面的粗糙程度。

♦涂层 IOR：用于设置涂层的折射率。

♦颜色：设置涂层对材质基础颜色的影响程度。

♦粗糙度：设置涂层对材质基础粗糙度的影响程度。

3. “基本参数”卷展栏

在“基本参数”卷展栏中，参数如图 6-18 所示。

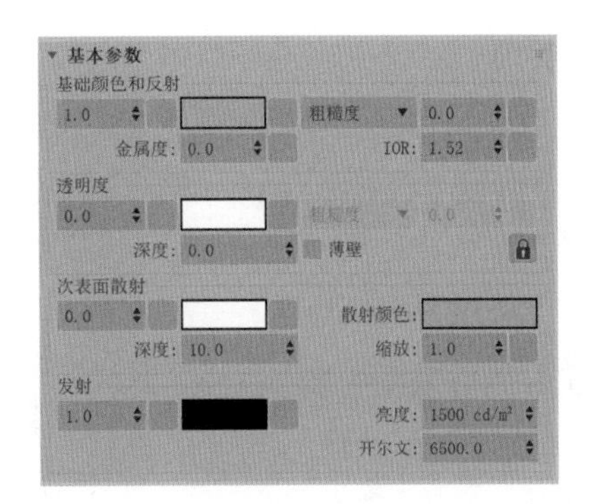

图6-18

工具解析

①“基础颜色和反射”组。

♦权重：设置基础颜色对物理材质的影响程度。

♦颜色：设置基础颜色。

♦粗糙度：设置材质的粗糙程度。

♦金属度：设置材质的金属表现程度。

♦IOR：设置材质的折射率。

②“透明度”组。

♦权重：设置材质的透明程度。

♦颜色：设置透明度的颜色。

♦薄壁：用于模拟较薄的透明物体，如肥皂泡。

③“次表面散射”组。

♦权重：设置材质的次表面散射程度。

♦颜色：设置材质的次表面散射颜色。

♦散射颜色：设置灯光通过材质产生的散射颜色。

④“发射”组。

♦权重：设置材质自发光亮度的权重值。

♦颜色：设置材质自发光的颜色。

♦亮度：设置材质的发光明亮程度。

♦开尔文：使用色温来控制自发光的颜色。

4. “各向异性”卷展栏

在“各向异性”卷展栏中，参数如图 6-19 所示。

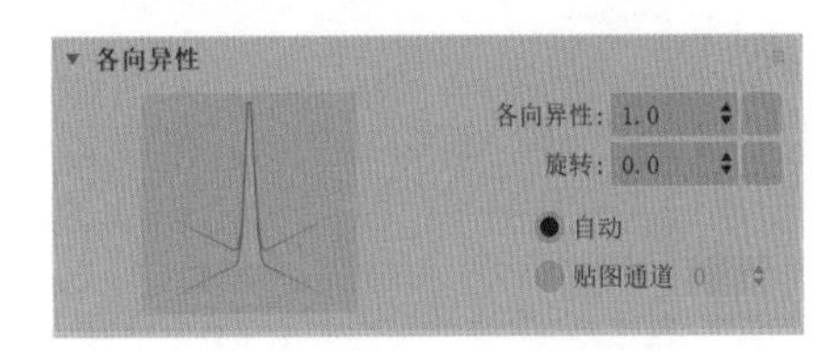

图6-19

工具解析

♦ 各向异性：用于控制材质的高光形状。

♦ 旋转：用于控制材质的各向异性计算角度。

♦ 自动 / 贴图通道：用于设置自动或使用贴图通道来控制各向异性的方向。

5. “特殊贴图”卷展栏

在“特殊贴图”卷展栏中，参数如图 6-20 所示。

特殊贴图		
✔ 凹凸贴图	0.3	无贴图
✔ 涂层凹凸贴图	0.3	无贴图
✔ 置换	1.0	无贴图
✔ 裁切(不透明度)		无贴图

图6-20

工具解析

♦ 凹凸贴图：用来为材质指定凹凸贴图。

♦ 涂层凹凸贴图：将凹凸贴图指定到涂层上。

♦ 置换：用来为材质指定置换贴图。

♦ 裁切（不透明度）：用来为材质指定裁切贴图。

6. “常规贴图”卷展栏

在“常规贴图”卷展栏中，参数如图 6-21 所示。“常规贴图”卷展栏的功能与“特殊贴图”卷展栏非常相似，该卷展栏中的参数全部都是用来为对应的材质属性指定贴图的，故不再重复讲解。

常规贴图	
✔ 基础权重	无贴图
✔ 基础颜色	无贴图
✔ 反射权重	无贴图
✔ 反射颜色	无贴图
✔ 粗糙度	无贴图
✔ 金属度	无贴图
✔ 漫反射粗糙度	无贴图
✔ 各向异性	无贴图
✔ 各向异性角度	无贴图
✔ 透明度权重	无贴图
✔ 透明度颜色	无贴图
✔ 透明度粗糙度	无贴图
✔ IOR	无贴图
✔ 散射权重	无贴图
✔ 散射颜色	无贴图
✔ 散射比例	无贴图
✔ 发射权重	无贴图
✔ 发射颜色	无贴图
✔ 光泽权重	无贴图
✔ 光泽颜色	无贴图
✔ 光泽粗糙度	无贴图
✔ 薄膜权重	无贴图
✔ 薄膜 IOR	无贴图
✔ 涂层权重	无贴图
✔ 涂层颜色	无贴图
✔ 涂层粗糙度	无贴图
✔ 涂层各向异性	无贴图
✔ 涂层各向异性角度	无贴图

图6-21

6.3.2 多维/子对象材质

多维 / 子对象材质可以根据模型的 ID 来为模型设置不同的材质，该材质通常需要配合其他材质一起使用才可以得到正确的效果，其参数如图6-22所示。

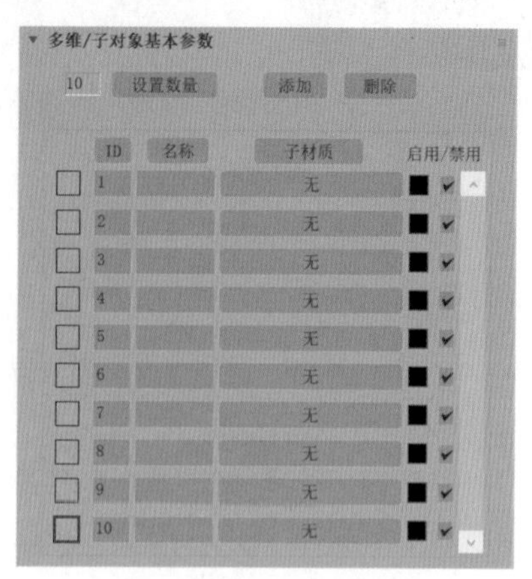

图6-22

工具解析

♦ 设置数量 “设置数量”按钮：用来设置多维 / 子对象材质里子材质的数量。

♦ 添加 “添加”按钮：添加新的子材质。

♦ 删除 “删除”按钮：用来移除列表中选择的子材质。

♦ ID ：子材质的 ID。

♦ 名称：设置子材质的名称，可以为空。

♦ 子材质：显示子材质的类型。

6.3.3 实例：制作玻璃材质和饮料材质

本实例为大家讲解使用物理材质制作玻璃材质和饮料材质的方法，本实例的渲染效果如图6-23所示。

图6-23

（1）启动中文版 3ds Max 2024，打开本书配套资源“玻璃材质.max”文件，如图6-24所示。

图6-24

（2）本实例的场景中已经设置好了灯光、摄影机及渲染等相关基本参数。选择场景中的瓶子模型，如图6-25所示，为其指定物理材质。

图6-25

（3）在“基本参数”卷展栏中，设置“基础颜色和反射”组的“粗糙度”为0.05，“透明度”组的权重为1，如图6-26所示。

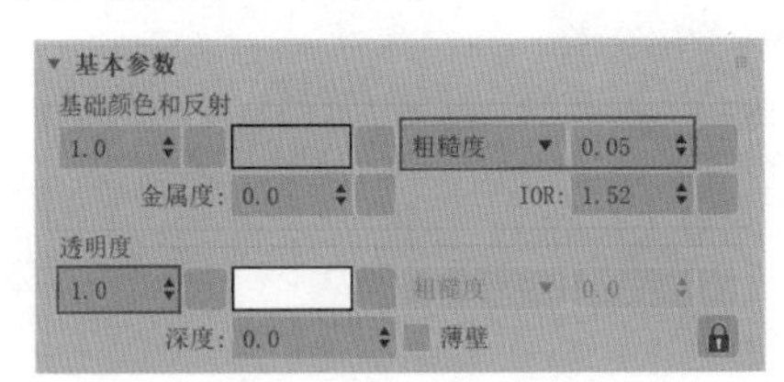

图6-26

（4）选择场景中玻璃杯和玻璃瓶中的饮料模型，如图6-27所示，为其指定物理材质。

图6-27

（5）在“基本参数”卷展栏中，设置“基础颜色和反射”组的“粗糙度”为0.05，IOR为1.3；设置“透明度”组的“权重”为1，“颜色”为红色，如图6-28所示。其中，红色的参数设置如图6-29所示。

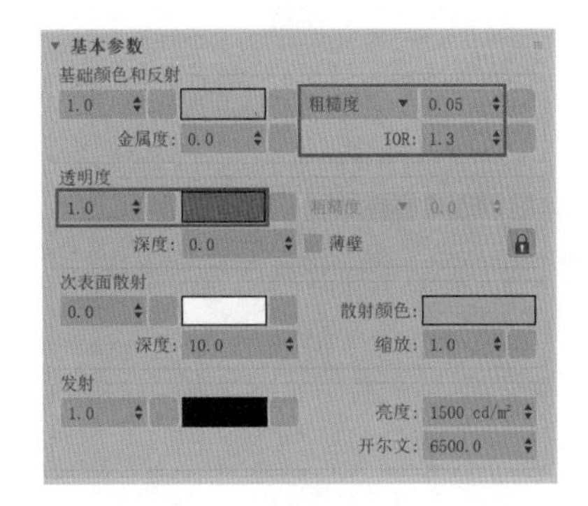

图6-28

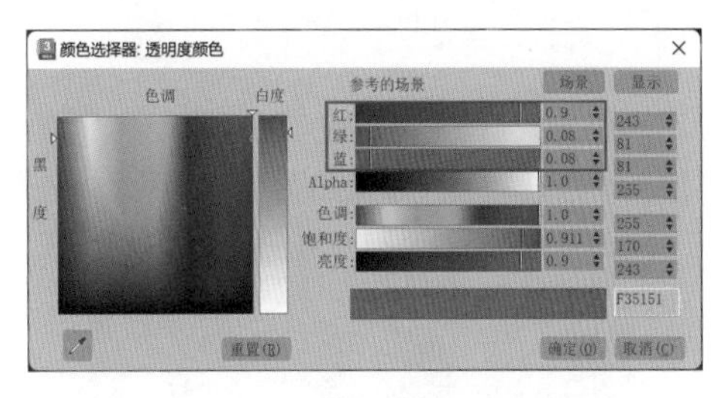

图6-29

（6）制作完成的玻璃材质和饮料材质的显示效果如图6-30和图6-31所示。

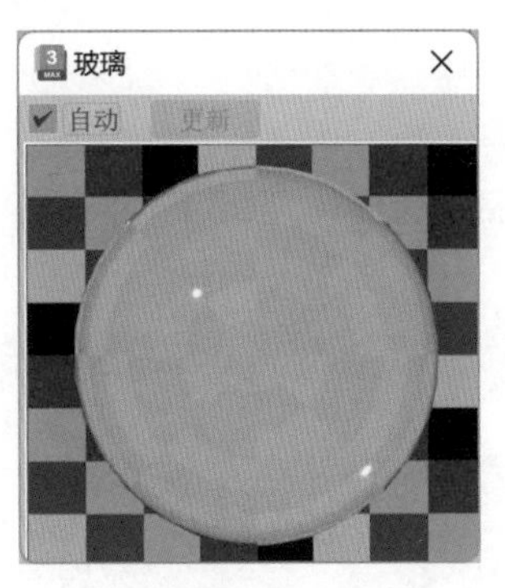

图6-30

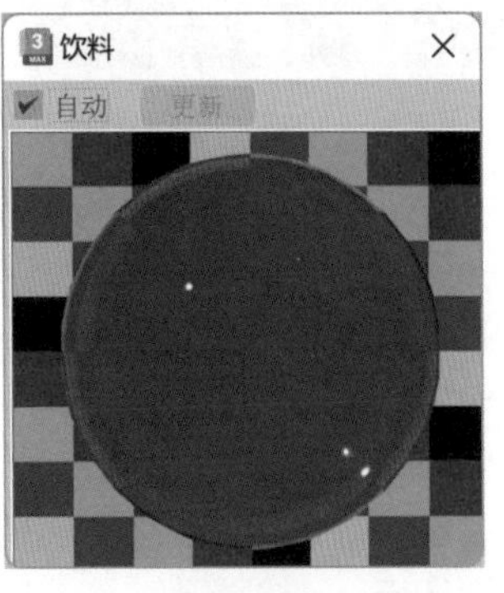

图6-31

（7）渲染场景，本实例的渲染效果如图6-32所示。

图6-32

6.3.4 实例：制作金属材质

本实例为大家讲解使用物理材质制作金属材质的方法，本实例的渲染效果如图6-33所示。

图6-33

（1）启动中文版3ds Max 2024，打开本书的配套资源“金属材质.max”文件，如图6-34所示。

图6-34

（2）本实例的场景中已经设置好了灯光、摄影机及渲染等相关基本参数。选择场景中的台灯模型，如图6-35所示，为其指定物理材质。

（3）在“基本参数”卷展栏中，设置“基础颜色和反射”组的“颜色”为黄色，“粗糙度”为0.2，“金属度”为1，如图6-36所示。其中，黄色的参数设置如图6-37所示。

图6-35

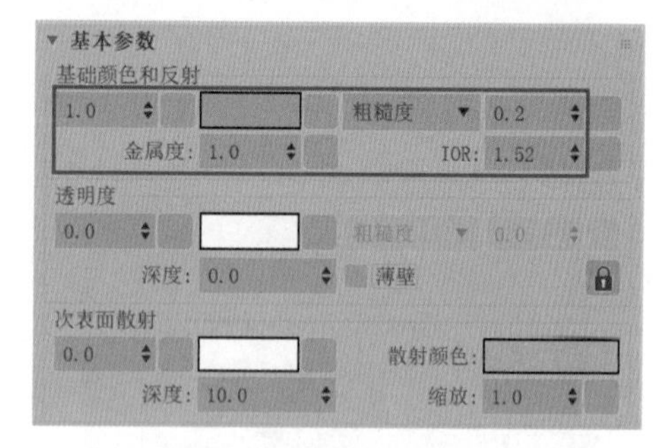

图6-36

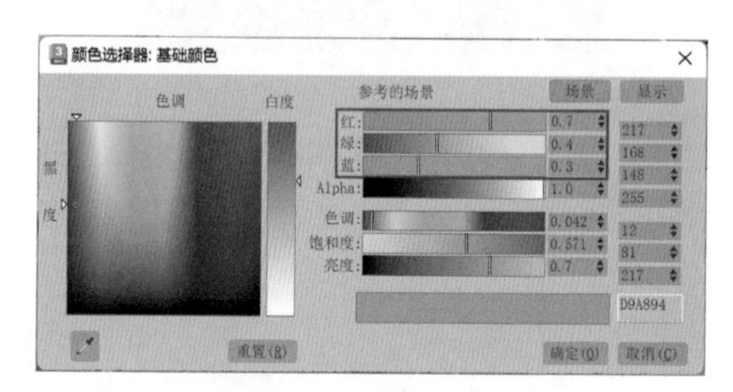

图6-37

（4）制作完成的金色金属材质球的显示效果如图6-38所示。

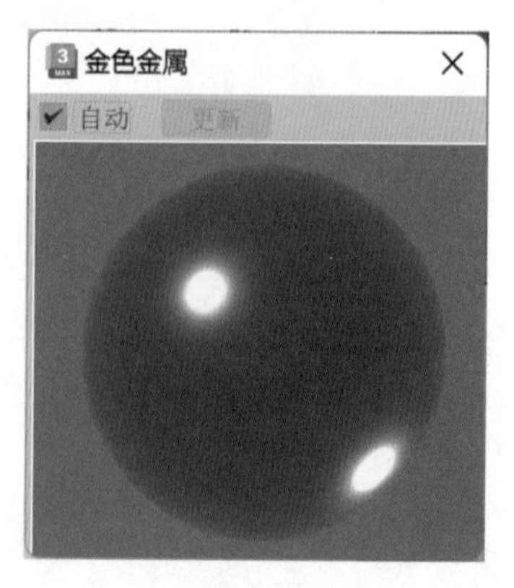

图6-38

（5）渲染场景，本实例的渲染效果如图6-39所示。

图6-39

6.3.5 实例：制作陶瓷材质

本实例为大家讲解使用多维 / 子对象材质和物理材质制作陶瓷材质的方法，本实例的渲染效果如图 6-40 所示。

图6-40

（1）启动中文版 3ds Max 2024，打开本书的配套资源“陶瓷材质 .max”文件，如图 6-41 所示。

图6-41

（2）本实例的场景中已经设置好了灯光、摄影机及渲染等相关基本参数。选择场景中的茶壶模型，如图 6-42 所示，为其指定物理材质。

图6-42

（3）在“基本参数”卷展栏中，设置“基础颜色和反射”组的“颜色”为红色，“粗糙度”为 0.1，如图 6-43 所示。其中，红色的参数设置如图 6-44 所示。

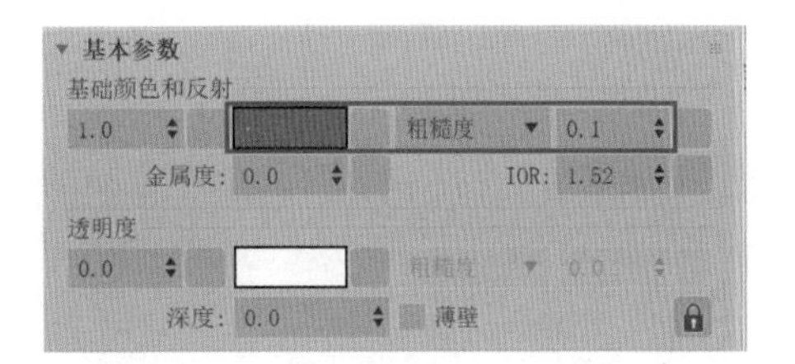

图6-43

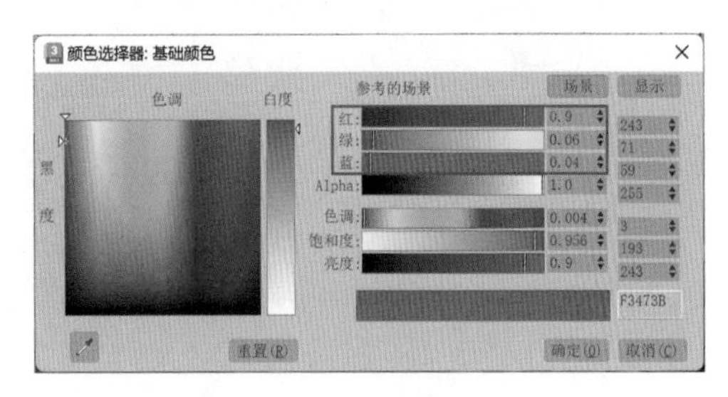

图6-44

（4）制作好的红色陶瓷材质球的显示效果如图 6-45 所示。

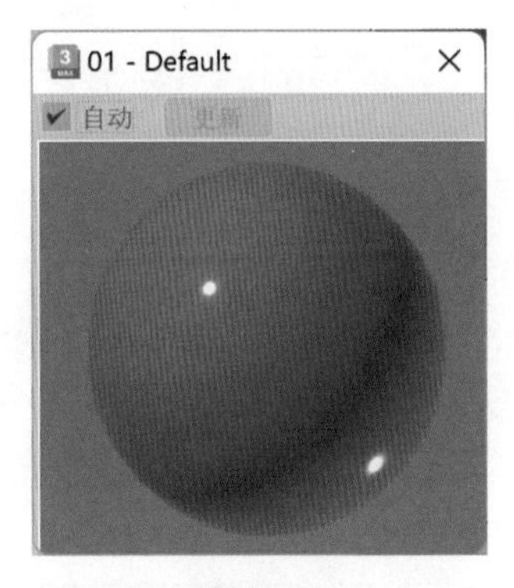

图6-45

（5）在“材质编辑器”窗口中单击“物理材质”按钮，如图 6-46 所示。

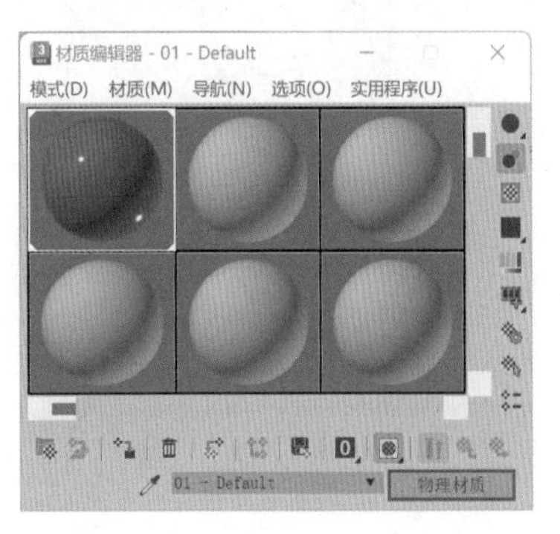

图6-46

（6）在弹出的“材质/贴图浏览器”对话框中，选择“多维/子对象”材质，如图6-47所示，单击“确定”按钮。

图6-47

（7）在弹出的“替换材质”对话框中，选择“将旧材质保存为子材质？”选项，如图6-48所示，单击“确定”按钮。

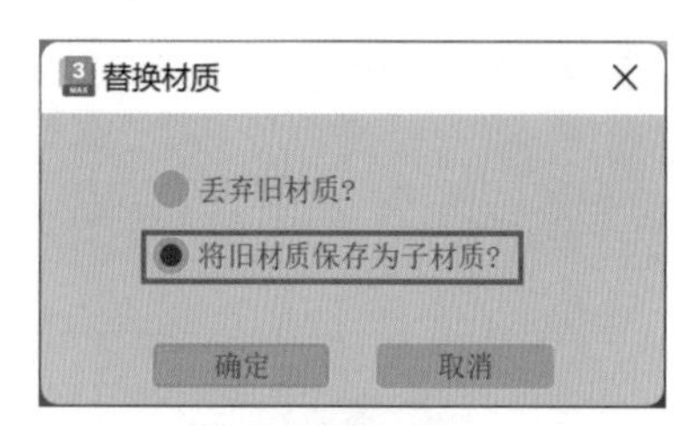

图6-48

（8）在“多维/子对象基本参数”卷展栏中，设置子材质的“设置数量”为2，并将ID为2的子材质也设置为物理材质？，并命名为“金色材质”，如图6-49所示。

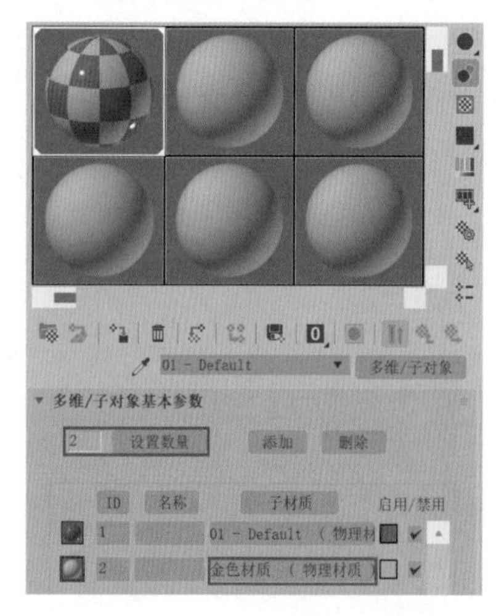

图6-49

（9）在“基本参数”卷展栏中，设置“基础颜色和反射”组的“颜色”为黄色，“金属度”为1，如图6-50所示。其中，黄色的参数设置如图6-51所示。

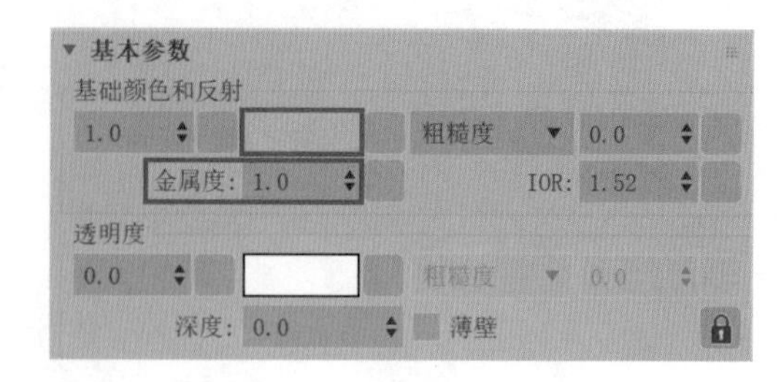

图6-50

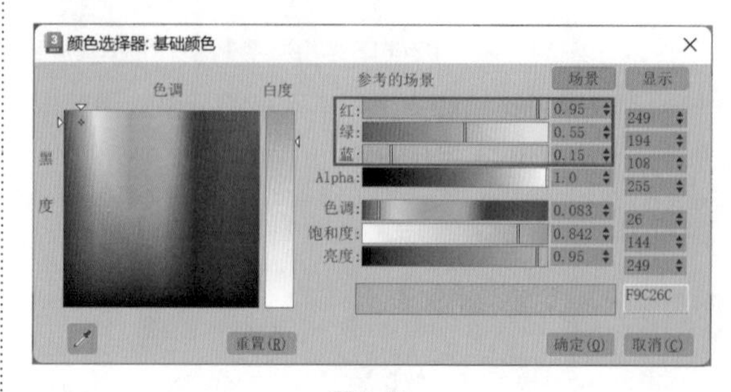

图6-51

（10）制作好的金色材质球的显示效果如图6-52所示。

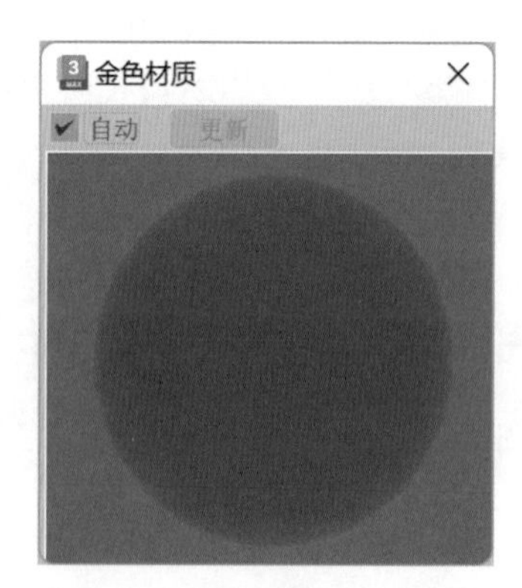

图6-52

（11）选择茶壶模型，在“元素”子层级中，选择图6-53所示的面。

图6-53

（12）在“修改”面板中，设置“设置 ID”为 1，如图 6-54 所示。

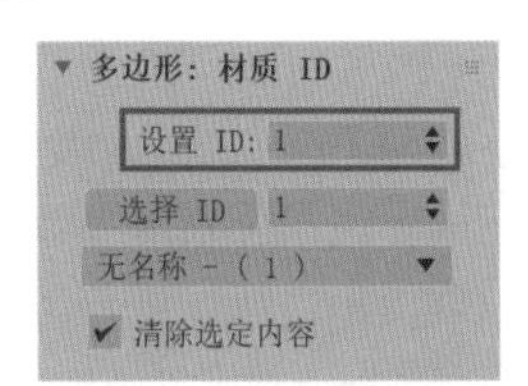

图6-54

（13）在场景中选择壶嘴和壶把手处的面，如图 6-55 所示。

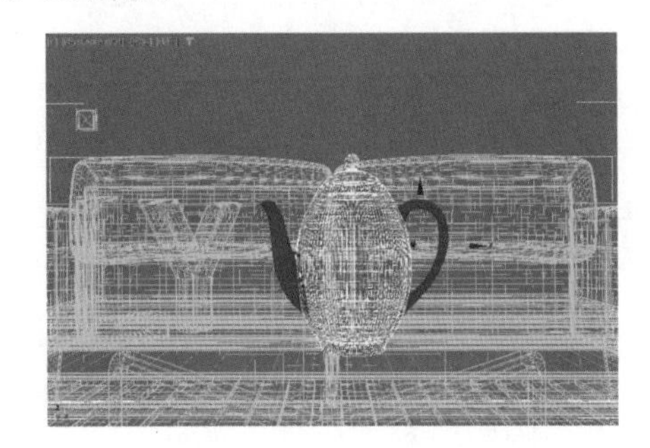

图6-55

（14）在“修改”面板中，设置“设置 ID”为 2，如图 6-56 所示。

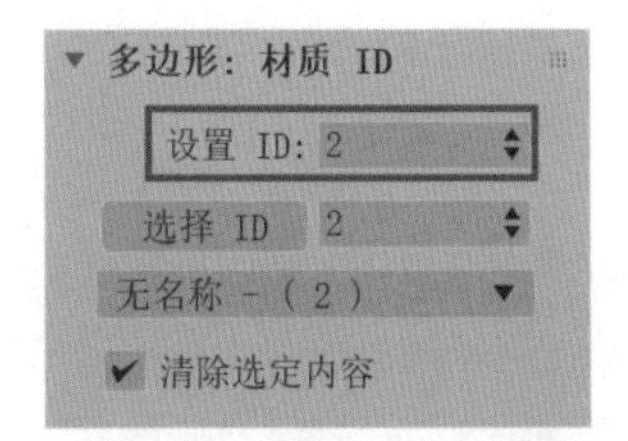

图6-56

（15）设置完成后，渲染场景，可以看到通过对模型的面进行 ID 设置，再配合多维 / 子对象材质，可以为模型的不同面分别设置不同的物理材质，如图 6-57 所示。

图6-57

6.3.6　实例：制作玉石材质

本实例为大家讲解使用物理材质制作玉石材质的方法，本实例的渲染效果如图 6-58 所示。

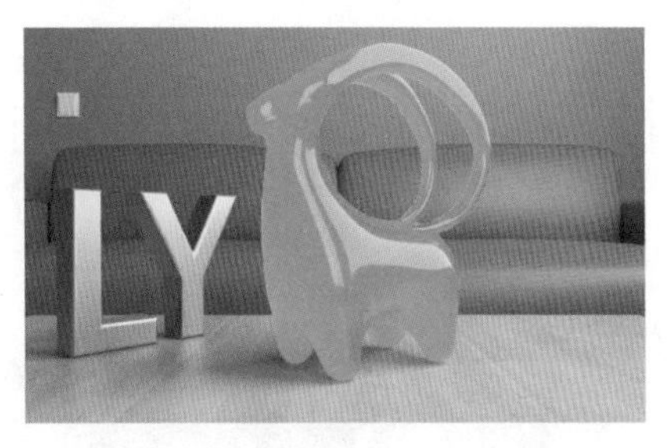

图6-58

（1）启动中文版 3ds Max 2024，打开本书的配套资源“玉石材质 .max”文件，如图 6-59 所示。

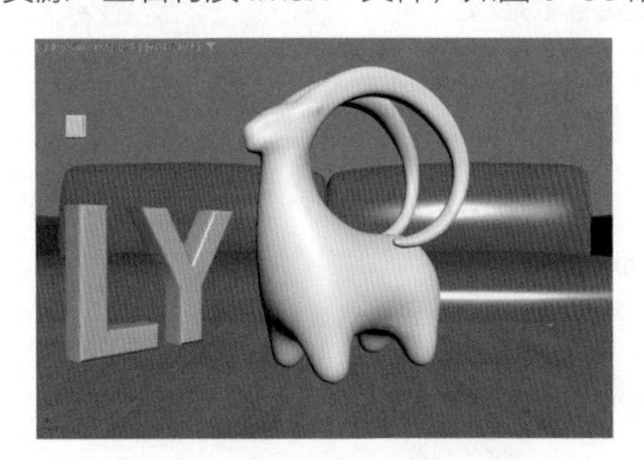

图6-59

（2）本实例的场景中已经设置好了灯光、摄影机及渲染等相关基本参数。选择场景中的羊雕塑模型，如图 6-60 所示，为其指定物理材质。

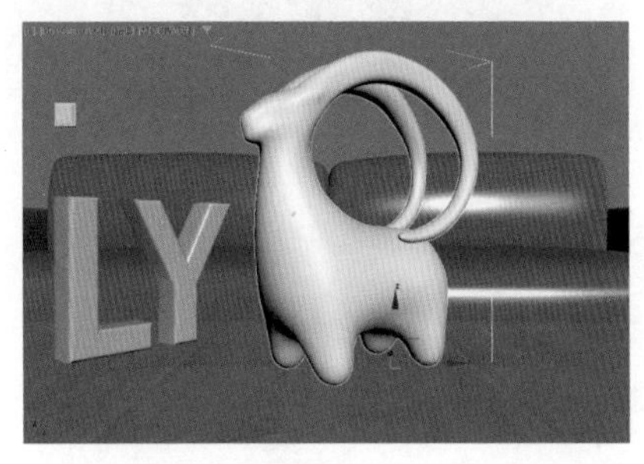

图6-60

（3）在“基本参数”卷展栏中，设置“基础颜色和反射”组的“颜色”为绿色，“粗糙度”为 0.1；设置“次表面散射”组的“权重”为 1，“颜色”为绿色，“散射颜色”为绿色，如图 6-61 所示。其中，“基础颜色和反射”组的“颜色”和“次表面散射”组的“颜色”“散射颜色”为同一种颜色，其参数设置如图 6-62 所示。

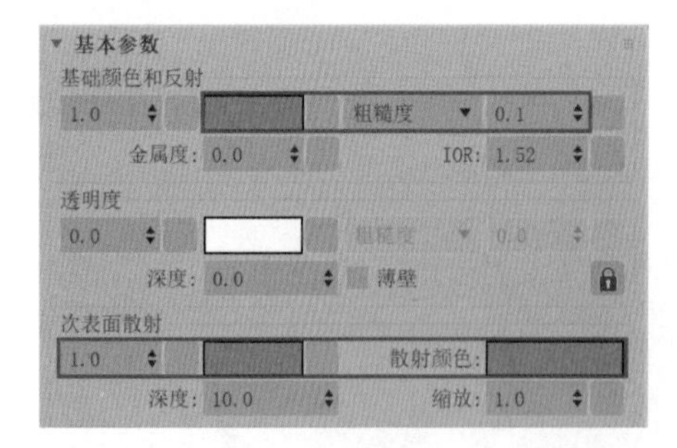

图6-61

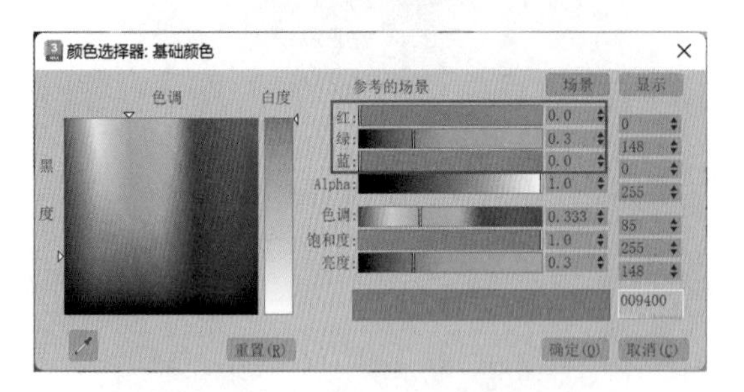

图6-62

（4）制作完成的玉石材质球的显示效果如图6-63所示。

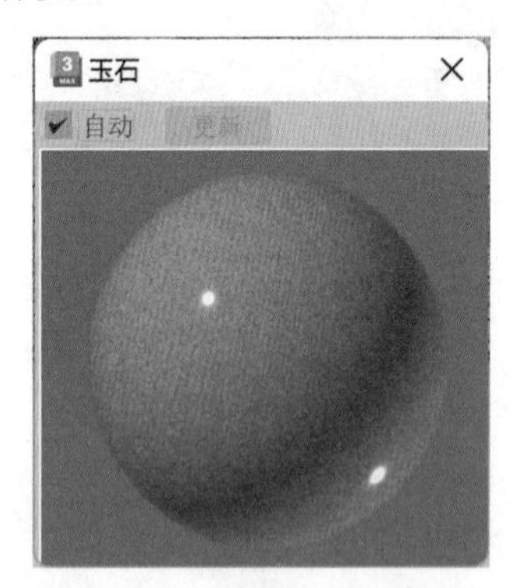

图6-63

（5）渲染场景，本实例的渲染效果如图6-64所示。

图6-64

6.4 贴图与UV

贴图与UV密不可分。贴图用来反映出对象表面的纹理细节，中文版3ds Max 2024为用户提供了大量的程序贴图来模拟自然界中常见对象的表面纹理，如“大理石”“木材”“波浪”“细胞”等。这些程序贴图是使用计算机编程的方式所得到的一些仿自然的纹理，跟真实世界中所存在的对象纹理仍然有很大差别，所以最有效的方式仍然是使用一张高清晰度的照片来制作纹理贴图。UV用来控制贴图的方向，所以，贴图常常需要与UV配合使用。虽然3ds Max 2024在默认情况下会为许多基本多边形模型自动创建UV，但是在大多数情况下，还是需要用户重新为对象指定UV。接下来，我们一起学习较为常用的贴图与UV命令。

6.4.1 位图

“位图”贴图允许用户为贴图通道指定一个硬盘中的图像文件，通常是一张高质量的、纹理细节丰富的照片，或是自己精心制作的贴图。当用户执行贴图命令后，3ds Max 2024会自动打开“选择位图图像文件”对话框，如图6-65所示，使用此对话框可将一个文件或图像序列指定为材质贴图。

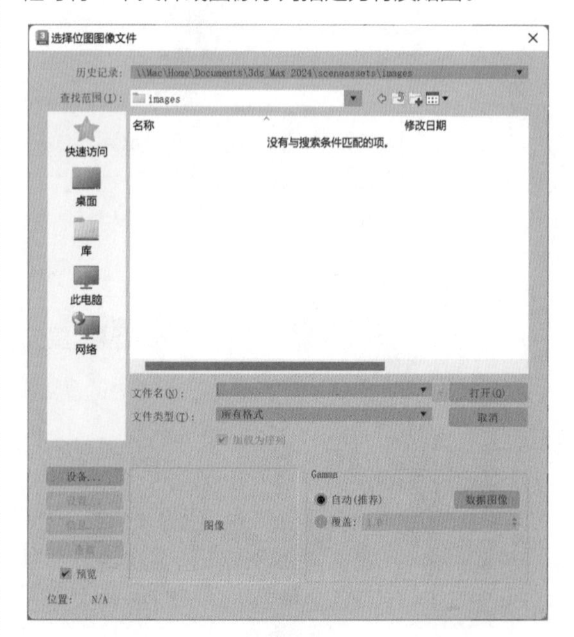

图6-65

“位图”贴图支持多种图像文件格式，在“选择位图图像文件”对话框中的“文件类型”下拉列表中可以选择不同的图像文件格式，如图 6-66 所示。

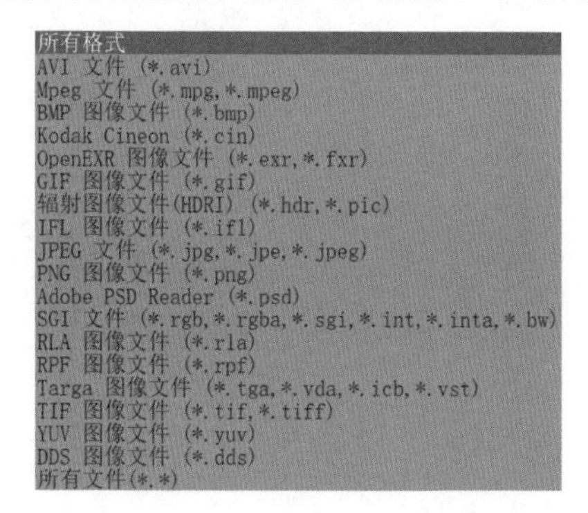

图6-66

“位图”贴图添加完成后，在“材质编辑器”窗口中观察，可以看到“位图”贴图包含“坐标”“噪波”“位图参数”“时间”“输出”5 个卷展栏，如图 6-67 所示。

图6-67

1. “坐标”卷展栏

在“坐标”卷展栏中，参数如图 6-68 所示。

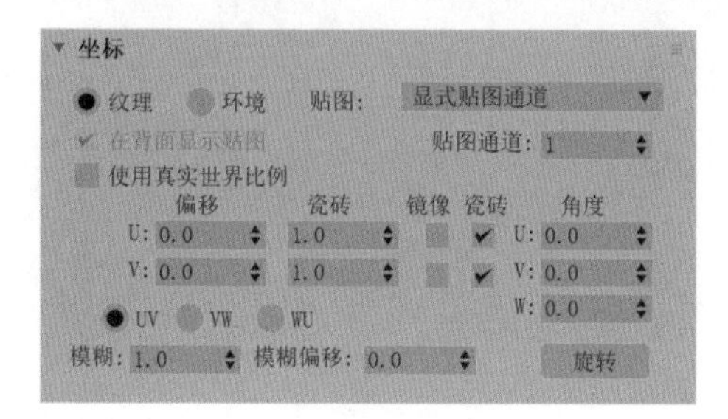

图6-68

工具解析

♦ 纹理 / 环境：设置贴图用于物体表面还是场景环境上。

♦ “贴图”下拉列表：用于设置贴图的类型。

♦ 在背面显示贴图：勾选此复选框后，平面贴图将被投影到对象的背面。

♦ 使用真实世界比例：勾选此复选框可以根据真实世界比例将贴图应用于对象上。

♦ 偏移：在 U 方向和 V 方向上更改贴图的位置。

♦ 瓷砖：设置贴图沿 U 方向和 V 方向重复的次数。图 6-69 所示为该值是 1 和 3 的材质球显示效果对比。

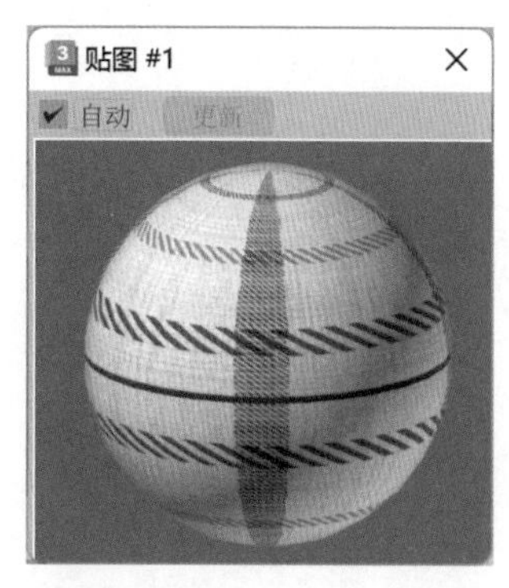

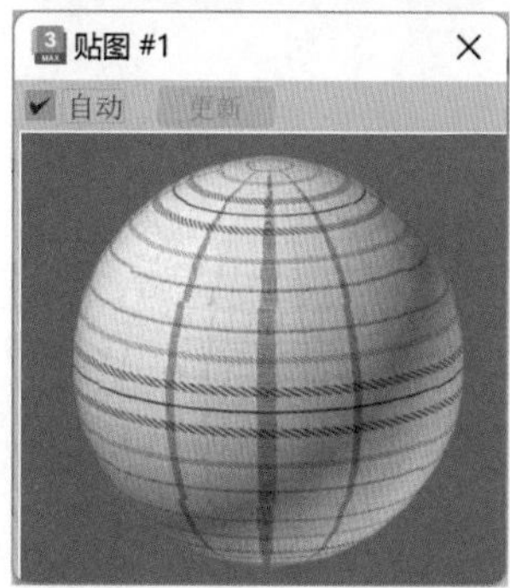

图6-69

♦ 角度：用于绕 U 方向、V 方向 或 W 方向旋转贴图（以度为单位）。

♦ 旋转 “旋转”按钮：单击此按钮可以打开“旋转贴图坐标”对话框，在其中可通过在图上拖动来旋转贴图，如图 6-70 所示。

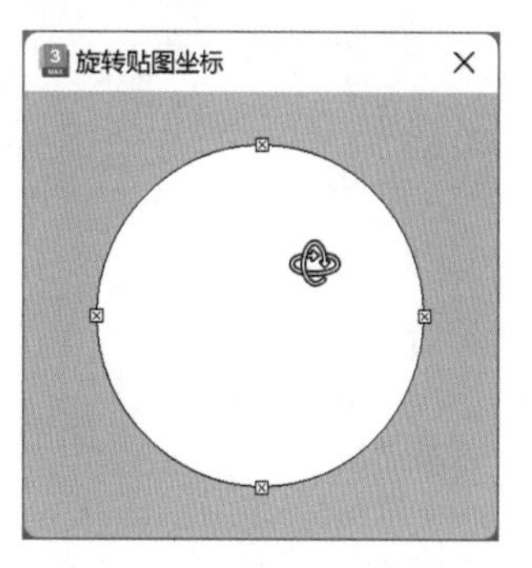

图6-70

2.“噪波”卷展栏

在“噪波”卷展栏中，参数如图 6-71 所示。

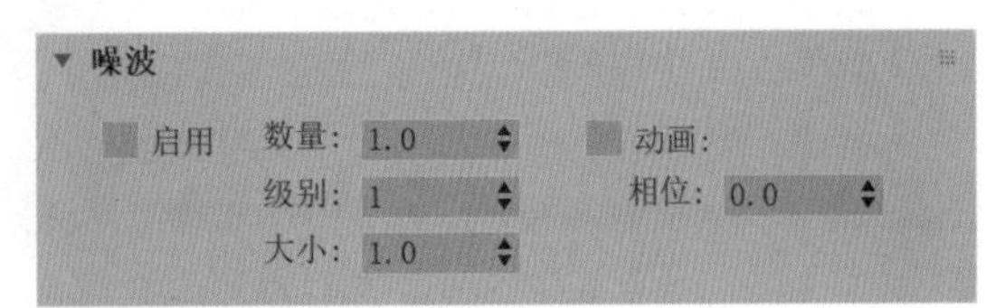

图6-71

工具解析

♦ 启用：开启噪波计算。

♦ 数量：设置噪波的强度。图 6-72 所示为“数量”值是 1 和 50 的贴图显示效果对比。

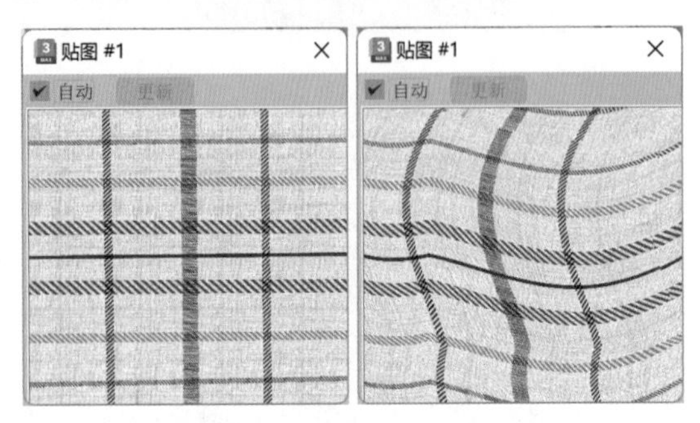

图6-72

♦ 级别：设置噪波的层级效果。图 6-73 所示为该值是 1 和 3 的贴图显示效果对比。

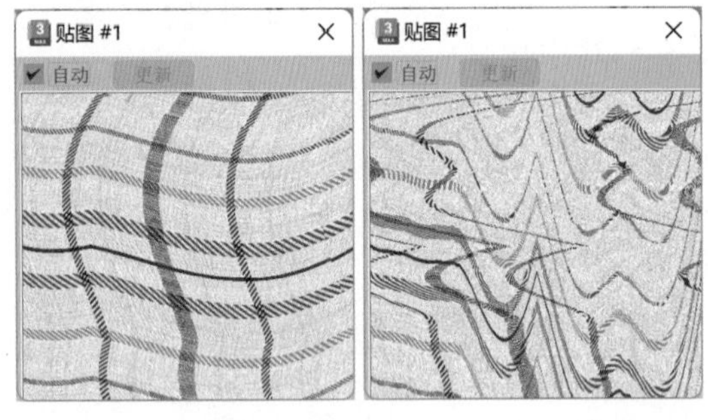

图6-73

♦ 大小：设置噪波的大小。

♦ 动画：为噪波设置动画效果。

♦ 相位：控制噪波的动画速度。

3.“位图参数”卷展栏

在“位图参数”卷展栏中，参数如图 6-74 所示。

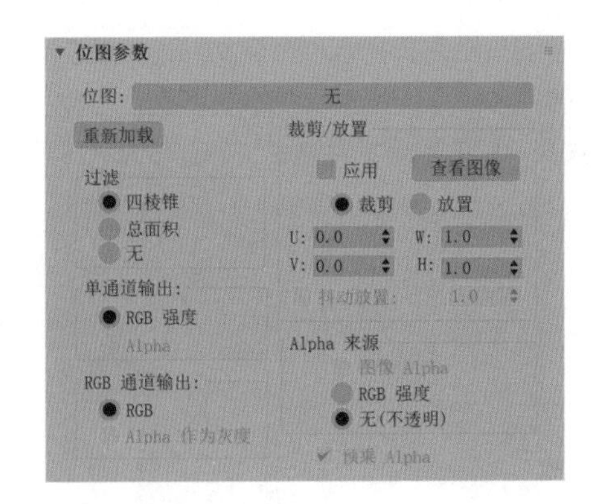

图6-74

工具解析

♦ 位图：使用标准文件浏览器选择位图图像文件。选中位图图像文件之后，此按钮上会显示完整的路径名称。

♦ 重新加载 “重新加载”按钮：重新加载位图图像文件。

♦ 应用：勾选此复选框可应用裁剪或放置设置。

♦ “查看图像”按钮：在 3ds Max 2024 中打开位图图像文件。

♦ 裁剪：在 U 方向和 V 方向上调整位图的裁剪位置。

♦ 放置：在 U 方向和 V 方向上调整裁剪区域的大小。

4.“时间”卷展栏

在“时间”卷展栏中，参数如图 6-75 所示。

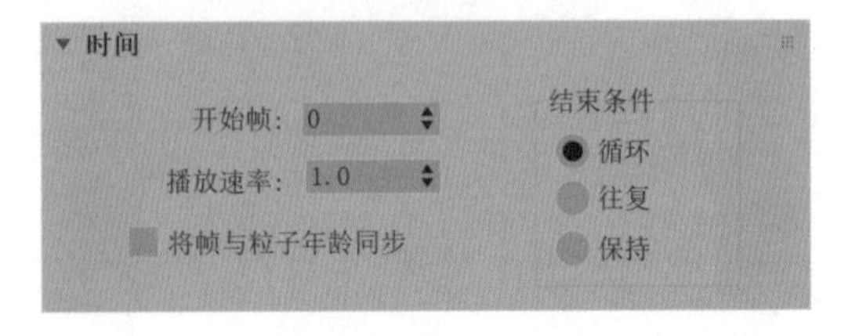

图6-75

工具解析

♦ 开始帧：指定动画贴图开始播放的帧。

♦ 播放速率：设置动画贴图的播放速度。

♦ 将帧与粒子年龄同步：勾选此复选框后，3ds Max 2024 会将位图序列帧根据粒子年龄进行同步播放。

♦ 结束条件：确定动画贴图最后一帧播放结束后的动作。

5. “输出”卷展栏

在“输出”卷展栏中，参数如图 6-76 所示。

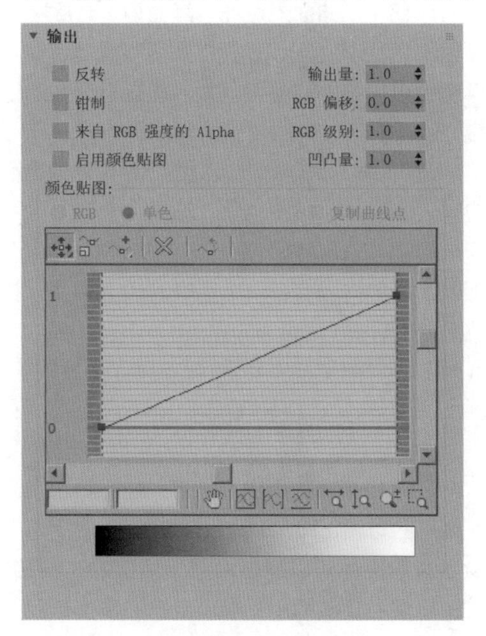

图6-76

工具解析

♦ 反转：反转贴图的颜色。

♦ 输出量：控制贴图的亮度。图 6-77 所示为该值是 1 和 3 的材质球显示效果对比。

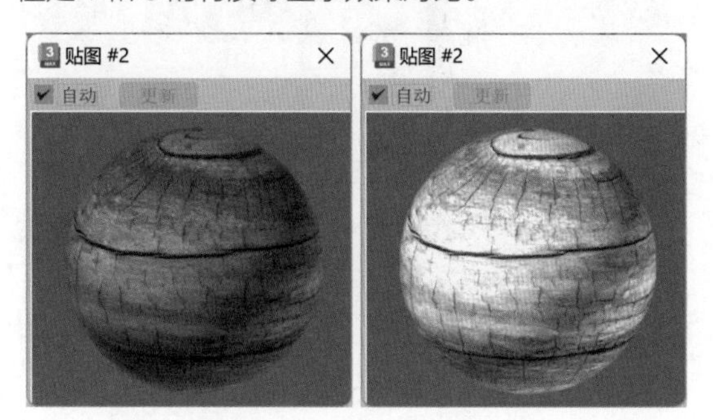

图6-77

♦ 钳制：限制比 1 小的颜色值。

♦ RGB 偏移：设置贴图的发光效果。

♦ 来自 RGB 强度的 Alpha：勾选此复选框后，会根据贴图中 RGB 通道的强度生成一个 Alpha 通道。

♦ RGB 级别：设置贴图颜色的 RGB 级别。

♦ 启用颜色贴图：勾选此复选框可以启用颜色贴图。

♦ 凹凸量：设置贴图的凹凸效果。

技巧与提示 当我们为场景中的物体添加贴图时，如果对现有图像的色彩不满意，可以通过“输出”卷展栏内的“颜色贴图”曲线来控制贴图的颜色。

6.4.2 渐变

仔细观察现实世界中的对象，可以发现很多时候单一的颜色并不能描述出大自然中对象的表面色彩，比如天空，通常我们仰望天空可以发现天空是美丽而又多彩的。在 3ds Max 2024 里，用户可以使用“渐变”贴图来模拟制作这种渐变效果，其参数如图 6-78 所示。

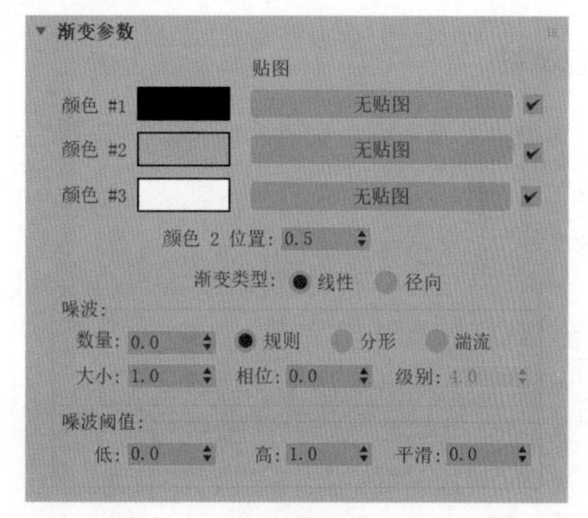

图6-78

工具解析

♦ 颜色 #1/ 颜色 #2/ 颜色 #3：设置“渐变”贴图的 3 个颜色。

♦ 贴图：为渐变的 3 个颜色分别设置贴图。

♦ 渐变类型：设置“渐变”贴图的类型，有“线性”和“径向”两种。

①“噪波”组。

♦ 数量：设置噪波的强度。

♦ 大小：设置噪波的大小。

♦ 相位：设置噪波的位置。

♦ 级别：设置噪波的层级效果。

②“噪波阈值”组。

♦ 低：设置噪波的低阈值。

♦高：设置噪波的高阈值。

♦平滑：设置噪波的平滑效果。

6.4.3 噪波

“噪波”贴图基于两种颜色或材质进行创建，配合“置换”修改器常常可以用来模拟山川、大地、河流的纹理效果，其参数如图6-79所示。

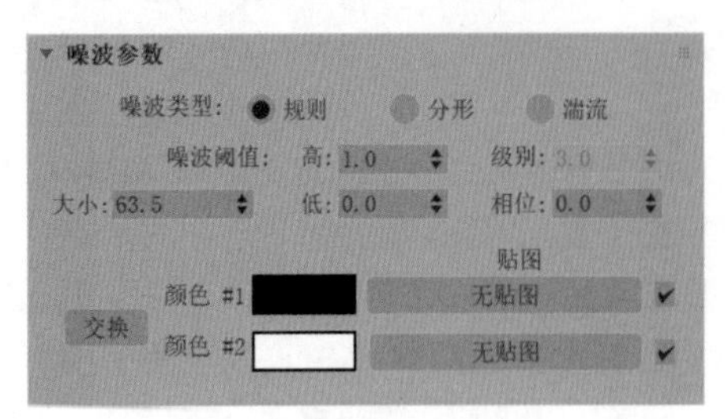

图6-79

工具解析

♦噪波类型：有“规则”“分形”“湍流”3种可选。

♦大小：设置噪波的比例。

♦噪波阈值：用于控制噪波的两种颜色的深浅。

♦级别：设置噪波的细节。

♦相位：控制噪波函数的动画速度。

♦交换：切换两种颜色或贴图的位置。

♦颜色 #1和颜色 #2：设置噪波的颜色。

♦贴图：使用贴图来替换噪波的颜色。

6.4.4 混合

“混合”贴图可以用来制作出多种材质之间的混合效果，其参数如图6-80所示。

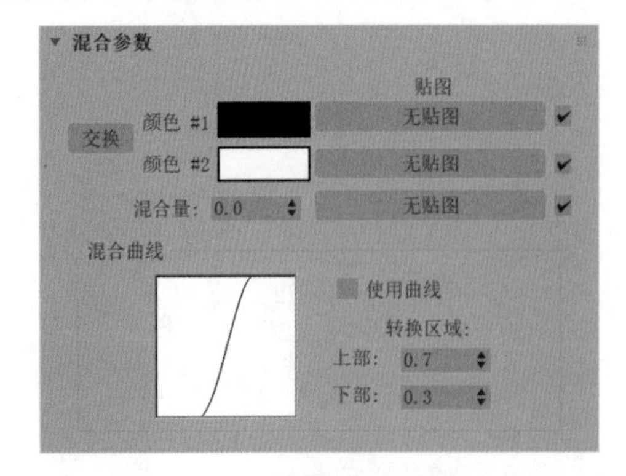

图6-80

工具解析

♦“交换”按钮：交换两种颜色或贴图。

♦颜色 #1/ 颜色 #2：用来设置颜色或贴图。

♦混合量：确定混合的比例。其值为0时意味着只有颜色1在曲面上可见，其值为1时意味着只有颜色2可见。也可以使用贴图而不是混合量，两种颜色会根据贴图的强度以大一些或小一些的程度混合。

♦使用曲线：确定“混合曲线”是否对混合产生影响。

♦转换区域：调整上限和下限的级别。如果两个值相等，两种材质会在一个明确的边上相接，加宽的范围提供渐变程度更高的混合。

6.4.5 Wireframe

Arnold渲染器为用户提供了一种专门用于渲染模型线框的材质，即Wireframe材质，使用该材质渲染出来的图像可以清晰地展示模型的布线结构，该方法常常被建模师用于展示自己的模型作品。需要注意的是，目前跟Arnold渲染器有关的命令均显示为英文，其参数如图6-81所示。

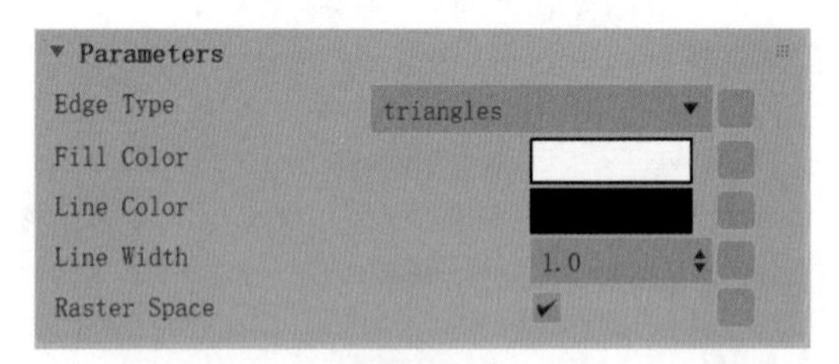

图6-81

工具解析

♦Edge Type：用于设置线框的渲染类型，有triangles（三角边）、polygons（多边形）和patches（补丁）这3种类型，如图6-82所示。

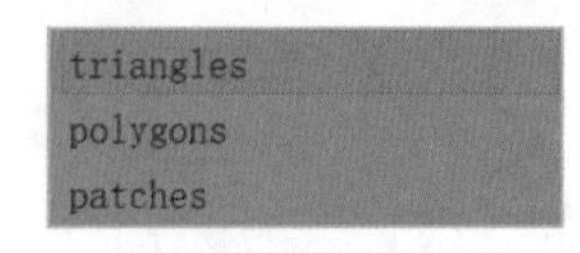

图6-82

♦Fill Color：用于设置网格的填充颜色。图6-83所示为填充颜色更改前后的渲染效果对比。

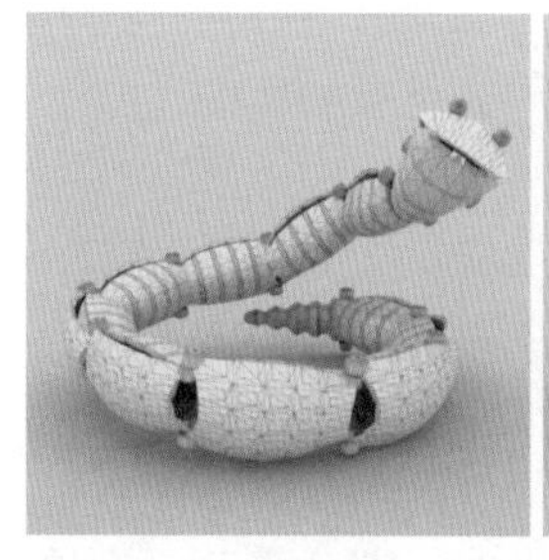

图6-83

◆ Line Color：用于设置线框的颜色，如图 6-84 所示。

图6-84

◆ Line Width：用于控制线框的宽度。图 6-85 所示为该值是 0.6 和 2 的渲染效果对比。

图6-85

6.4.6 UVW贴图

"UVW 贴图"修改器用来为模型重新设置贴图坐标，这样可以非常方便地控制贴图在模型上的方向和位置，其参数如图 6-86 所示。

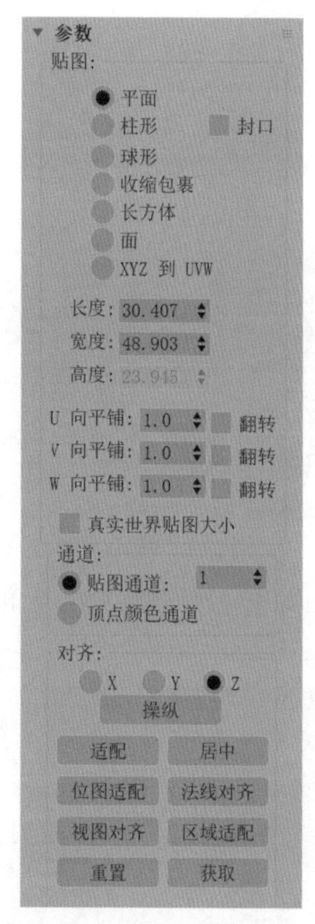

图6-86

工具解析

①"贴图"组。

◆ 贴图选项：用来设置贴图坐标的类型，有"平面""柱形""球形""收缩包裹""长方体""面""XYZ 到 UVW"这 7 种类型。

◆ 长度 / 宽度 / 高度：设置贴图边框的长度 / 宽度 / 高度。

◆ U 向平铺 /V 向平铺 /W 向平铺：设置 U 方向 /V 方向 /W 方向的贴图重复数量。

②"通道"组。

◆ 贴图通道：设置贴图的通道号。

◆ 顶点颜色通道：设置顶点颜色的通道号。

③"对齐"组。

◆ 对齐选项：设置贴图按 *x* 轴方向 /*y* 轴方向 /*z* 轴方向进行对齐。

6.4.7 实例：制作图书材质

本实例为大家讲解使用物理材质和“UVW贴图”修改器来制作图书材质的方法，本实例的渲染效果如图6-87所示。

图6-87

（1）启动中文版3ds Max 2024，打开本书的配套资源“图书材质.max”文件，如图6-88所示。

图6-88

（2）本实例的场景中已经设置好了灯光、摄影机及渲染等相关基本参数。选择场景中的图书模型，按组合键“Alt+Q”，将其孤立出来，如图6-89所示，为其指定物理材质。

图6-89

（3）在“材质编辑器”窗口中，将材质名称更改为“封面”。在“基本参数”卷展栏中，设置“基础颜色和反射”组的“粗糙度”为0.2，然后单击“粗糙度”左侧、“颜色”右侧的方形按钮，如图6-90所示。

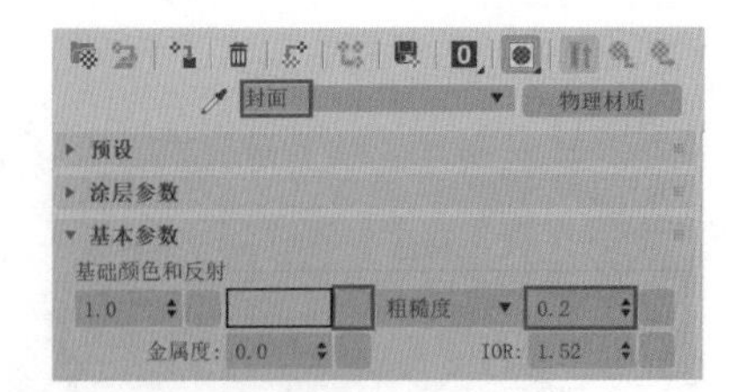

图6-90

（4）在弹出的“材质/贴图浏览器”对话框中，选择“位图”贴图，如图6-91所示，单击“确定”按钮。为“位图”属性添加“封面.png”文件，如图6-92所示。

图6-91

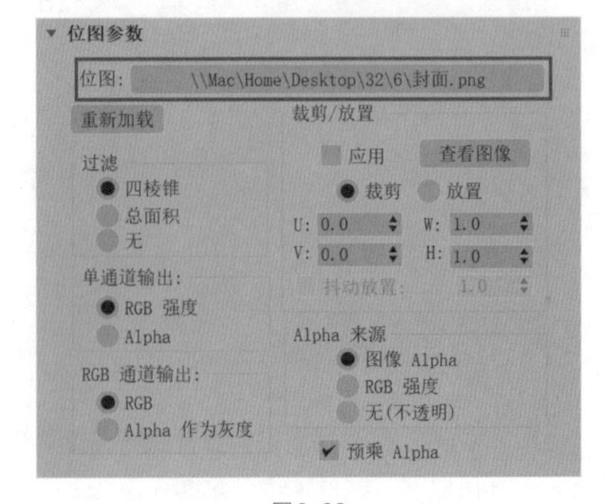

图6-92

（5）设置完成后，图书模型的视图显示效果如图6-93所示。

图6-93

（6）选择图书模型，在“修改”面板中为其添加“多边形选择”修改器，如图6-94所示。

图6-94

（7）选择图6-95所示的面，在“修改”面板中，为所选择的面添加“UVW贴图”修改器，如图6-96所示。

图6-95

图6-96

（8）在“UVW贴图”修改器的Gizmos子层级中，调整Gizmos的方向和位置，如图6-97所示。

图6-97

（9）在“修改”面板中为图书模型添加第2个“多边形选择”修改器，如图6-98所示。

图6-98

（10）选择图6-99所示的面，在“修改”面板中，为所选择的面添加“UVW贴图”修改器，如图6-100所示。

图6-99

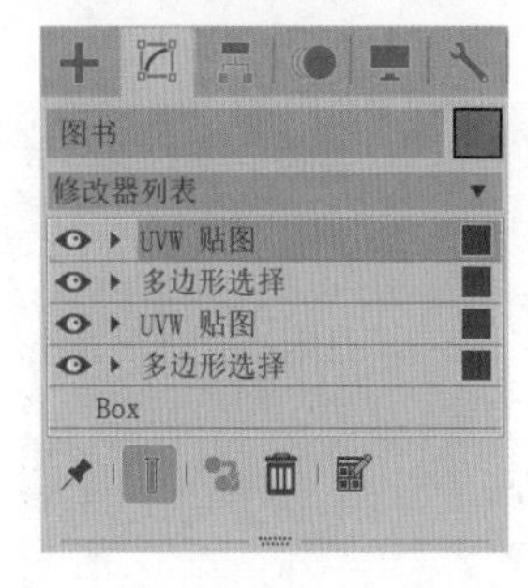

图6-100

（11）在“UVW贴图”修改器的Gizmos子层级中，调整Gizmos的方向和位置，如图6-101所示。

图6-101

（12）在“修改”面板中为图书模型添加第 3 个“多边形选择”修改器，如图 6-102 所示。

图6-102

（13）选择图 6-103 所示的面，在“修改”面板中，为所选择的面添加“UVW 贴图”修改器，如图 6-104 所示。

图6-103

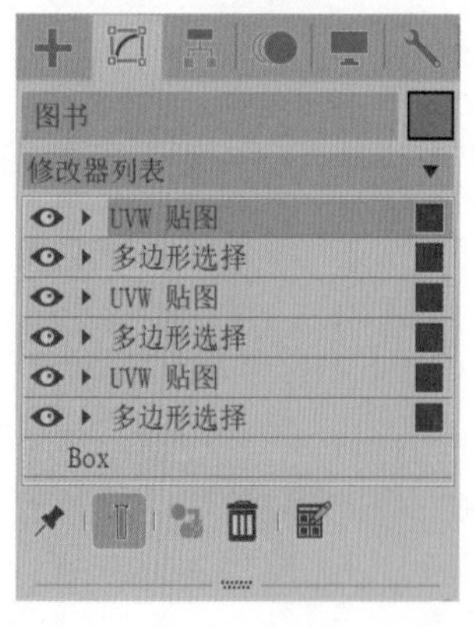

图6-104

（14）在“UVW 贴图”修改器的 Gizmos 子层级中，调整 Gizmos 的方向和位置，如图 6-105 所示。

图6-105

（15）在“材质编辑器”窗口中单击“物理材质”按钮，如图 6-106 所示。

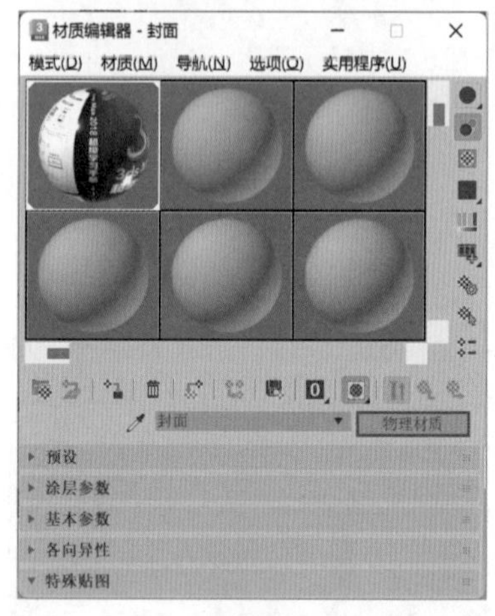

图6-106

（16）在弹出的“材质 / 贴图浏览器”对话框中，选择“多维 / 子对象”材质，如图 6-107 所示，单击“确定”按钮。在弹出的“替换材质”对话框中，保持默认设置，如图 6-108 所示，单击“确定”按钮。

图6-107

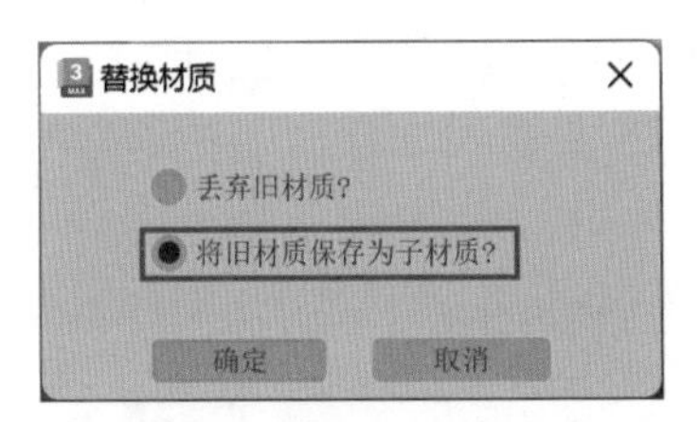

图6-108

（17）在“多维/子对象基本参数”卷展栏中，设置“设置数量”为2，为ID为2的子材质添加新的物理材质，并设置其颜色为白色，如图6-109所示。

图6-109

（18）选择图书模型，在“修改”面板中为其添加“编辑多边形”修改器，如图6-110所示。

图6-110

（19）选择图6-111所示的面，在“多边形：材质ID”卷展栏中，设置“设置ID”为1，如图6-112所示。

图6-111

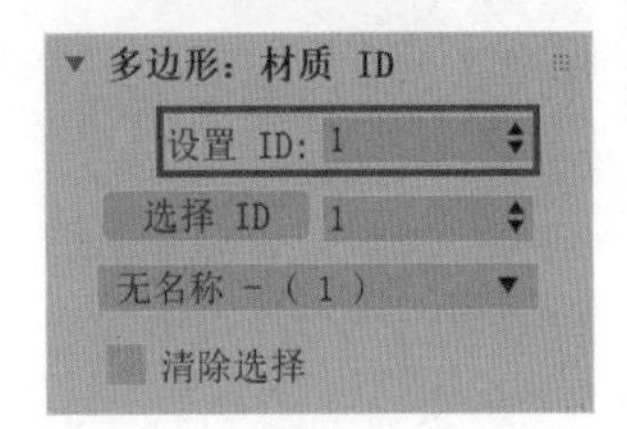

图6-112

（20）选择图6-113所示的面，在“多边形：材质ID”卷展栏中，设置“设置ID”为2，如图6-114所示。

图6-113

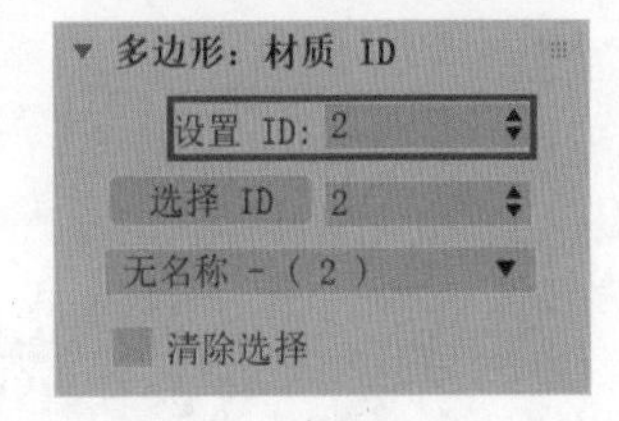

图6-114

（21）设置完成后，渲染场景，本实例的最终渲染效果如图6-115所示。

图6-115

6.4.8 实例：制作花盆材质

本实例为大家讲解使用物理材质和“UVW 贴图”修改器来制作花盆材质的方法，本实例的渲染效果如图 6-116 所示。

图6-116

（1）启动中文版 3ds Max 2024，打开本书的配套资源“花盆材质 .max”文件，如图 6-117 所示。

图6-117

（2）本实例的场景中已经设置好了灯光、摄影机及渲染等相关基本参数。选择场景中的花盆模型，如图 6-118 所示，为其指定物理材质。

图6-118

（3）在“基本参数”卷展栏中，单击“基础颜色和反射”组的“颜色”右侧的方形按钮，如图 6-119 所示。

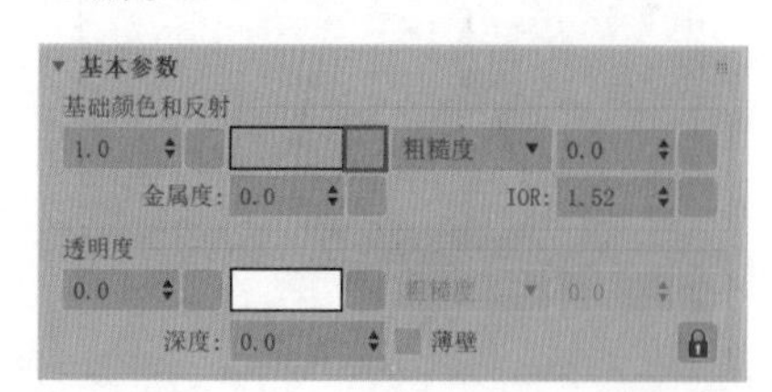

图6-119

（4）在弹出的“材质 / 贴图浏览器”对话框中，选择“渐变”贴图，如图 6-120 所示，单击“确定”按钮。

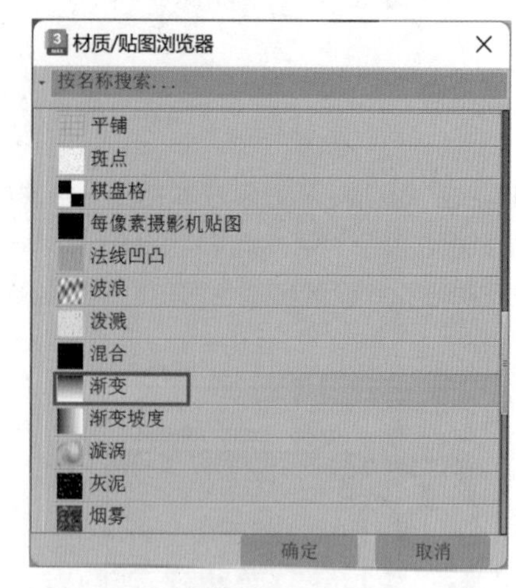

图6-120

（5）在“渐变参数”卷展栏中，分别设置“渐变”贴图的 3 个颜色，如图 6-121 所示。

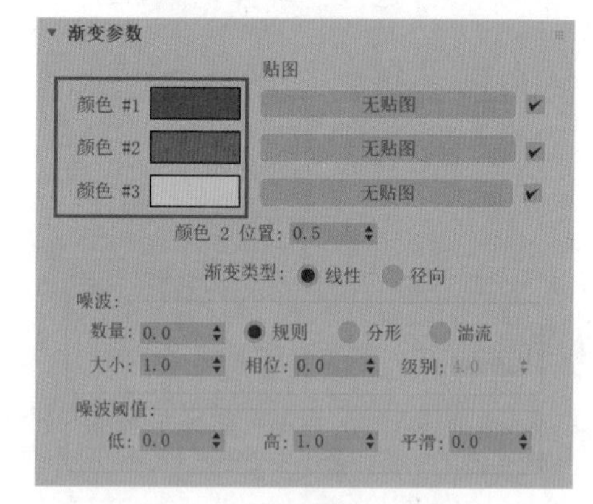

图6-121

（6）设置完成后，花盆模型的视图显示效果如图 6-122 所示。

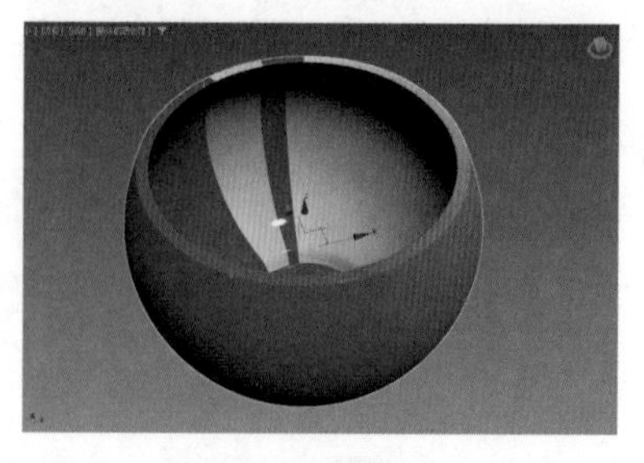

图6-122

（7）选择花盆模型，在“修改”面板中，为其添加“UVW 贴图”修改器，如图 6-123 所示。

图6-123

（8）在“UVW 贴图”修改器的 Gizmos 子层级中，调整 Gizmos 的方向和位置，如图 6-124 所示。

图6-124

（9）在“特殊贴图”卷展栏中，单击“凹凸贴图”右侧的“无贴图”按钮，如图 6-125 所示。

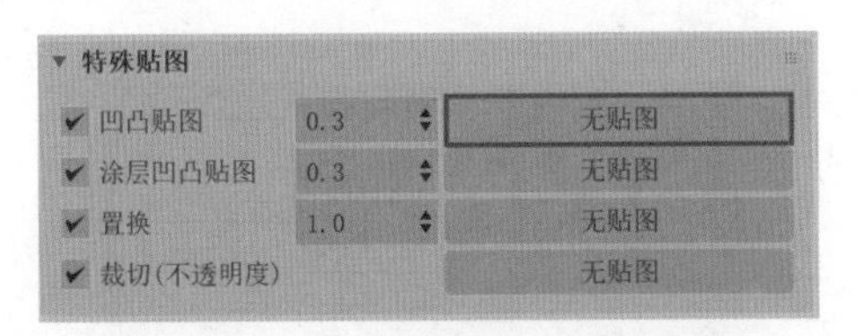

图6-125

（10）在弹出的“材质 / 贴图浏览器”对话框中，选择“法线凹凸”贴图，如图 6-126 所示，单击“确定”按钮。

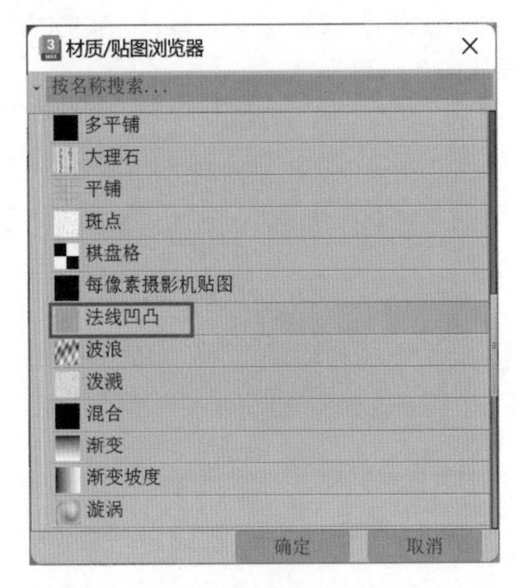

图6-126

（11）在“参数”卷展栏中，单击“法线”右侧的“无贴图”按钮，如图 6-127 所示。

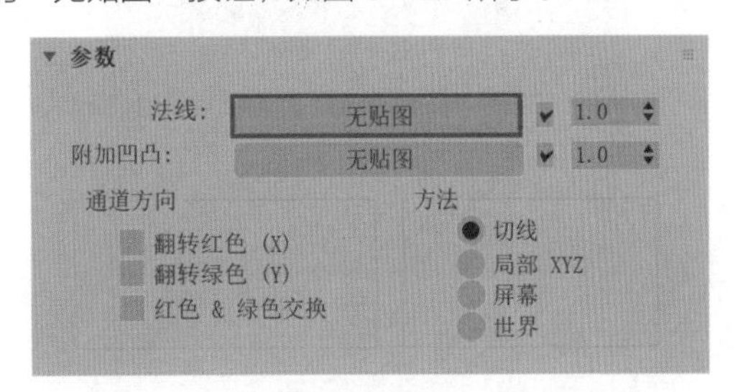

图6-127

（12）在弹出的“材质 / 贴图浏览器”对话框中，选择“位图”贴图，如图 6-128 所示，单击“确定”按钮。为“位图”属性添加“花盆法线 .png”文件后，单击“在视图中显示明暗处理材质”按钮，如图 6-129 所示。

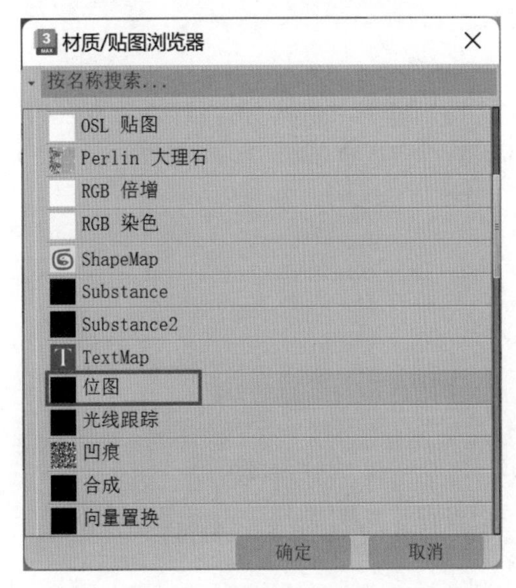

图6-128

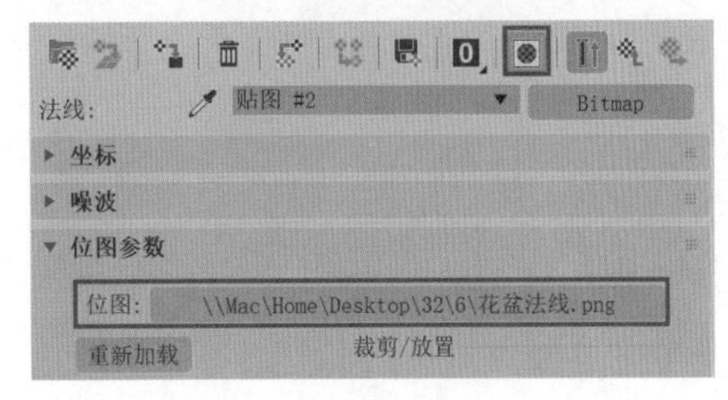

图6-129

（13）为花盆模型添加了法线贴图后的视图显示效果如图 6-130 所示。

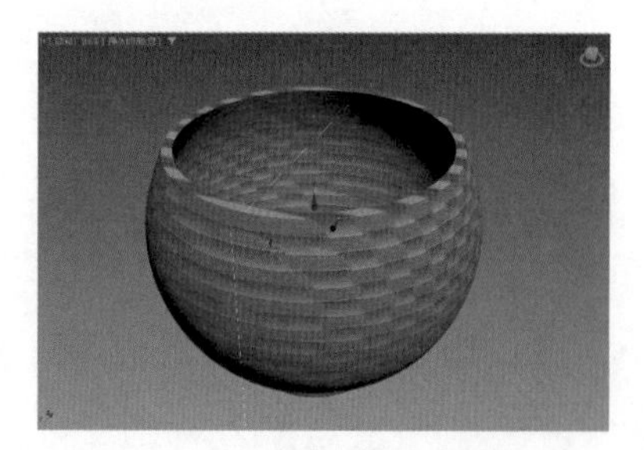

图6-130

（14）在“坐标”卷展栏中，设置“贴图通道”为 2，如图 6-131 所示。

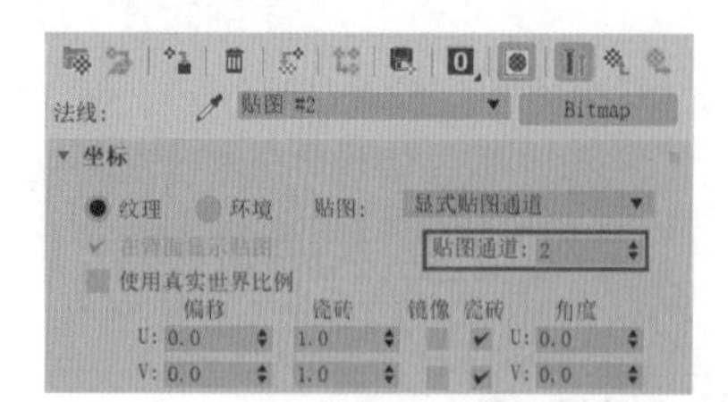

图6-131

（15）选择花盆模型，在“修改”面板中，为其添加第 2 个“UVW 贴图”修改器，如图 6-132 所示。

图6-132

（16）在“参数”卷展栏中，设置贴图选项为“柱形”，“贴图通道”为 2，如图 6-133 所示。

图6-133

（17）设置完成后，花盆模型的视图显示效果如图 6-134 所示。

图6-134

（18）在“坐标”卷展栏中，设置“瓷砖”的 U 为 3，如图 6-135 所示。

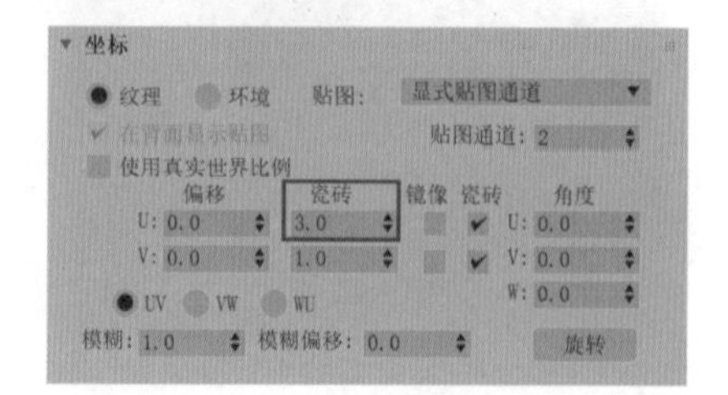

图6-135

（19）设置完成后，花盆模型的视图显示效果如图 6-136 所示。

图6-136

（20）设置完成后，渲染场景，本实例的最终渲染效果如图 6-137 所示。

图6-137

6.4.9 实例：制作线框材质

本实例为大家讲解线框材质的制作方法，本实例的渲染效果如图 6-138 所示。

图6-138

（1）启动中文版 3ds Max 2024，打开本书的配套资源“线框材质 .max”文件，如图 6-139 所示。

图6-139

（2）本实例的场景中已经设置好了灯光、摄影机及渲染等相关基本参数。选择场景中的猫模型，如图 6-140 所示，为其指定物理材质。

图6-140

（3）在“材质编辑器”窗口中，将材质名称更改为“线框”。在“基本参数”卷展栏中，设置“基础颜色和反射”组的“粗糙度”为 0.8，然后单击“粗糙度”左侧、“颜色”右侧的方形按钮，如图 6-141 所示。

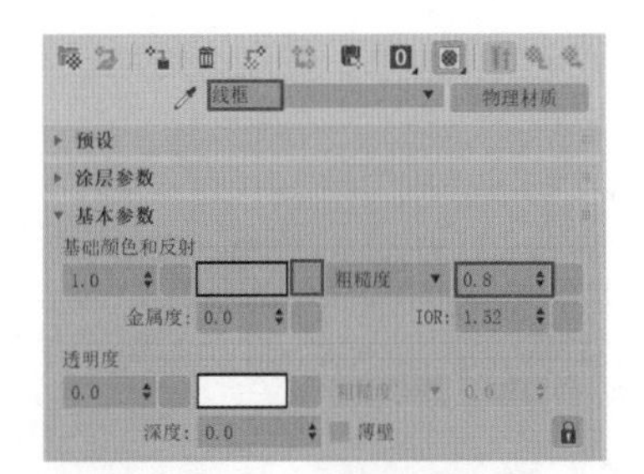

图6-141

（4）在弹出的“材质 / 贴图浏览器”对话框中，选择 Wireframe 材质，如图 6-142 所示，单击“确定”按钮。

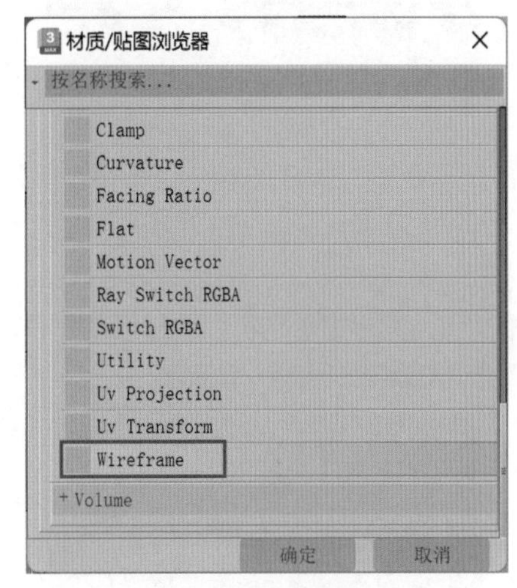

图6-142

（5）在 Parameters（参数）卷展栏中，设置 Fill Color（填充颜色）为白色，设置 Line Color（线颜色）为深灰色，如图 6-143 所示。

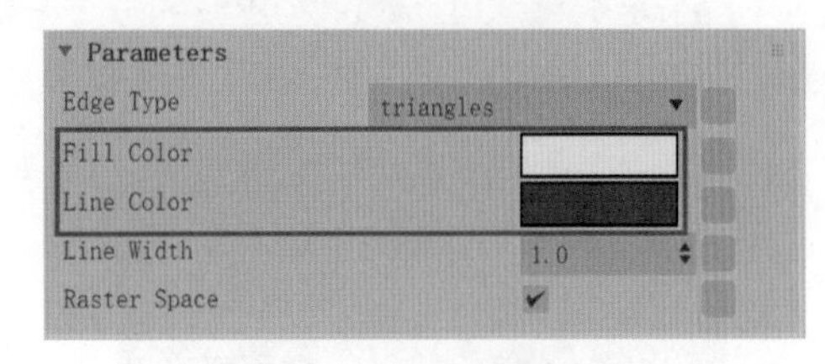

图6-143

（6）制作完成的线框材质球的显示效果如图 6-144 所示。

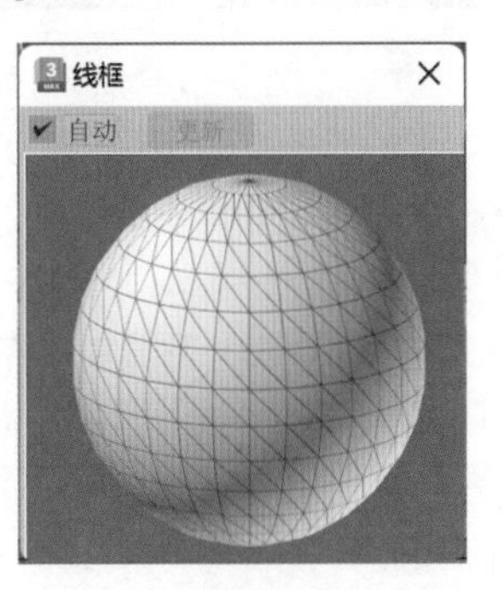

图6-144

（7）渲染场景，本实例的渲染效果如图 6-145 所示。

图6-145

6.4.10　实例：制作随机颜色材质

本实例为大家讲解随机颜色材质的制作方法，本实例的渲染效果如图 6-146 所示。

图6-146

（1）启动中文版 3ds Max 2024，打开本书的配套资源“随机材质 .max”文件，如图 6-147 所示。

图6-147

（2）本实例的场景中已经设置好了灯光、摄影机及渲染等相关基本参数。选择场景中瓶子里的多个糖果模型，如图 6-148 所示，为其指定物理材质。

（3）在“材质编辑器”窗口中，将材质名称更改为“糖果”。在“基本参数”卷展栏中，设置“基础颜色和反射”组的“粗糙度”为 0.5，然后单击“粗糙度”左侧、“颜色”右侧的方形按钮，如图 6-149 所示。

图6-148

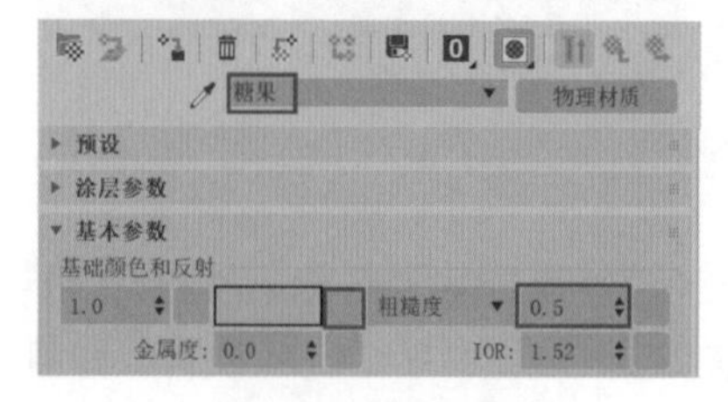

图6-149

（4）在弹出的“材质 / 贴图浏览器”对话框中，选择 Color Jitter 选项，如图 6-150 所示，单击“确定”按钮。

图6-150

（5）在 Input（输入）卷展栏中，设置 Input（输入）为红色；在 Object（对象）卷展栏中，设置 Obj.Hue Max（对象色调最大值）为 0.6，如图 6-151 所示。

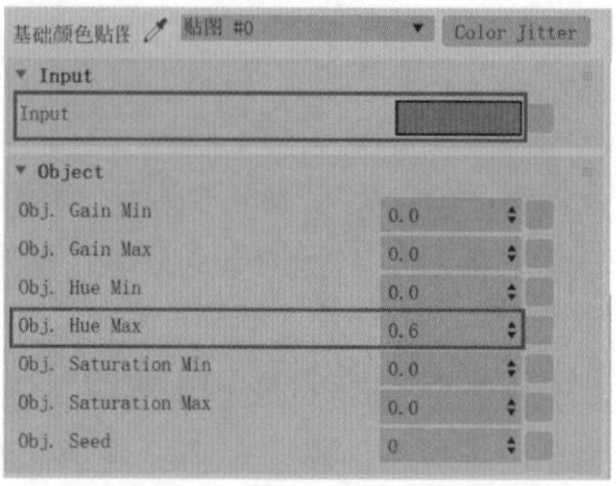

图6-151

（6）设置完成后，渲染场景，渲染效果如图6-152所示。

图6-152

（7）设置 Obj. Seed 为 7，如图 6-153 所示。

▼ Object	
Obj. Gain Min	0.0
Obj. Gain Max	0.0
Obj. Hue Min	0.0
Obj. Hue Max	0.6
Obj. Saturation Min	0.0
Obj. Saturation Max	0.0
Obj. Seed	7

图6-153

技巧与提示 更改 Obj. Seed 值可以调整糖果的随机颜色效果。

（8）渲染场景，本实例的最终渲染效果如图 6-154 所示。

图6-154

6.4.11　实例：制作磨损材质

本实例为大家讲解磨损材质的制作方法，本实例的渲染效果如图 6-155 所示。

图6-155

（1）启动中文版 3ds Max 2024，打开本书的配套资源“磨损材质 .max”文件，如图 6-156 所示。

图6-156

（2）本实例的场景中已经设置好了灯光、摄影机及渲染等相关基本参数。选择场景中的马模型，如图 6-157 所示，为其指定物理材质。

图6-157

（3）在“基本参数”卷展栏中，设置“基础颜色和反射”组的“颜色”为绿色，“粗糙度”为 0.2，“金属度”为 1，如图 6-158 所示。其中，绿色的参数设置如图 6-159 所示。

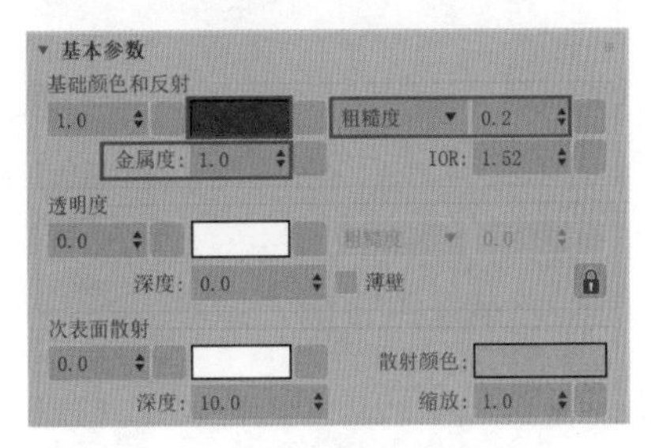

图6-158

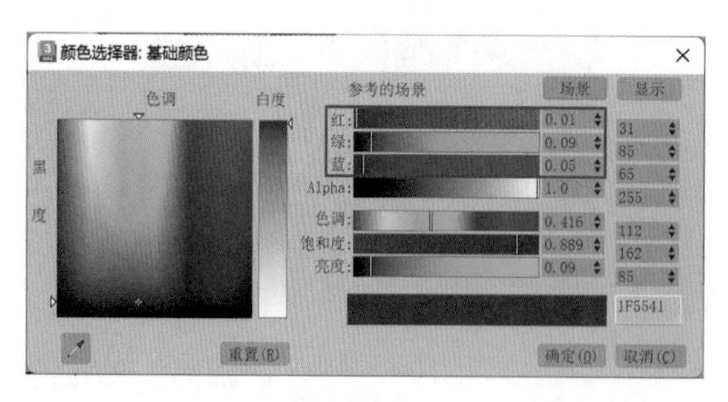

图6-159

（4）在“材质编辑器”窗口中单击“物理材质”按钮，如图6-160所示。

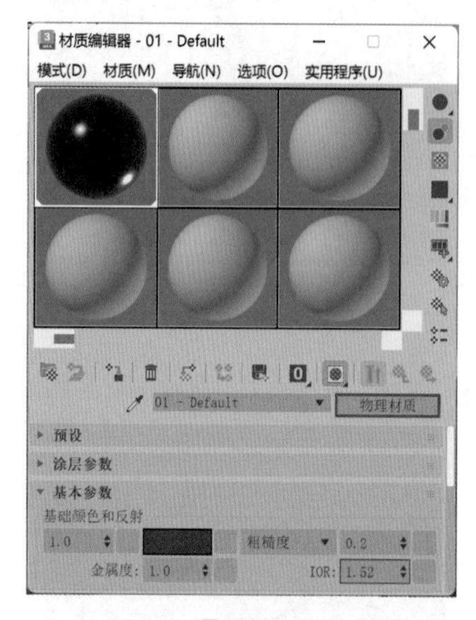

图6-160

（5）在弹出的“材质/贴图浏览器”对话框中，选择“混合”材质，如图6-161所示，单击“确定”按钮。在弹出的“替换材质”对话框中，保持默认设置，如图6-162所示，单击“确定”按钮。

图6-161

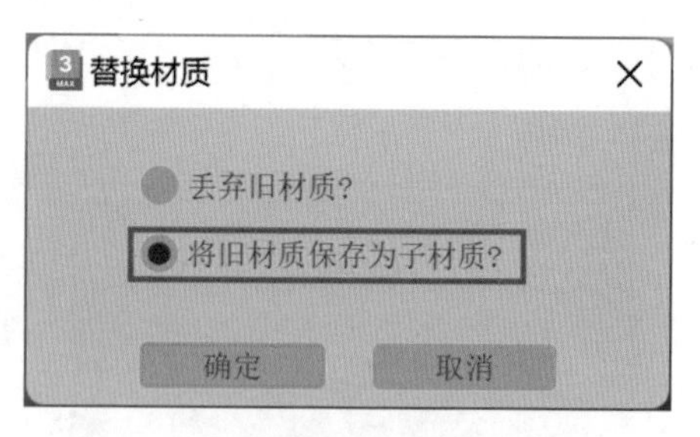

图6-162

（6）在“混合基本参数”卷展栏中，单击“材质2”右侧的按钮，如图6-163所示。

图6-163

（7）在“基本参数”卷展栏中，设置“反射”组的“粗糙度”为0.6，“金属度”为1，如图6-164所示。

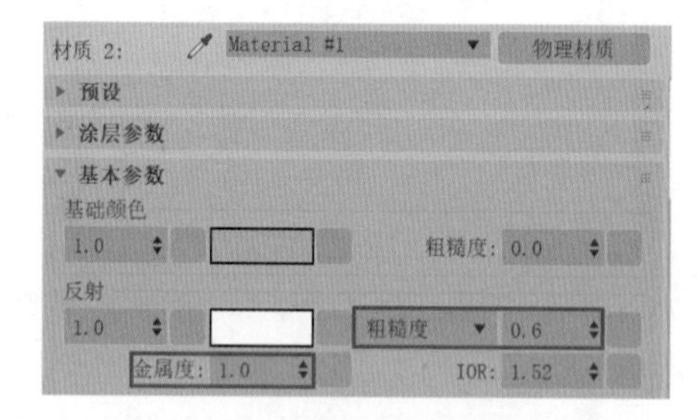

图6-164

（8）在“混合基本参数”卷展栏中，单击“遮罩”右侧的“无贴图”按钮，如图6-165所示。

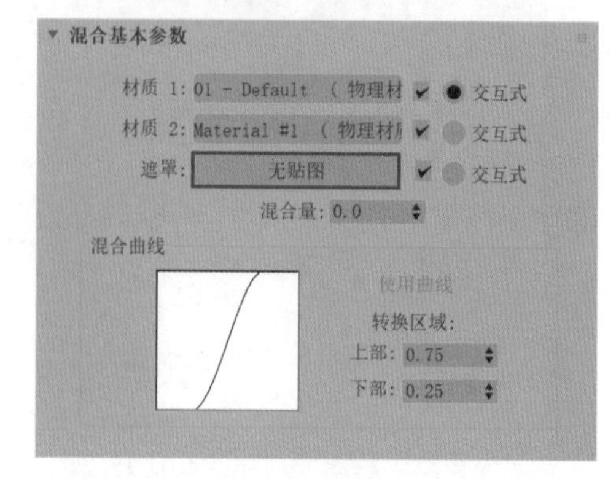

图6-165

（9）在系统自动弹出的“材质/贴图浏览器”对话框中，选择Curvature（曲率）选项，如图6-166

所示，单击“确定”按钮。

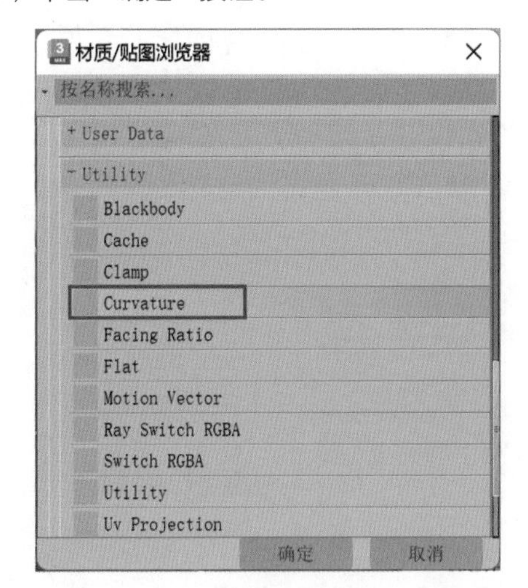

图6-166

（10）在 Parameters 卷展栏中，设置 Samples（采样）为 6，Radius（半径）为 3，如图 6-167 所示。

Parameters	
Output	convex
Samples	6
Radius	3.0
Spread	1.0
Threshold	0.0
Bias	0.5
Multiply	1.0
Trace Set*	
Inclusive*	✔
Self Only	

图6-167

（11）渲染场景，本实例的最终渲染效果如图 6-168 所示。

图6-168

6.4.12　实例：制作烟雾材质

本实例为大家讲解烟雾材质的制作方法，本实例的渲染效果如图 6-169 所示。

图6-169

（1）启动中文版 3ds Max 2024，打开本书的配套资源“烟雾材质 .max”文件，如图 6-170 所示。

图6-170

（2）本实例的场景中已经设置好了灯光、摄影机及渲染等相关基本参数。选择场景中的鸡模型，如图 6-171 所示，为其指定 Standard Volume 材质。

图6-171

（3）设置完成后，渲染场景，渲染效果如图 6-172 所示。

图6-172

（4）选择鸡模型，在“修改”面板中为其添加 Arnold Properties（Arnold 属性）修改器，如图 6-173 所示。

图6-173

（5）在 Volume（体积）卷展栏中，勾选 Enable（启用）复选框，设置 Step Size（步长）为 0.1，如图 6-174 所示。

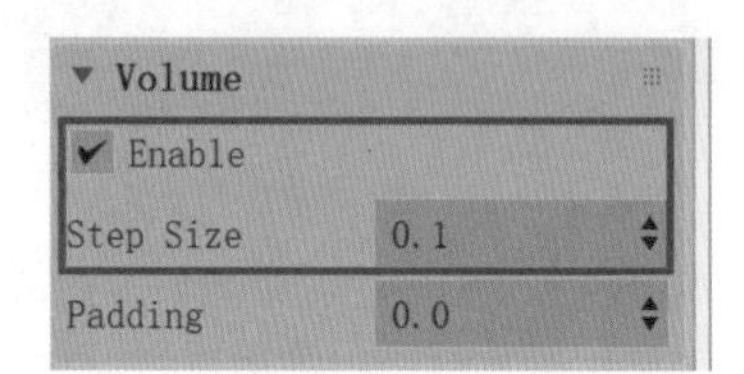

图6-174

（6）设置完成后，渲染场景，渲染效果如图 6-175 所示。

图6-175

（7）在 Advanced（高级）卷展栏中，单击 Displacement（置换）右侧的方形按钮，如图 6-176 所示。

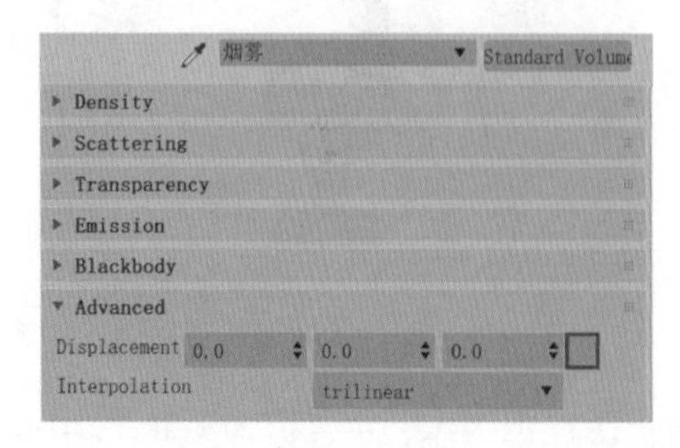

图6-176

（8）在弹出的“材质 / 贴图浏览器”对话框中，选择 Range（范围）选项，如图 6-177 所示，单击“确定”按钮。

图6-177

（9）在 Parameters 卷展栏中，单击 Input 右侧的方形按钮，如图 6-178 所示。

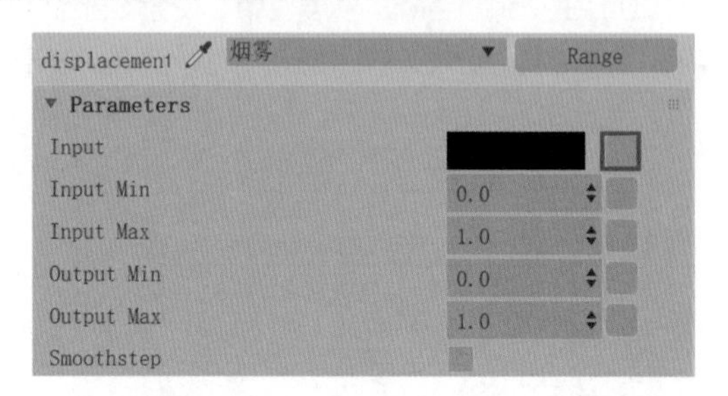

图6-178

（10）在弹出的“材质 / 贴图浏览器”对话框中，选择“噪波”贴图，如图 6-179 所示，单击“确定”按钮。

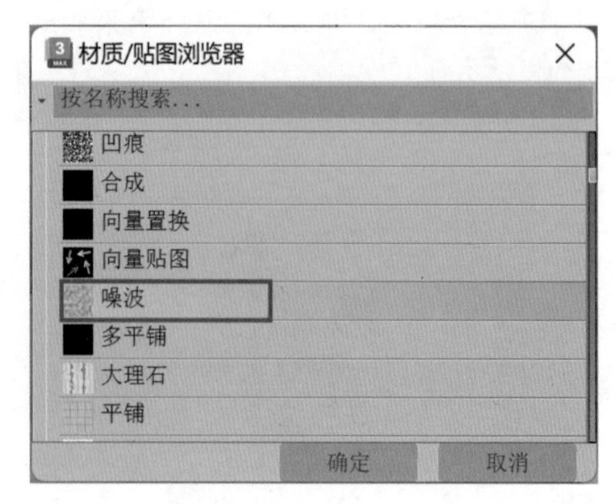

图6-179

（11）在“噪波参数”卷展栏中，设置“噪波类型”为“湍流”，“大小”为 9，如图 6-180 所示。

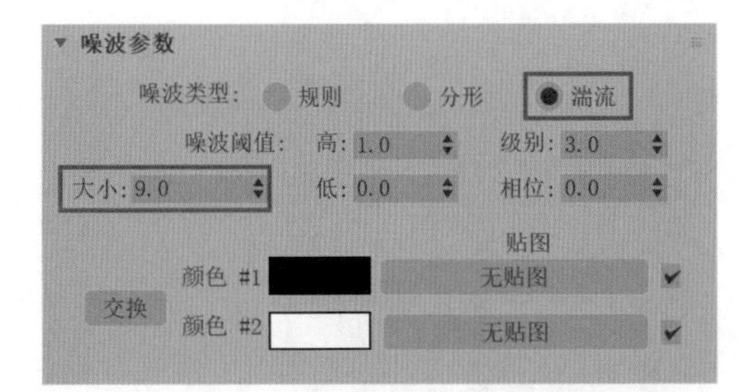

图6-180

（12）在 Volume 卷展栏中，设置 Padding（垫料）为 10，如图 6-181 所示。

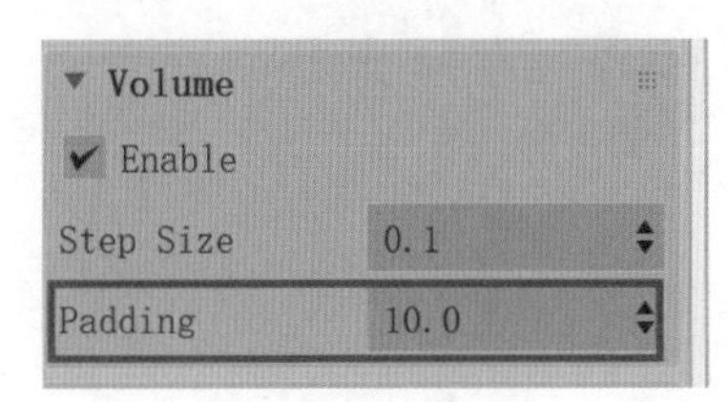

图6-181

（13）在 Parameters 卷展栏中，设置 Output Max（输出最大值）为 10，如图 6-182 所示。

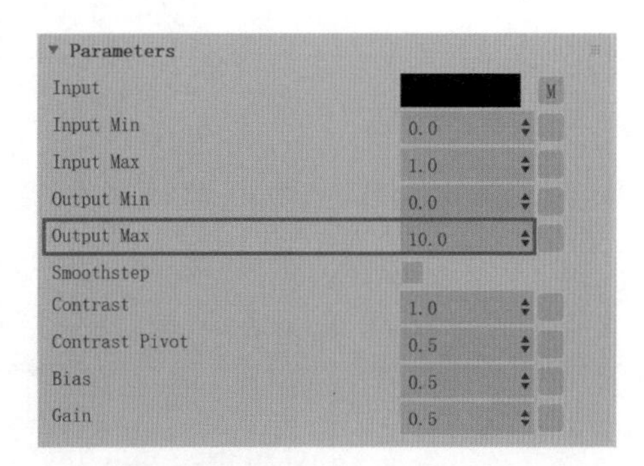

图6-182

（14）渲染场景，本实例的最终渲染效果如图 6-183 所示。

图6-183

渲染技术

7.1 渲染概述

什么是“渲染”？从其英文 Render 来说，可以理解为“着色”；从其作为整个项目流程中的环节来说，可以理解为“出图”。渲染真的只是指在所有三维项目制作完成后单击“渲染产品”按钮的操作吗？很显然不是。通常我们所说的渲染指的是在“渲染设置”窗口中，通过调整参数来控制最终图像的照明程度、计算时间、图像质量等，让计算机在合理时间内计算出令人满意的图像。图 7-1 和图 7-2 所示为一些非常优秀的三维渲染作品。

图7-1

图7-2

渲染器可以简单理解成三维软件进行最终图像计算的方法，中文版 3ds Max 2024 提供了多种渲染器以供用户选择使用，并且还允许用户自行购买及安装由第三方软件生产商所提供的渲染器插件来进行渲染。单击主工具栏上的“渲染设置”按钮，如图 7-3 所示，即可打开 3ds Max 2024 的“渲染设置”窗口。在“渲染设置”窗口的标题栏上，可以查看当前场景文件所使用的渲染器的名称。在默认状态下，3ds Max 2024 所使用的渲染器为 Arnold 渲染器，如图 7-4 所示。

图7-3

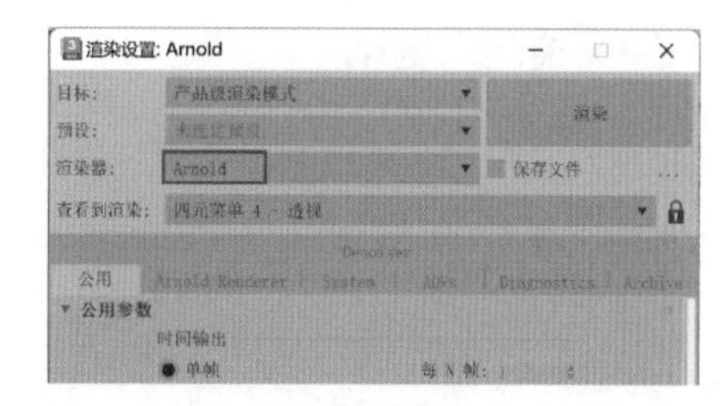

图7-4

7.2 渲染帧窗口

3ds Max 2024 提供的渲染相关的工具位于主工具栏的最右侧，如图 7-5 所示。

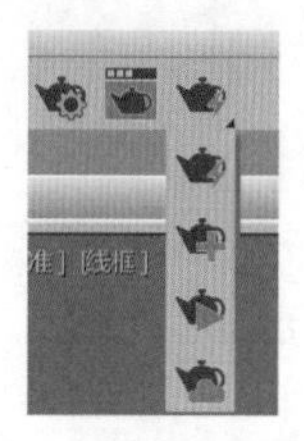

图7-5

工具解析

“渲染设置”按钮：单击此按钮可以打开“渲染设置”窗口。

“渲染帧窗口”按钮：单击此按钮可以打开渲染帧窗口。

“渲染产品”按钮：渲染场景。

“渲染迭代”按钮：在迭代模式下渲染场景。

ActiveShade 按钮：单击此按钮可以打开 ActiveShade 面板。

“在线渲染”按钮：设置渲染模式为“A360 在线渲染模式”。

在主工具栏上单击“渲染帧窗口”按钮，即可打开渲染帧窗口，如图 7-6 所示。

图7-6

1. “渲染控制”区域

渲染帧窗口分为“渲染控制”和“工具栏”两大部分。其中，“渲染控制”区域如图 7-7 所示。

图7-7

工具解析

♦“要渲染的区域”下拉列表：该下拉列表提供可用的“要渲染的区域”选项，有“视图”“选定”“区域”“裁剪”“放大”5 个选项，如图 7-8 所示。

图7-8

♦“编辑区域”按钮：控制渲染区域的大小和位置，如图 7-9 所示。

图7-9

♦“自动选定对象区域”按钮：启用该选项之后，会将“区域”“裁剪”“放大”区域自动设置为当前选择。

♦“渲染设置”按钮：单击此按钮可以打开“渲染设置”窗口。

♦“环境和效果对话框（曝光控制）”按钮：单击该按钮可打开“环境和效果”窗口的“环境”选项卡。

♦“渲染”按钮：渲染场景。

2. “工具栏”区域

渲染帧窗口的“工具栏”区域如图 7-10 所示。

图7-10

工具解析

♦“保存图像”按钮：用于保存渲染帧窗口中显示的渲染图像。

♦“复制图像”按钮：将渲染图像复制到 Windows 剪贴板中。

♦“克隆渲染帧窗口”按钮：打开另一个包含所显示图像的渲染帧窗口。

♦“打印图像”按钮：将渲染图像发送至 Windows 中定义的默认打印机。

♦“清除”按钮：清除渲染帧窗口中的图像。

♦“启用红色通道”按钮：显示渲染图像的红色通道（禁用该选项后，红色通道将不会显示），如图 7-11 所示。

图7-11

♦“启用绿色通道”按钮：显示渲染图像的绿色通道（禁用该选项后，绿色通道将不会显示），如图 7-12 所示。

图7-12

♦“启用蓝色通道”按钮：显示渲染图像的蓝色通道（禁用该选项后，蓝色通道将不会显示），如图 7-13 所示。

图7-13

♦ “显示 Alpha 通道”按钮：显示渲染图像的 Alpha 通道。

♦ “单色”按钮：显示渲染图像的单色通道，如图 7-14 所示。

图7-14

♦ “色样”按钮：存储上次在渲染图像上单击鼠标右键所得到的颜色。

♦ “切换 UI 叠加”按钮：单击此按钮可以隐藏 / 显示图像的渲染区域。

♦ “切换 UI”按钮：单击此按钮可以隐藏 / 显示“渲染控制”区域。

7.3 Arnold渲染器

Arnold 渲染器是世界公认的著名渲染器之一，也是 3ds Max 2024 的默认渲染器，曾用于完成许多优秀电影的视觉特效渲染工作。Arnold 渲染器具有多个选项卡，每个选项卡又包含一个或多个卷展栏，下面详细讲解一下使用频率较高的卷展栏。

7.3.1 MAXtoA Version（MAXtoA版本）卷展栏

在 MAXtoA Version（MAXtoA 版本）卷展栏中，参数如图 7-15 所示。

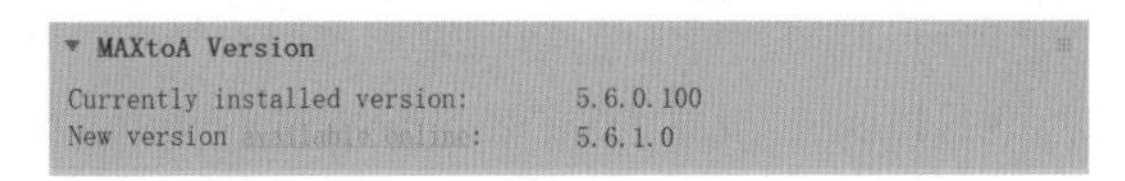

图7-15

工具解析

Currently installed version：当前安装的 Arnold 渲染器的版本号。

New version：可安装的最新 Arnold 渲染器的版本号。

7.3.2 Sampling and Ray Depth（采样和追踪深度）卷展栏

Sampling and Ray Depth（采样和追踪深度）卷展栏主要用于控制最终渲染图像的质量，其参数如图 7-16 所示。

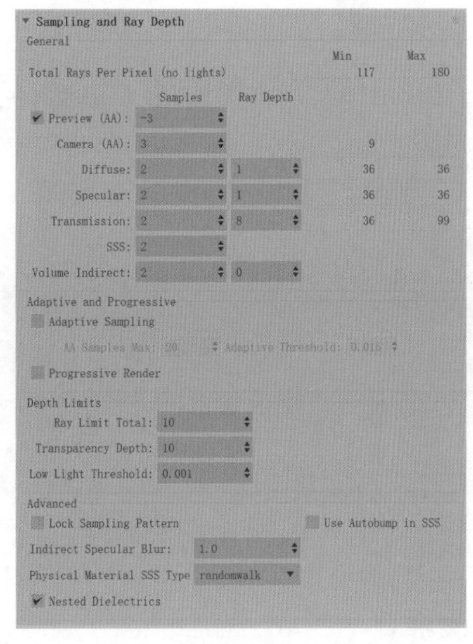

图7-16

工具解析

① General 组。

♦ Preview（AA）：设置预览采样值，默认值为 -3，设置较小的值可以让用户较快地看到场景的预览结果。

♦ Camera（AA）：设置摄影机渲染的采样值，

该值越大，渲染质量越好，渲染耗时越长。

♦ Diffuse：设置场景中物体漫反射的采样值。

♦ Specular：设置场景中物体高光计算的采样值。

♦ Transmission：设置场景中物体自发光计算的采样值。

♦ SSS：设置 SSS 材质计算的采样值。

♦ Volume Indirect：设置间接照明计算的采样值。

② Depth Limits 组。

♦ Ray Limit Total：设置限制光线反射和折射追踪深度的总数值。

♦ Transparency Depth：设置透明计算深度的数值。

♦ Low Light Threshold：设置光线的计算阈值。

③ Advanced 组。

♦ Lock Sampling Pattern：锁定采样方式。

♦ Use Autobump in SSS：在 SSS 材质中使用自动凹凸计算。

7.3.3 Filtering（过滤）卷展栏

在 Filtering（过滤）卷展栏中，参数如图 7-17 所示。

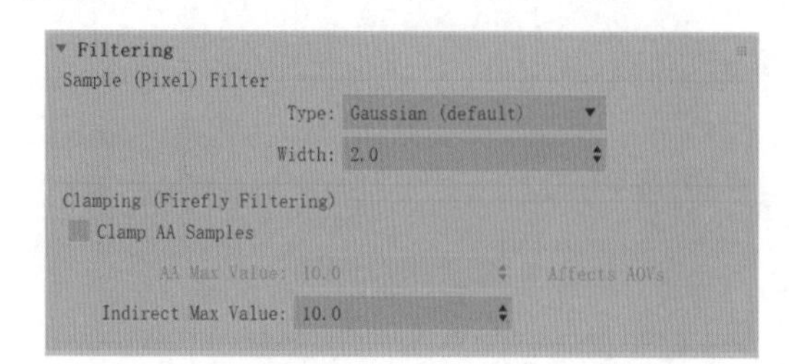

图7-17

工具解析

♦ Type：用于设置渲染的抗锯齿过滤类型，3ds Max 2024 提供了多种不同类型的计算方法以帮助用户解决图像的抗锯齿渲染质量问题，如图 7-18 所示。Type 默认设置为 Gaussian。使用这种渲染方式渲染图像时，Width 值越小，图像越清晰；Width 值越大，渲染出来的图像越模糊。图 7-19 和图 7-20 所示是 Width 值是 1 和 10 的渲染效果对比。

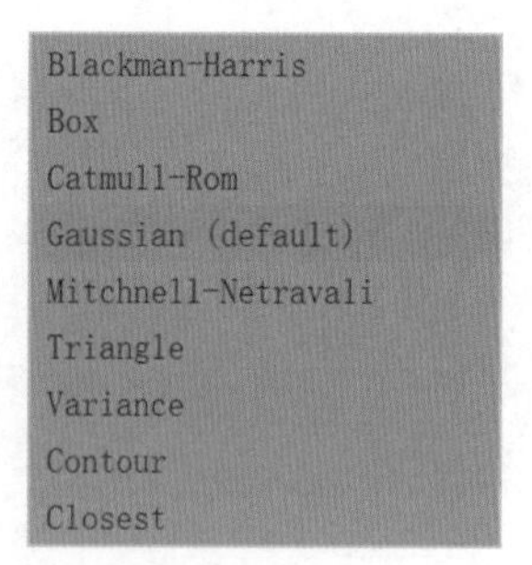

图7-18

图7-19

图7-20

♦ Width：用于设置不同抗锯齿过滤类型的宽度计算，该值越小，渲染出来的图像越清晰。

7.3.4 Environment, Background&Atmosphere（环境，背景和大气）卷展栏

在 Environment，Background&Atmosphere（环境，背景和大气）卷展栏中，参数如图 7-21 所示。

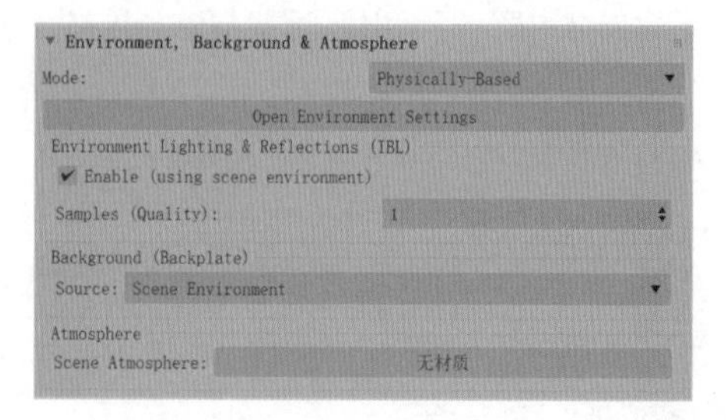

图7-21

工具解析

◆ Open Environment Settings 按钮：单击该按钮可以打开 3ds Max 2024 的“环境和效果”窗口，在其中可对场景的环境进行设置。

① Environment Lighting&Reflections（IBL）组。

◆ Enable（using scene environment）：勾选此复选框则使用场景的环境设置。

◆ Samples（Quality）：设置环境的计算采样质量。

② Background（Bockplate）组。

◆ Source：用于设置场景的背景，有 Scene Environment、Custom Color、Custom Map 和 None 这 4 个选项可选，如图 7-22 所示。

图7-22

③ Atmosphere 组。

◆ Scene Atmosphere：通过材质贴图来制作场景中的大气效果。

7.3.5 Render Settings（渲染设置）卷展栏

Render Settings（渲染设置）卷展栏位于 System（系统）选项卡中，主要用来设置渲染图像时渲染块的计算顺序。展开 Render Settings 卷展栏，其中的参数如图 7-23 所示。

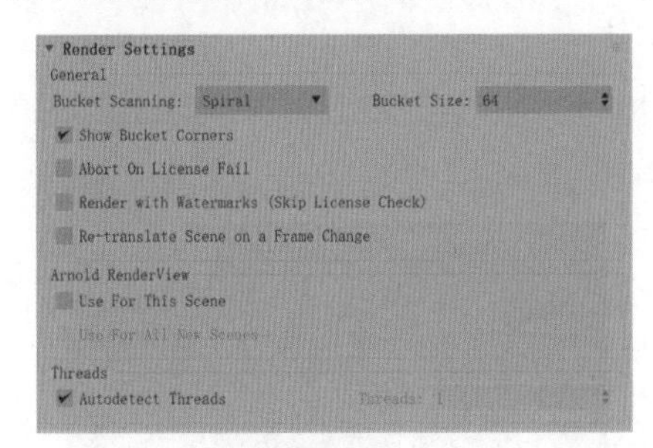

图7-23

工具解析

① General 组。

◆ Bucket Scanning 下拉列表：用于设置渲染块的计算顺序，用户可以通过该下拉列表选择合适的计算顺序（比如从上至下、从左至右、随机、螺旋或希尔伯特算法）来渲染自己的作品，如图 7-24 所示。

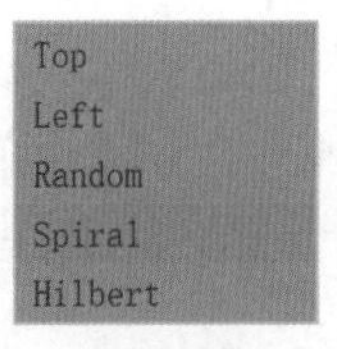

图7-24

◆ Bucket Size：用于设置渲染块的大小。

◆ Abort On License Fail：勾选此复选框，当渲染许可失败时终止渲染计算。

◆ Render with Watermarks（Skip License Check）：渲染时跳过许可检查。

② Threads 组。

◆ Autodetect Threads：自动删除线程。

7.4　综合实例：制作卧室阴天表现

本实例通过一个简约风格的卧室场景来为大家详细讲解 3ds Max 2024 材质、灯光及渲染设置的综合运用，本实例的最终渲染效果如图 7-25 所示。

图7-25

打开本书配套资源“卧室.max”文件，如图 7-26 所示。

图7-26

7.4.1 制作地板材质

本实例中的地板材质为棕色的木质纹理，反光效果较强，如图 7-27 所示。

图7-27

（1）选择场景中的地板模型，如图 7-28 所示，为其指定物理材质。

图7-28

（2）在“材质编辑器”窗口中，将材质名称更改为“地板”。在“基本参数”卷展栏中，设置“基础颜色和反射”组的“粗糙度”为 0.3，然后单击“粗糙度”左侧、“颜色”右侧的方形按钮，如图 7-29 所示。

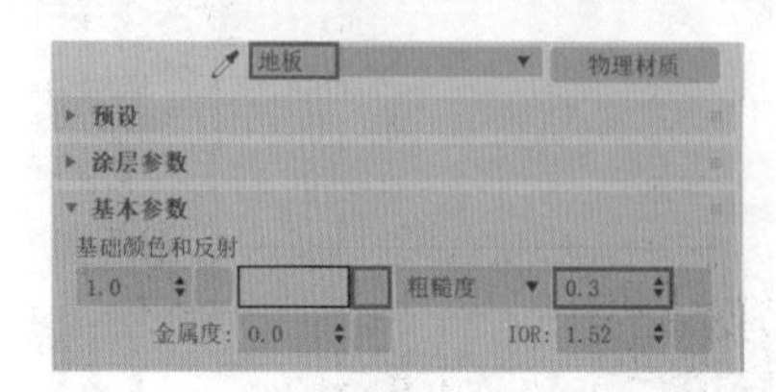

图7-29

（3）在弹出的“材质 / 贴图浏览器”对话框中，选择“位图”贴图，如图7-30所示，单击“确定”按钮。为“位图”属性添加“地板.jpg”文件，如图 7-31 所示。

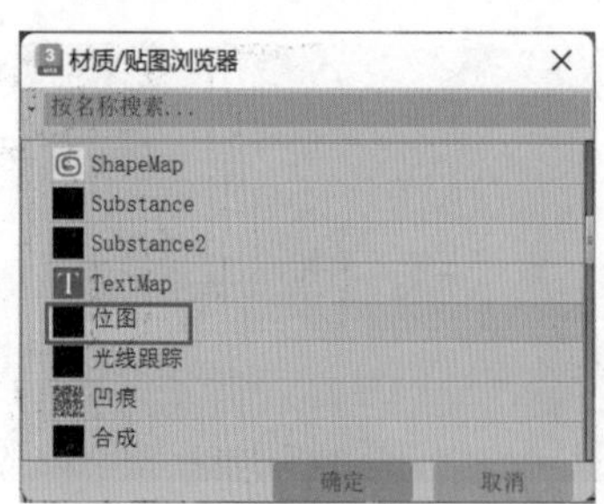

图7-30

图7-31

（4）在“坐标”卷展栏中，设置 W 为 90，如图 7-32 所示。

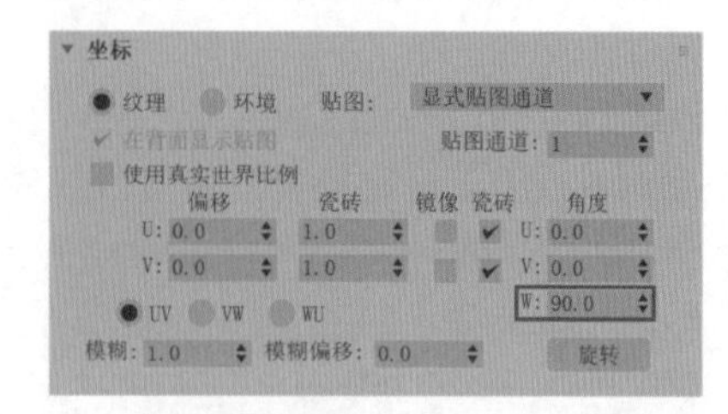

图7-32

（5）制作完成的地板材质球的显示效果如图 7-33 所示。

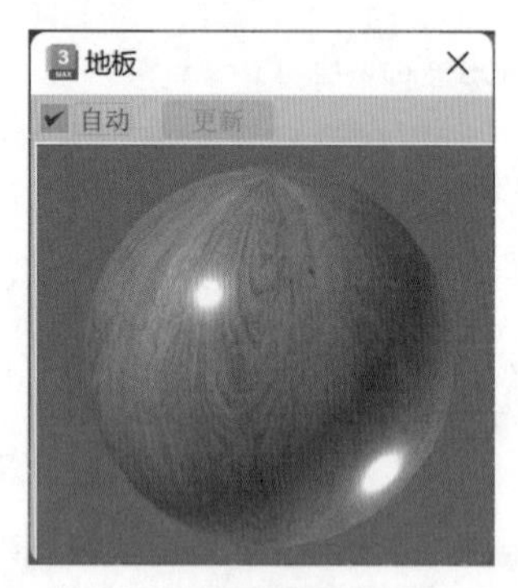

图7-33

7.4.2 制作毯子材质

本实例中的毯子材质具有一定的凹凸质感，如图 7-34 所示。

图7-34

（1）选择场景中床上的毯子模型，如图 7-35 所示，为其指定物理材质。

图7-35

（2）在“材质编辑器”窗口中，将材质名称更改为“毯子”。在“基本参数”卷展栏中，设置“基础颜色和反射”组的“粗糙度”为0.7，然后单击“粗糙度”左侧、“颜色”右侧的方形按钮，如图7-36所示。

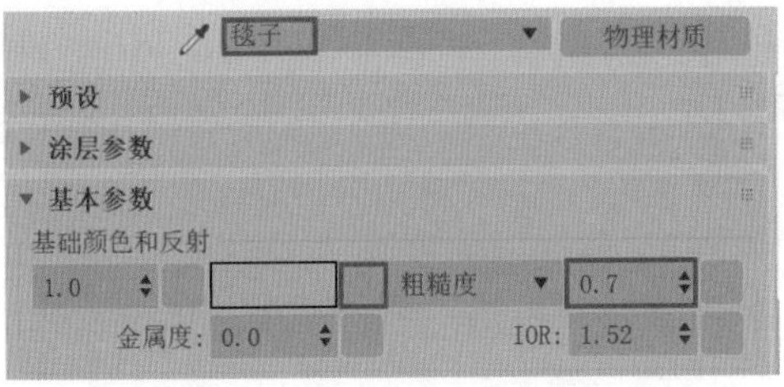

图7-36

（3）在弹出的“材质/贴图浏览器”对话框中，选择“位图”贴图，如图7-37所示，单击“确定”按钮。为“位图”属性添加“布料-2.jpg”文件，如图7-38所示。

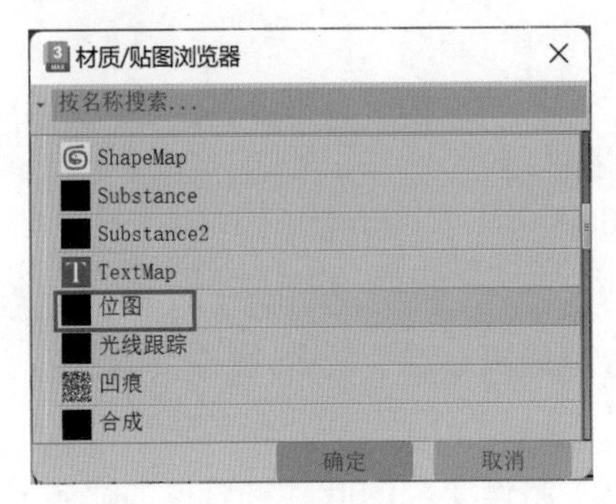

图7-37

图7-38

（4）在“特殊贴图”卷展栏中，单击“凹凸贴图”右侧的“无贴图”按钮，如图7-39所示。

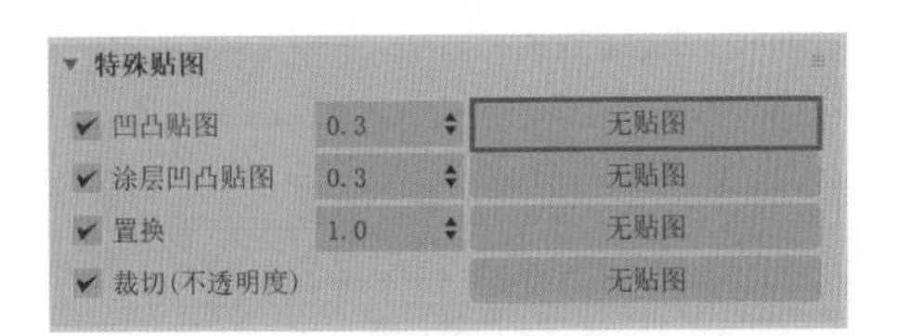

图7-39

（5）在弹出的“材质/贴图浏览器”对话框中，选择“法线凹凸”贴图，如图7-40所示，单击“确定”按钮。

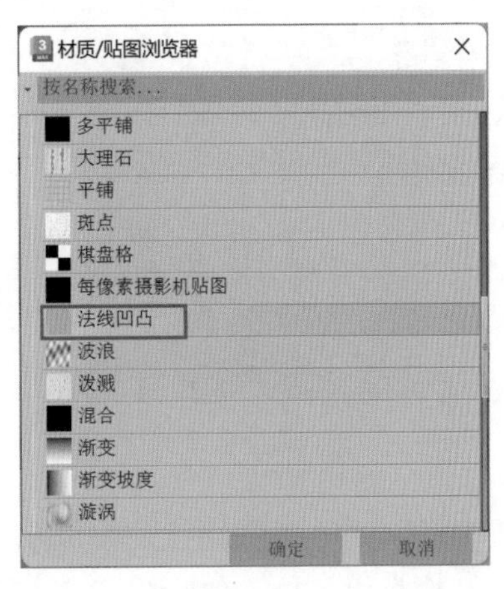

图7-40

（6）在“参数”卷展栏中，单击“法线”右侧的“无贴图”按钮，如图7-41所示。

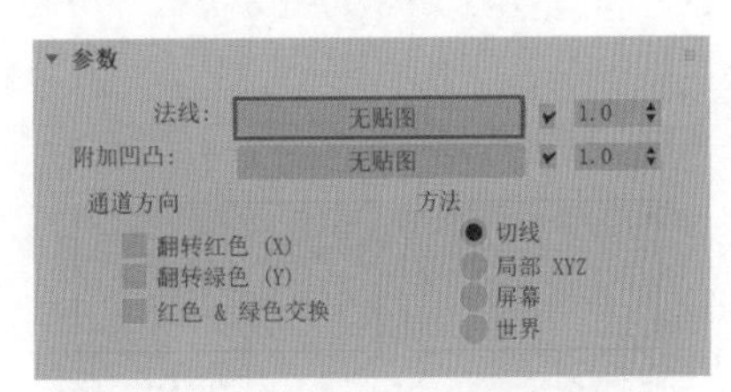

图7-41

（7）在弹出的“材质/贴图浏览器”对话框中，选择“位图”贴图，如图7-42所示，单击“确定”按钮。为“位图”属性添加“布料2法线.jpg”文件，如图7-43所示。

图7-42

图7-43

（8）制作完成的毯子材质球的显示效果如图 7-44 所示。

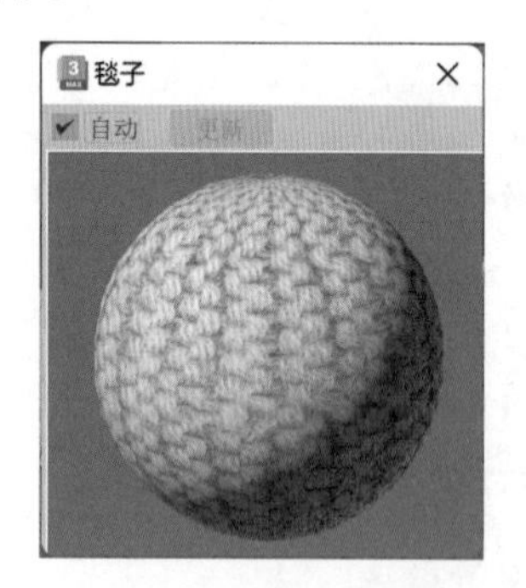

图7-44

技巧与提示 本实例中毯子下面的布料的材质也使用了相似的制作方法。

7.4.3 制作叶片材质

本实例中的叶片材质如图 7-45 所示。

图7-45

（1）选择场景中的叶片模型，如图 7-46 所示，为其指定物理材质。

图7-46

（2）在“材质编辑器”窗口中，将材质名称更改为“叶片”。在“基本参数”卷展栏中，设置“基础颜色和反射”组的“粗糙度”为 0.4，然后单击“粗糙度”左侧、“颜色”右侧的方形按钮，如图 7-47 所示。

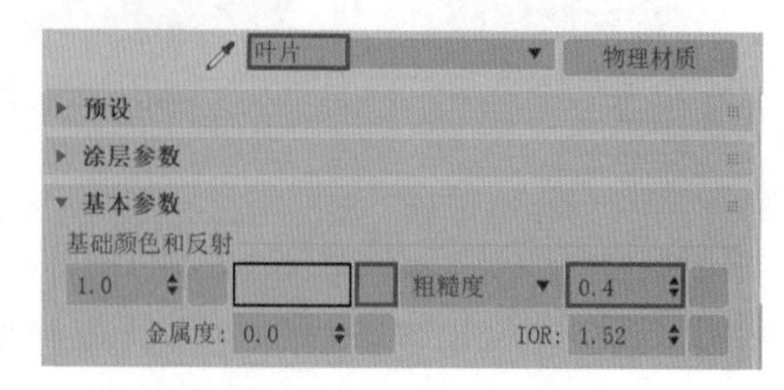

图7-47

（3）在弹出的“材质 / 贴图浏览器”对话框中，选择“位图”贴图，如图 7-48 所示，单击“确定”按钮。为“位图”属性添加“叶片 .png”文件，如图 7-49 所示。

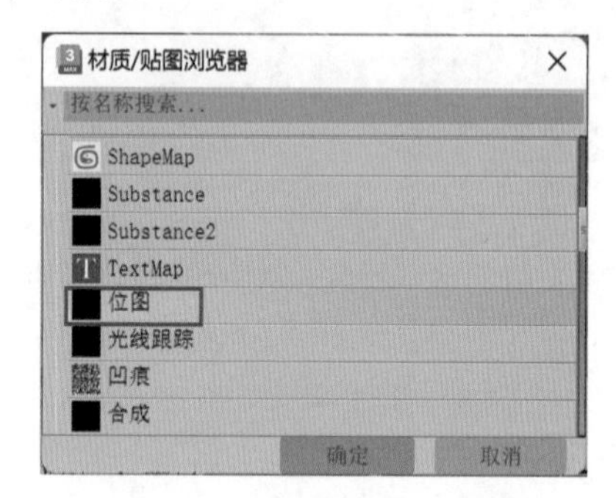

图7-48

图7-49

（4）制作完成的叶片材质球的显示效果如图 7-50 所示。

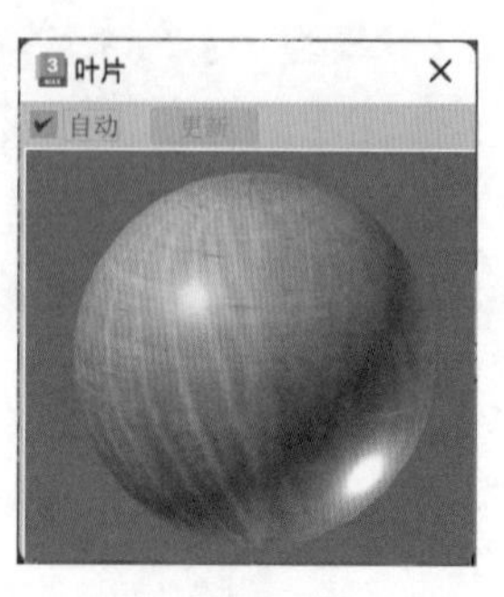

图7-50

7.4.4 制作花盆材质

本实例中的花盆材质具有明显的凹凸质感，如图 7-51 所示。

图7-51

（1）选择场景中的花盆模型，如图 7-52 所示，为其指定物理材质。

图7-52

（2）在“材质编辑器”窗口中，将材质名称更改为“花盆”。在“基本参数”卷展栏中，设置“基础颜色和反射”组的“粗糙度”为 0.1，然后单击“粗糙度”左侧、“颜色”右侧的方形按钮，如图 7-53 所示。

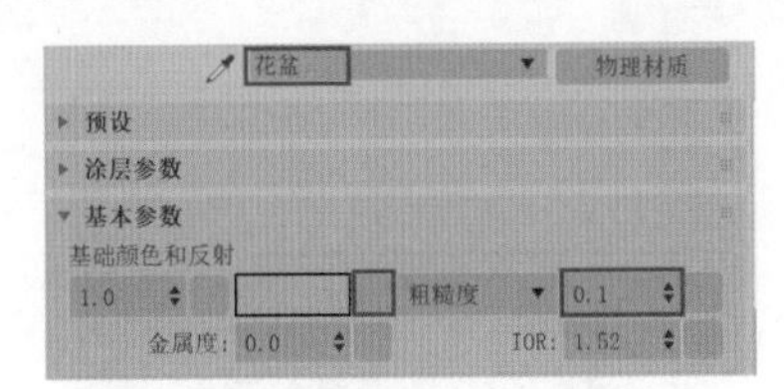

图7-53

（3）在弹出的“材质 / 贴图浏览器”对话框中，选择“位图”贴图，如图 7-54 所示，单击“确定”按钮。为“位图”属性添加“花盆 .png”文件，如图 7-55 所示。

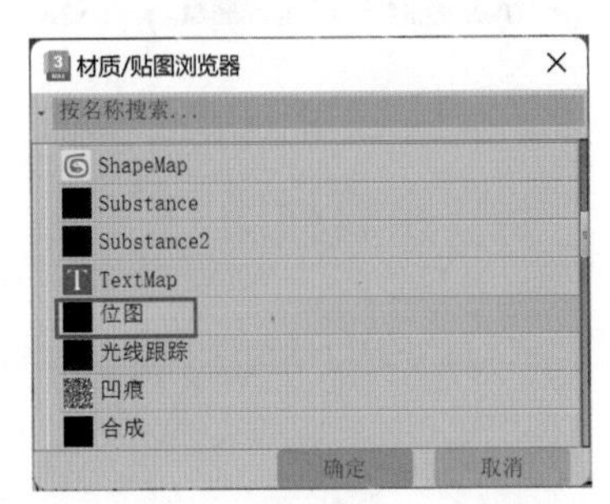

图7-54

图7-55

（4）在“特殊贴图”卷展栏中，单击“凹凸贴图”右侧的“无贴图”按钮，如图 7-56 所示。

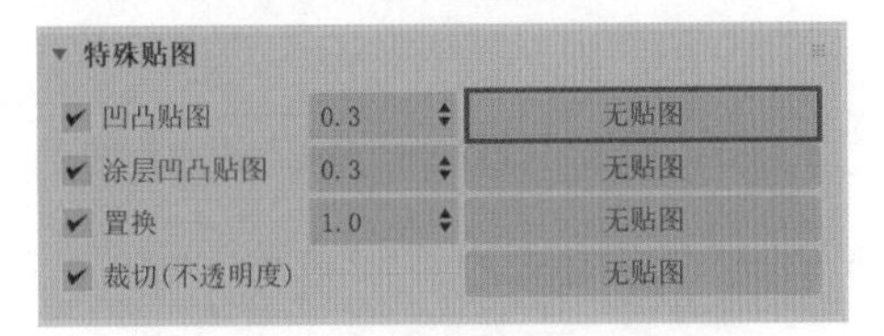

图7-56

（5）在弹出的“材质 / 贴图浏览器”对话框中，选择“法线凹凸”贴图，如图 7-57 所示，单击“确定”按钮。

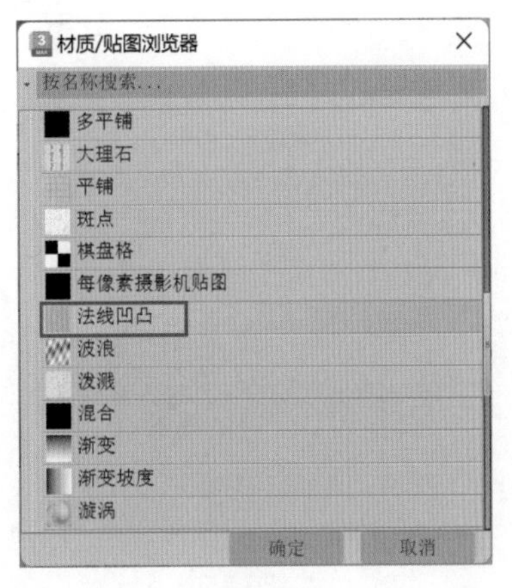

图7-57

（6）在“参数”卷展栏中，单击“法线”右侧的“无贴图”按钮，如图 7-58 所示。

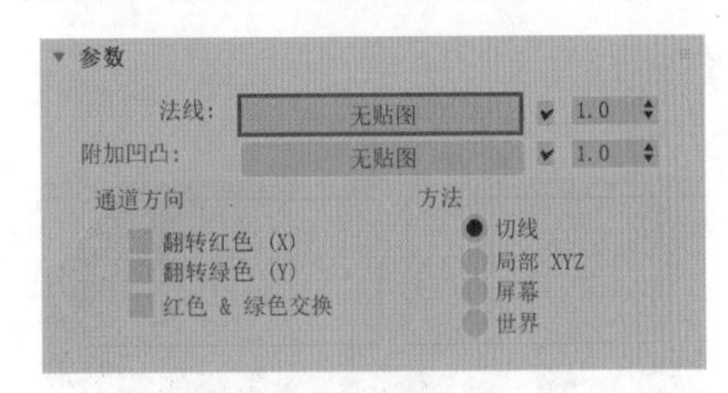

图7-58

（7）在弹出的“材质 / 贴图浏览器”对话框中，选择“位图”贴图，如图 7-59 所示，单击“确定”按钮。为“位图”属性添加“花盆法线 .png”文件，如图 7-60 所示。

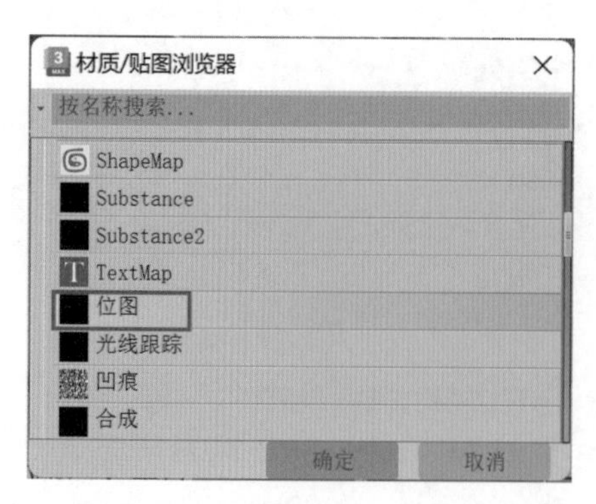

图7-59

图7-60

（8）制作完成的花盆材质球的显示效果如图7-61所示。

图7-61

7.4.5 制作玻璃材质

本实例中的床头柜上的小灯的玻璃材质具有明显的粗糙质感，如图7-62所示。

图7-62

（1）选择场景中小灯上的玻璃模型，如图7-63所示，为其指定物理材质。

图7-63

（2）在"材质编辑器"窗口中，将材质名称更改为"灯玻璃"。在"基本参数"卷展栏中，设置"基础颜色和反射"组的"粗糙度"为0.5，设置"透明度"组的"权重"为1，如图7-64所示。

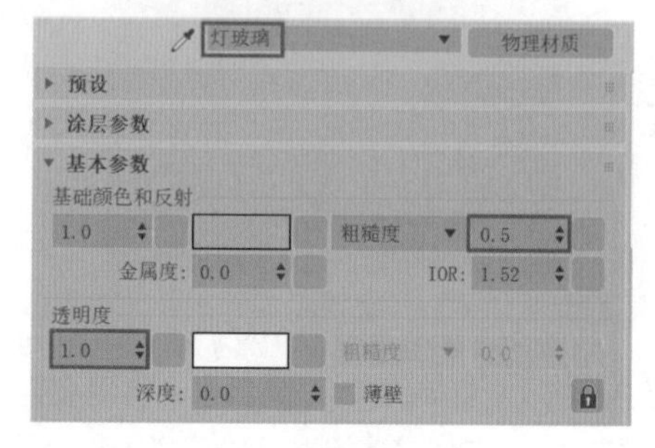

图7-64

（3）制作完成的玻璃材质球的显示效果如图7-65所示。

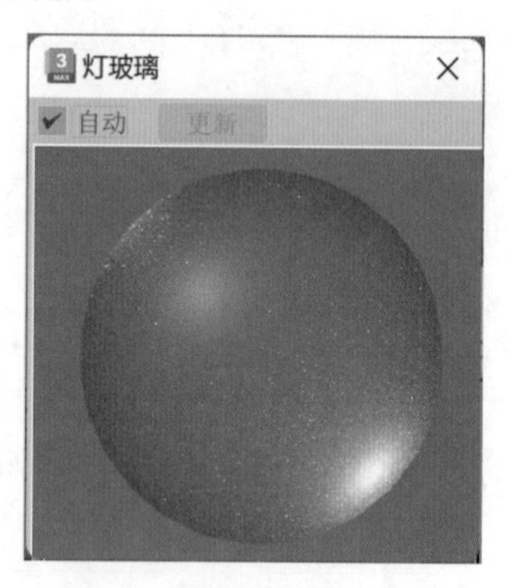

图7-65

7.4.6 制作金属材质

本实例中落地灯的灯架使用了银色的金属材质，如图7-66所示。

图7-66

（1）选择场景中的灯架模型，如图 7-67 所示，为其指定物理材质。

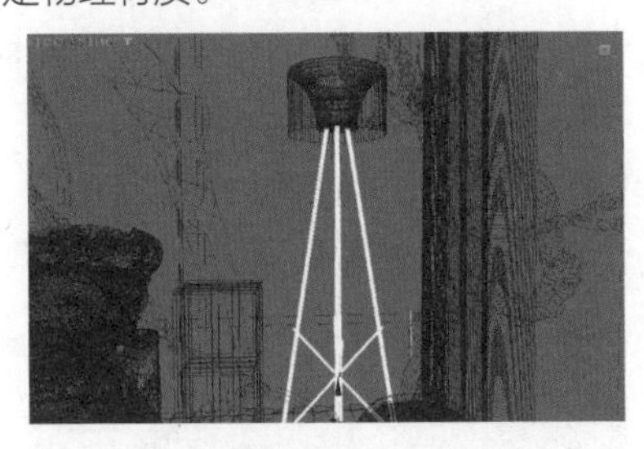

图7-67

（2）在“材质编辑器”窗口中，将材质名称更改为“金属”。在“基本参数”卷展栏中，设置“基础颜色和反射”组的“粗糙度”为 0.2，“金属度”为 1，如图 7-68 所示。

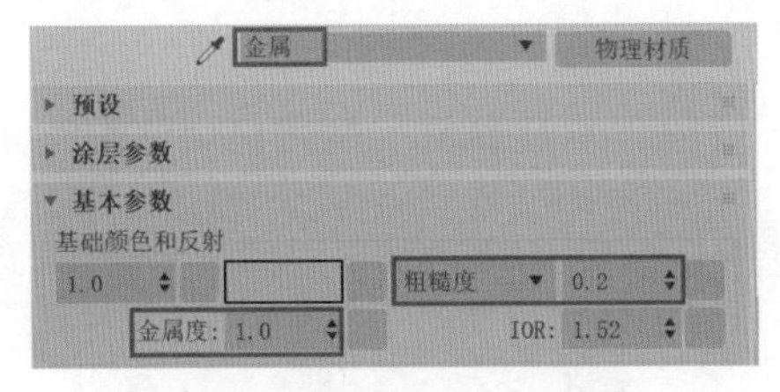

图7-68

（3）制作完成的金属材质球的显示效果如图 7-69 所示。

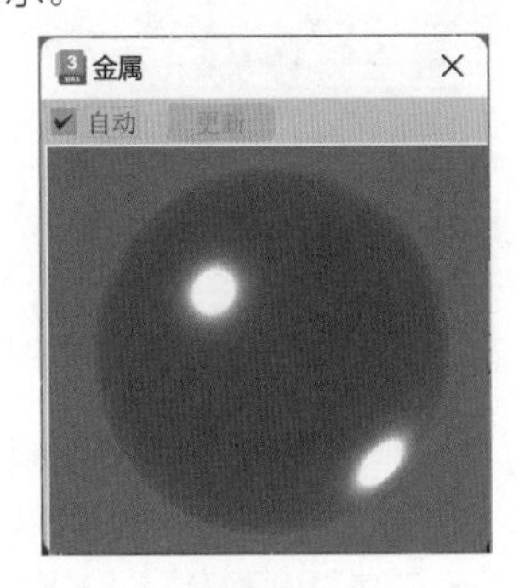

图7-69

7.4.7　制作环境材质

本实例中窗外的环境材质如图 7-70 所示。

图7-70

（1）选择场景中窗外的环境模型，如图 7-71 所示，为其指定物理材质。

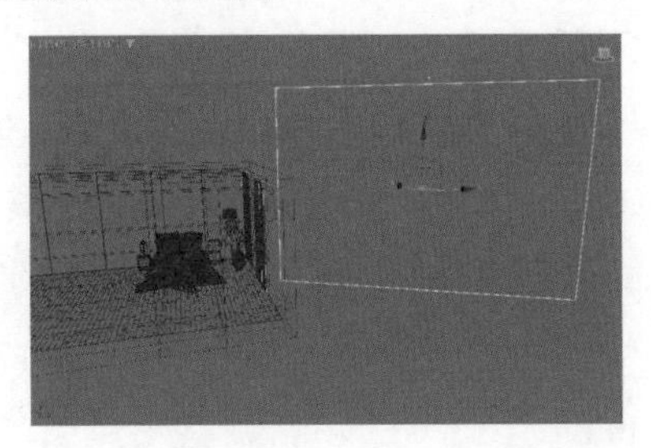

图7-71

（2）在“材质编辑器”窗口中，将材质名称更改为“环境”。在“基本参数”卷展栏中，设置“基础颜色和反射”组的“粗糙度”为 1，然后单击“粗糙度”左侧、“颜色”右侧的方形按钮，如图 7-72 所示。

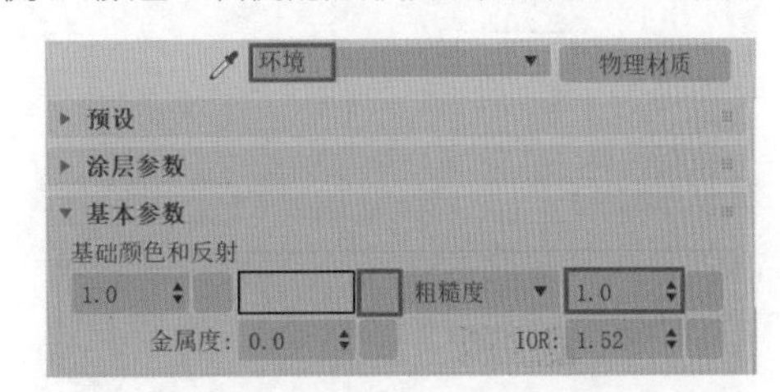

图7-72

（3）在弹出的“材质 / 贴图浏览器”对话框中，选择“位图”贴图，如图 7-73 所示，单击“确定”按钮。为“位图”属性添加“环境 -1.jpeg”文件，如图 7-74 所示。

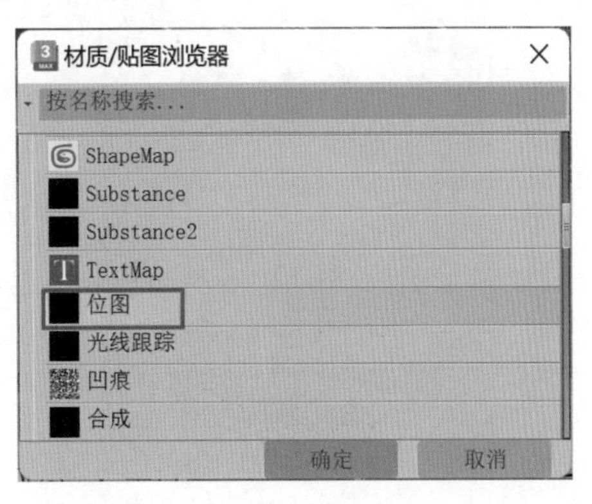

图7-73

图7-74

（4）在“基本参数”卷展栏中，复制“基础颜色和反射”组的“颜色”上的贴图，如图7-75所示。将其粘贴至“发射”组的“颜色”上，并设置“发射”组的“权重”为0.3，如图7-76所示。

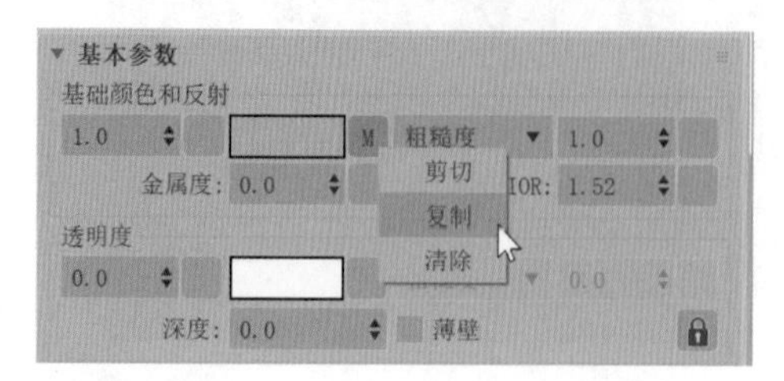

图7-75

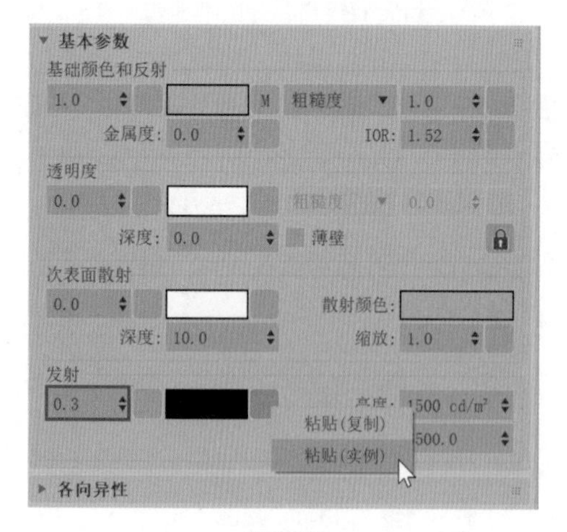

图7-76

（5）制作完成的环境材质球的显示效果如图7-77所示。

图7-77

7.4.8 灯光设置

（1）在“创建”面板中单击“目标灯光”按钮，如图7-78所示。

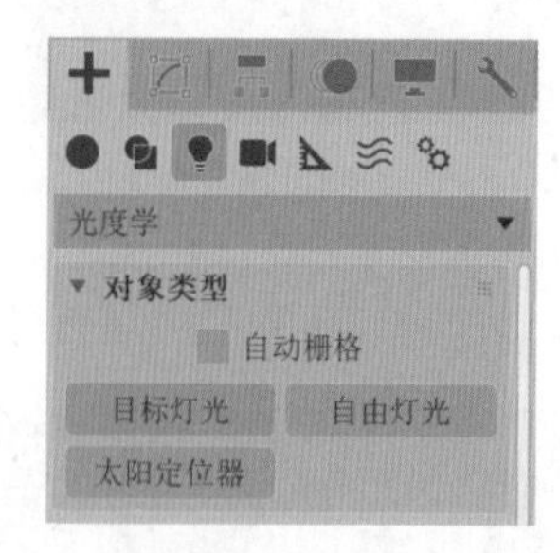

图7-78

（2）在“顶”视图中房屋窗户处创建一个目标灯光，如图7-79所示。

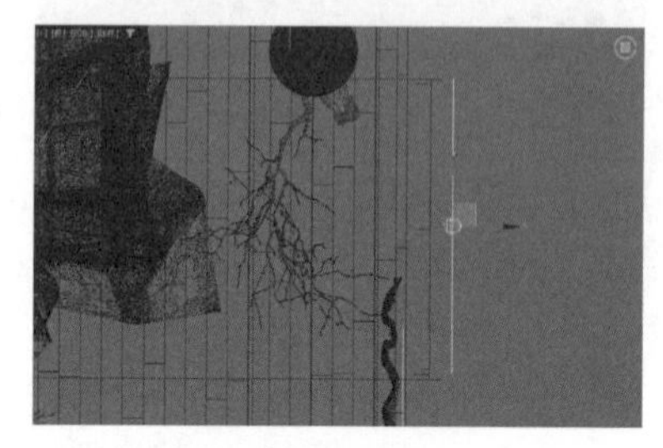

图7-79

（3）在“常规参数”卷展栏中，在“阴影”组的下拉列表中选择“光线跟踪阴影”选项，如图7-80所示。

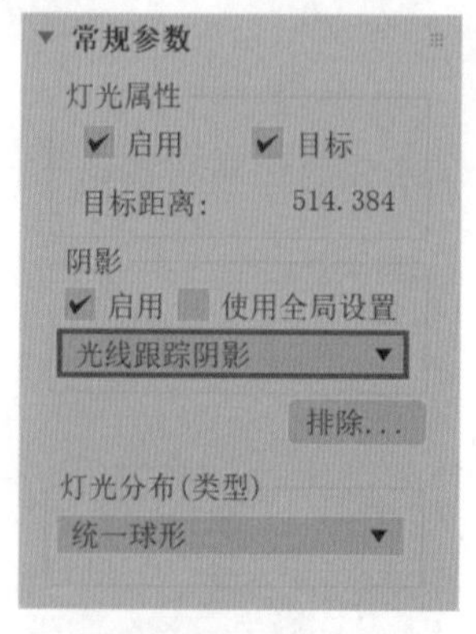

图7-80

（4）在“强度/颜色/衰减”卷展栏中，设置“颜色”为“开尔文：8000.0”，设置“强度”为5500cd，如图7-81所示。

（5）在“图形/区域阴影”卷展栏中，设置“从（图形）发射光线”为“矩形”，“长度”为2200，“宽度”为1500，如图7-82所示。

图7-81

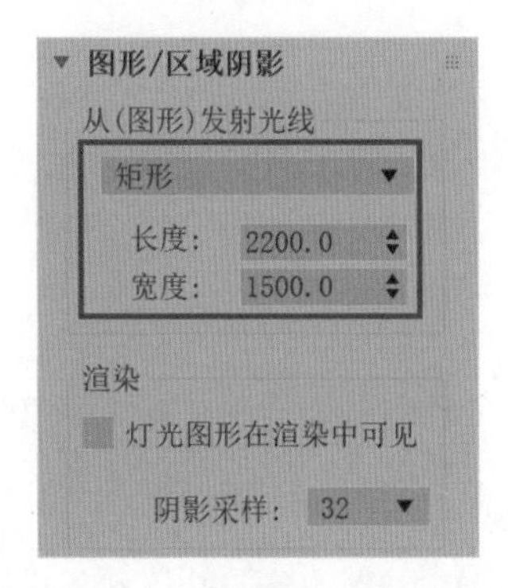

图7-82

（6）设置完成后，调整灯光的位置，如图 7-83 所示。

图7-83

（7）复制设置好的灯光并调整复制的灯光的位置和照射方向，如图 7-84 所示。

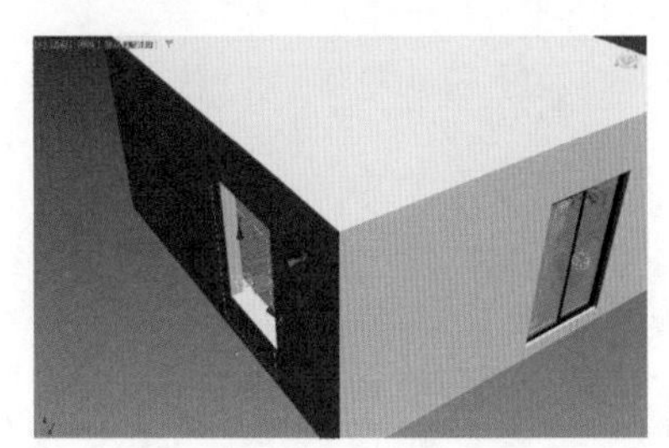

图7-84

（8）设置完成后，渲染场景，渲染效果如图 7-85 所示。

图7-85

（9）在“创建”面板中单击 Arnold Light 按钮，如图 7-86 所示。

图7-86

（10）在“左”视图中房屋上方创建一个 Arnold 灯光，如图 7-87 所示。

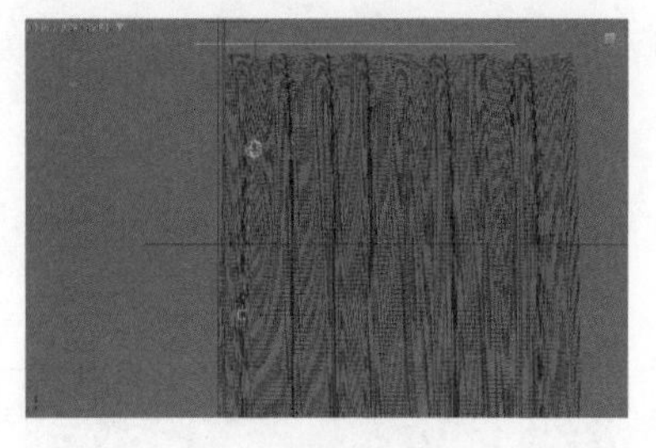

图7-87

（11）在“前”视图中，调整灯光的位置，如图 7-88 所示。

图7-88

（12）在 Shape 卷展栏中，设置 Type 为“光度学”，并为 File 属性添加“射灯 -2.ies”文件，如图 7-89 所示。

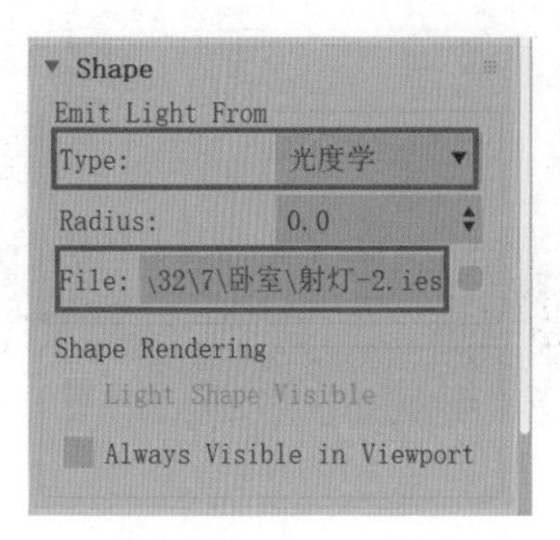

图7-89

（13）在 Color/Intensity 卷展栏中，设置 Color 为 Kelvin，并调整该值为 3000，这时可以看到灯光的颜色变为橙色，设置 Intensity 为 300，Exposure 为 8，如图 7-90 所示。

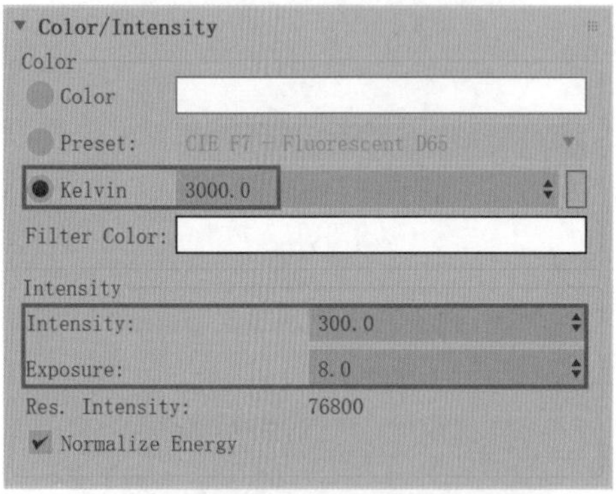

图7-90

（14）设置完成后，对灯光进行复制，并调整复制的灯光的位置，如图 7-91 所示。

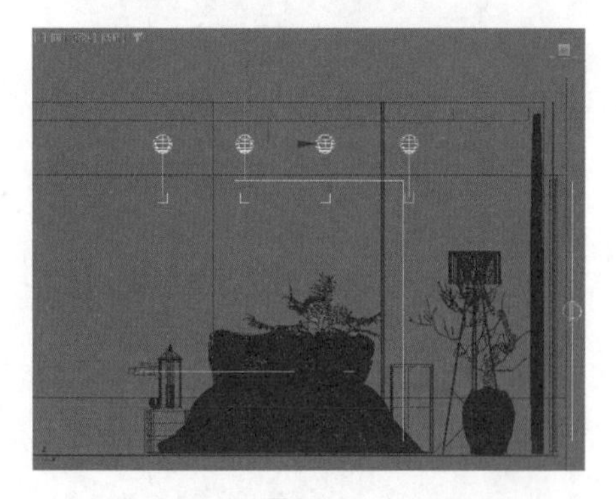

图7-91

（15）设置完成后，渲染场景，渲染效果如图 7-92 所示。

图7-92

7.4.9 渲染设置

（1）打开“渲染设置”窗口，可以看到本实例的场景使用 Arnold 渲染器进行渲染。在“公用参数”卷展栏中，设置“宽度”为 1300，“高度”为 800，如图 7-93 所示。

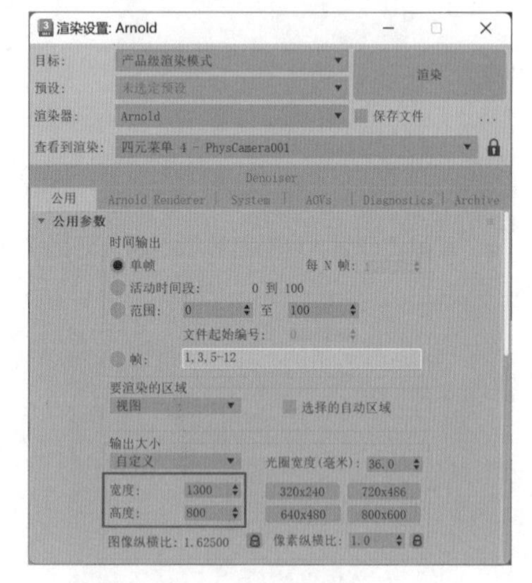

图7-93

（2）在 Sampling and Ray Depth 卷展栏中，设置 Camera（AA）为 6，如图 7-94 所示，提高渲染图像的整体计算精度。

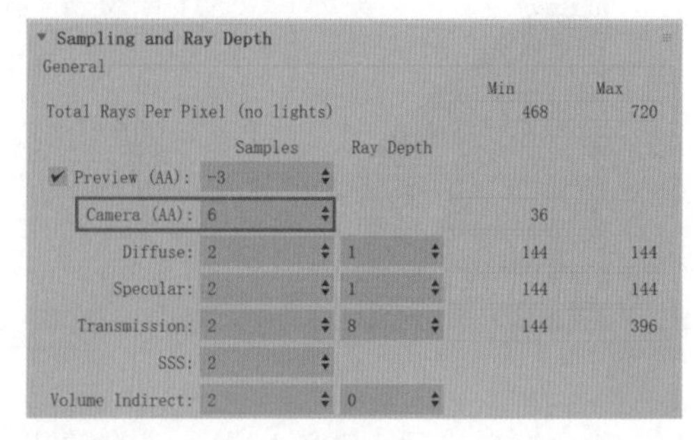

图7-94

（3）设置完成后，渲染场景，本实例的最终渲染效果如图 7-95 所示。

图7-95

7.5 综合实例：制作建筑日光表现

本实例通过一个室外建筑场景来为大家详细讲解 3ds Max 2024 材质、灯光及渲染设置的综合运用，本实例的最终渲染效果如图 7-96 所示。

图7-96

打开本书配套资源“体育馆 .max”文件，如图 7-97 所示。

图7-97

7.5.1 制作灰色涂料材质

本实例中的体育馆的二楼及以上楼层的墙体采用了灰色的涂料材质，如图 7-98 所示。

图7-98

（1）选择场景中的二楼及以上楼层的墙体模型，如图 7-99 所示，为其指定物理材质。

图7-99

（2）在“材质编辑器”窗口中，将材质名称更改为“灰色涂料”。在“基本参数”卷展栏中，设置“基础颜色和反射”组的“颜色”为灰色，“粗糙度”为 1，如图 7-100 所示。其中，灰色的参数设置如图 7-101 所示。

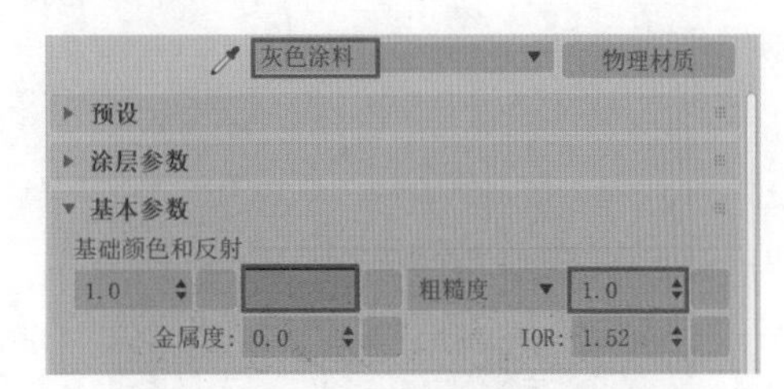

图7-100

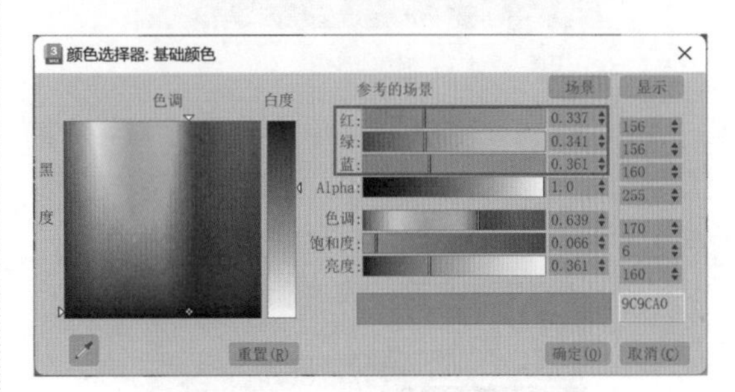

图7-101

（3）制作完成的灰色涂料材质球的显示效果如图 7-102 所示。

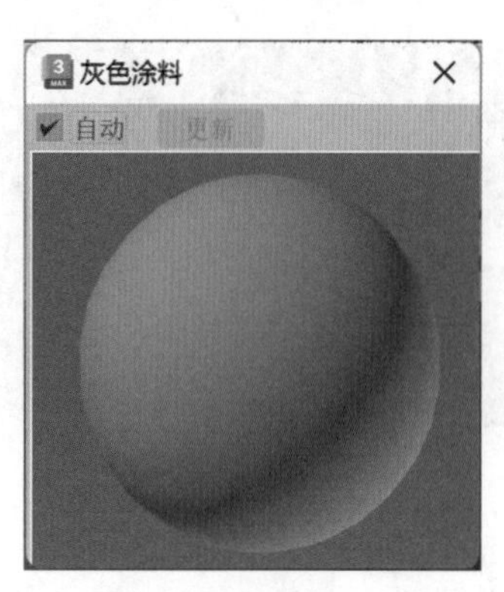

图7-102

7.5.2 制作玻璃材质

本实例中的窗户玻璃采用了3ds Max 2024自带的玻璃材质，如图7-103所示。

图7-103

（1）选择场景中的玻璃模型，如图7-104所示，为其指定物理材质。

图7-104

（2）在“材质编辑器”窗口中，将材质名称更改为“窗户玻璃”。在“预设”卷展栏中，将材质设置为“玻璃（薄几何体）”，如图7-105所示。

图7-105

（3）制作完成的玻璃材质球的显示效果如图7-106所示。

图7-106

7.5.3 制作砖墙材质

本实例中的体育馆一楼墙体采用了浅黄色的砖墙材质，如图7-107所示。

图7-107

（1）选择场景中的体育馆的一楼墙体模型，如图7-108所示，为其指定物理材质。

图7-108

（2）在“材质编辑器”窗口中，将材质名称更改为“砖墙”。在“基本参数”卷展栏中，设置“基础颜色和反射”组的“粗糙度”为0.5，然后单击“粗糙度”左侧、“颜色”右侧的方形按钮，如图7-109所示。

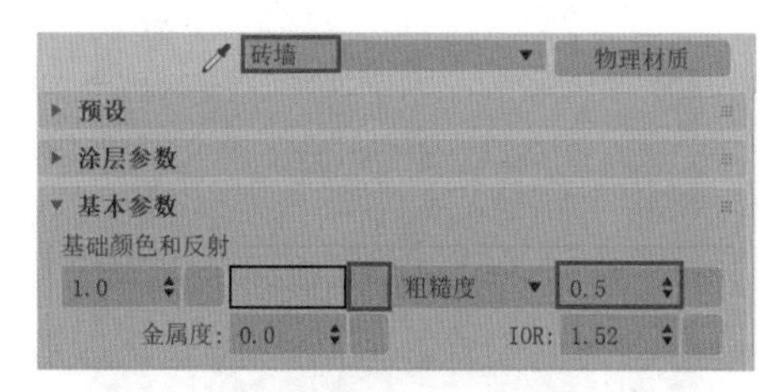

图7-109

（3）在弹出的“材质/贴图浏览器”对话框中，选择“平铺”贴图，如图7-110所示，单击“确定”按钮。

图7-110

（4）在“标准控制”卷展栏中，设置“预设类型”为“连续砌合”，如图7-111所示。

图7-111

（5）在“高级控制”卷展栏中，设置“平铺设置”组内“纹理”的颜色为浅黄色，如图7-112所示。其中，浅黄色的参数设置如图7-113所示。

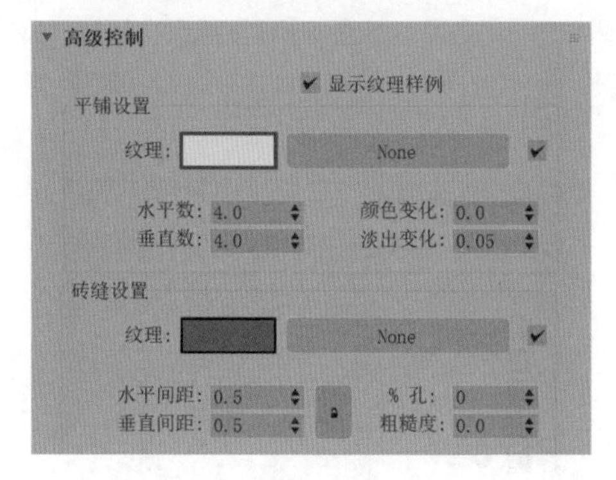

图7-112

（6）制作完成的砖墙材质球的显示效果如图7-114所示。

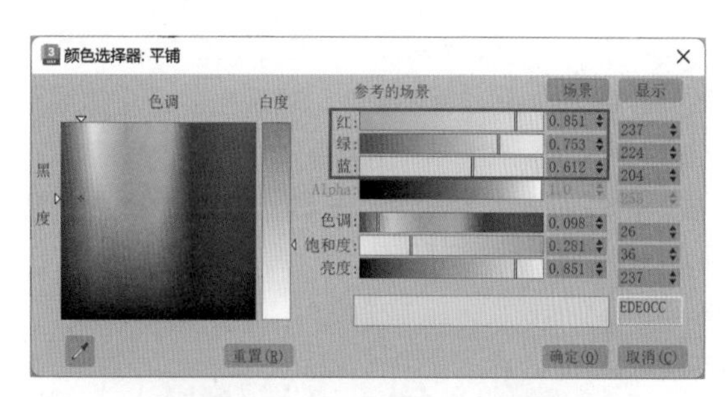

图7-113

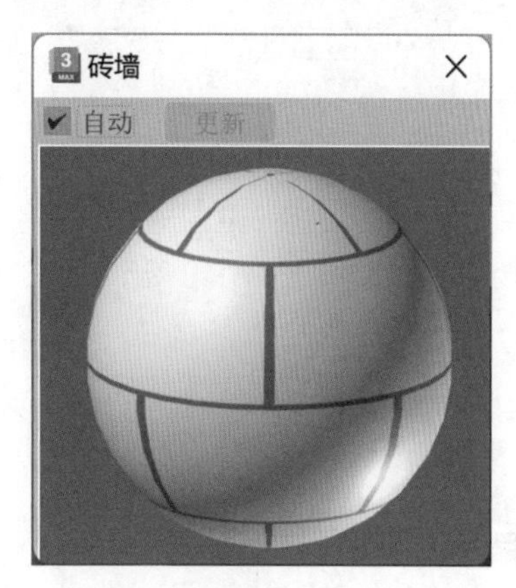

图7-114

7.5.4　制作铝板材质

本实例中的体育馆顶部采用了银色的铝板材质，如图7-115所示。

图7-115

（1）选择场景中的体育馆顶部模型，如图7-116所示，为其指定物理材质。

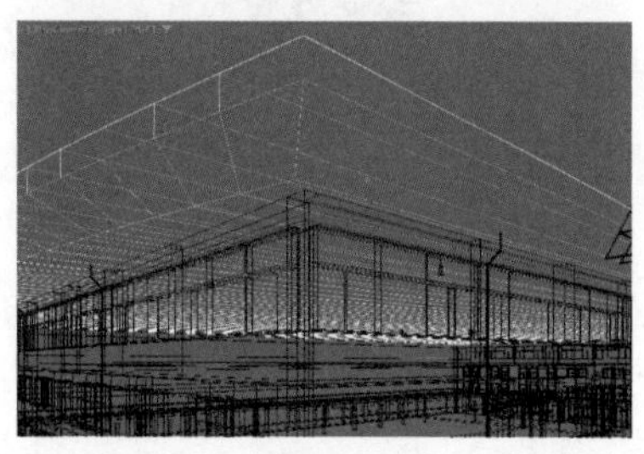
图7-116

（2）在“材质编辑器”窗口中，将材质名称更改为“铝板”。在“基本参数”卷展栏中，设置“基础颜色和反射”组的“粗糙度”为0.35，“金属度”为1，然后单击“粗糙度”左侧、“颜色”右侧的方形按钮，如图7-117所示。

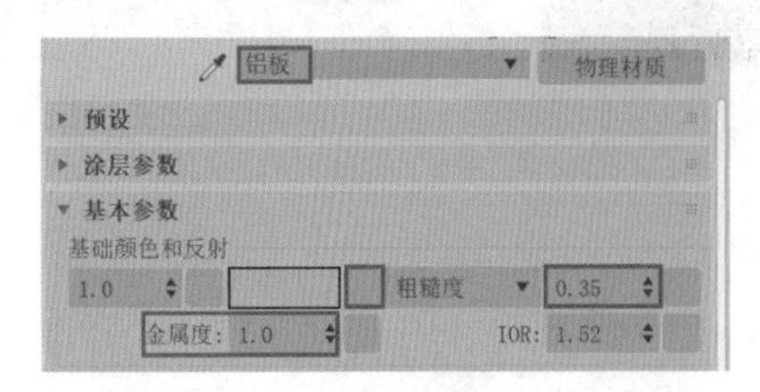

图7-117

（3）在弹出的“材质/贴图浏览器”对话框中，选择“平铺”贴图，如图7-118所示，单击“确定”按钮。

图7-118

（4）制作完成的铝板材质球的显示效果如图7-119所示。

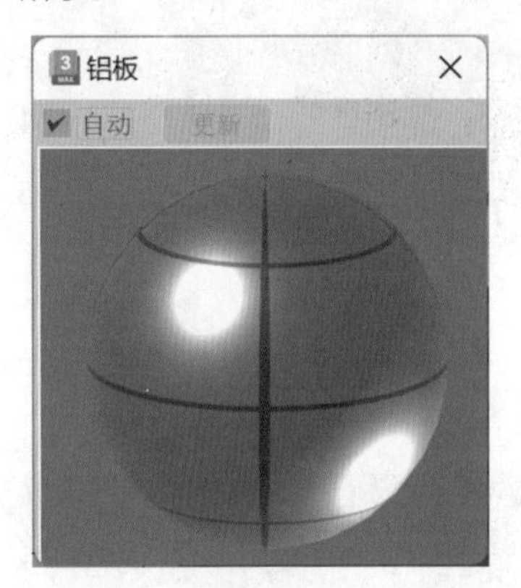

图7-119

7.5.5 制作树叶材质

本实例中的树叶材质如图7-120所示。

图7-120

（1）选择场景中的树叶模型，如图7-121所示，为其指定物理材质。

图7-121

（2）在“材质编辑器”窗口中，将材质名称更改为“树叶”。在“基本参数”卷展栏中，设置“基础颜色和反射”组的“粗糙度”为0.5，然后单击“粗糙度”左侧、“颜色”右侧的方形按钮，如图7-122所示。

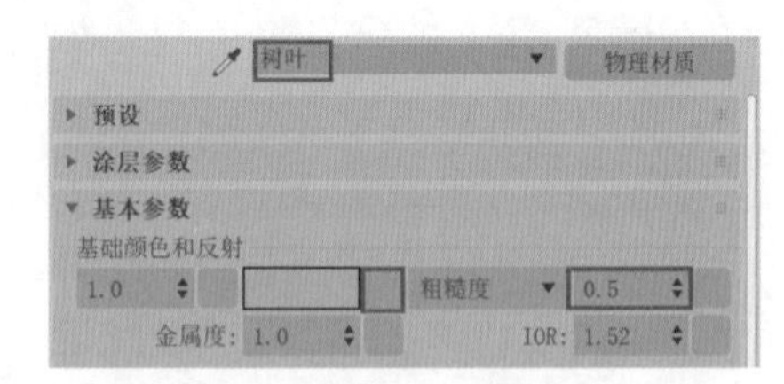

图7-122

（3）在弹出的“材质/贴图浏览器”对话框中，选择“位图”贴图，如图7-123所示，单击“确定”按钮。为“位图”属性添加“叶片2.JPG”文件，如图7-124所示。

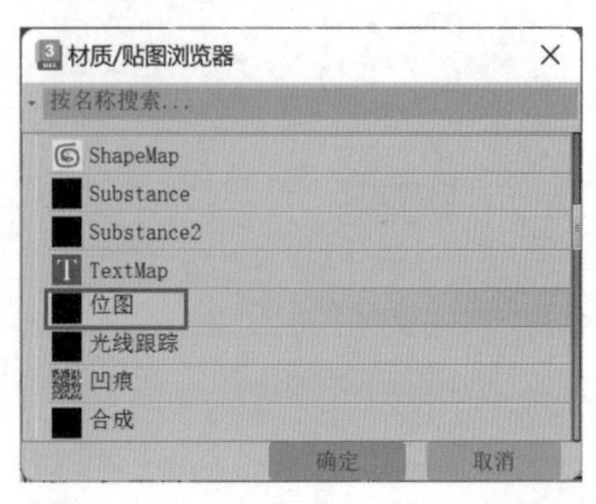

图7-123

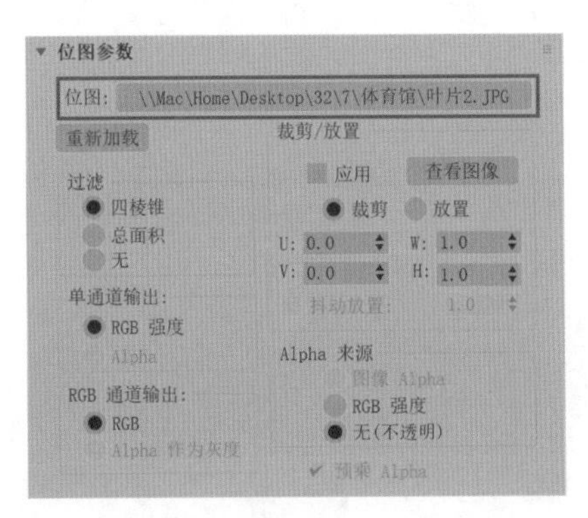

图7-124

（4）在“特殊贴图”卷展栏中，单击“裁切（不透明度）”右侧的“无贴图”按钮，如图7-125所示。

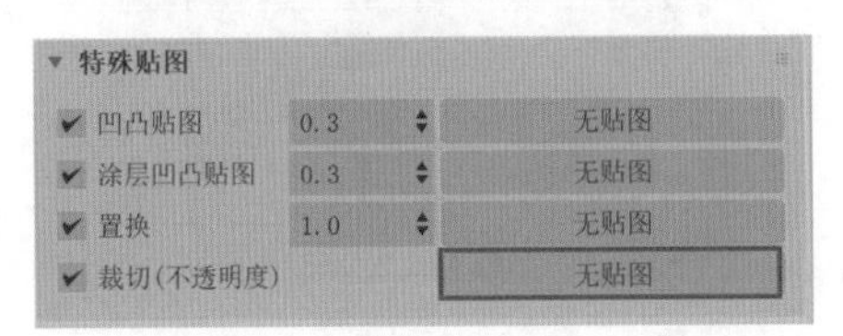

图7-125

（5）在弹出的“材质/贴图浏览器”对话框中，选择“位图”贴图，如图7-126所示，单击“确定”按钮。为“位图”属性添加“叶片2透明.jpg”文件，如图7-127所示。

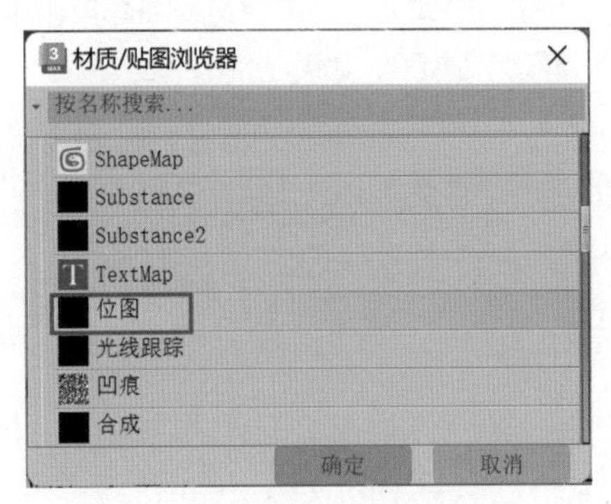

图7-126

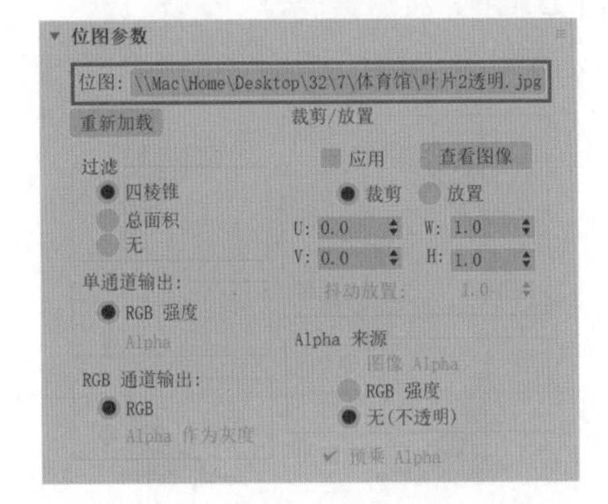

图7-127

（6）制作完成的树叶材质的显示效果如图7-128所示。

图7-128

7.5.6 灯光设置

（1）单击“创建”面板中的“太阳定位器”按钮，如图7-129所示。

图7-129

（2）在“顶”视图中，创建一个太阳定位器，如图7-130所示。

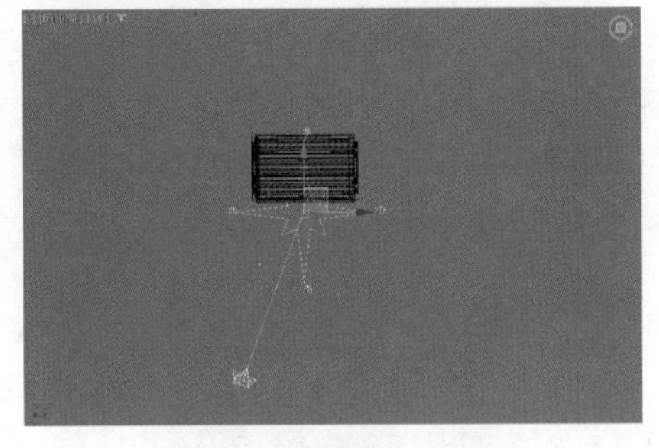

图7-130

（3）在“修改”面板中，进入“太阳”子层级，如图7-131所示。

（4）在“左”视图中调整太阳的位置，如图7-132所示。

图7-131

图7-132

（5）执行“渲染/环境”命令，打开“环境和效果”窗口，如图7-133所示。可以看到创建了太阳定位器后，系统会自动在“环境贴图”通道上添加“物理太阳和天空环境”贴图。

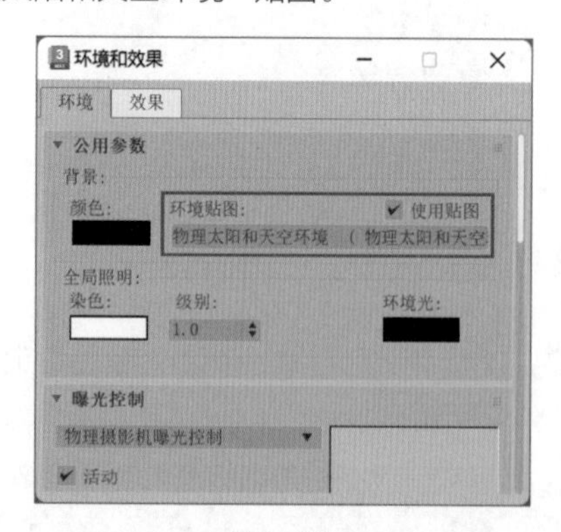

图7-133

（6）单击主工具栏上的“材质编辑器”按钮，如图7-134所示。

图7-134

（7）将“环境和效果”窗口中的“物理太阳和天空环境”贴图拖曳至“材质编辑器”窗口中，在系统自动弹出的“实例（副本）贴图”对话框中选择“实例”选项，如图7-135所示。这样，我们就可以在“材质编辑器”窗口中调整太阳定位器的参数了，如图7-136所示。

图7-135

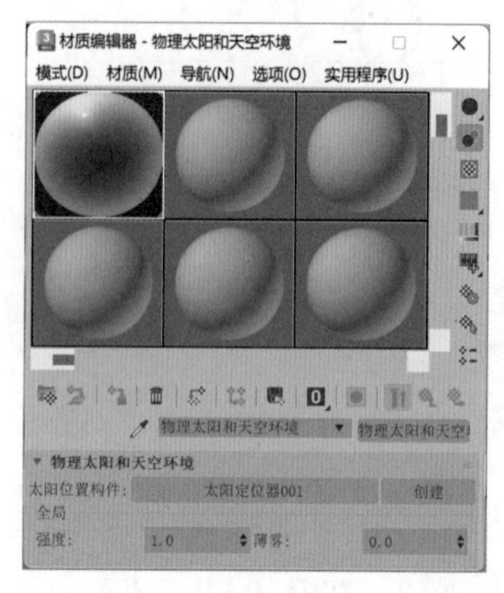

图7-136

（8）在“物理太阳和天空环境”卷展栏中，设置“强度”为0.005，如图7-137所示。

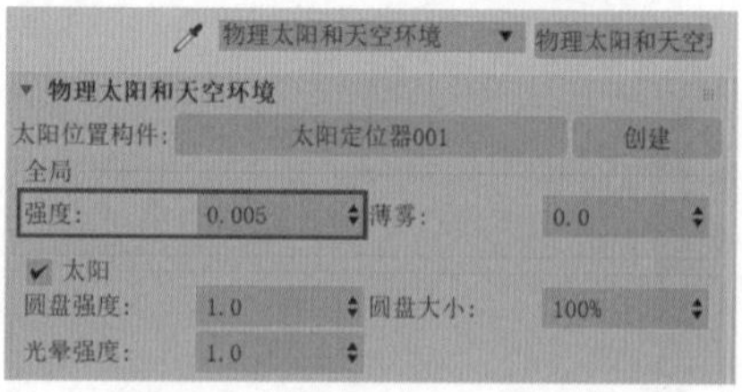

图7-137

（9）设置完成后，物理太阳和天空环境材质球的显示效果如图7-138所示。

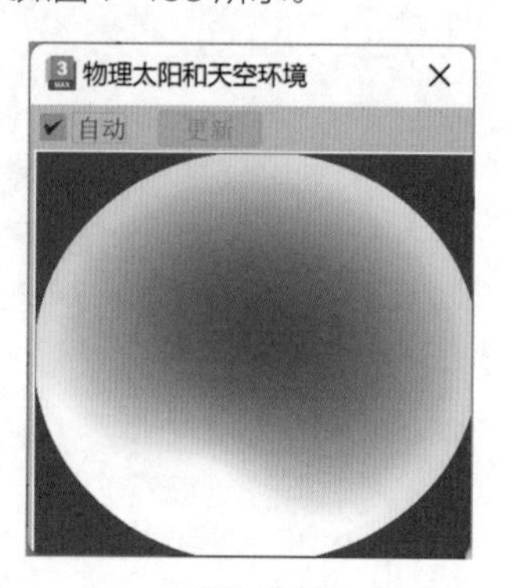

图7-138

7.5.7 渲染设置

（1）打开“渲染设置”窗口，可以看到本实例的场景使用 Arnold 渲染器进行渲染。在“公用参数”卷展栏中，设置“宽度”为 1300，“高度”为 800，如图 7-139 所示。

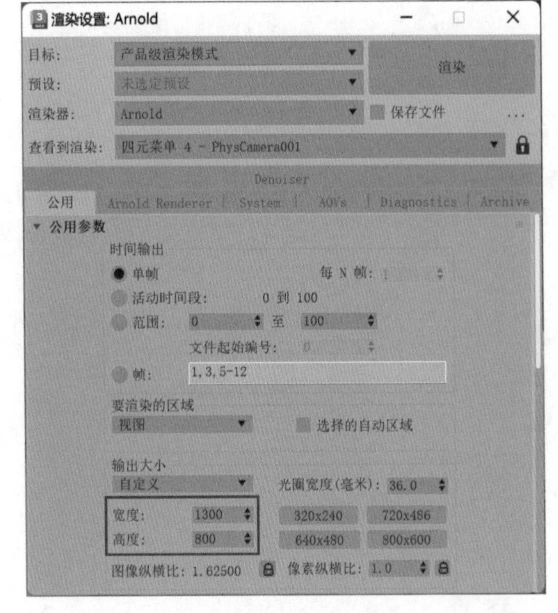

图7-139

（2）在 Sampling and Ray Depth 卷展栏中，设置 Camera（AA）为 6，如图 7-140 所示，提高渲染图像的整体计算精度。

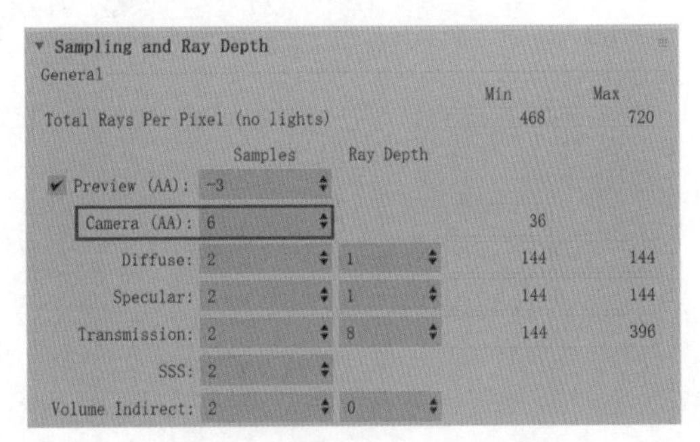

图7-140

（3）设置完成后，渲染场景，本实例的最终渲染效果如图 7-141 所示。

图7-141

动画技术

8.1 动画概述

动画是一门集合了漫画、电影、数字媒体等多种艺术形式的综合艺术，也是一门年轻的学科。经过100多年的发展，动画已经形成了较为完善的理论体系和多元化产业，其独特的艺术魅力深受广大人民的喜爱。在本书中，动画仅狭义地理解为使用3ds Max 2024来设置对象的形变及运动过程记录。通过对3ds Max 2024的多种动画工具进行组合使用，场景会看起来更加生动，角色会看起来更加真实。3ds Max 2024内置的动力学技术模块可以为场景中的对象进行逼真且细腻的动画动力学计算，从而为制作动画节省大量的工作步骤及时间，极大地提高动画的精准程度。

8.1.1 设置关键帧

关键帧动画是3ds Max 2024动画技术中最常用的，也是最基础的动画设置技术。说简单些，关键帧动画就是在对象动画的关键点上进行设置数据记录，而3dx Max 2024则根据这些关键点上的数据设置来完成中间时间段内的动画计算，这样一段流畅的三维动画就制作完成了。在中文版3ds Max 2024工作界面的右下方找到“自动”按钮并单击，如图8-1所示，3ds Max 2024即可开始记录用户对当前场景所做的改变。

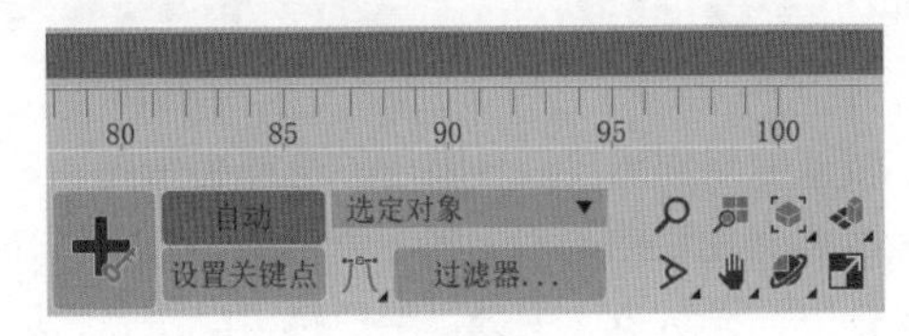

图8-1

技巧与提示　“自动关键点”功能的快捷键是“N”。

8.1.2 时间配置

“时间配置”对话框提供了帧速率、时间显示、播放和动画等设置，用户可以使用此对话框来更改动画的时长或者拉伸、重缩放，还可以设置活动时间段和动画的开始帧和结束帧。单击“时间配置”按钮，如图8-2所示，即可打开该对话框。

图8-2

“时间配置”对话框中的参数如图8-3所示。

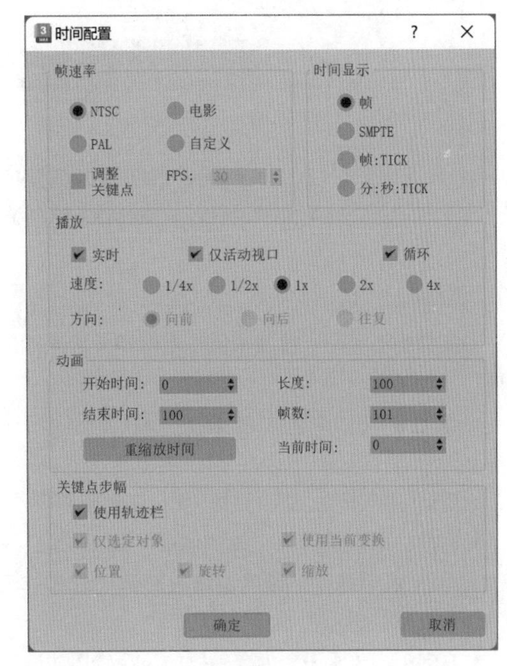

图8-3

工具解析

①“帧速率”组。

♦ NTSC/电影/PAL/自定义：这是3ds Max 2024提供给用户选择的4个不同的帧速率选项，用户可以选择其中一个作为当前场景的帧速率渲染标准。

♦ 调整关键点：勾选该复选框可以将关键点缩放到全部帧。

♦ FPS：当用户选择了不同的帧速率选项后，这里可以显示当前场景文件采用每秒多少帧来设置动画的。

②“时间显示”组。

用于设置场景文件以何种方式来显示，默认选择“帧”选项，时间显示状态如图8-4所示。当选择SMPET选项时，时间显示状态如图8-5所示。当选择“帧：TICK”选项时，时间显示状态如图8-6所示。当选择“分：秒：TICK”选项时，时间显示状态如图8-7所示。

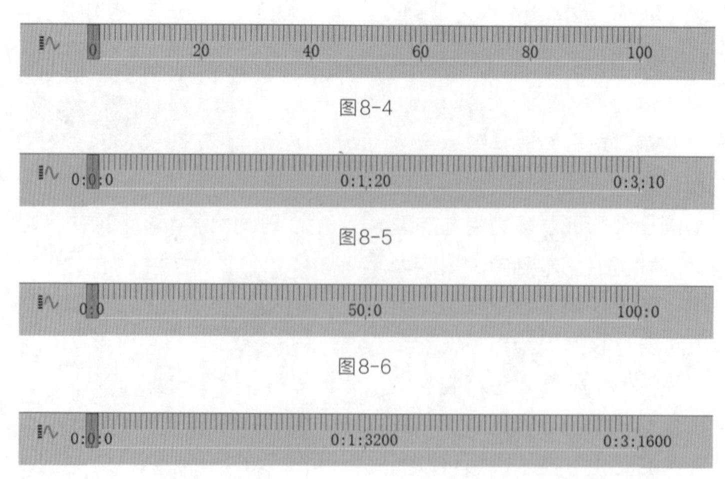

图8-4

图8-5

图8-6

图8-7

③“播放”组。

♦ 实时：与当前“帧速率”设置保持一致来播放动画。

♦ 仅活动视口：可以使播放只在活动视口中进行。

♦ 循环：控制动画是只播放一次，还是反复播放。

♦ 速度：可以选择 5 个播放速度，如 1x 是正常速度，1/2x 是半速等。速度设置只影响动画在视口中的播放。默认设置为 1x。

♦ 方向：将动画设置为向前播放、反转播放或往复播放。

④“动画”组。

♦ 开始时间 / 结束时间：设置在时间滑块中显示的活动时间段。

♦ 长度：显示活动时间段的帧数。

♦ 帧数：将渲染的帧数。

♦ 重缩放时间 “重缩放时间”按钮：单击该按钮可以打开“重缩放时间”对话框，如图 8-8 所示。

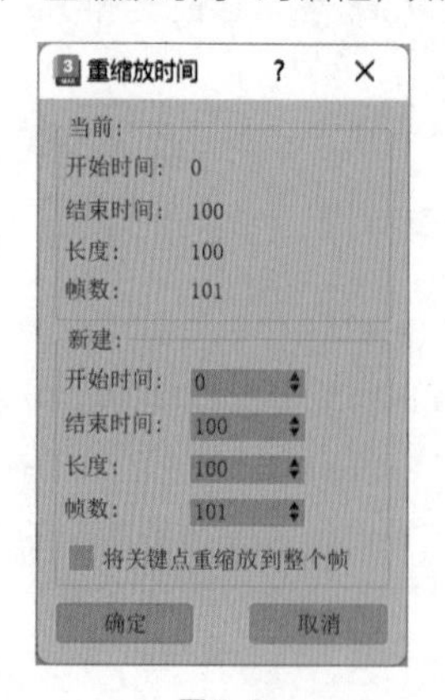

图8-8

♦ 当前时间：指定当前帧。调整“当前时间”时，时间滑块将移动，视口将更新。

⑤“关键点步幅”组。

♦ 使用轨迹栏：使“关键点模式”能够遵循轨迹栏中的所有关键点。

♦ 仅选定对象：在使用“关键点步幅”模式时只考虑选定对象的变换。

♦ 使用当前变换：禁用“位置”“旋转”“缩放”，并在“关键点模式”中使用当前变换。

♦ 位置 / 旋转 / 缩放：指定“关键点模式”所使用的变换类型。

8.2 轨迹视图 – 曲线编辑器

轨迹视图提供了两种基于图形的编辑器，分别是曲线编辑器和摄影表。其主要功能为查看及修改场景中的动画数据，另外，用户也可以在此为场景中的对象重新指定动画控制器，以便插补或控制场景中对象的关键帧及参数。

在 3ds Max 2024 的主工具栏上单击“曲线编辑器”按钮，如图 8-9 所示，即可打开“轨迹视图 – 曲线编辑器”窗口，如图 8-10 所示。

图8-9

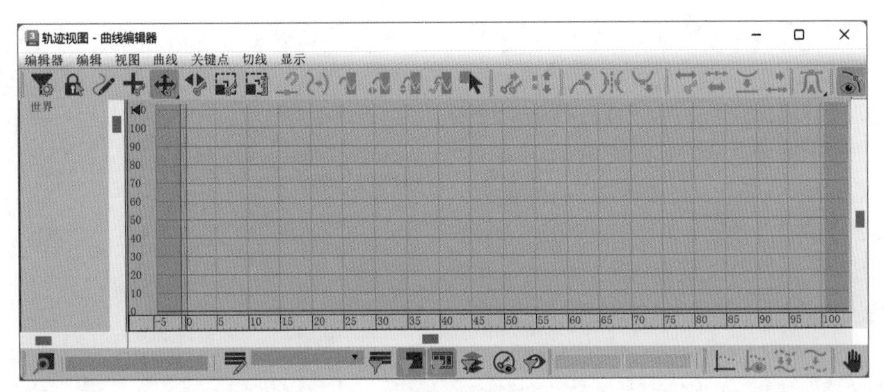

图8-10

在“轨迹视图－曲线编辑器”窗口中，执行“编辑器/摄影表”命令，即可将“轨迹视图－曲线编辑器”窗口切换为“轨迹视图－摄影表”窗口，如图8-11所示。

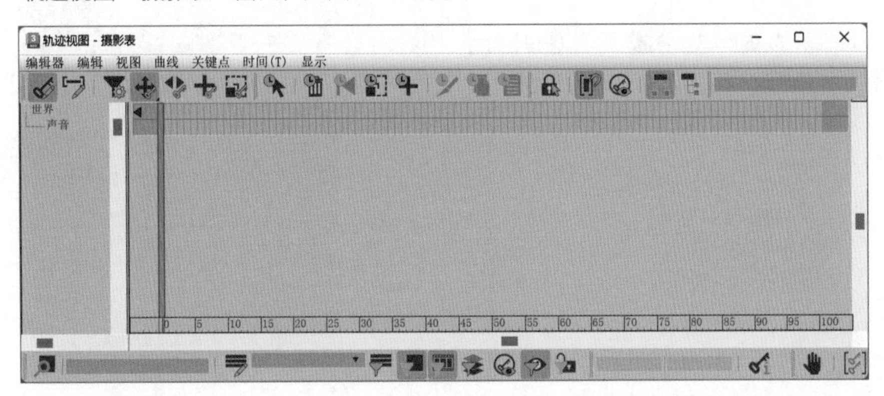

图8-11

另外，还可以通过在视图中单击鼠标右键，在弹出的菜单中选择相应的命令来打开轨迹视图的这两种编辑器，如图8-12所示。

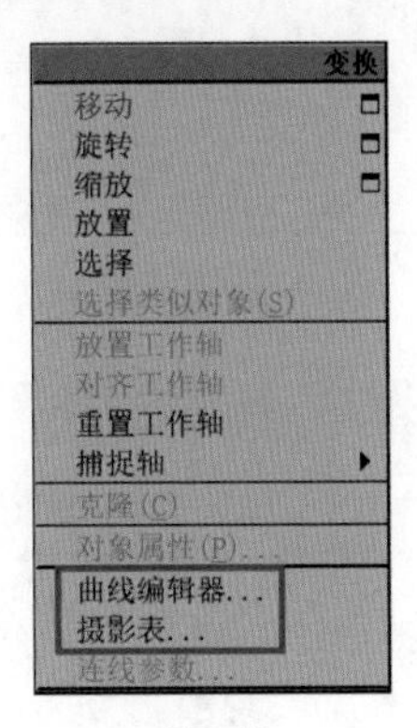

图8-12

8.2.1 “新关键点”工具栏

“轨迹视图－曲线编辑器”窗口中菜单栏下方的工具栏是“新关键点”工具栏，其中包含的按钮如图8-13所示。

图8-13

工具解析

◆ “过滤器”按钮：使用过滤器可以设置在轨迹视图中显示哪些场景组件。单击该按钮可以打开“过滤器”对话框，如图8-14所示。

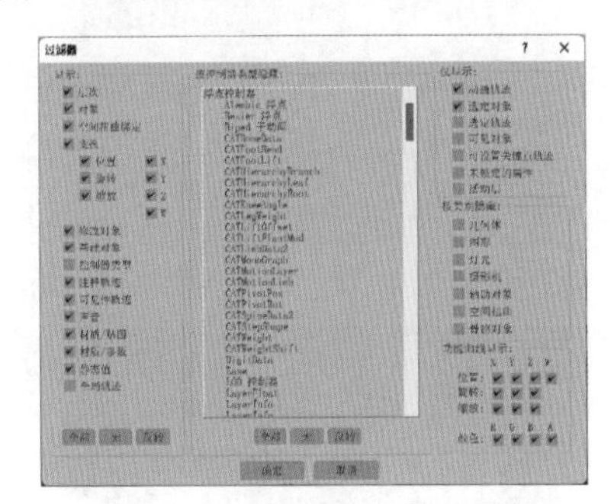

图8-14

◆ “锁定当前选择”按钮：锁定用户选定的关键点。

♦ “绘制曲线”按钮：单击此按钮可以绘制新曲线。

♦ “添加 / 移除关键点”按钮：在现有曲线上创建关键点，按住“Shift”键可移除关键点。

♦ “移动关键点”按钮：移动所选择的关键点。

♦ “滑动关键点”按钮：可移动一个或多个关键点。

♦ “缩放关键点”按钮：用来缩短两个关键帧之间的时间。

♦ “缩放值”按钮：按比例增大或减小关键点的值。

♦ “捕捉缩放”按钮：将缩放原点移动到第一个选定关键点处。

♦ “简化曲线”按钮：单击该按钮可以打开“简化曲线”对话框，如图 8-15 所示，在该对话框中设置“阈值”可以减少轨迹中的关键点数量。

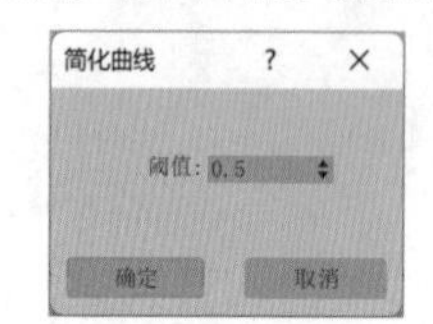

图8-15

♦ “参数曲线超出范围类型”按钮：单击该按钮可以打开“参数曲线超出范围类型”对话框，如图 8-16 所示，在其中可以指定动画对象在用户定义的关键点范围之外的行为方式。其中，“恒定”曲线类型结果如图 8-17 所示，“周期”曲线类型结果如图 8-18 所示，“循环”曲线类型结果如图 8-19 所示，“往复”曲线类型结果如图 8-20 所示，“线性”曲线类型结果如图 8-21 所示，“相对重复”曲线类型结果如图 8-22 所示。

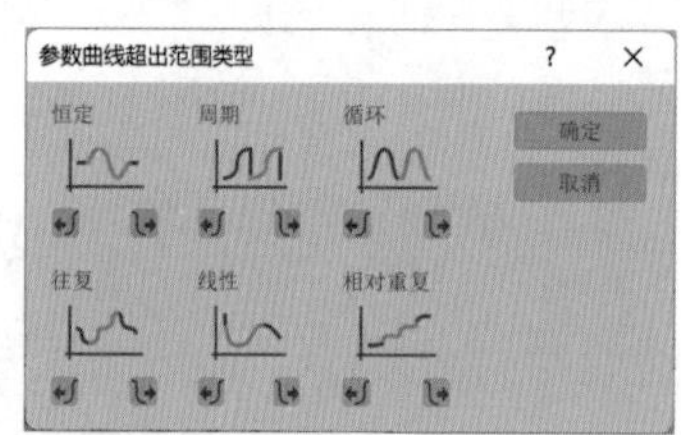

图8-16

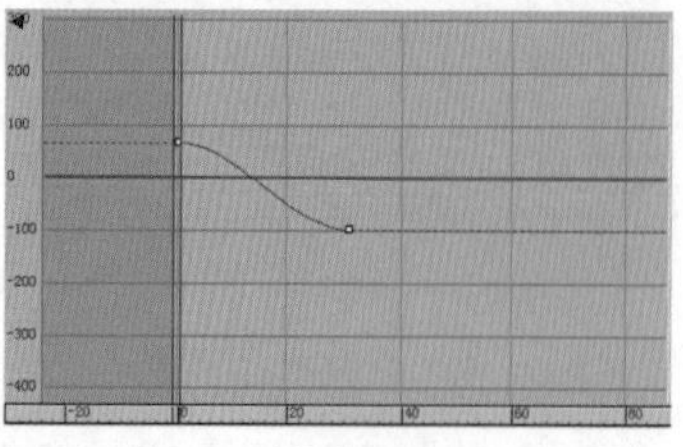

图8-17

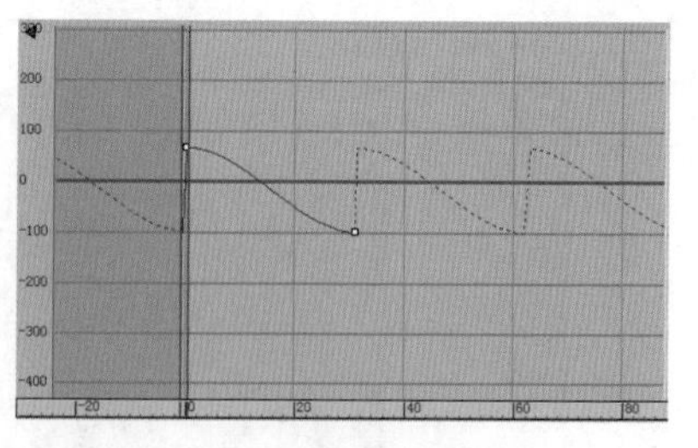

图8-18

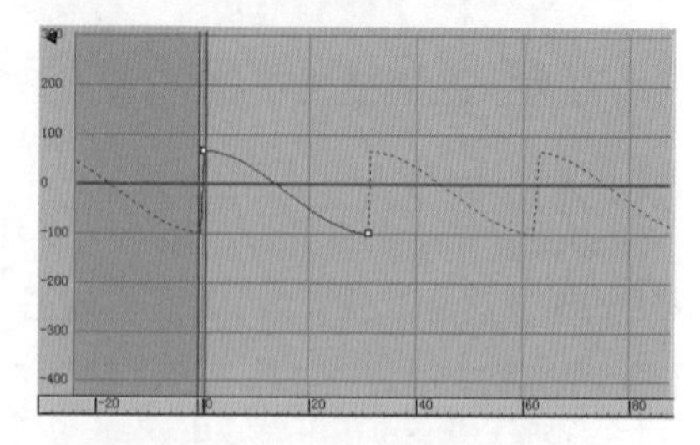

图8-19

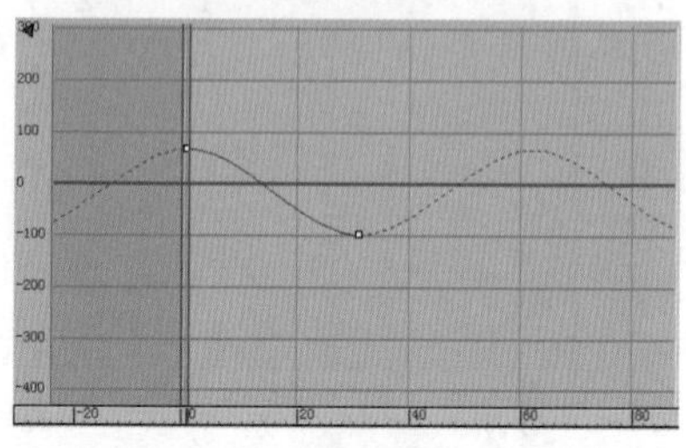

图8-20

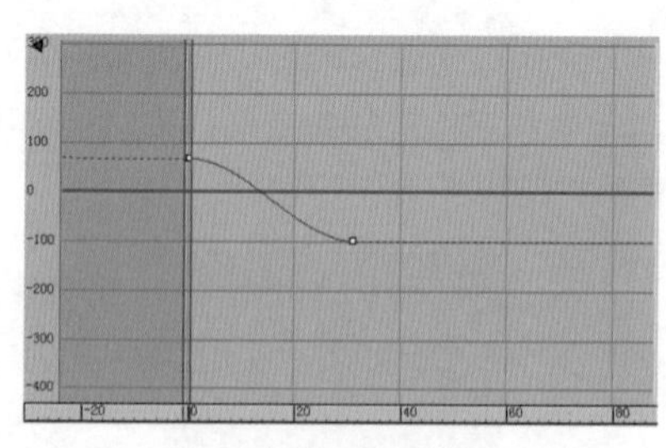

图8-21

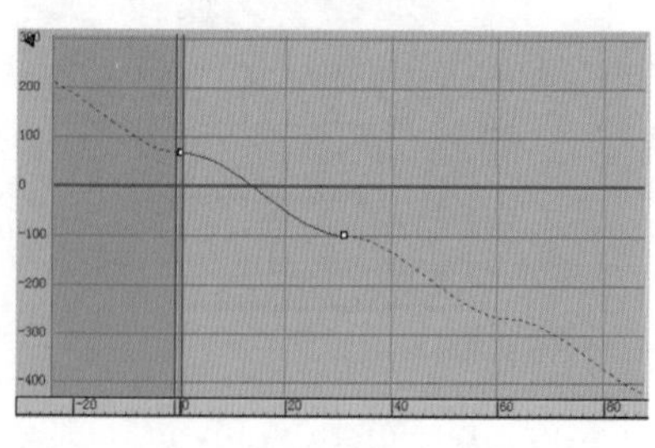

图8-22

♦ “减缓曲线超出范围类型”按钮：用于指定减缓曲线在用户定义的关键点范围之外的行为方式。

♦ “增强曲线超出范围类型”按钮：用于指定增强曲线在用户定义的关键点范围之外的行为方式。

♦ “减缓 / 增强曲线启用 / 禁用切换”按钮：启用 / 禁用减缓曲线和增强曲线。

♦ “区域关键点工具”按钮：在矩形区域内移动和缩放关键点。

8.2.2 “关键点选择工具”工具栏

“关键点选择工具”工具栏中包含的按钮如图 8-23 所示。

图8-23

工具解析

♦ “选择下一组关键点”按钮：取消选择当前选定的关键点，然后选择下一组关键点。按住“Shift”键可选择上一组关键点。

♦ “增加关键点选择”按钮：选择与一个选定关键点相邻的关键点。

8.2.3 “切线工具”工具栏

“切线工具”工具栏中包含的按钮如图 8-24 所示。

图8-24

工具解析

♦ “放长切线”按钮：延长选定关键点的切线。如果选中多个关键点，则按住“Shift”键可以仅延长内切线。

♦ “镜像切线”按钮：将选定关键点的切线镜像到相邻关键点。

♦ “缩短切线”按钮：缩短选定关键点的切线。如果选中多个关键点，则按住“Shift”键可以仅缩短内切线。

8.2.4 “仅关键点”工具栏

“仅关键点”工具栏中包含的按钮如图 8-25 所示。

图8-25

工具解析

♦ “轻移”按钮：将关键点稍微向右移动。按住“Shift”键可将关键点稍微向左移动。

♦ “展平到平均值”按钮：确定选定关键点的平均值，然后将平均值指定给每个关键点。

♦ “展平”按钮：将选定关键点展平到与所选内容中的第一个关键点相同的值。

♦ “缓入到下一个关键点”按钮：减小选定关键点与下一个关键点之间的差值。

♦ “分割”按钮：使用两个关键点替换选定关键点。

♦ “均匀隔开关键点”按钮：调整间距，使所有关键点按时间在第一个关键点和最后一个关键点之间均匀分布。

♦ “松弛关键点”按钮：减缓第一个和最后一个选定关键点之间的关键点的值和切线。

♦ “循环”按钮：将第一个关键点的值复制到当前动画范围的最后一帧。

8.2.5 “关键点切线”工具栏

“关键点切线”工具栏中包含的按钮如图 8-26 所示。

图8-26

工具解析

♦ “将切线设置为自动”按钮：按关键点附近的功能曲线的形状进行计算。

♦ “将切线设置为样条线”按钮：将关键点的切线设置为样条线切线。

♦ “将切线设置为快速”按钮：将关键点的切线设置为快速切线。

♦ “将切线设置为慢速”按钮：将关键点的切线设置为慢速切线。

♦ “将切线设置为阶越”按钮：将关键点的切线设置为阶越切线。

♦ “将切线设置为线性”按钮：将关键点的切线设置为线性切线。

♦ “将切线设置为平滑”按钮：将关键点的切线设置为平滑切线。

技巧与提示 在制作动画之前，还可以通过单击“新建关键点的默认入/出切线”按钮来设置关键点的切线类型，如图8-27所示。

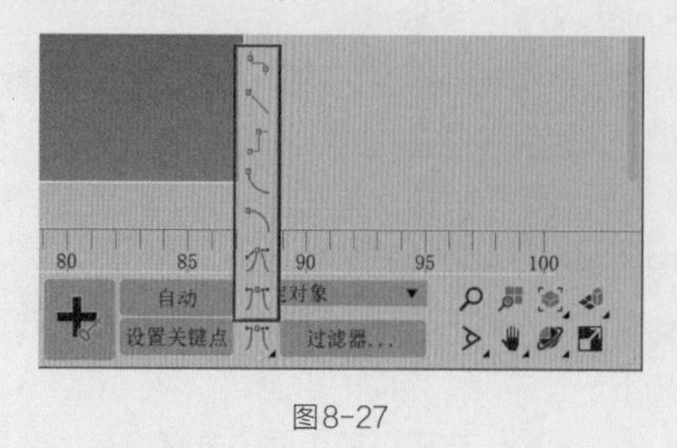

图8-27

8.2.6 “切线动作”工具栏

“切线动作”工具栏中包含的按钮如图 8-28 所示。

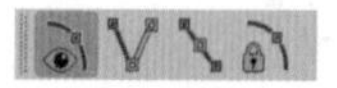

图8-28

工具解析

◆“显示切线切换”按钮：切换显示或隐藏切线。图 8-29 和图 8-30 所示分别为显示和隐藏切线后的曲线显示结果。

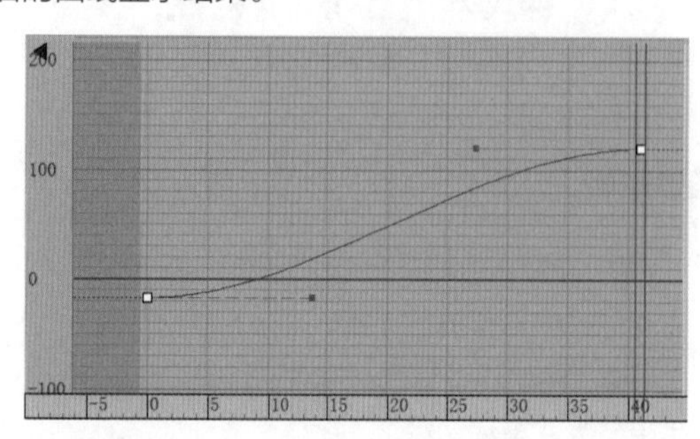

图8-29

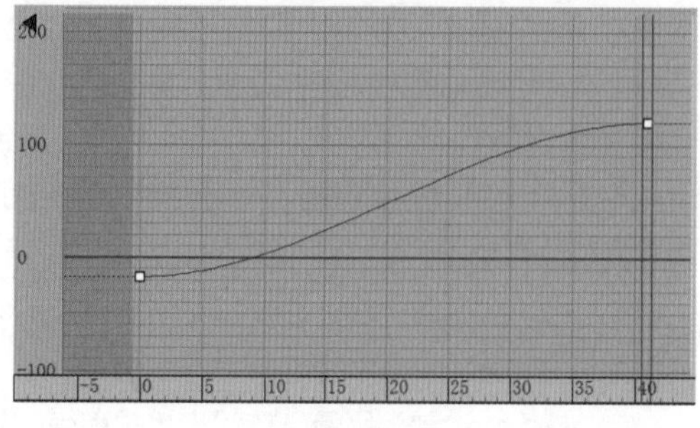

图8-30

◆“断开切线”按钮：将两条切线断开，使其能够独立移动。

◆“统一切线”按钮：使两条断开的切线保持固定角度一起旋转。

◆“锁定切线切换”按钮：单击该按钮可以锁定切线。

8.2.7 “缓冲区曲线”工具栏

“缓冲区曲线”工具栏中包含的按钮如图 8-31 所示。

图8-31

工具解析

◆“使用缓冲区曲线”按钮：切换是否在移动曲线 / 切线时创建原始曲线的重影图像。

◆“显示 / 隐藏缓冲区曲线”按钮：切换显示或隐藏缓冲区（重影）曲线。

◆“与缓冲区交换曲线”按钮：交换曲线与缓冲区（重影）曲线的位置。

◆“快照”按钮：将缓冲区（重影）曲线重置到曲线的当前位置。

◆“还原为缓冲区曲线”按钮：将曲线重置到缓冲区（重影）曲线的位置。

8.2.8 “轨迹选择”工具栏

“轨迹选择”工具栏中包含的按钮如图 8-32 所示。

图8-32

工具解析

◆“缩放选定对象”按钮：将当前选定对象放置在“控制器”窗口中“层次”列表的顶部。

◆“按名称选择”按钮：在可编辑字段中输入轨迹名称，可以高亮显示“控制器”窗口中的轨迹。

◆“过滤器 - 选定轨迹切换”按钮：单击此按钮后，“控制器”窗口中仅显示选定轨迹。

◆“过滤器 - 选定对象切换”按钮：单击此按

钮后，“控制器”窗口中仅显示选定对象的轨迹。

♦ “过滤器 - 动画轨迹切换”按钮：单击此按钮后，“控制器”窗口中仅显示带有动画的轨迹。

♦ “过滤器 - 活动层切换”按钮：单击此按钮后，“控制器”窗口中仅显示活动层的轨迹。

♦ “过滤器 - 可设置关键点轨迹切换”按钮：单击此按钮后，“控制器”窗口中仅显示可设置关键点轨迹。

♦ “过滤器 - 可见对象切换”按钮：单击此按钮后，“控制器”窗口中仅显示包含可见对象的轨迹。

♦ “过滤器 - 解除锁定属性切换”按钮：单击此按钮后，“控制器”窗口中仅显示未锁定属性的轨迹。

8.2.9 “控制器”窗口

“控制器”窗口能显示对象名称和控制器轨迹，还能确定哪些曲线和轨迹可以用来进行显示和编辑，如图 8-33 所示。

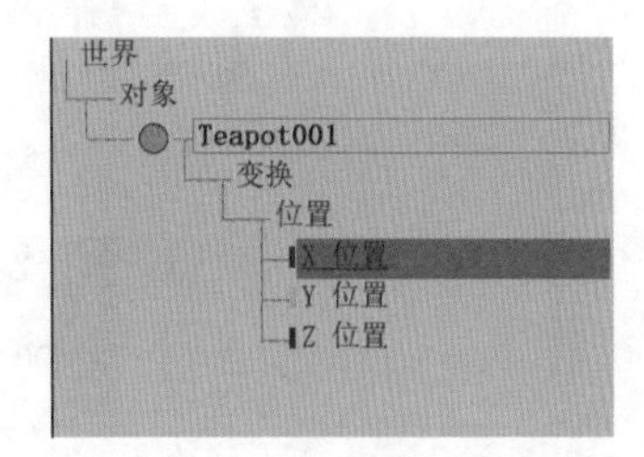

图8-33

8.2.10 实例：制作小球弹跳动画

本实例将使用关键帧动画技术制作一个排球在地面上弹跳的动画，图 8-34 所示为本实例的动画完成渲染的效果。

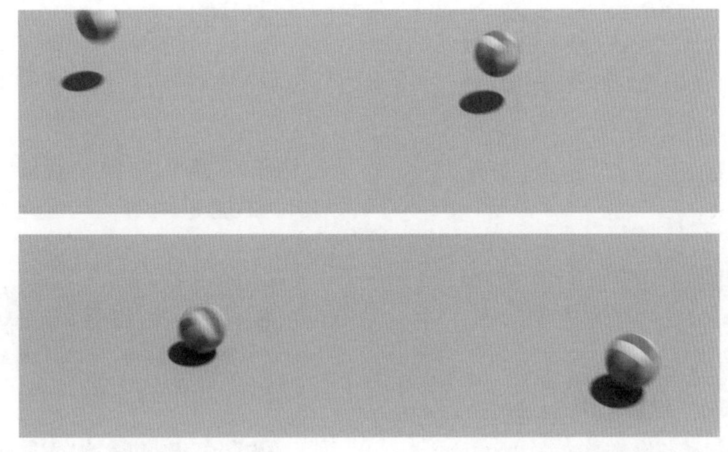

图8-34

（1）启动中文版 3ds Max 2024，打开配套资源“排球 .max”文件，场景里面有一个排球模型，如图 8-35 所示。

图8-35

（2）在第 0 帧处，设置小球的坐标为 (0,0,85)，如图 8-36 所示。

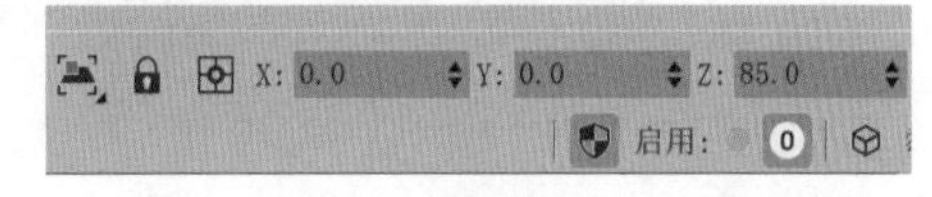

图8-36

（3）单击工作界面右下方的“自动”按钮，使其处于背景色为红色的按下状态，如图 8-37 所示。

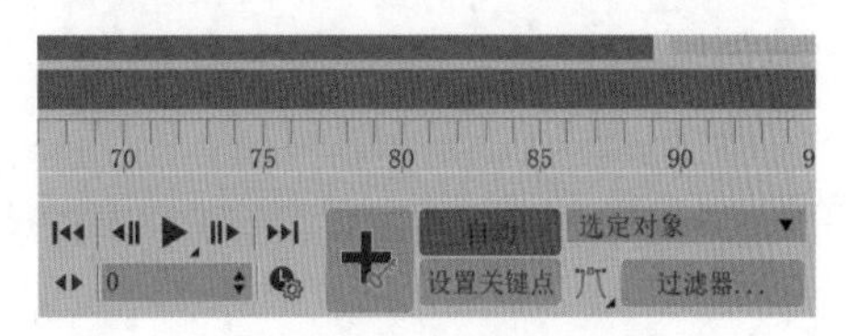

图8-37

（4）在第15帧处，设置小球的坐标为(45,0,10)，如图8-38所示。设置完成后，可以看到第0帧和第15帧处出现红色的关键帧标记，如图8-39所示。

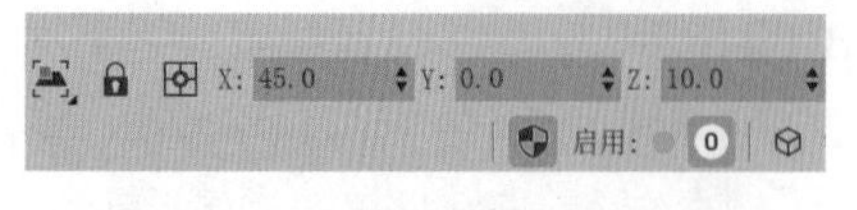

图8-38

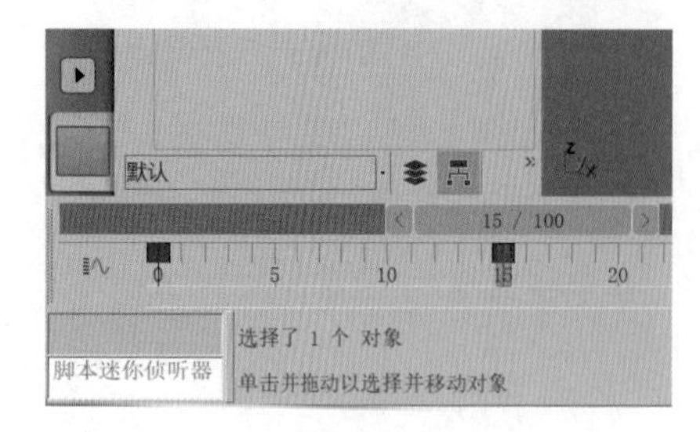

图8-39

（5）在第35帧处，设置小球的坐标为(100,0,10)，如图8-40所示。

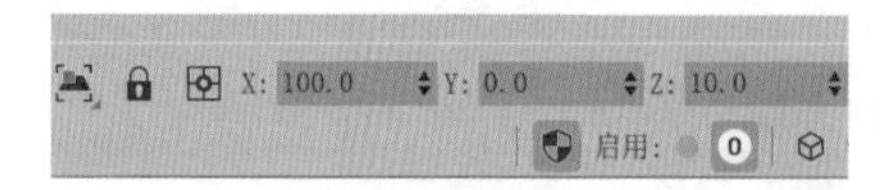

图8-40

（6）回到第25帧处，设置小球的坐标为(72,0,40)，如图8-41所示。

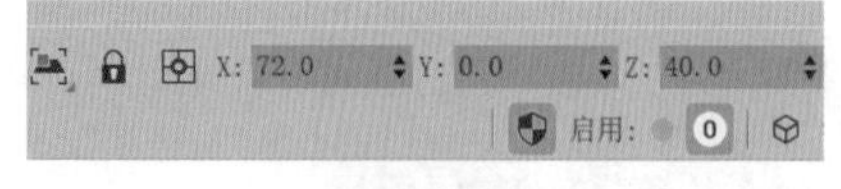

图8-41

（7）在第50帧处，设置小球的坐标为(150,0,10)，如图8-42所示。

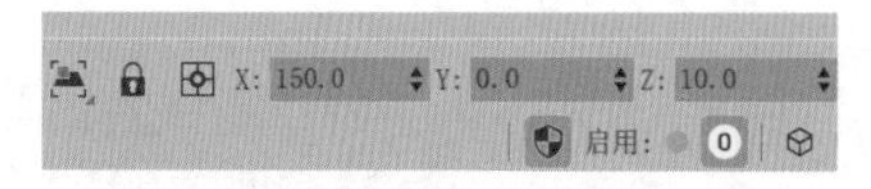

图8-42

（8）回到第43帧处，设置小球的坐标为(127,0,25)，如图8-43所示。

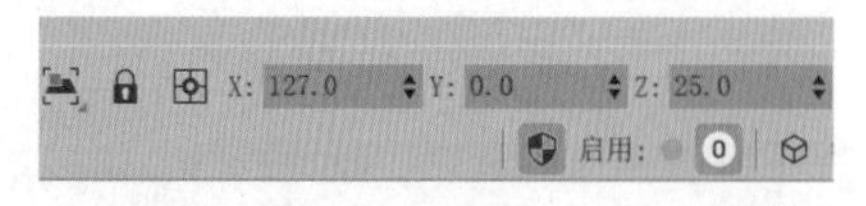

图8-43

（9）在第60帧处，设置小球的坐标为(175,0,10)，如图8-44所示。

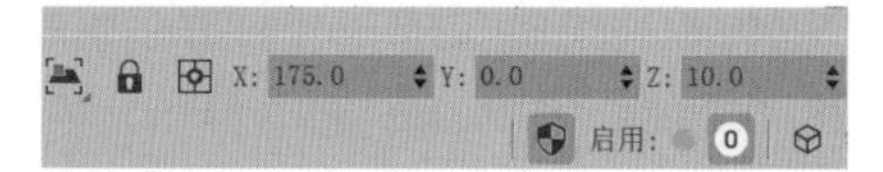

图8-44

（10）回到第55帧处，设置小球的坐标为(163,0,18)，如图8-45所示。

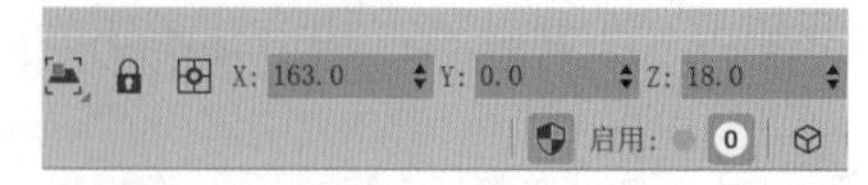

图8-45

（11）在第70帧处，设置小球的坐标为(200,0,10)，如图8-46所示。

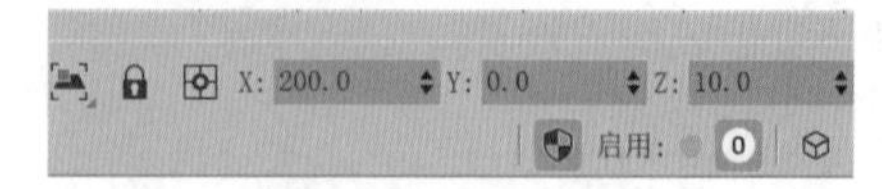

图8-46

（12）回到第65帧处，设置小球的坐标为(188,0,13)，如图8-47所示。

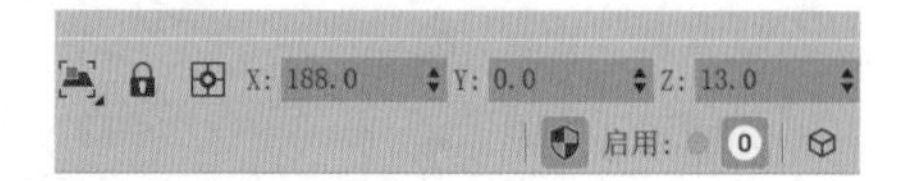

图8-47

（13）在第100帧处，设置小球的坐标为(275,0,10)，如图8-48所示。旋转小球，如图8-49所示。

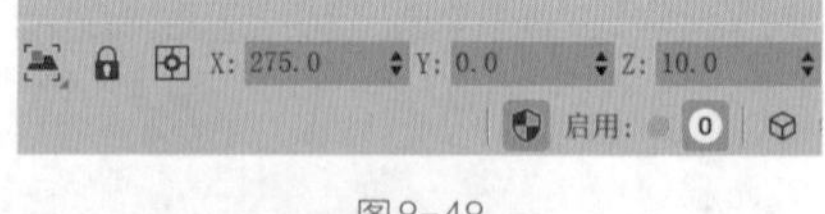

图8-48

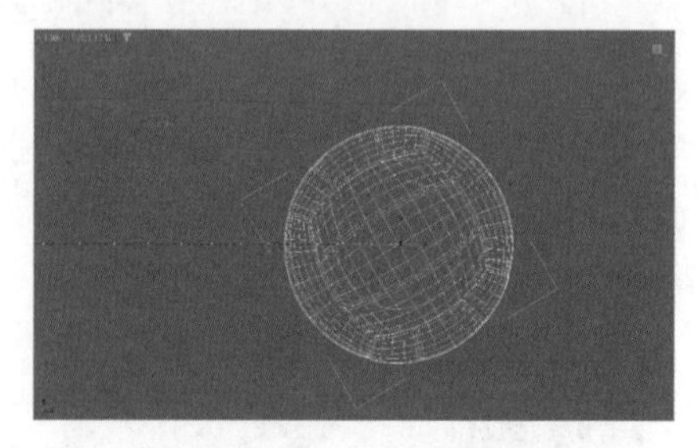
图8-49

（14）设置完成后，按“N”键，关闭自动记录关键帧功能。在“运动”面板中单击“运动路径”按钮，如图8-50所示。

（15）可以看到制作好的动画关键帧和小球的运动轨迹如图8-51所示。

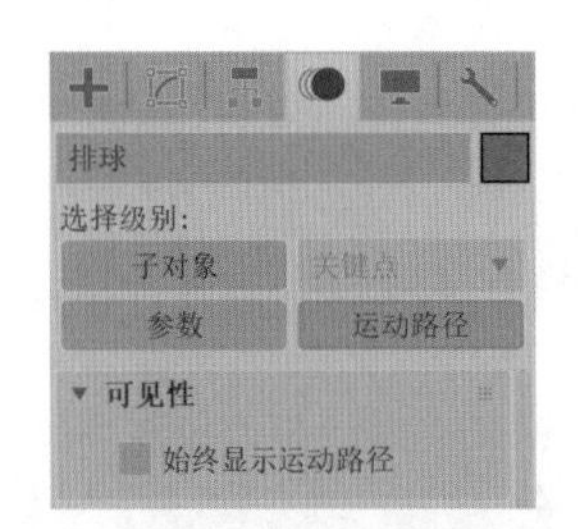

图8-50

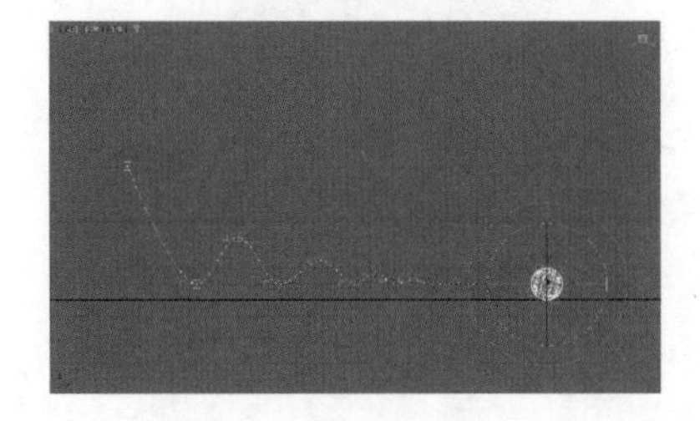

图8-51

（16）单击主工具栏上的“曲线编辑器”按钮，如图 8-52 所示。

图8-52

（17）在打开的“轨迹视图 - 曲线编辑器”窗口中，选择“Y 轴旋转”属性，将其位于第 100 帧处的关键点的值设置为 1500，如图 8-53 所示。

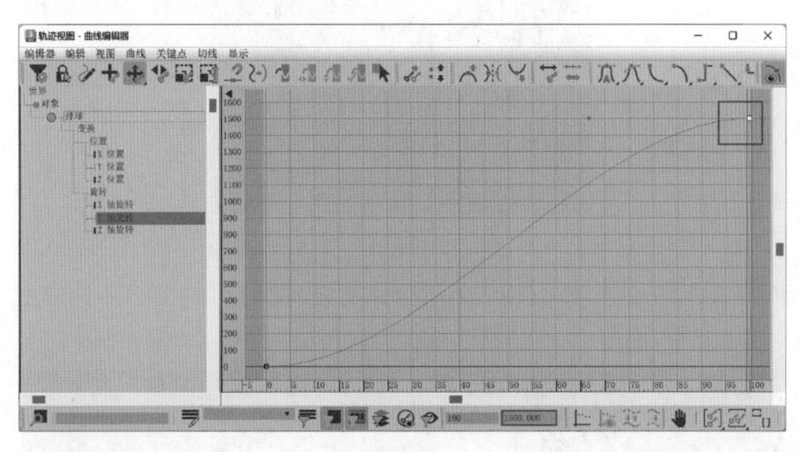

图8-53

（18）选择“Z 位置”属性上图 8-54 所示的关键点，单击“将切线设置为快速”按钮，如图 8-55 所示，更改小球的动画曲线形态。

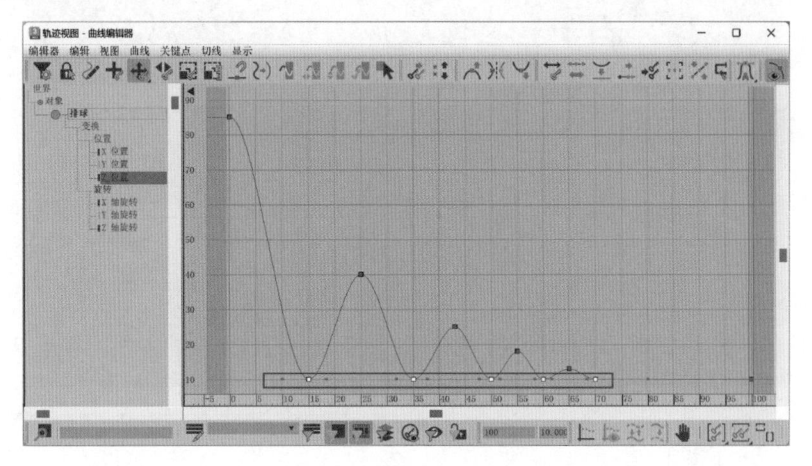

图8-54

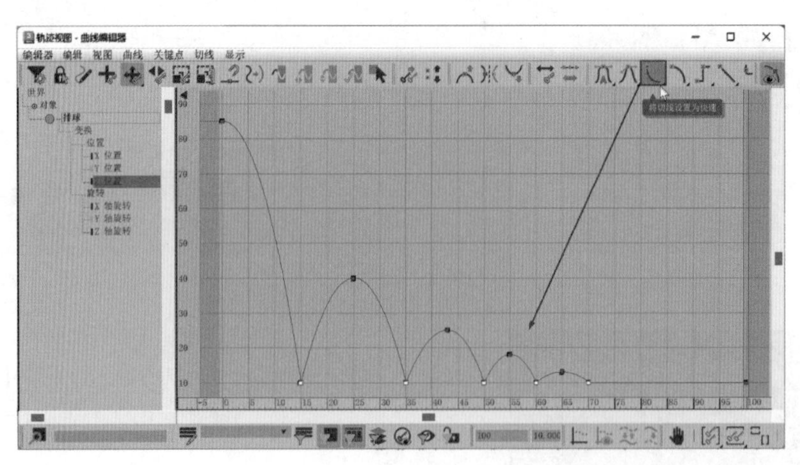

图8-55

（19）设置完成后，观察场景中小球的运动轨迹，可以看到运动轨迹的形态也发生了对应的改变，如图8-56所示。

图8-56

（20）再次播放场景动画，这次可以发现小球的运动效果要比之前自然了许多，本实例的最终动画效果如图8-57所示。

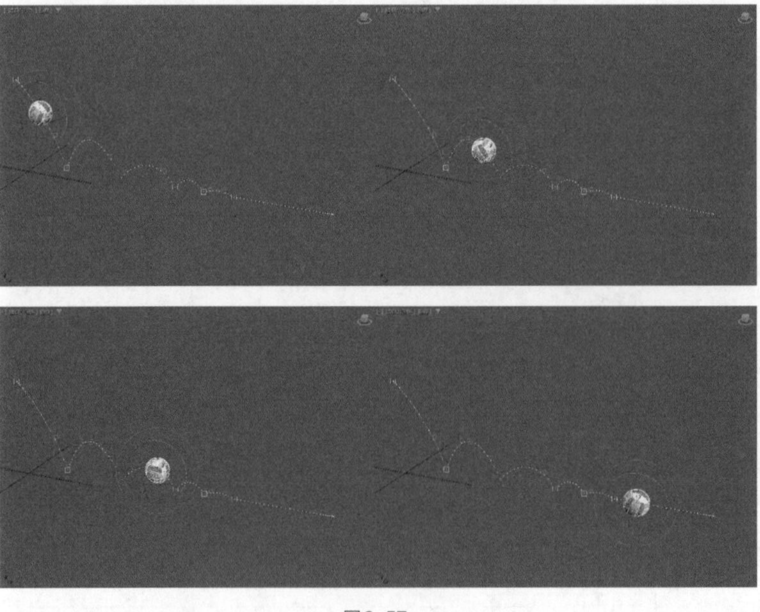

图8-57

技巧与提示 播放动画的快捷键是“?”（问号）。

8.2.11 实例：制作风扇动画

本实例将使用曲线编辑器来制作一个风扇不断旋转的动画，图 8-58 所示为本实例的动画完成渲染的效果。

图8-58

（1）启动中文版 3ds Max 2024，打开配套资源“风扇 .max”文件，场景里面有一个风扇模型，如图 8-59 所示。

图8-59

（2）选择扇叶模型，如图 8-60 所示。

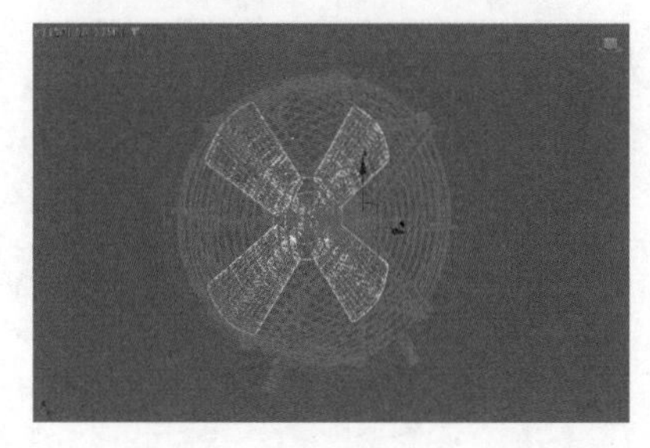

图8-60

（3）单击工作界面右下方的“自动”按钮，使其处于背景色为红色的按下状态，如图 8-61 所示。

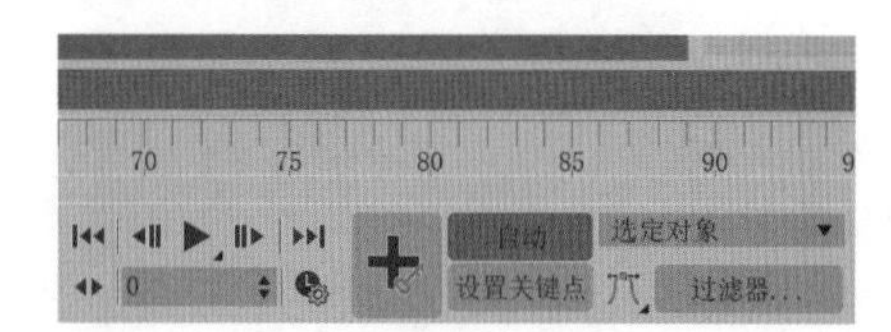

图8-61

（4）在第 10 帧处，调整扇叶旋转的 X 值为 180，如图 8-62 所示。

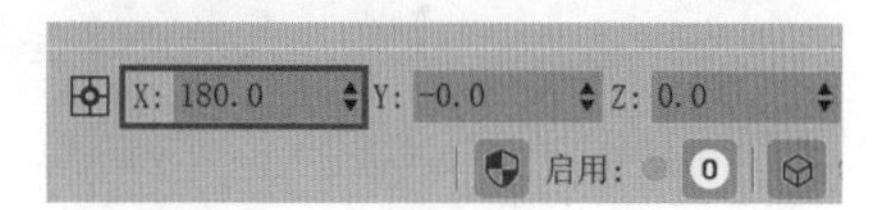

图8-62

（5）设置完成后，再次单击工作界面右下方的“自动”按钮，使其处于背景色为灰色的未按下状态，如图 8-63 所示。

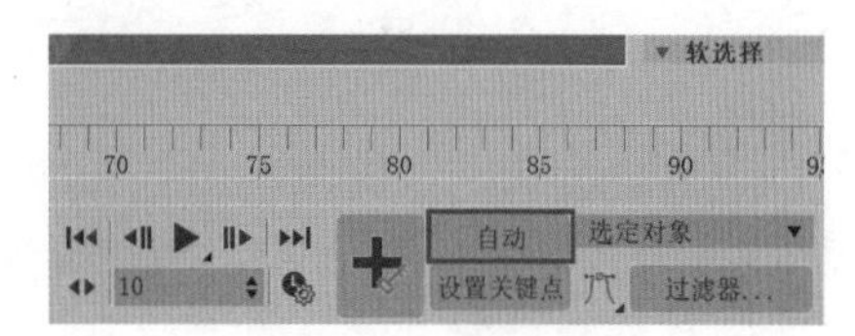

图8-63

（6）单击主工具栏上的“曲线编辑器”按钮，如图 8-64 所示，弹出“轨迹视图 - 曲线编辑器”窗口，查看扇叶的动画曲线，如图 8-65 所示。

图8-64

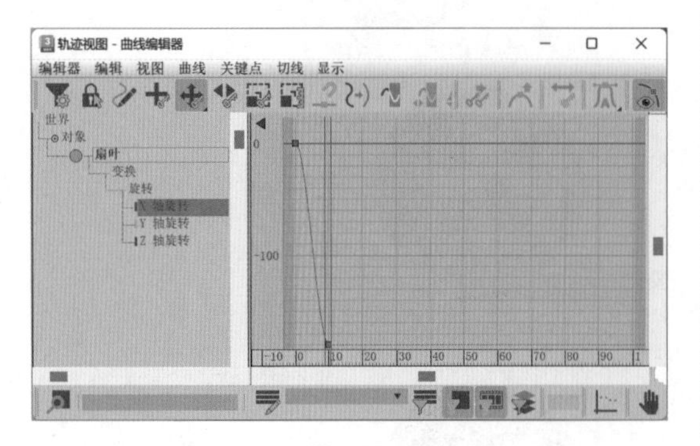

图8-65

（7）单击“轨迹视图 - 曲线编辑器”窗口中的“参数曲线超出范围类型”按钮，如图 8-66 所示。

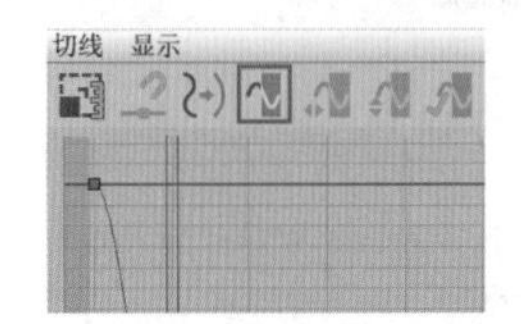

图8-66

（8）在系统自动弹出的“参数曲线超出范围类型”对话框中，选择“相对重复”选项，如图 8-67 所示，单击“确定”按钮。

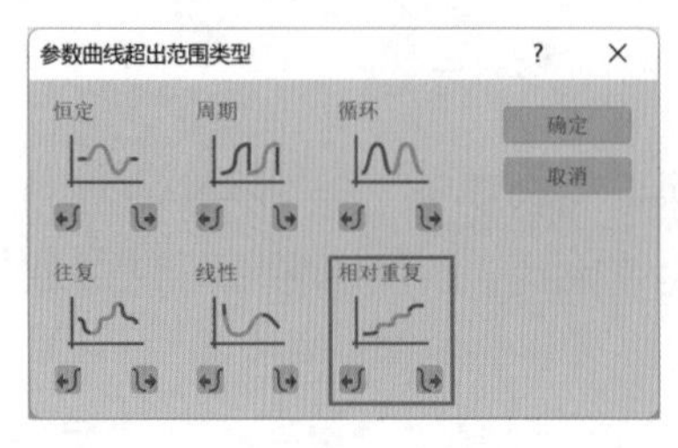

图8-67

（9）在“轨迹视图 - 曲线编辑器”窗口中选择扇叶动画曲线上的两个关键点，如图 8-68 所示。

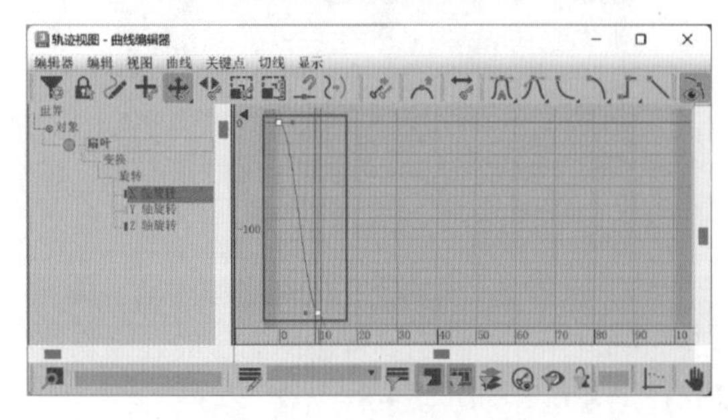

图8-68

（10）单击“轨迹视图 - 曲线编辑器”窗口中的“将切线设置为线性”按钮，如图 8-69 所示。

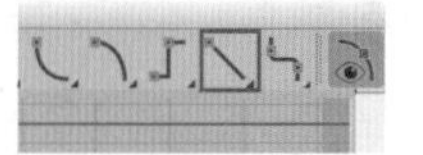

图8-69

（11）设置完成后，观察扇叶的动画曲线，如图 8-70 所示。

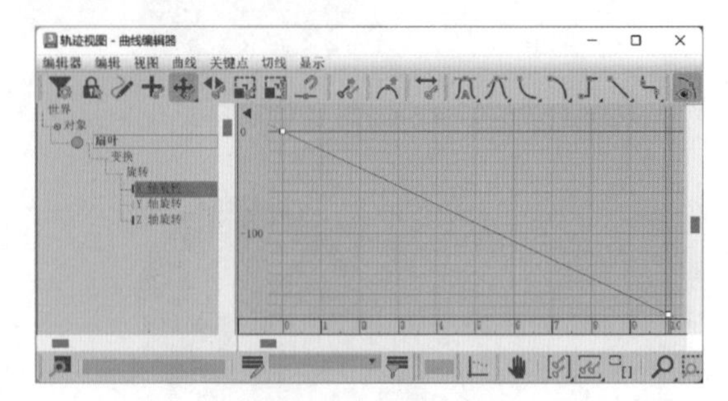

图8-70

（12）播放场景动画，可以看到扇叶随着时间的变化会不断地旋转，如图 8-71 所示。

图8-71

技巧与提示 执行“视图 / 显示重影”命令可以在视图中查看扇叶的重影动画效果，如图 8-72 所示。

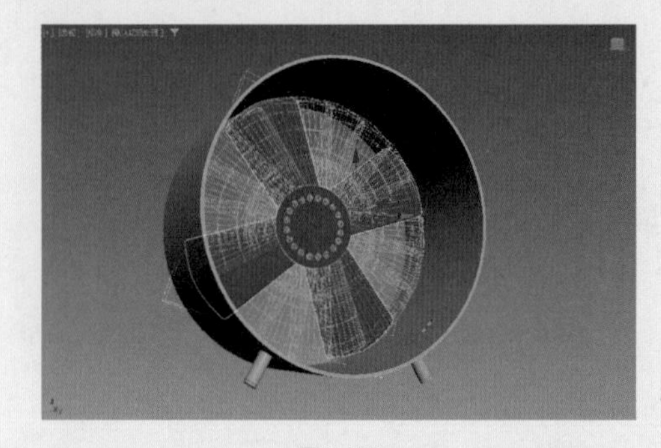

图8-72

8.3 约束

约束是可以帮助用户自动化动画过程的特殊类型的控制器。通过与另一个对象建立绑定关系，用户可以使用约束来控制对象的位置、旋转或缩放。通过对对象设置约束，可以将多个对象的变换约束到一个对象上，从而极大地减少动画师的工作量，也便于项目后期的动画修改。执行“动画 / 约束”命令后，即可看到 3ds Max 2024 为用户所提供的所有约束命令，如图 8-73 所示。

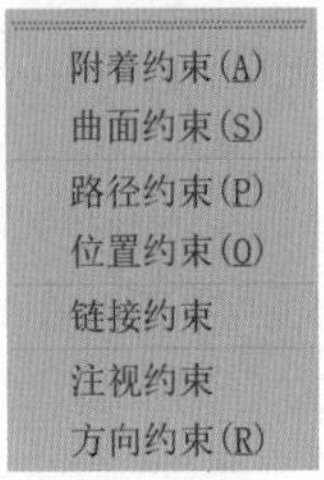

附着约束(A)
曲面约束(S)
路径约束(P)
位置约束(O)
链接约束
注视约束
方向约束(R)

图8-73

8.3.1 附着约束

附着约束是一种位置约束，它将一个对象的位置附着到另一个对象的面上，其参数如图 8-74 所示。

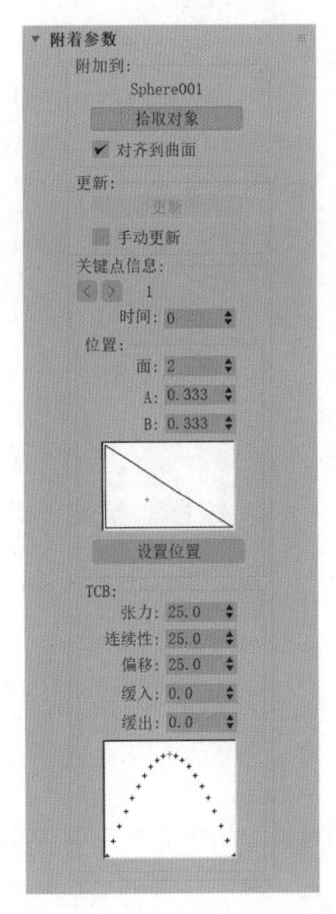

图8-74

工具解析

①“附加到”组。

♦“拾取对象”按钮：在视口中为附着选择并拾取目标对象。

♦对齐到曲面：将附加的对象的方向固定在其所指定到的面上。

②“更新”组。

♦“更新”按钮：单击该按钮可以更新显示。

♦手动更新：勾选此复选框可以激活“更新”按钮。

③“关键点信息”组。

♦时间：显示当前帧，并可以将当前关键点移动到不同的帧中。

♦面：设置对象所附加到的面的 ID。

♦A/B：设置定义面上附加对象的位置的重心坐标。

♦“设置位置”按钮：单击该按钮，可以在视口中，在目标对象上拖动来指定面和面上的位置。

④ TCB 组。

♦张力：设置TCB控制器的张力，取值范围为 0 到 50。

♦连续性：设置 TCB 控制器的连续性，取值范围为 0 到 50。

♦偏移：设置 TCB 控制器的偏移，取值范围为 0 到 50。

♦缓入：设置 TCB 控制器的缓入，取值范围为 0 到 50。

♦缓出：设置 TCB 控制器的缓出，取值范围为 0 到 50。

8.3.2 路径约束

使用路径约束可限制对象的移动，并将对象约束至一条样条线上移动，或在多条样条线之间以平均间距进行移动，其参数如图 8-75 所示。

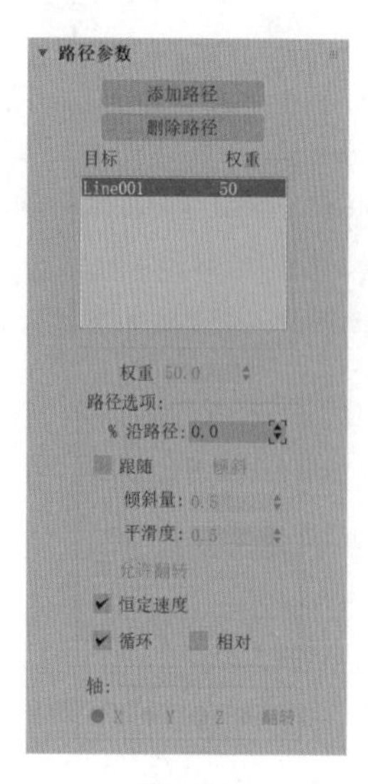

图8-75

工具解析

♦“添加路径”按钮：添加一个新的样条线路径使之对约束对象产生影响。

♦“删除路径”按钮：从目标列表中移除一个路径。一旦移除目标路径，它将不再对约束对象产生影响。

♦权重：为每个路径指定约束的强度。

①“路径选项”组。

♦%沿路径：设置对象沿路径的位置百分比。

♦跟随：在对象跟随轮廓运动的同时将对象指定给轨迹。图8-76所示为勾选该复选框前后茶壶对象的方向对比。

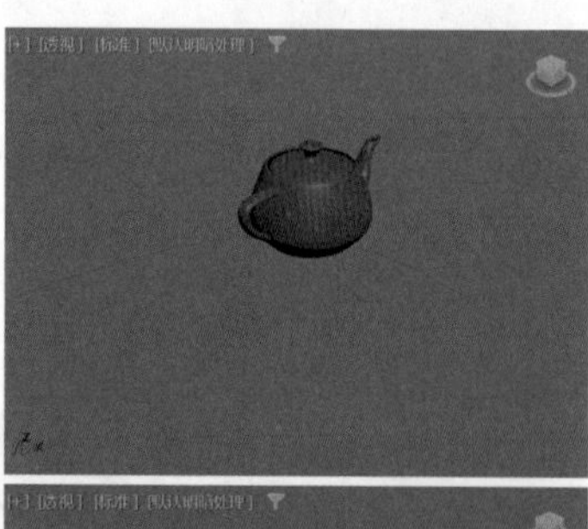

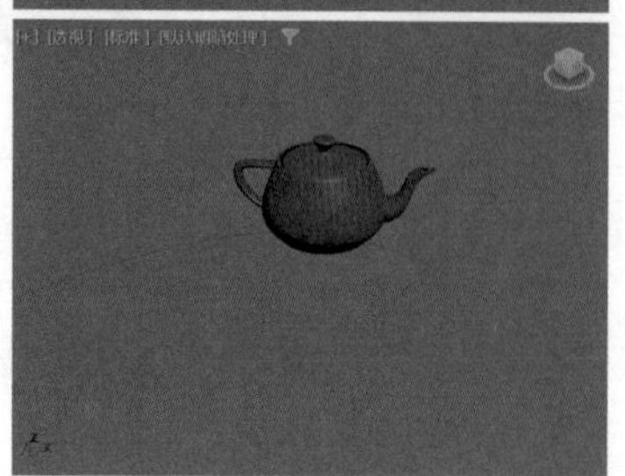

图8-76

♦倾斜：当对象通过样条线的曲线时允许对象倾斜。

♦倾斜量：调整倾斜量使倾斜从一边或另一边开始，这取决于倾斜量是正数或负数。

♦平滑度：控制对象在经过路径中的弯曲部分时翻转角度改变的快慢程度。

♦允许翻转：勾选此复选框可以避免对象沿着垂直方向的路径行进时有翻转的情况。

♦恒定速度：沿着路径提供一个恒定的速度。

♦循环：默认情况下，当约束对象到达路径末端时，它不会越过末端。勾选此复选框会改变这一行为，即当约束对象到达路径末端时会循环回起始点。

♦相对：勾选此复选框可以保持约束对象的原始位置。对象会沿着路径同时有一个偏移距离，这个距离基于它的原始世界空间位置。

②“轴”组。

♦X/Y/Z：定义对象的 x 轴、y 轴、z 轴与路径轨迹对齐。

♦翻转：勾选此复选框可以翻转轴的方向。

8.3.3 方向约束

方向约束会使某个对象的方向沿着目标对象的方向或若干目标对象的平均方向，其参数如图8-77所示。

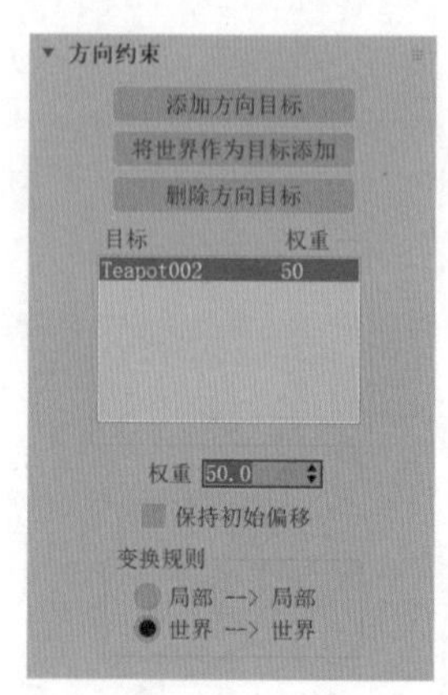

图8-77

工具解析

♦“添加方向目标”按钮：添加影响受约束对象的新目标对象。

♦“将世界作为目标添加”按钮：将受约束对象

与世界坐标轴对齐。可以设置世界对象相对于任何其他目标对象对受约束对象的影响程度。

♦“删除方向目标”按钮：移除目标。移除目标后，将不再影响受约束对象。

♦权重：为每个目标指定不同的影响程度。

♦保存初始偏移：保留受约束对象的初始方向。

♦局部 --> 局部：选择该选项后，局部节点变换将用于方向约束。

♦世界 --> 世界：选择该选项后，将应用父变换或世界变换，而不应用局部节点变换。

8.3.4 实例：制作花摇摆动画

本实例将使用附着约束来制作一段花枝摇摆的动画，图 8-78 所示为本实例的动画完成渲染的效果。

图8-78

（1）启动中文版 3ds Max 2024，打开本书配套资源“花 .max”文件，场景里面有一个花的简易模型，如图 8-79 所示。

图8-79

（2）选择花枝模型，如图 8-80 所示。

图8-80

（3）在“修改”面板中，为其添加“弯曲”修改器，如图 8-81 所示。

图8-81

技巧与提示　“弯曲”修改器添加完成后，在“修改”面板中显示的名称为 Bend。

（4）当我们尝试调整“弯曲”修改器的“角度”时，可以看到花枝上的花和叶片并不会移动，如图 8-82 所示。

图8-82

（5）在“创建”面板中单击“点”按钮，如图 8-83 所示，在场景中的任意位置创建一个点。

图8-83

（6）选择刚创建的点，执行“动画 / 约束 / 附着约束”命令，再单击花枝模型，即可将点附着约束至花枝模型上，如图 8-84 所示。

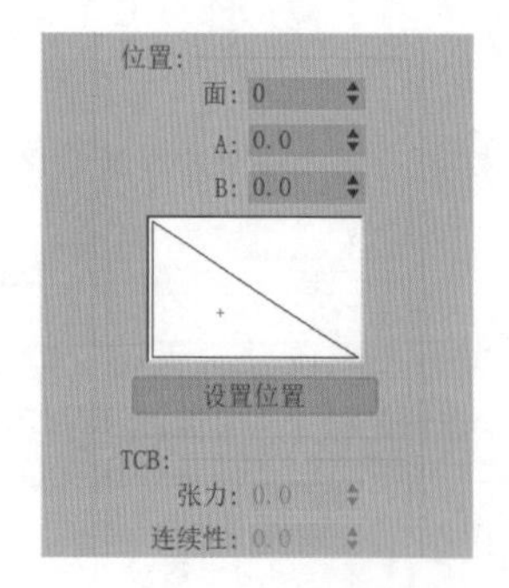

图8-84

（7）在“运动”面板中单击“设置位置”按钮，如图 8-85 所示。

图8-85

（8）调整点的位置至花枝模型与花模型相交处，如图 8-86 所示。

图8-86

技巧与提示 调整位置时，应在第0帧处进行，否则会生成位移动画效果。

（9）选择花模型，单击主工具栏上的“选择并链接”按钮，如图 8-87 所示。

图8-87

（10）将花模型链接至点上，如图 8-88 所示。

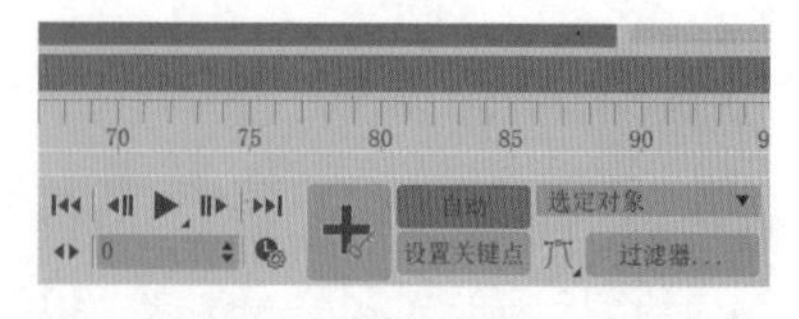

图8-88

（11）单击工作界面右下方的“自动”按钮，使其处于背景色为红色的按下状态，如图 8-89 所示。

图8-89

（12）在第10帧处，选择花枝模型，调整“角度”为 30，如图 8-90 所示。

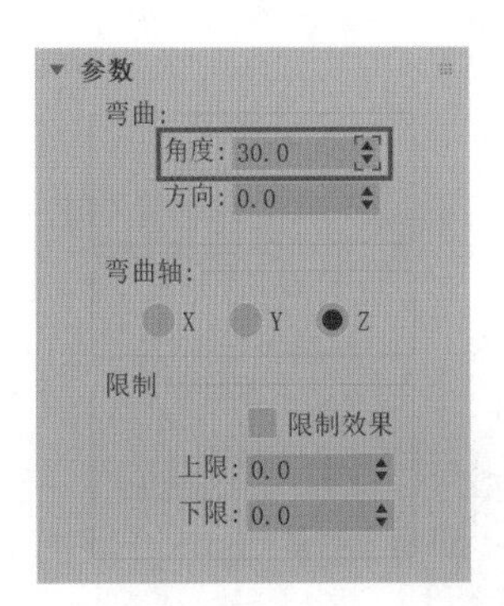

图8-90

（13）单击主工具栏上的“曲线编辑器”按钮，如图 8-91 所示，打开“轨迹视图 - 曲线编辑器”窗口来查看花枝模型的动画曲线，如图 8-92 所示。

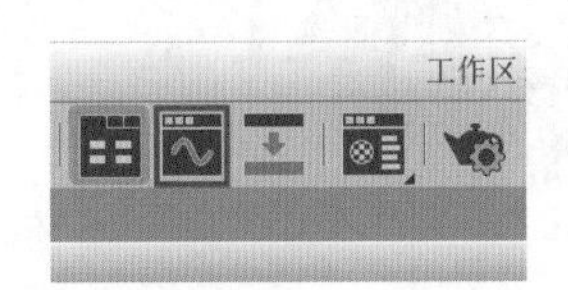

图8-91

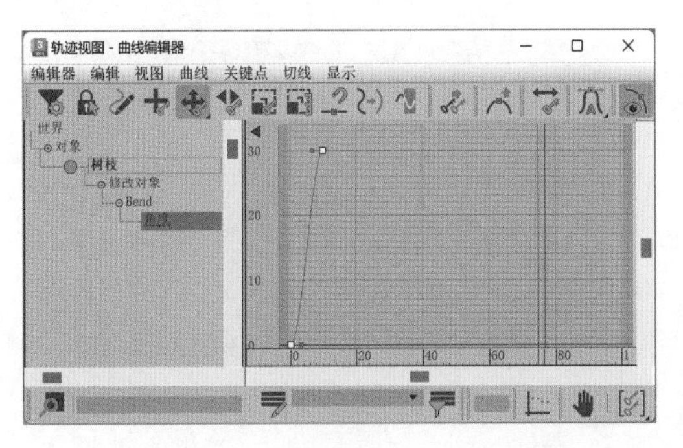

图8-92

（14）单击“轨迹视图 - 曲线编辑器”窗口中的“参数曲线超出范围类型”按钮，如图 8-93 所示。

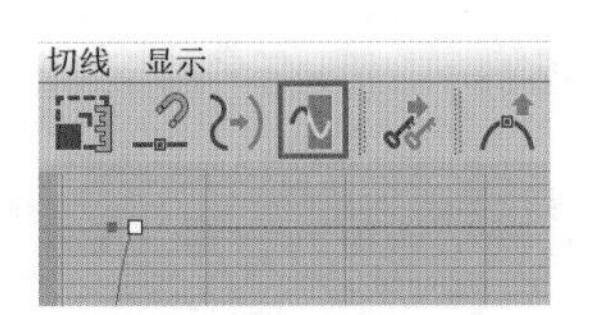

图8-93

（15）在系统自动弹出的“参数曲线超出范围类型”对话框中，选择“往复”选项，如图 8-94 所示，单击“确定”按钮。

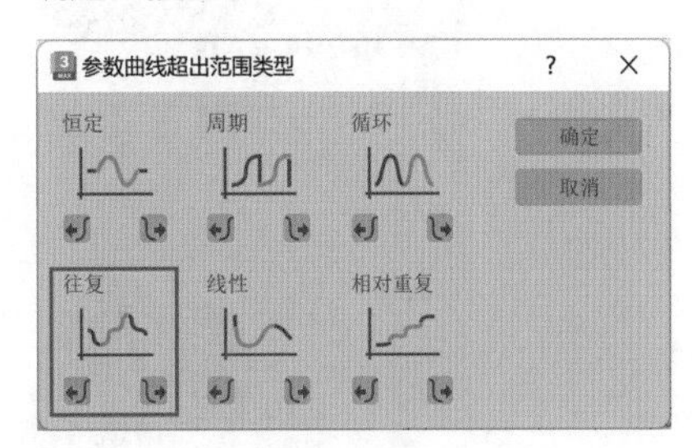

图8-94

（16）设置完成后，花枝模型的动画曲线如图 8-95 所示。

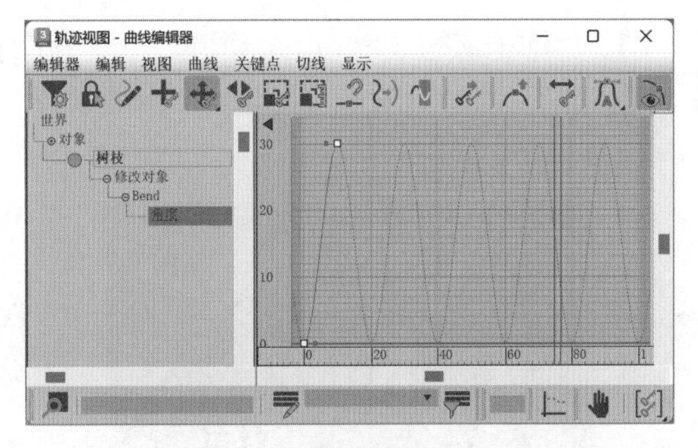

图8-95

（17）本实例的最终动画效果如图 8-96 所示。

图8-96

8.3.5 实例：制作气缸运动动画

本实例将使用关键帧动画、注视约束、父子关系等多种动画设置技巧来制作一段气缸运动的动画，图 8-97 所示为本实例的动画完成渲染的效果。

图8-97

（1）启动中文版 3ds Max 2024，打开本书配套资源“气缸 .max”文件，场景里面为一组气缸的简易模型，如图 8-98 所示。

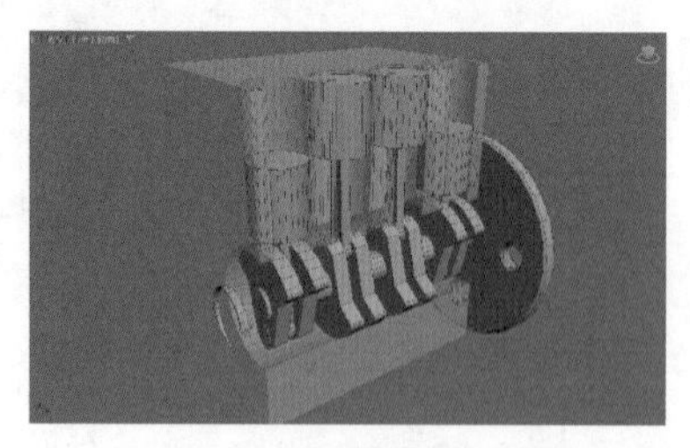

图8-98

（2）在“创建”面板中单击“点”按钮，如图 8-99 所示，在场景中的任意位置创建一个点对象，如图 8-100 所示。

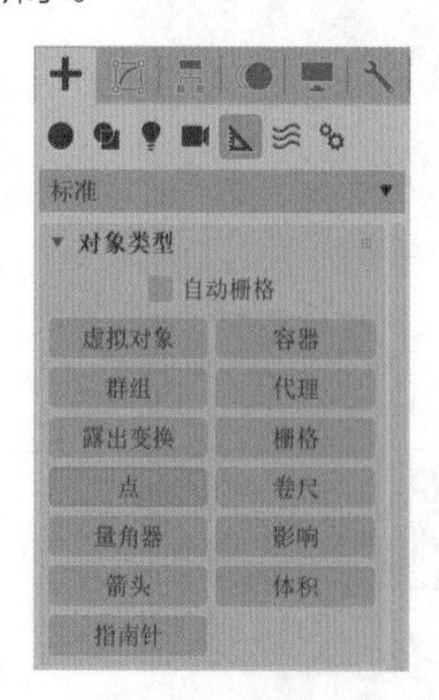

图8-99

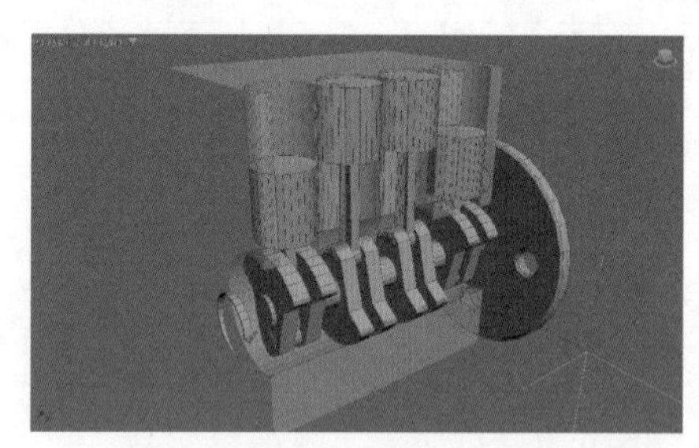

图8-100

（3）在“修改”面板中，勾选“显示”组的“三轴架”“交叉”“长方体”复选框，如图 8-101 所示。将点对象的颜色设置为红色，这样有助于我们观察点对象及其方向，如图 8-102 所示。

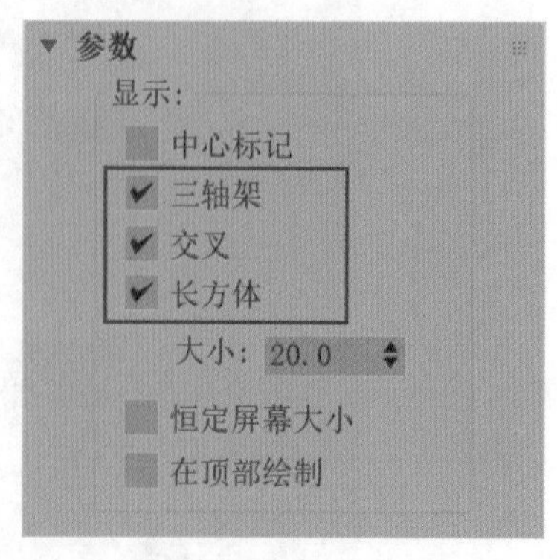

图8-101

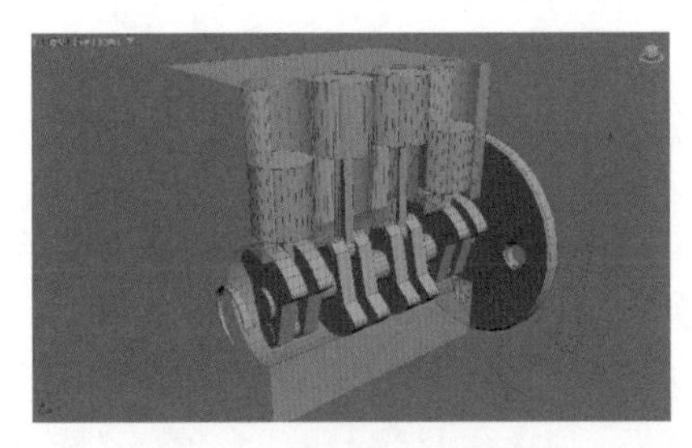

图8-102

（4）按住“Shift”键，以拖曳的方式复制出新的3个点，如图8-103所示。

图8-103

（5）选择场景中的飞轮模型、曲轴模型和连杆模型，如图8-104所示。单击主工具栏上的“选择并链接”按钮，如图8-105所示，将这些模型链接到场景中的旋转图标上以建立父子关系。

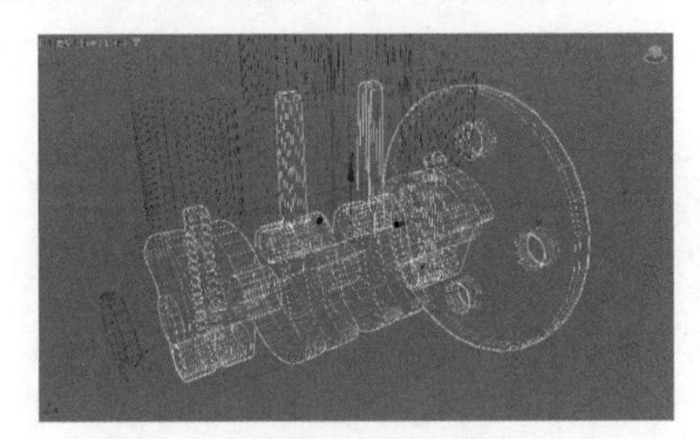

图8-104

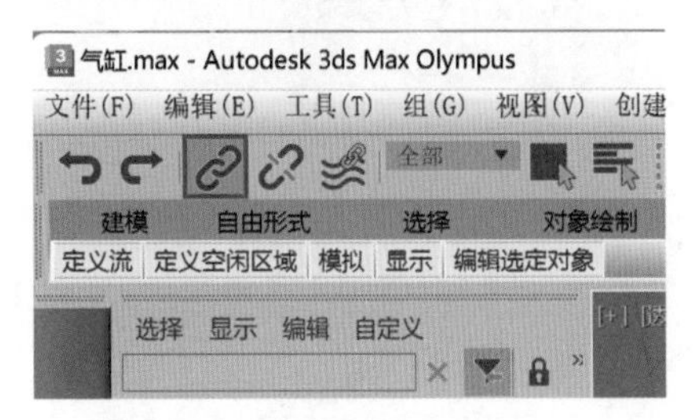

图8-105

（6）选择第一个创建出来的点对象，执行“动画/约束/附着约束”命令，将点对象约束至场景中左侧的第一个连杆模型上，如图8-106所示。

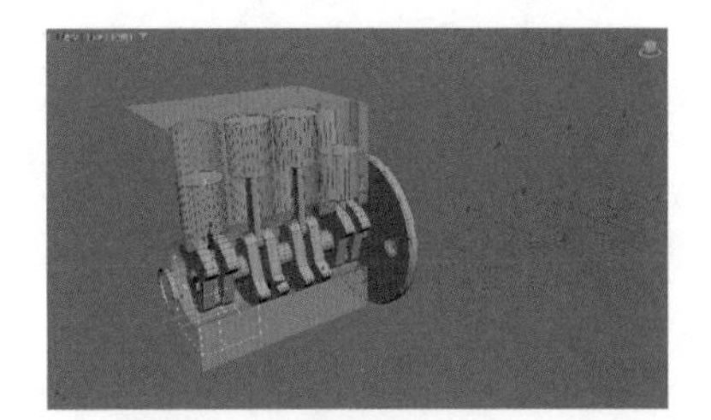

图8-106

（7）在“运动”面板中单击“设置位置”按钮，将点对象的位置更改至连杆模型的顶端，如图8-107所示。

图8-107

（8）以相同的操作将其他3个点对象附着约束至相应的连杆模型上，如图8-108所示。

图8-108

（9）在“创建”面板中单击“虚拟对象”按钮，如图8-109所示。在场景中创建一个虚拟对象，如图8-110所示。

图8-109

图8-110

（10）按住“Shift”键，以拖曳的方式复制出 3 个虚拟对象，如图 8-111 所示。

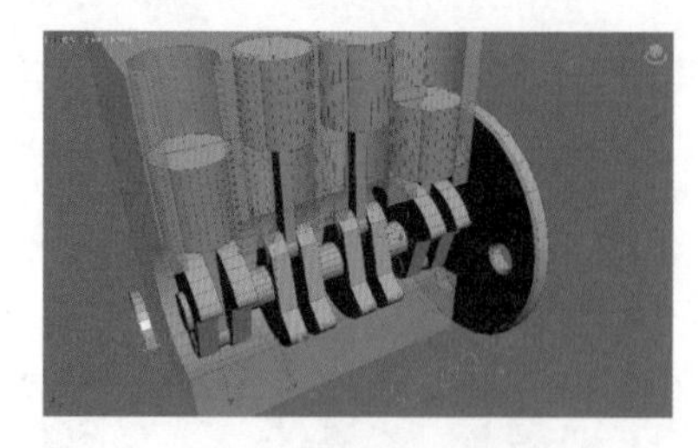

图8-111

（11）选择第一个创建出的虚拟对象，按住组合键“Shift+A”并单击场景中的第一个活塞模型，将虚拟对象快速对齐到活塞模型上，如图 8-112 所示。

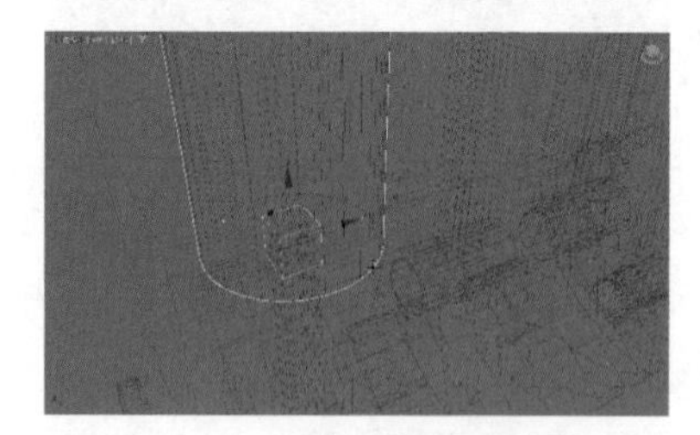

图8-112

（12）以相同的方式将其他 3 个虚拟对象分别快速对齐至场景中的另外 3 个活塞模型上，如图 8-113 所示。

图8-113

（13）选择场景中的 4 个虚拟对象，在“前”视图中调整其位置，如图 8-114 所示。

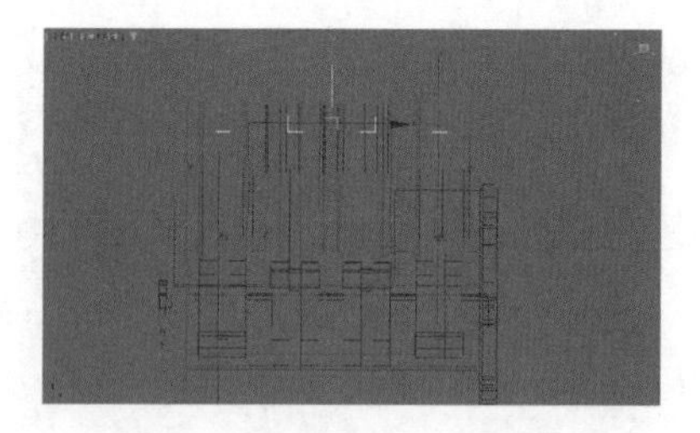

图8-114

（14）在“透视”视图中，选择左侧的第一个连杆模型，执行“动画 / 约束 / 注视约束”命令，再单击左侧的第一个虚拟对象，将连杆模型注视约束到虚拟对象上，如图 8-115 所示。

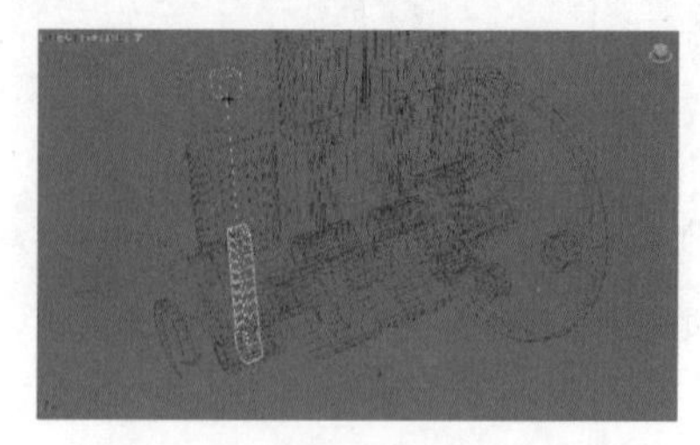

图8-115

（15）在“运动”面板中，在“选择注视轴”组中，选择 Y 选项；在“对齐到上方向节点轴”组中，选择 Y 选项，如图 8-116 所示。这样，连杆模型的方向就会恢复到之前正确的方向。

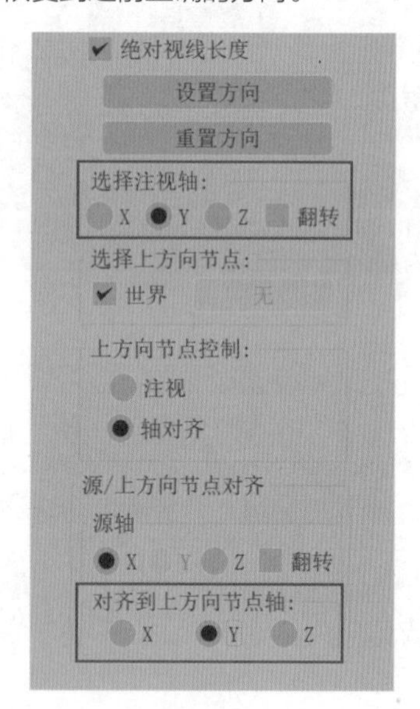

图8-116

（16）在“前”视图中，选择左侧的第一个活塞模型，单击主工具栏上的“选择并链接”按钮，将该活塞模型链接到其下方的点对象上以建立父子关系，如图 8-117 所示。

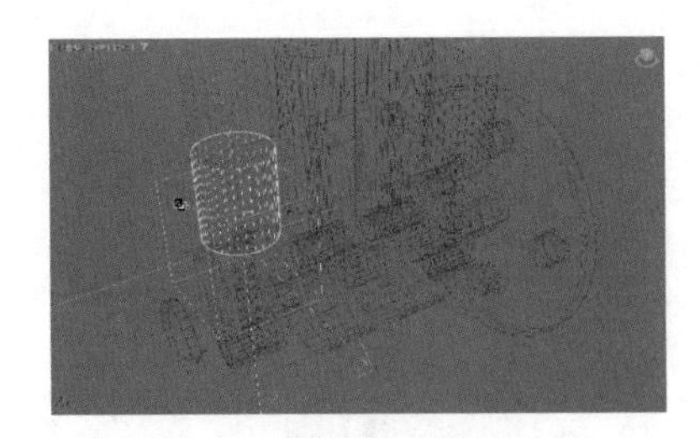

图8-117

（17）在“层次”面板中，切换至“链接信息”选项卡，在“继承”卷展栏中，仅勾选 Z 复选框，如图 8-118 所示。也就是说让活塞模型仅继承点对象的 z 轴方向的运动属性，这样可以保证活塞模型只在场景中进行上下运动。

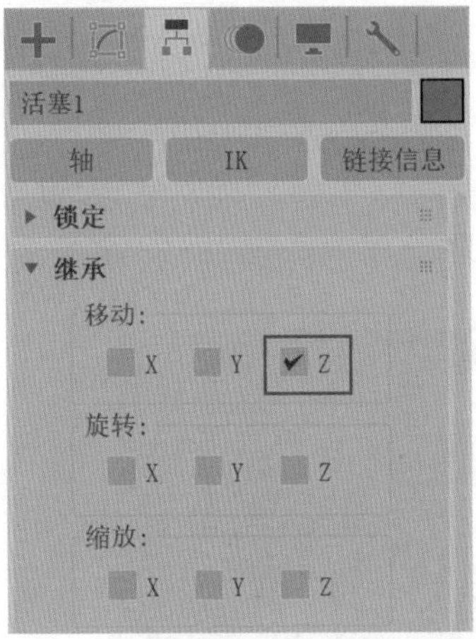

图8-118

（18）以相同的方式对其他 3 个连杆模型和活塞模型进行设置，这样就完成了整个气缸的装配，如图 8-119 所示。

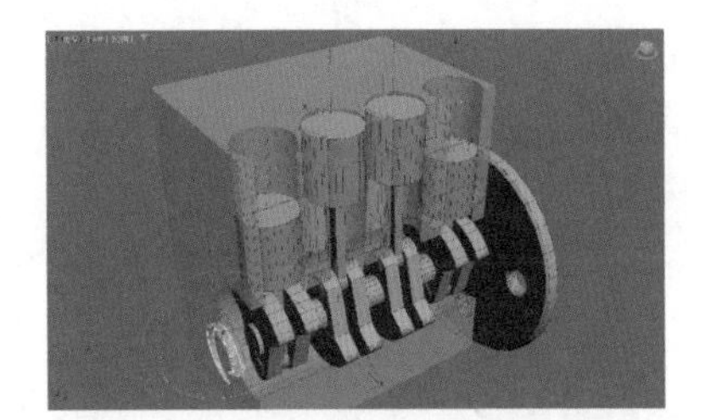

图8-119

（19）按“N”键，打开“自动关键点”功能，将时间滑块移动到第 10 帧处，将箭头模型沿自身 x 轴方向旋转 60°，制作一个旋转动画，如图 8-120 所示。在旋转箭头模型时，可以看到，本装置只需要一个旋转动画即可带动整个气缸系统一起进行合理的运动。

图8-120

（20）再次按“N”键，关闭“自动关键点”功能。在场景中单击鼠标右键，在弹出的菜单中选择“曲线编辑器”命令，打开“轨迹视图 - 曲线编辑器”窗口，如图 8-121 所示。

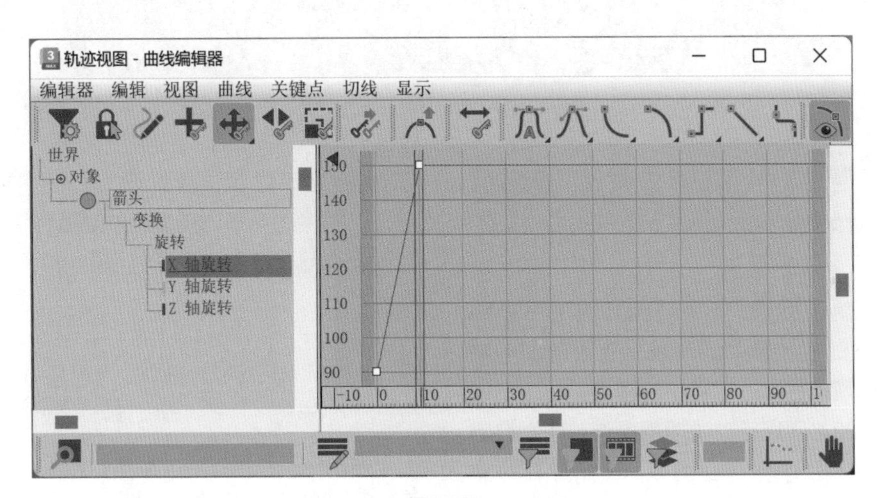

图8-121

（21）在“轨迹视图 - 曲线编辑器”窗口中，选择箭头模型的“X 轴旋转”属性，单击“参数曲线超出范围类型”按钮，如图 8-122 所示。

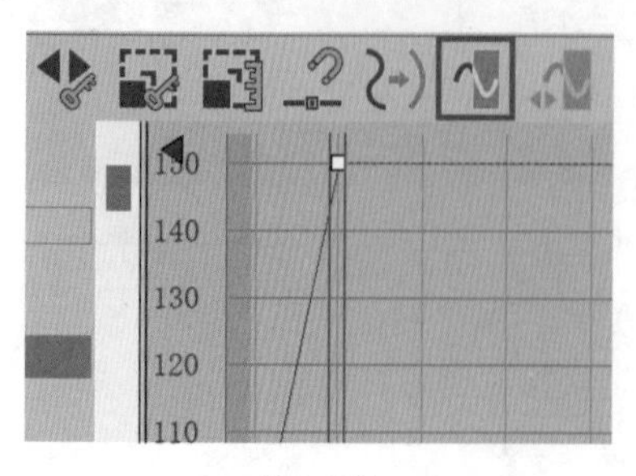

图8-122

（22）在弹出的“参数曲线超出范围类型”对话框中，选择“相对重复”选项，如图 8-123 所示。这样，箭头模型的旋转动画将会随场景中的时间一直播放下去，而不会只限制在我们之前所设置的 0 到 10 帧范围内。

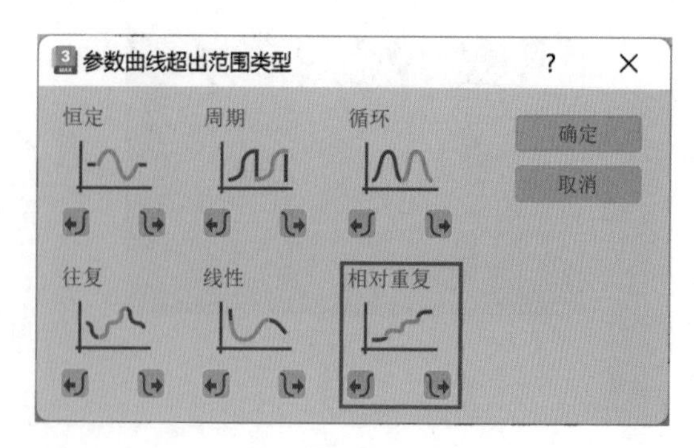

图8-123

（23）本场景的动画就全部制作完成了。回顾一下，这个动画和 8.2.10 小节所讲解的小球弹跳动画有一个相似的地方，那就是我们先通过对场景中的模型进行约束设置，以保证在关键帧制作这一环节上尽可能使用最少的操作将整个动画制作出来，这样虽然前面的装配环节耗时多一些，但是节约了关键帧动画的制作时间，也方便了动画后期修改调整。本实例的动画效果如图 8-124 所示。

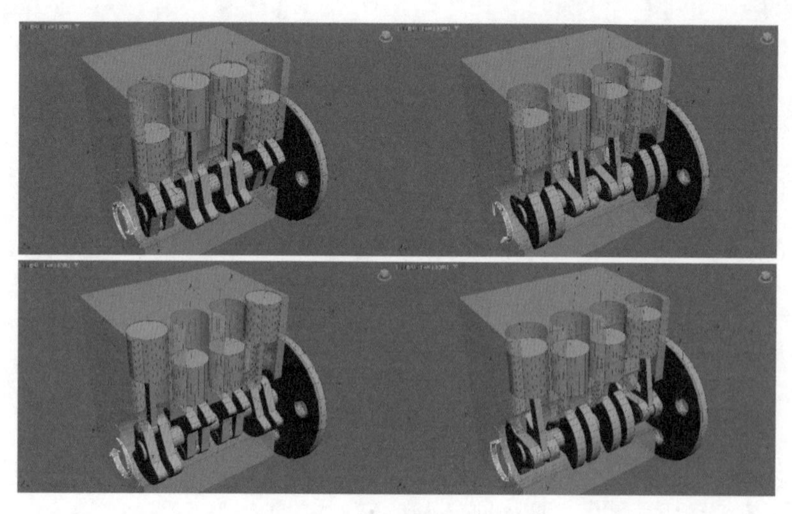

图8-124

8.4 动画控制器

中文版 3ds Max 2024 为动画师提供了多种动画控制器来处理场景中的动画。使用动画控制器可以存储动画关键点值和程序动画设置，还可以在动画的关键帧之间进行动画插值操作。动画控制器的使用方法与修改器有些类似，当用户在对象的不同属性上指定新的动画控制器时，3ds Max 2024 会自动过滤该属性所无法使用的动画控制器，仅提供适用于当前属性的动画控制器。下面将为读者介绍一下制作动画过程中较为常用的动画控制器。

8.4.1 噪波控制器

噪波控制器可以在一系列动画帧上产生随机的、基于分形的动画，其参数如图 8-125 所示。

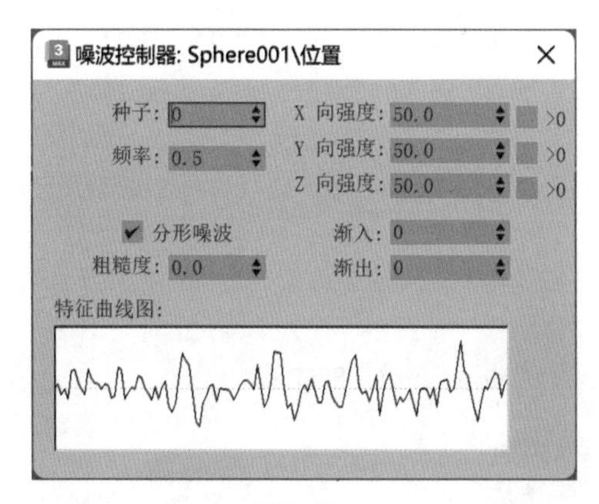

图8-125

工具解析

♦ 种子：开始进行噪波计算。改变种子可以创建一个新的曲线。

♦ 频率：控制噪波曲线的波峰和波谷。

♦ X 向强度 /Y 向强度 /Z 向强度：在 x 轴、y 轴、z 轴的方向上设置噪波的输出值。

♦ 渐入：设置噪波逐渐达到最大强度所用的时间。

♦ 渐出：设置噪波强度下落至 0 的时间。该值为 0 表示噪波在范围末端立即停止。

♦ 分形噪波：使用分形布朗运动生成噪波。

♦ 粗糙度：改变噪波曲线的粗糙度。

♦ 特征曲线图：以图的方式来表示噪波曲线。

8.4.2 表达式控制器

通过表达式控制器，动画师可以使用数学表达式来控制对象的属性动画，其参数如图 8-126 所示。

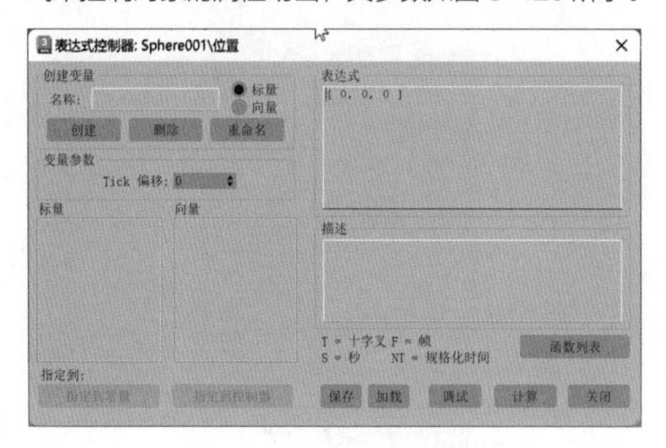

图8-126

工具解析

① “创建变量”组。

♦ 名称：变量的名称。

♦ 标量 / 向量：选择要创建的变量的类型。

♦ “创建”按钮：创建变量并将其添加到适当的列表中。

♦ “删除”按钮：删除“标量”或“向量”列表中高亮显示的变量。

♦ “重命名”按钮：重命名“标量”或“向量”列表中高亮显示的变量。

② “变量参数”组。

♦ Tick 偏移：包含了偏移值。1 tick 等于 1/4800 秒。如果变量的 tick 偏移为非零，该值就会加到当前的时间上去。

♦ “指定到常量”按钮：单击此按钮可以打开一个对话框，如图 8-127 所示，可从中将常量指定给高亮显示的变量。

图8-127

♦ “指定到控制器”按钮：单击此按钮可以打开“轨迹视图拾取”对话框，如图 8-128 所示，用户可以从中将控制器指定给高亮显示的变量。

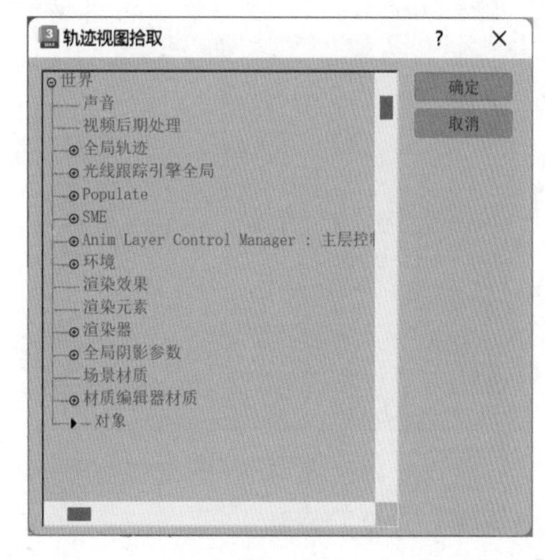

图8-128

③“表达式”组。

♦表达式文本框：输入要计算的表达式。表达式必须是有效的数学表达式。

④“描述”组。

♦描述文本框：输入用于描述表达式的可选文本。例如，可以说明用户定义的变量。

♦ 保存 “保存”按钮：保存表达式。表达式将保存为扩展名为 .xpr 的文件。

♦ 加载 “加载”按钮：加载表达式。

♦ 函数列表 “函数列表”按钮：单击此按钮可以显示表达式控制器函数的列表，如图 8-129 所示。

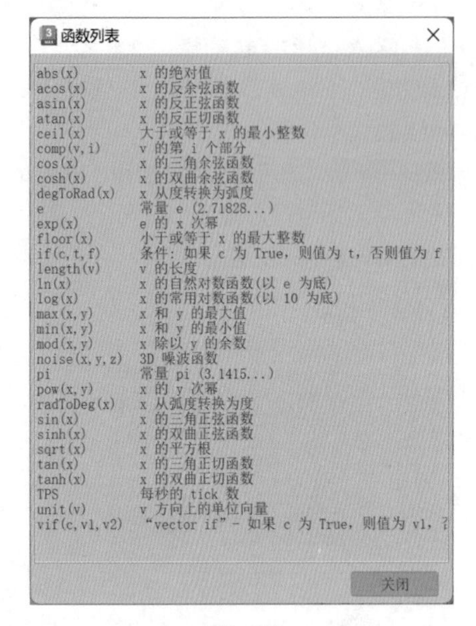

图8-129

♦ 调试 “调试”按钮：单击此按钮可以显示“表达式调试窗口”对话框，如图 8-130 所示。

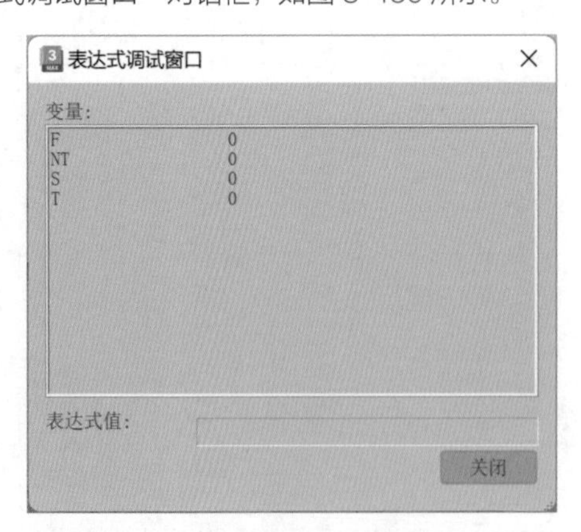

图8-130

♦ 计算 “计算”按钮：计算动画中每一帧的表达式。

♦ 关闭 “关闭”按钮：单击此按钮可以关闭“表达式控制器”对话框。

8.4.3 实例：制作汽车行驶动画

本实例将使用路径约束、方向约束和浮点脚本控制器制作一个汽车行驶的动画，图 8-131 所示为本实例的动画完成渲染的效果。

图8-131

（1）启动中文版 3ds Max 2024，打开本书配套资源“汽车 .max”文件，场景里面有一个汽车的简易模型，如图 8-132 所示。

图8-132

（2）单击“创建”面板中的“圆”按钮，如图 8-133 所示。

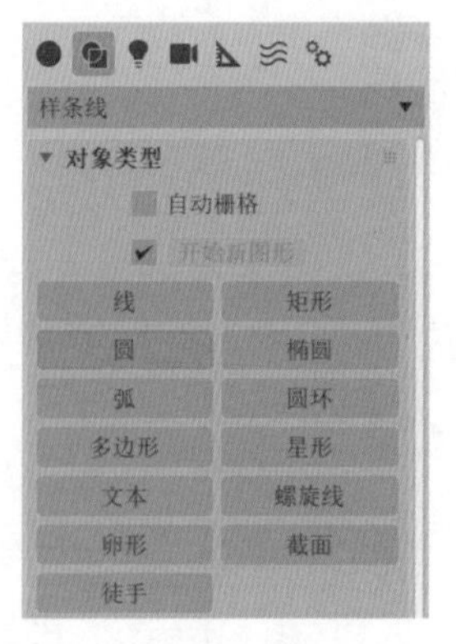

图8-133

（3）在“左”视图中绘制一个与车轮大小相近的圆形，如图8-134所示。

图8-134

（4）在“修改”面板中，展开“插值”卷展栏，设置圆形的“步数”为1，如图8-135所示。这时可以看到圆形呈八边形状态显示。

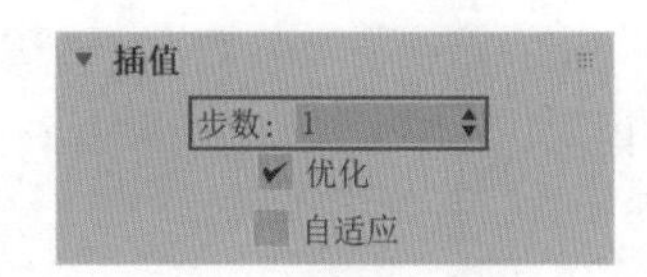

图8-135

（5）按住组合键“Shift+A”并单击场景中的汽车的右后车轮模型，将圆形快速对齐到该车轮模型上，如图8-136所示。

图8-136

（6）在“透视”视图中，沿x轴方向调整圆形的位置，如图8-137所示。

图8-137

（7）选择场景中的汽车模型和圆形，如图8-138所示。

（8）单击主工具栏上的“选择并链接”按钮，如图8-139所示。

图8-138

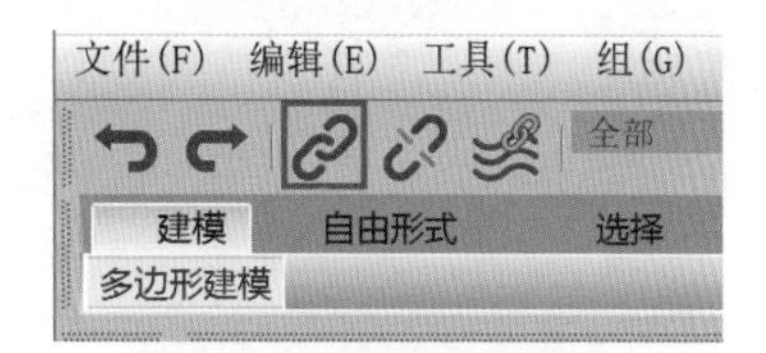

图8-139

（9）将它们链接至汽车模型上方的四箭头控制器上以建立父子关系，如图8-140所示。

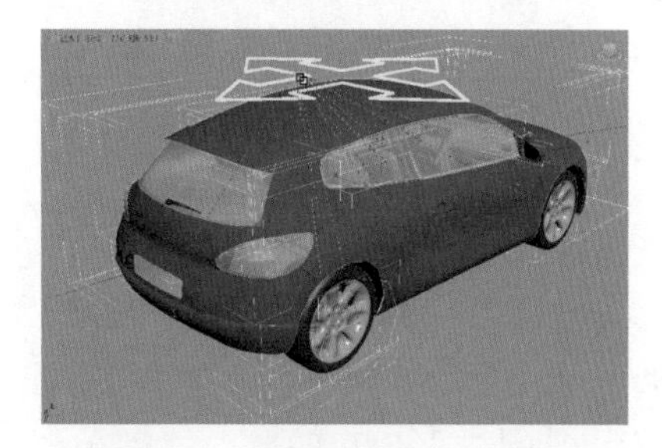

图8-140

（10）单击“创建”面板中的“点”按钮，如图8-141所示。

图8-141

（11）在场景中的任意位置创建一个点对象，如图 8-142 所示。

图8-142

（12）为了方便观察及选择，在“修改”面板中，展开“参数”卷展栏，勾选“三轴架”“交叉”“长方体”复选框，并设置“大小”为 200，如图 8-143 所示。

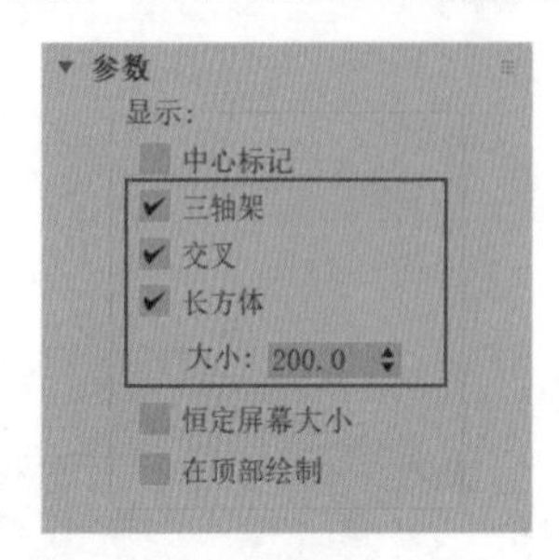

图8-143

（13）选择点对象，执行“动画 / 约束 / 路径约束”命令，再单击场景中的弧线，将点对象路径约束到弧线上，如图 8-144 所示。

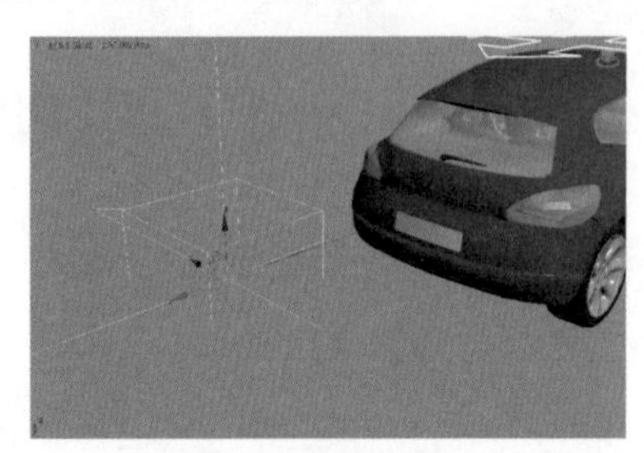

图8-144

（14）在“运动”面板中，展开“路径参数”卷展栏，勾选“跟随”复选框，如图 8-145 所示。这样，点对象在弧线上移动时，其方向也会随之改变。

（15）选择场景中的四箭头控制器，调整其位置，如图 8-146 所示，并将其链接至场景中的点对象上。拖动时间滑块，可以看到汽车沿弧线进行运动的动画。

（16）制作车轮的滚动动画。选择图 8-147 所示的圆形。

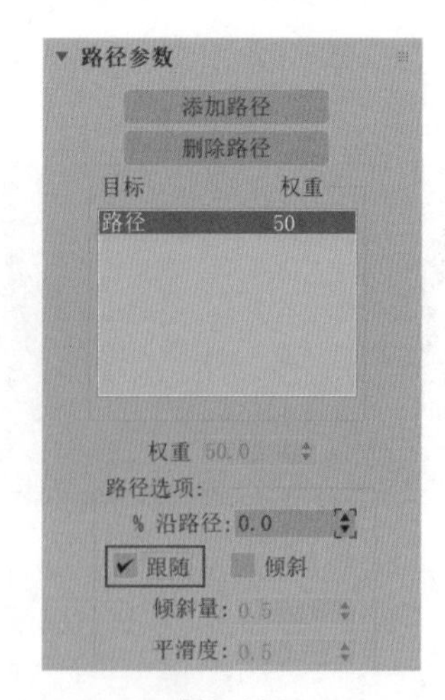

图8-145

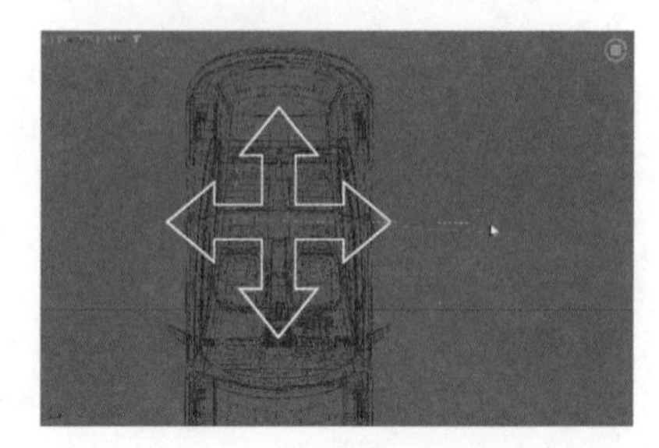

图8-146

图8-147

（17）在“运动”面板中，展开“指定控制器”卷展栏，选择“Y 轴旋转”选项，单击“指定控制器”按钮，如图 8-148 所示。

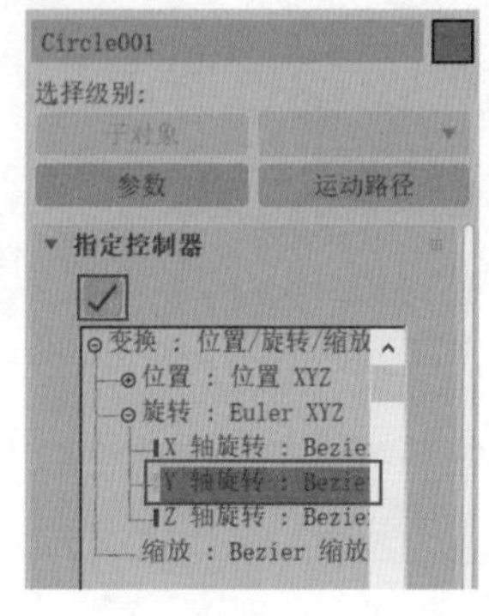

图8-148

（18）在弹出的“指定浮点控制器”对话框中，选择“浮点脚本”控制器，如图 8-149 所示，单击“确定”按钮。

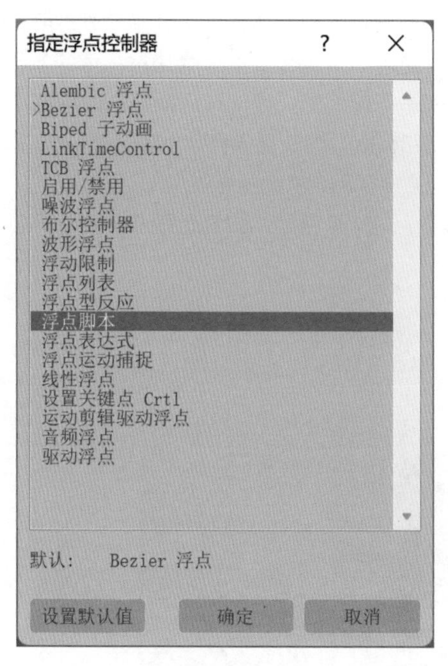

图8-149

（19）在系统自动弹出的“脚本控制器”对话框中，输入表达式：curvelength $lujing *$Point001.pos.controller.Path_Constraint.controller.percent*0.01 / $Circle001.radius。在这里，我们通过对场景中的点对象所移动的距离求值，并将该值除以车右后车轮附近的圆形的半径，用得到的数值来控制圆形的旋转角度。设置完成后，单击“计算”按钮，如图 8-150 所示，并关闭该对话框。另外，需要注意的是，截图中“脚本控制器”对话框中的“表达式”文本框内是无法完整显示出以上表达式的。

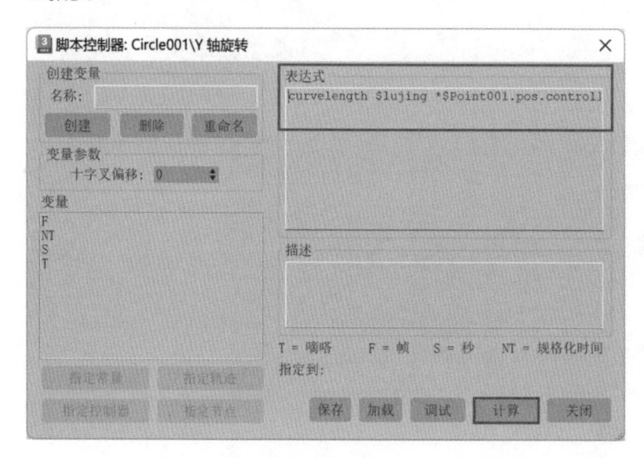

图8-150

（20）拖动时间滑块，可以看到随着汽车的运动，右后车轮旁边的圆形也开始自动旋转，如图 8-151 所示。

图8-151

（21）选择场景中汽车的右后车轮模型，如图 8-152 所示。

图8-152

（22）执行“动画 / 约束 / 方向约束”命令，将其方向约束至刚刚添加完脚本控制器的圆形上，如图 8-153 所示。

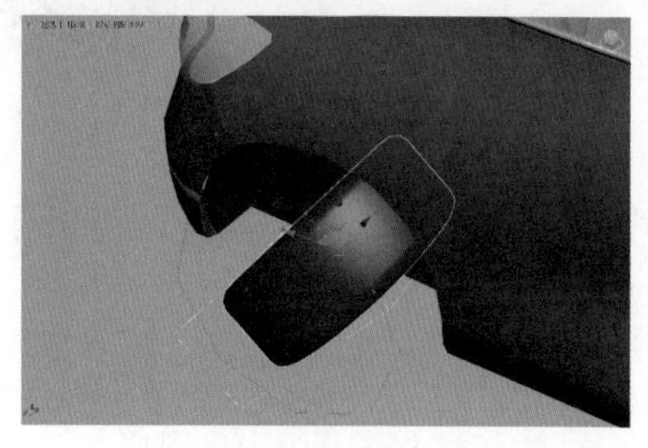

图8-153

（23）在“运动”面板中，展开“方向约束”卷展栏，勾选“保持初始偏移”复选框，如图 8-154 所示，右后车轮即可恢复至初始旋转状态。再次拖动时间滑块，可以看到右后车轮已经自动生成了正确的旋转动画。

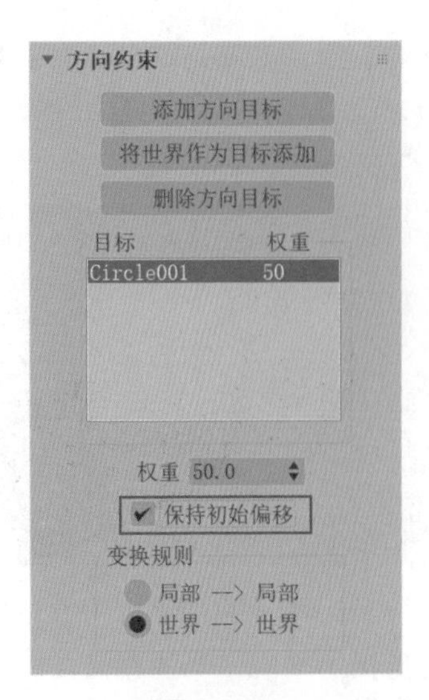

图8-154

（24）以同样的操作步骤分别为汽车其他的 3 个车轮模型设置“方向约束”，这样，整个汽车的行驶动画就全部制作完成了。回顾一下，本实例中，实际上我们没有手动制作任何关键帧动画。所有的动画都是使用 3ds Max 2024 为用户提供的各种动画工具来进行制作的。我们在后期随意改变路径曲线的方向和长度，汽车都会自动生成正确的行进动画，极大地方便了后期的动画修改。

（25）本实例的最终动画效果如图 8-155 所示。

图8-155

8.4.4 实例：制作门锁打开动画

本实例将使用浮动限制控制器和反应管理器制作一个门锁打开的动画，图 8-156 所示为本实例的动画完成渲染的效果。

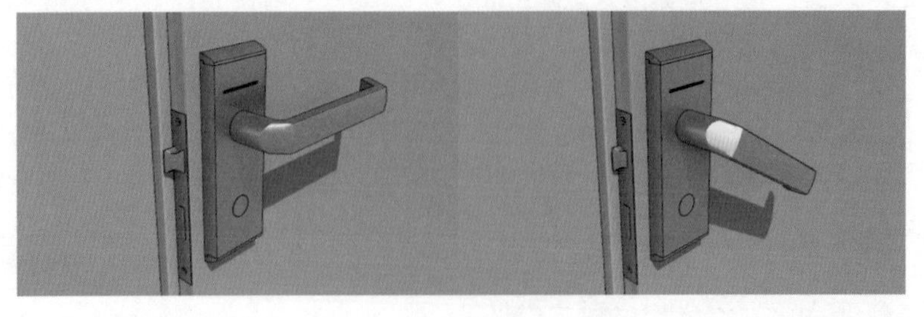

图8-156

图8-156（续）

（1）启动中文版3ds Max 2024，打开本书配套资源“门.max”文件，场景里面有一个带有门锁的门模型，如图8-157所示。

图8-157

（2）选择场景中的门锁模型，单击主工具栏上的“选择并链接”按钮，如图8-158所示。

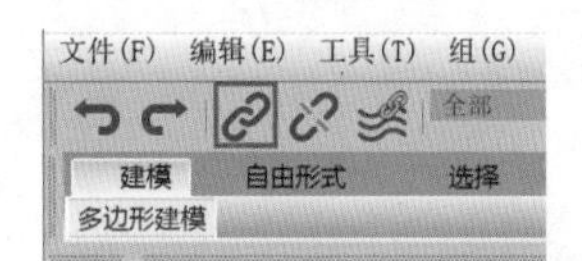

图8-158

（3）将其链接至门模型上，如图8-159所示。

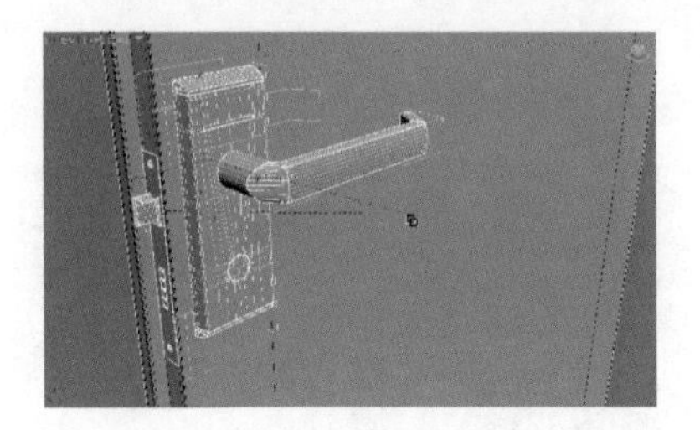
图8-159

（4）选择门把手模型，如图8-160所示。

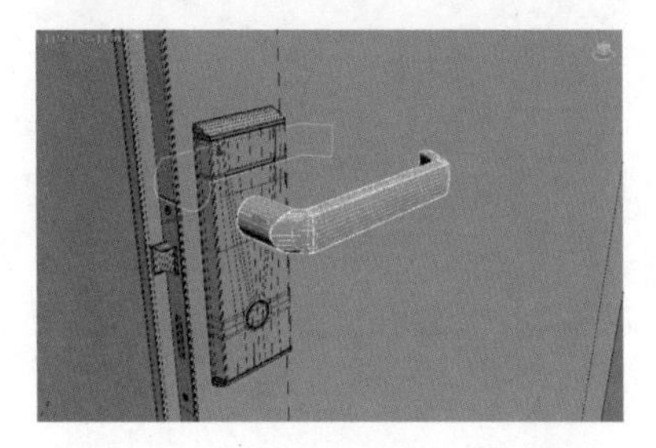
图8-160

（5）在“层次”面板中，勾选“旋转”组的X和Z复选框，如图8-161所示。这样，门把手模型只能沿其y轴进行旋转。

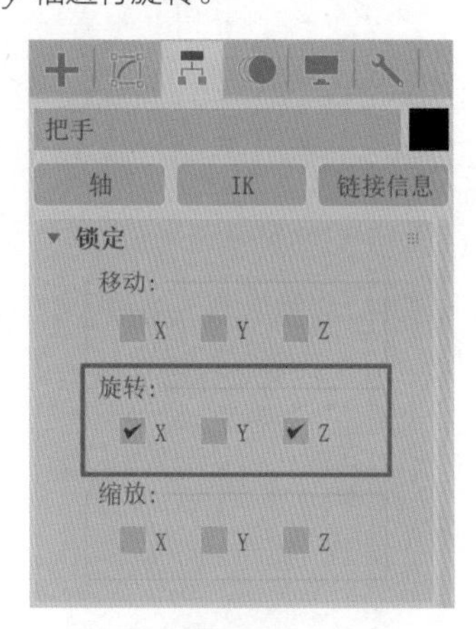

图8-161

（6）在“运动”面板中，展开“指定控制器”卷展栏，选择“Y轴旋转”选项，单击“指定控制器”按钮，如图8-162所示。

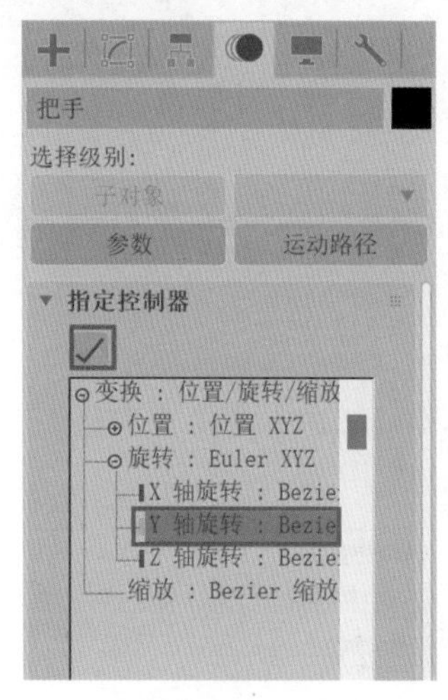

图8-162

（7）在弹出的“指定浮点控制器”对话框中，选择“浮动限制”控制器，如图8-163所示，单击“确定”按钮。

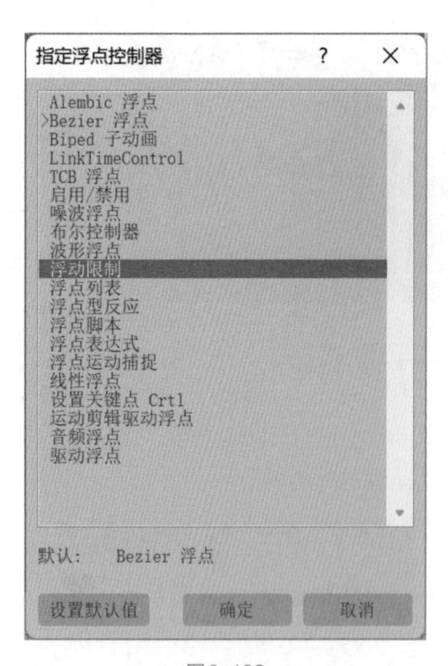

图8-163

（8）在系统自动弹出的“浮动限制控制器”对话框中，设置“上限”组内的值为 0，“下限”组内的值为 -90，如图 8-164 所示。

图8-164

技巧与提示 设置上限值和下限值时，我们可以通过选择门把手模型来观察这两个值设置得是否合适。

（9）执行“动画 / 反应管理器”命令，在打开的“反应管理器”窗口中，单击“添加反应驱动者”按钮，如图 8-165 所示。

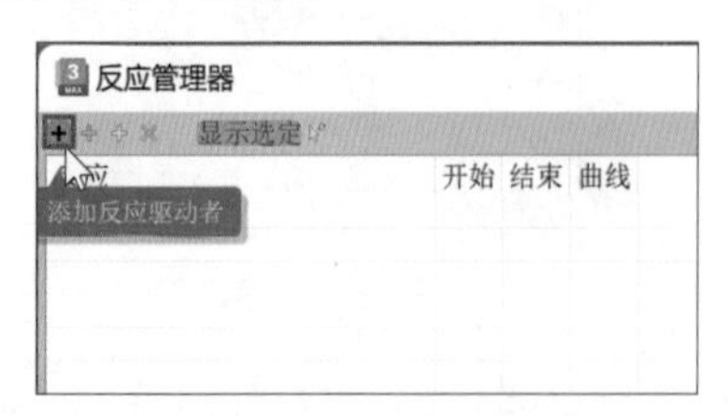

图8-165

（10）在场景中单击门把手模型，在弹出的菜单中选择“变换 / 旋转 /Y 轴旋转 / 限制控制器：Bezier 浮点”命令，如图 8-166 所示。

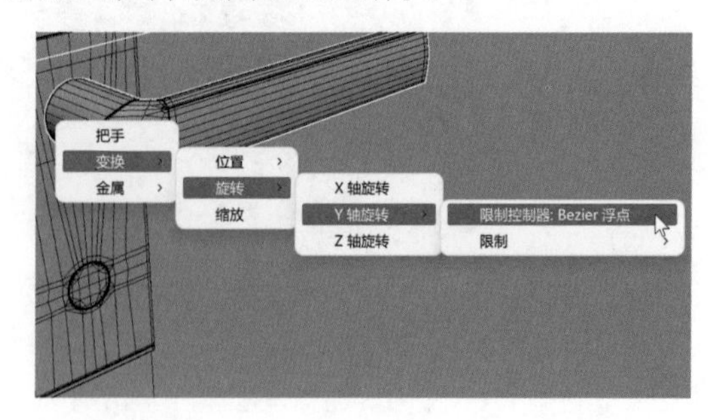

图8-166

（11）设置完成后，可以在“反应管理器”窗口中看到该参数已经被添加进来了，如图 8-167 所示。

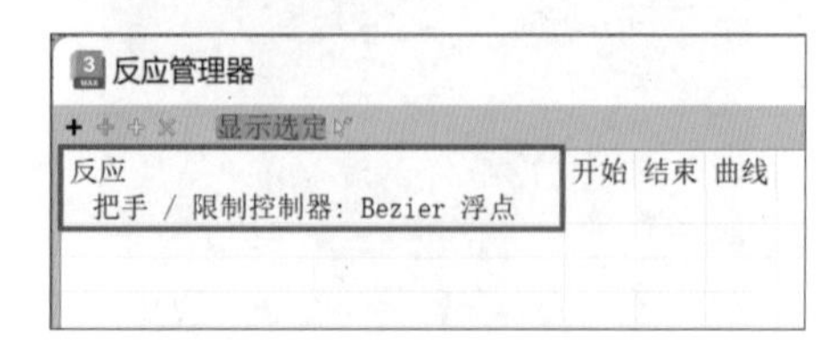

图8-167

（12）在“反应管理器”窗口中，单击“添加反应驱动”按钮，如图 8-168 所示。

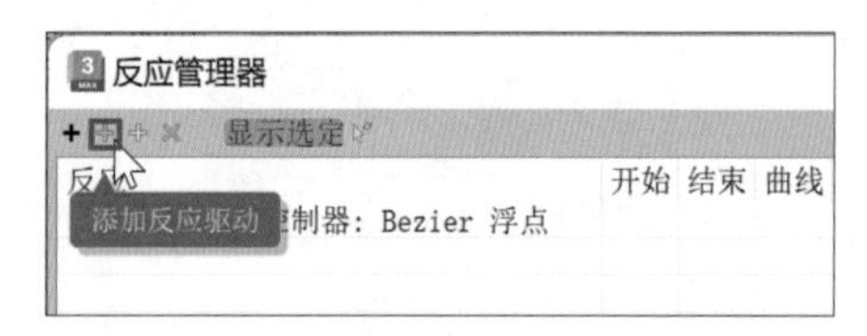

图8-168

（13）在场景中单击门锁模型，在弹出的菜单中选择“变换 / 位置 /X 位置”命令，如图 8-169 所示。

图8-169

（14）设置完成后，可以在“反应管理器”窗口中的上方看到该参数已经被添加进来了，并且在下方可以看到一个状态被添加进来了，如图 8-170 所示。

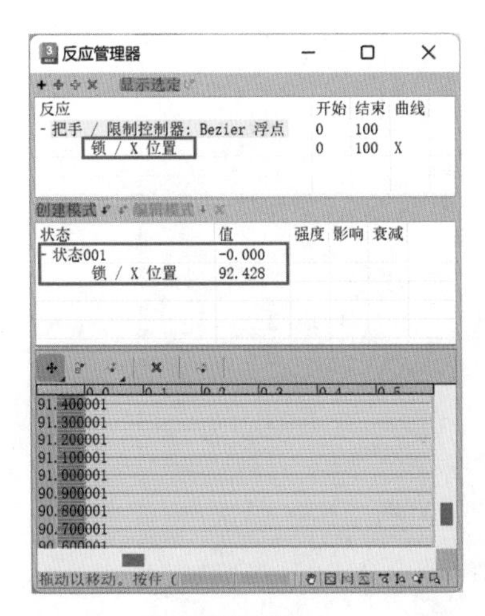

图8-170

（15）在“反应管理器”窗口中单击“创建模式”按钮，使其处于背景色为蓝色的按下状态，如图 8-171 所示。

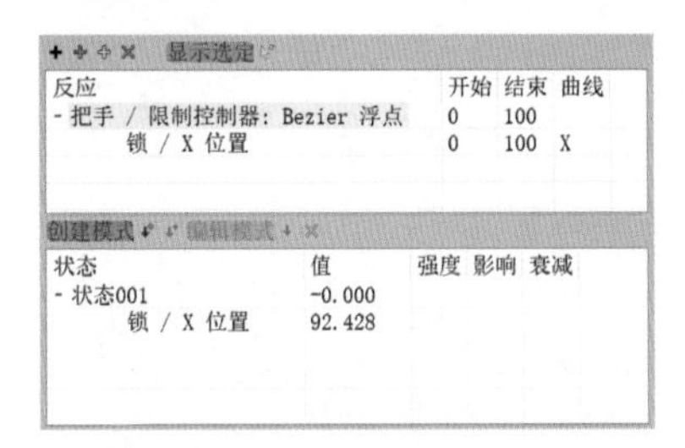

图8-171

（16）将门把手模型旋转至图 8-172 所示的角度。

图8-172

（17）将门锁模型沿 x 轴方向移动至图 8-173 所示的位置。

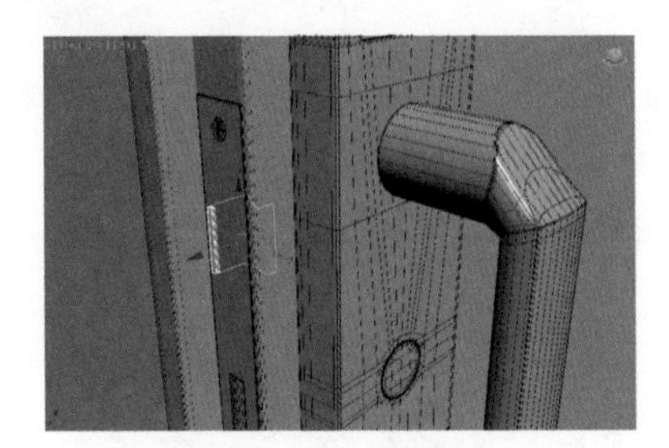

图8-173

（18）在“反应管理器”窗口中单击“创建模式”按钮右侧的“创建状态”按钮，即可在“反应管理器”窗口中添加一个新的状态，如图 8-174 所示。

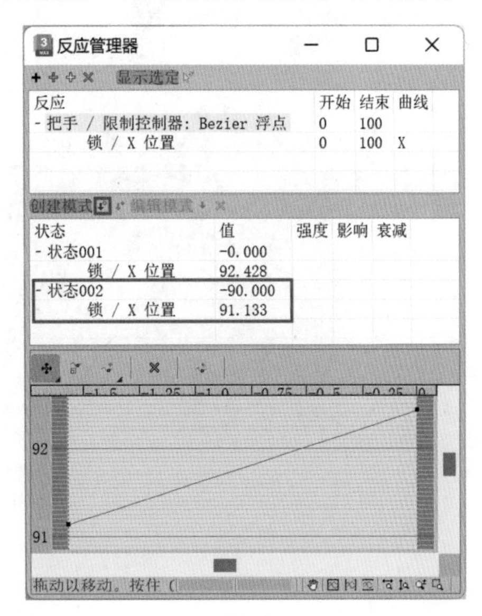

图8-174

（19）再次单击“创建模式”按钮，务必使其处于未按下状态，如图 8-175 所示，然后关闭“反应管理器”窗口。

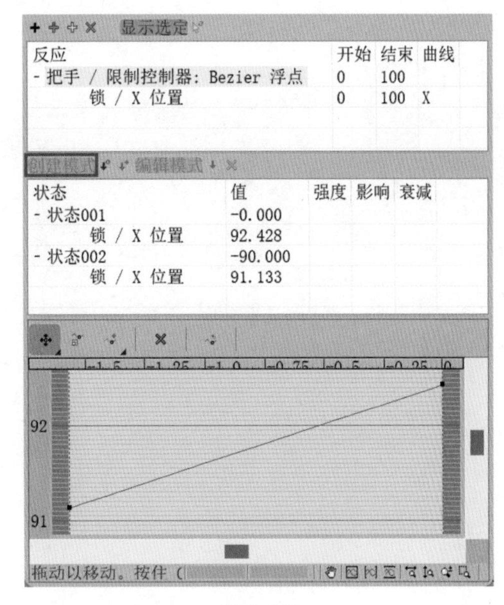

图8-175

（20）设置完成后，在场景中旋转门把手模型，即可看到门锁模型会自动产生伸缩的动画效果，如图 8-176 所示。

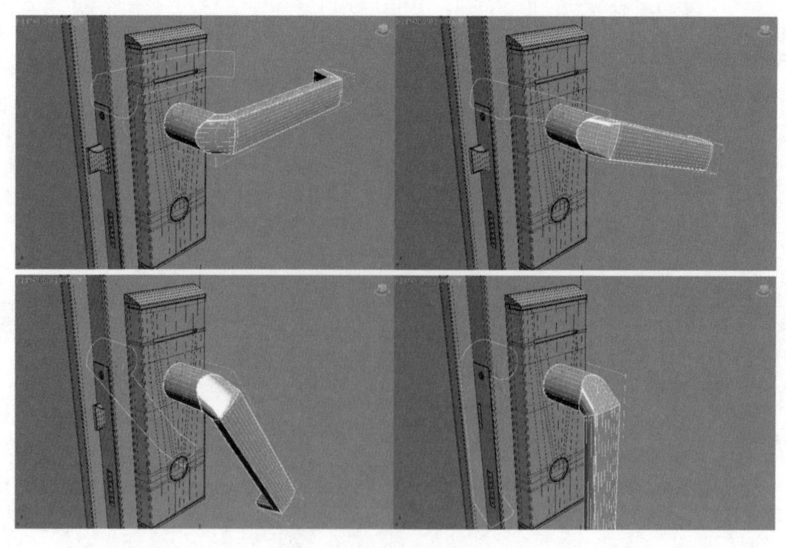

图8-176

动力学动画

9.1 动力学概述

中文版 3ds Max 2024 为动画师提供了多个功能强大且易于掌握的动力学动画模拟系统，主要有 MassFX 动力学、Cloth 修改器、流体等，主要用来制作运动规律较为复杂的自由落体动画、刚体碰撞动画、布料运动动画以及液体流动动画。这些内置的动力学动画模拟系统不但为特效动画师们提供了效果逼真、合理的动力学动画模拟解决方案，还极大地节省了手动设置关键帧所消耗的时间。不过，需要读者注意的是，某些动力学计算需要性能较高的计算机硬件支持和足够大的硬盘空间来存放计算缓存文件，这样才能够得到真实、细节丰富的动画模拟效果。

9.2 MassFX动力学

MassFX 动力学通过对对象的质量、摩擦力、反弹力等多个属性进行合理设置，可以进行非常真实的物理作用动画计算，并在对象上生成大量的动画关键帧。启动中文版 3ds Max 2024 后，在主工具栏上右击并选择“MassFX 工具栏”命令，如图 9-1 所示，即可显示跟动力学设置相关的按钮，如图 9-2 所示。

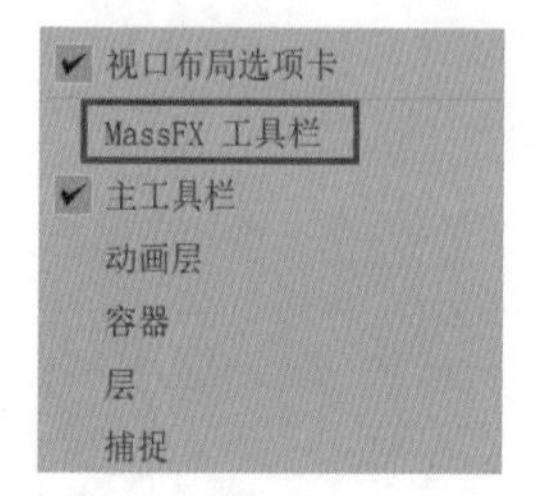

图9-1

图9-2

“MassFX 工具”面板中包含“世界参数”“模拟工具”“多对象编辑器”“显示选项”这 4 个选项卡，如图 9-3 所示。下面主要为读者讲解常用的卷展栏及参数。

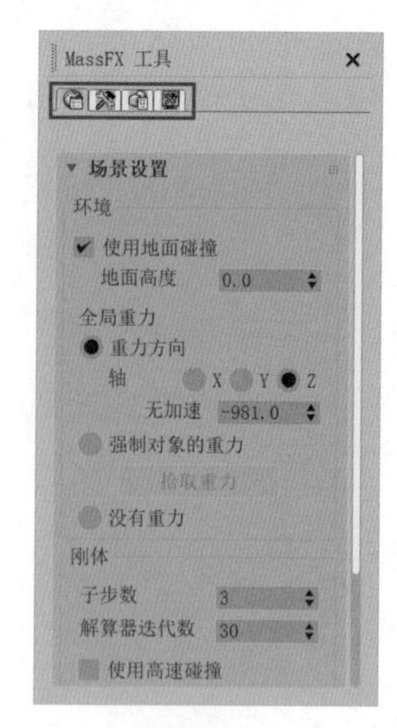

图9-3

9.2.1 “场景设置”卷展栏

在“场景设置”卷展栏中，参数如图 9-4 所示。

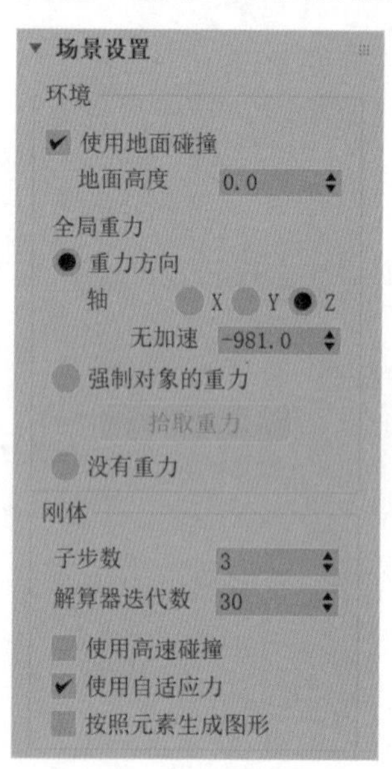

图9-4

工具解析

①“环境”组。

◆使用地面碰撞：默认勾选此复选框，MassFX 使用地面高度级别的无限、平面、静态刚体。

◆地面高度：勾选“使用地面碰撞”复选框时地面刚体的高度。

♦ 全局重力：应用于启用了“使用世界重力”的刚体和启用了“使用全局重力”的 mCloth 对象。

♦ 重力方向：应用 MassFX 中的内置重力，并且允许用户通过该参数下方的“轴”来更改重力的方向。

♦ 强制对象的重力：可以使用重力空间扭曲将重力应用于刚体。

♦ 没有重力：选择该选项时，重力不会影响模拟。

②“刚体”组。

♦ 子步数：每个图形更新之前执行的模拟步数，由公式 (子步数 + 1) × 帧速率确定。

♦ 解算器迭代数：全局设置，约束解算器强制执行碰撞和约束的次数。

♦ 使用高速碰撞：全局设置，用于切换连续的碰撞检测。

♦ 使用自适应力：勾选此复选框时，MassFX 会根据需要收缩组合防穿透力来减少堆叠和紧密聚合刚体中的抖动。

♦ 按照元素生成图形：勾选此复选框并将“MassFX 刚体”修改器应用于对象后，MassFX 会为对象中的每个元素创建一个单独的物理图形。图 9-5 所示为勾选该复选框前后的凸面外壳生成显示结果对比。

图9-5

9.2.2 “高级设置”卷展栏

在“高级设置”卷展栏中，参数如图 9-6 所示。

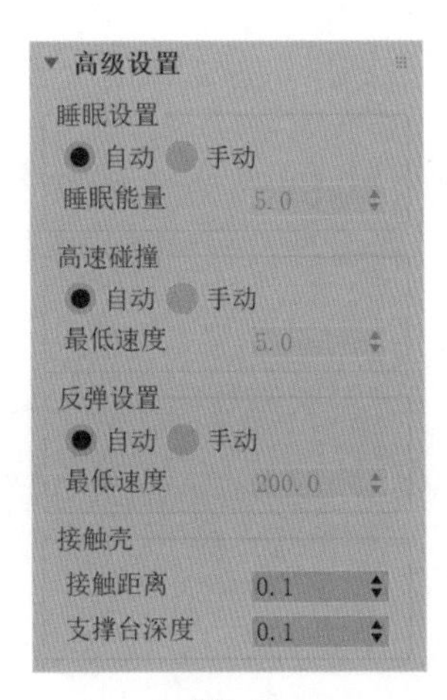

图9-6

工具解析

①“睡眠设置”组。

♦ 自动：MassFX 自动计算合理的线速度和角速度睡眠阈值，高于该阈值即应用睡眠。

♦ 手动：允许用户手动设置要覆盖速度和自旋的启发式值。

♦ 睡眠能量：设置“睡眠”机制测量对象的移动量。

②“高速碰撞”组。

♦ 自动：MassFX 使用试探式算法来计算合理的速度阈值，高于该阈值即应用高速碰撞方法。

♦ 手动：选择该选项，用户可以手动设置要覆盖速度的自动值。

♦ 最低速度：通过设置该值可以在模拟中使得移动速度快于此速度（以“单位 / 秒”为单位）的刚体自动进入高速碰撞模式。

③“反弹设置”组。

♦ 自动：MassFX 使用试探式算法来计算合理的最低速度阈值，高于该阈值即应用反弹。

♦ 手动：用户可以手动设置要覆盖速度的试探式值。

♦ 最低速度：通过设置该值可以在模拟中使得移动速度快于此速度（以“单位 / 秒”为单位）的刚体相互反弹。

④“接触壳”组。

♦ 接触距离：允许移动刚体重叠的距离。

♦ 支撑台深度：允许支撑体重叠的距离。

9.2.3 “引擎”卷展栏

在“引擎”卷展栏中，参数如图 9-7 所示。

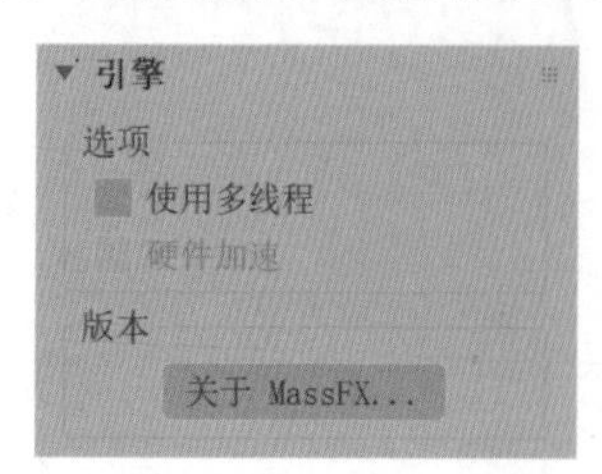

图9-7

工具解析

①“选项”组。

♦ 使用多线程：勾选此复选框时，如果 CPU 具有多个内核，则 CPU 可以执行多线程，以加快模拟的计算速度。这在某些条件下可以提高性能；但是，连续进行模拟的结果可能会不同。

♦ 硬件加速：勾选此复选框时，如果用户的系统配备了 NVIDIA GPU，则可使用硬件加速来执行某些计算。这在某些条件下可以提高性能；但是，连续进行模拟的结果可能会不同。

②“版本”组。

♦ “关于 MassFX”按钮：单击该按钮可以打开“关于 MassFX”对话框来查看当前 MassFX 的版本信息，如图 9-8 所示。

图9-8

9.2.4 “模拟”卷展栏

在“模拟”卷展栏中，参数如图 9-9 所示。

图9-9

工具解析

①“播放”组。

♦ “重置模拟”按钮：将动力学刚体设置为初始变换状态。

♦ “开始模拟”按钮：从当前帧开始模拟动画。

♦ “开始没有动画的模拟”按钮：模拟运行时，时间滑块不会前进。

♦ “逐帧模拟”按钮：运行一个帧的模拟并使时间滑块前进一帧。

②“模拟烘焙”组。

♦ “烘焙所有”按钮：将所有动力学对象的变换存储为动画关键帧。

♦ “烘焙选定项”按钮：只烘焙选定动力学对象的动画关键帧。

♦ “取消烘焙所有”按钮：删除动力学对象经烘焙得到的所有关键帧。

♦ “取消烘焙选定项”按钮：取消烘焙选定动力学对象的关键帧。

③“捕获变换”组。

♦ “捕获变换”按钮：将每个选定动力学对象的初始变换设置为当前变换。

9.2.5 “模拟设置”卷展栏

在“模拟设置”卷展栏中，参数如图 9-10 所示。

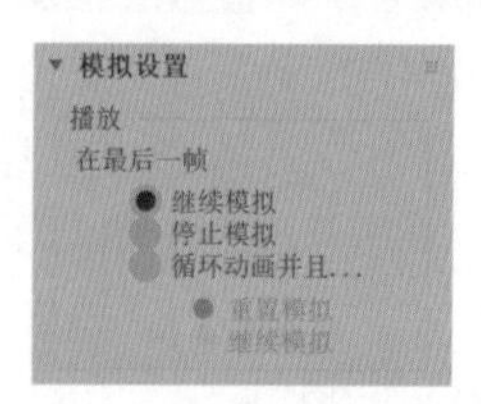

图9-10

工具解析

♦ 在最后一帧：选择当动画进行到最后一帧时是否继续进行模拟，3ds Max 2024 为用户提供了“继续模拟”“停止模拟”“循环动画并且重置模拟”“循环动画并且继续模拟”这 4 个选项。

9.2.6 “实用程序”卷展栏

在“实用程序”卷展栏中，参数如图 9-11 所示。

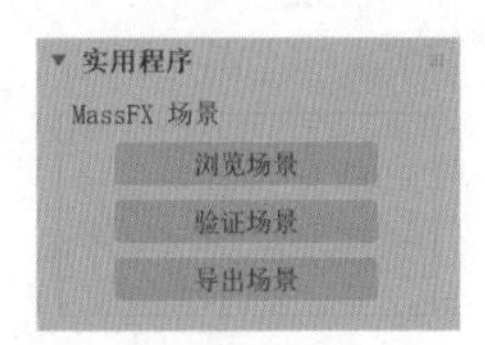

图9-11

工具解析

♦ 浏览场景 “浏览场景”按钮：单击该按钮可以打开“场景资源管理器 -MassFX 资源管理器”对话框，如图 9-12 所示。

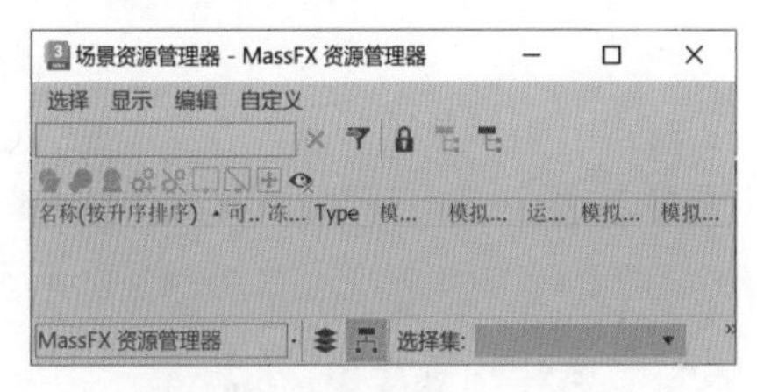

图9-12

♦ 验证场景 “验证场景”按钮：单击该按钮可以打开“验证 PhysX 场景”对话框来验证各种场景元素是否违反模拟要求，如图 9-13 所示。

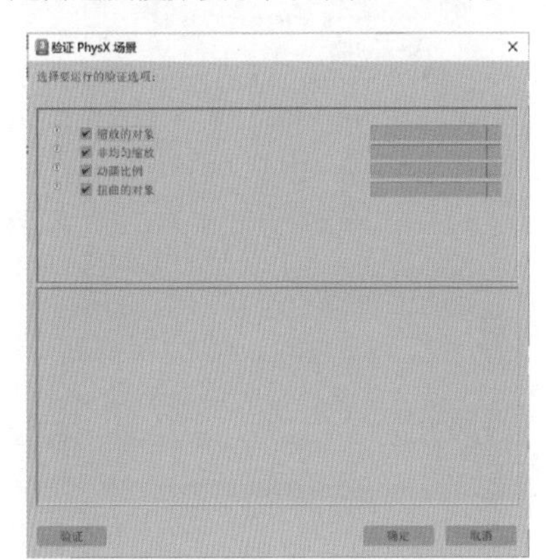

图9-13

♦ 导出场景 “导出场景”按钮：将场景导出为 PXPROJ 文件以使得该模拟可用于其他程序。

9.2.7 “刚体”卷展栏

在“刚体”卷展栏中，参数如图 9-14 所示。

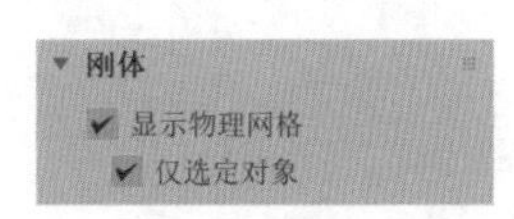

图9-14

工具解析

♦ 显示物理网格：勾选此复选框时，物理网格会显示在视口中，且可以勾选“仅选定对象”复选框。

♦ 仅选定对象：勾选此复选框时，仅选定对象的物理网格显示在视口中。

9.2.8 实例：制作胶囊掉落动画

本实例将制作多个胶囊掉进药瓶的动画，图 9-15 所示为本实例的动画完成渲染的效果。

图9-15

（1）启动中文版 3ds Max 2024，打开本书配套资源“药瓶 .max”文件，场景里面有一些胶囊模型和一个药瓶模型，如图 9-16 所示。

图9-16

（2）选择场景中的所有胶囊模型，如图 9-17 所示。

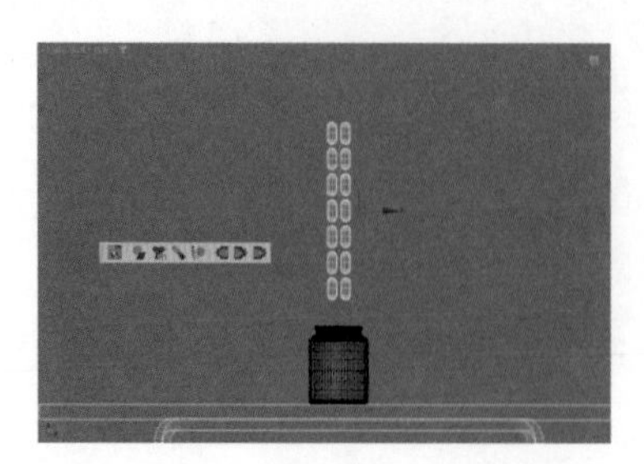

图9-17

（3）单击“将选定项设置为动力学刚体”按钮，如图 9-18 所示。

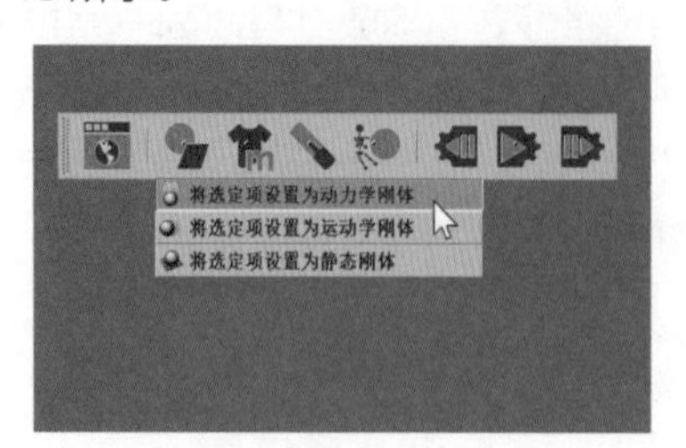

图9-18

（4）选择场景中的药瓶模型，单击“将选定项设置为静态刚体”按钮，如图 9-19 所示。

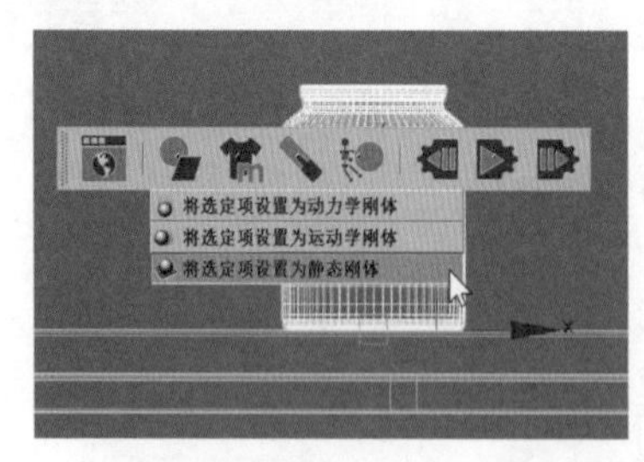

图9-19

（5）在“修改”面板中，展开“物理图形”卷展栏，设置“图形类型”为“原始的”，如图 9-20 所示。

图9-20

（6）在场景中选择所有胶囊模型，在“MassFX 工具”面板中，展开“场景设置”卷展栏，设置“子步数”为 5，“解算器迭代数”为 20，如图 9-21 所示，提高动力学的计算精度。

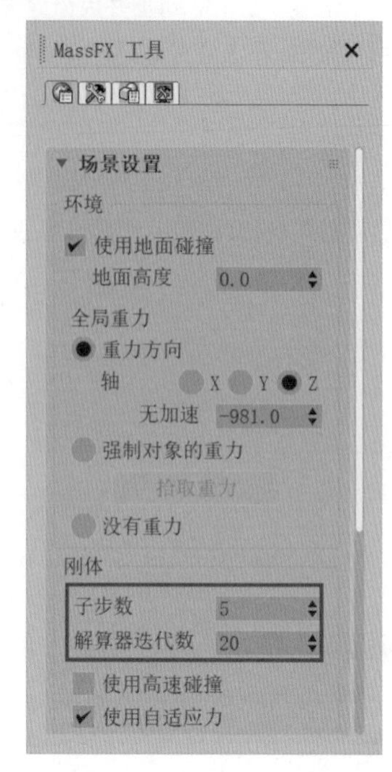

图9-21

（7）展开“刚体属性”卷展栏，单击“烘焙”按钮，如图 9-22 所示，开始动力学动画的计算。

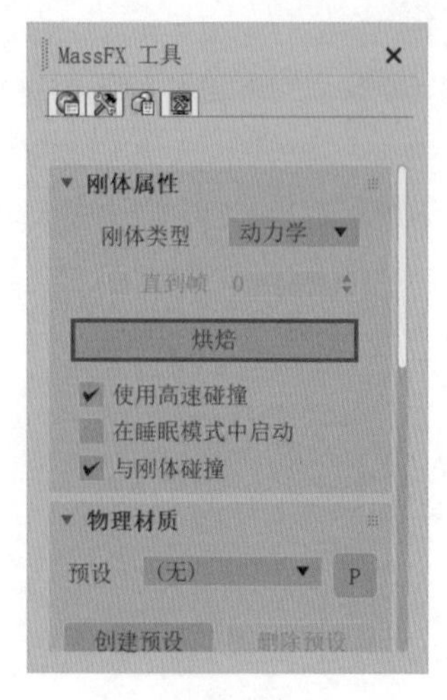

图9-22

（8）计算完成后，播放场景动画，本实例的最终动画效果如图 9-23 所示。

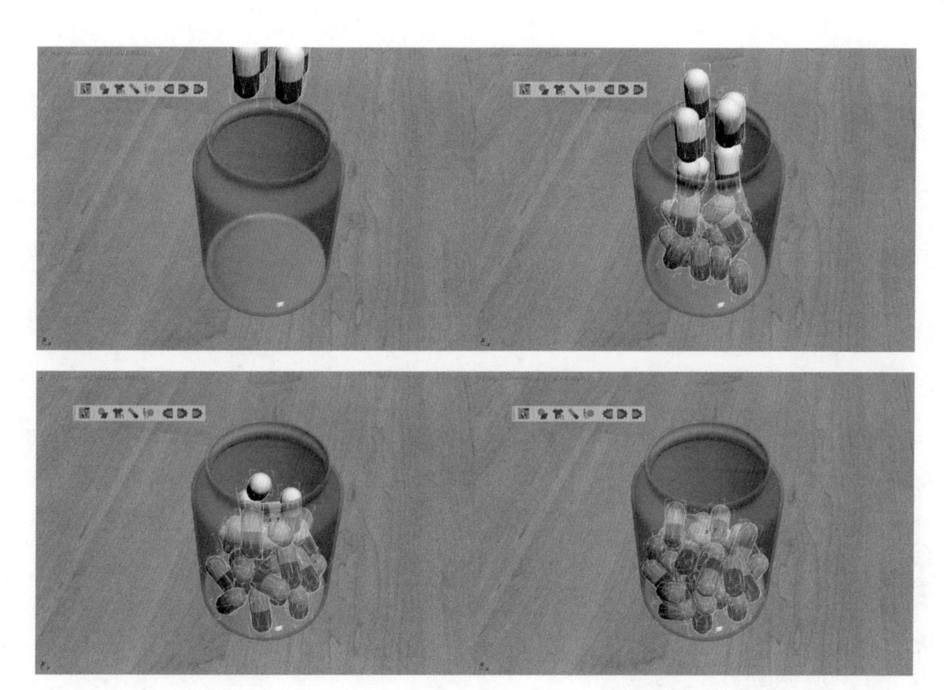

图9-23

9.2.9 实例：制作碰撞破碎动画

本实例将制作杯子被碰撞所产生的破碎动画，图 9-24 所示为本实例的动画完成渲染的效果。

图9-24

（1）启动中文版 3ds Max 2024，打开本书配套资源“杯子 .max”文件，场景里面有一个杯子模型和一个与杯子模型交叉的平面模型，如图 9-25 所示。

图9-25

技巧与提示 本小节的教学视频中还为读者介绍了平面模型的制作方法。

（2）选择平面模型，如图9-26所示。

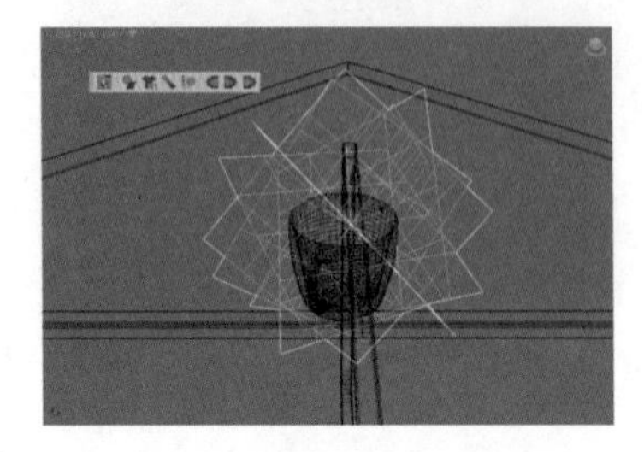

图9-26

（3）在“创建”面板中单击ProCutter按钮，如图9-27所示。

图9-27

（4）展开“切割器拾取参数”卷展栏，勾选“自动提取网格”复选框和“按元素展开”复选框，如图9-28所示。

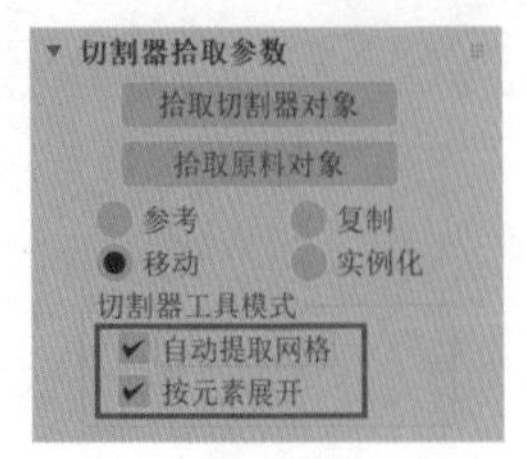

图9-28

（5）展开“切割器参数”卷展栏，勾选“被切割对象在切割器对象之内”复选框，如图9-29所示。

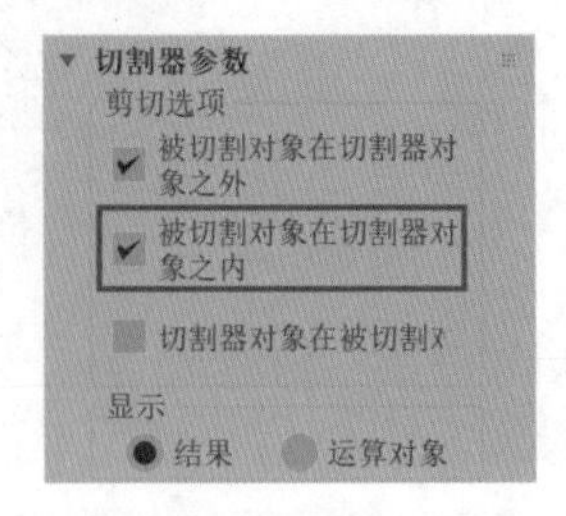

图9-29

（6）设置完成后，单击“切割器拾取参数”卷展栏中的“拾取原料对象”按钮，如图9-30所示，拾取场景中的杯子模型进行切割计算。

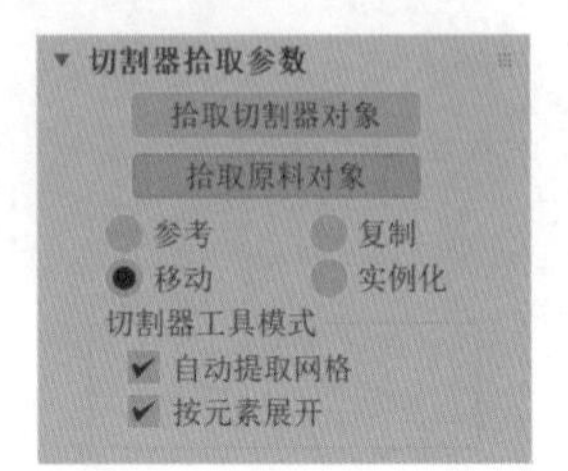

图9-30

（7）切割计算完成后，即可删除场景中的平面模型，可以看到最终杯子模型的破碎效果如图9-31所示。

图9-31

（8）在“创建”面板中单击“球体”按钮，如图9-32所示。

图9-32

（9）在“顶”视图中创建一个球体模型，如图 9-33 所示。

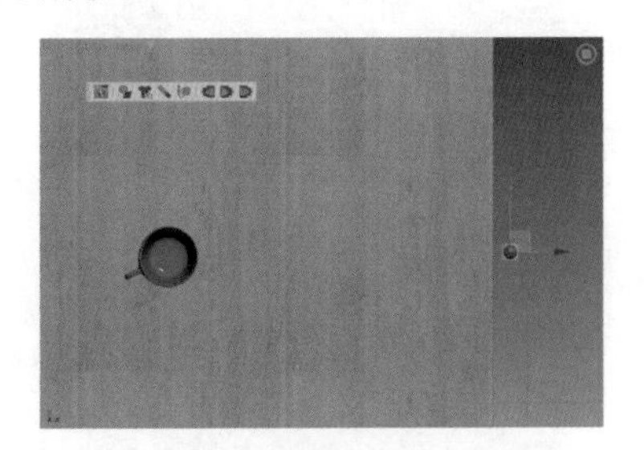

图9-33

（10）在“修改”面板中，调整球体的“半径”为 1，如图 9-34 所示。

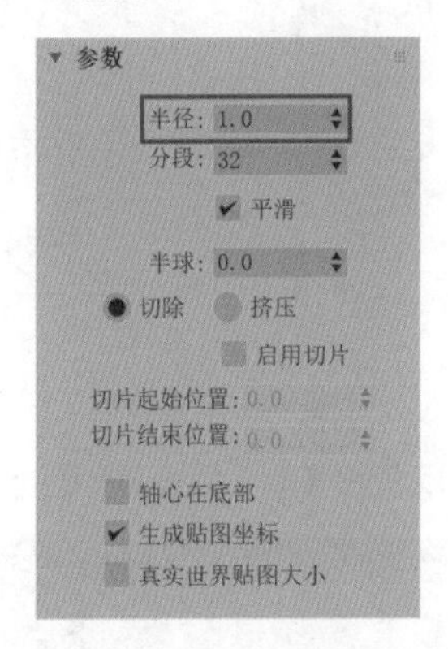

图9-34

（11）在“左”视图中，调整球体的位置，如图 9-35 所示。

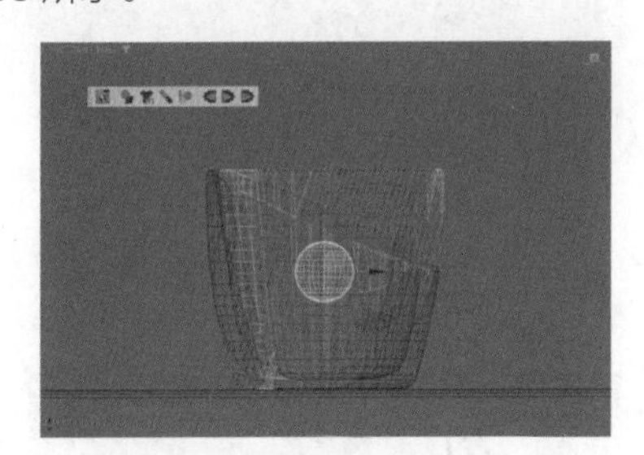

图9-35

（12）将“新建关键点的默认入 / 出切线”设置为“线性”，如图 9-36 所示。

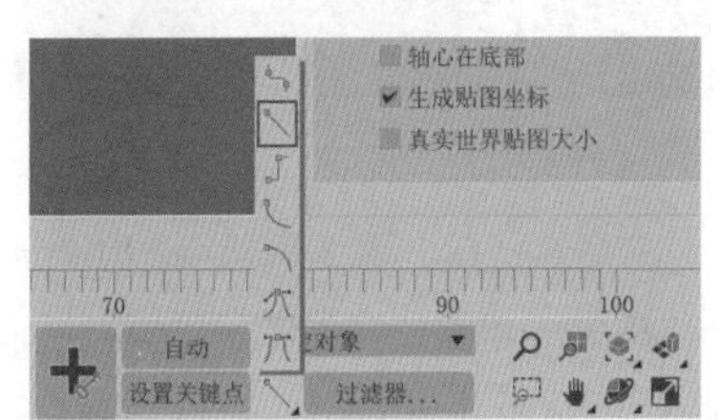

图9-36

（13）单击工作界面右下方的“自动”按钮，使其处于背景色为红色的按下状态，如图 9-37 所示。

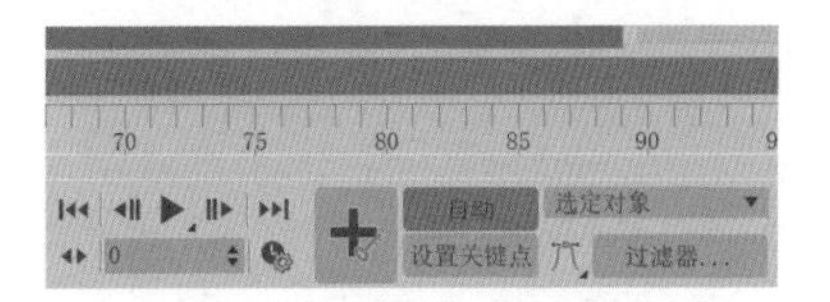

图9-37

（14）在第 10 帧处，将球体调整到图 9-38 所示的位置，制作出匀速运动的动画效果。

图9-38

（15）选择场景中的球体，在 MassFX 工具栏中单击“将选定项设置为运动学刚体”按钮，如图 9-39 所示。

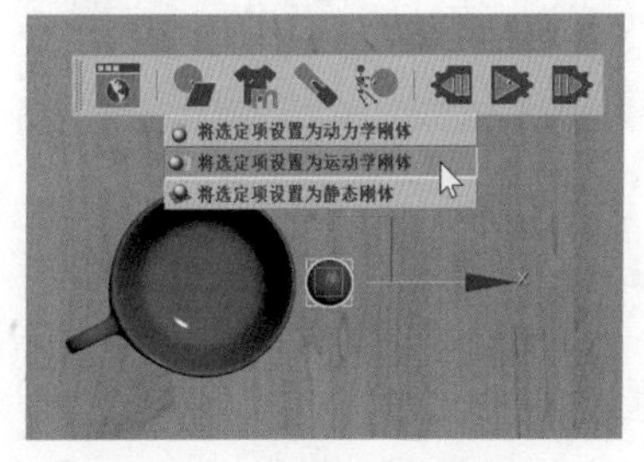

图9-39

（16）在“FassFX 工具”面板中，展开“刚体属性”卷展栏，勾选“直到帧”复选框，并设置直到帧的值为 10，如图 9-40 所示。

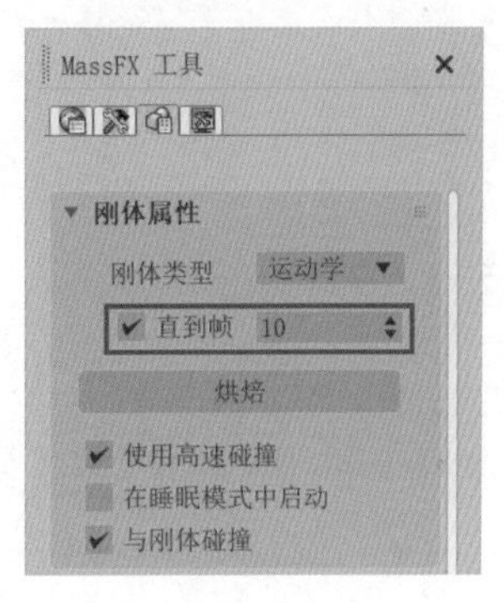

图9-40

（17）在“物理材质属性”卷展栏中，设置球体的“质量”为0.6，如图9-41所示。

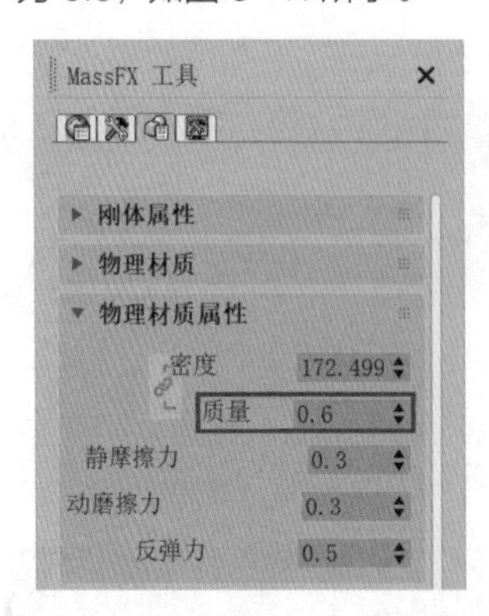

图9-41

（18）在场景中选择杯子的所有碎片模型，在MassFX工具栏中单击“将选定项设置为动力学刚体”按钮，如图9-42所示。

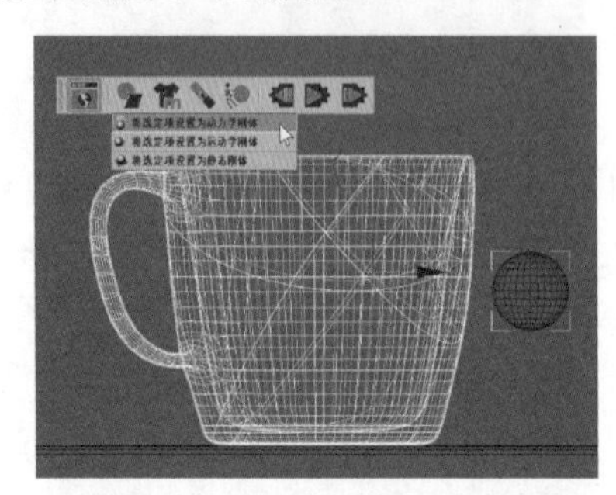

图9-42

（19）在本实例中，希望杯子碎片模型在球体还没有撞击上之前保持初始位置，所以打开“MassFX工具”面板后，需要在“多对象编辑器”选项卡中勾选“在睡眠模式中启动”复选框，如图9-43所示。

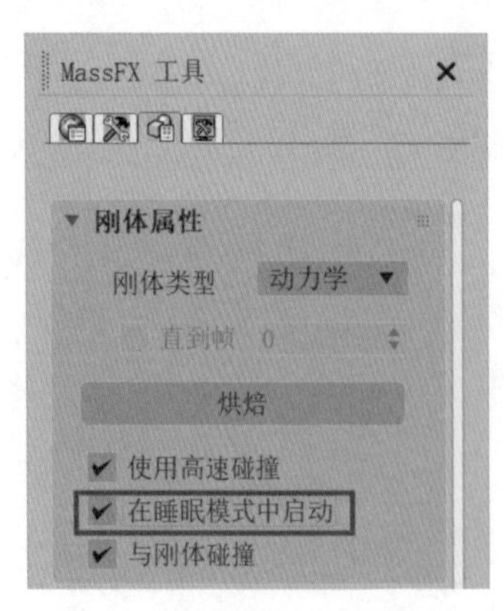

图9-43

（20）在“场景设置”卷展栏中，设置“刚体”组的“子步数”为10，设置“解算器迭代数”为40，如图9-44所示，提高动力学的解算精度。

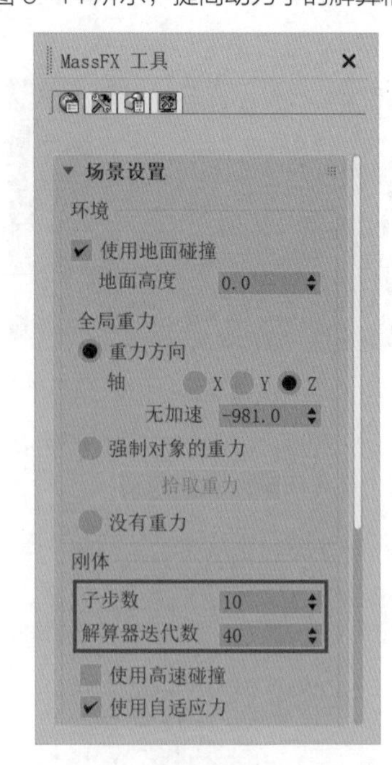

图9-44

（21）选择桌面模型，如图9-45所示。

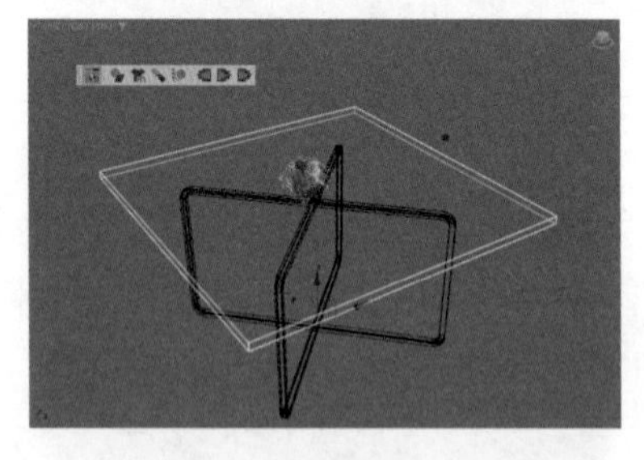

图9-45

（22）单击“将选定项设置为静态刚体”按钮，如图9-46所示。

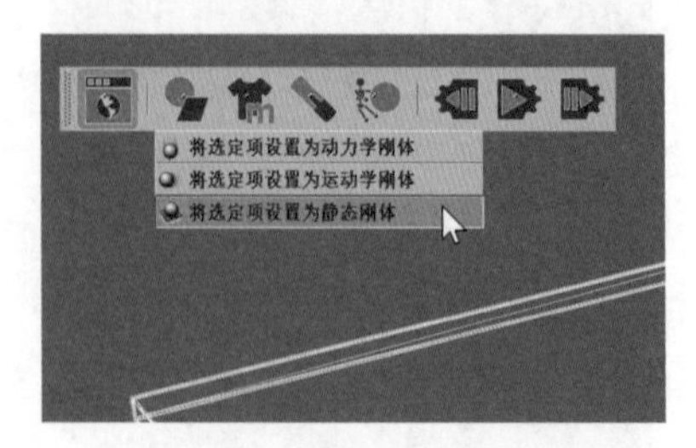

图9-46

（23）设置完成后，选择场景中的所有杯子碎片模型和球体模型，单击“多对象编辑器”选项卡内的“烘焙”按钮，如图9-47所示，计算动力学动画。

图9-47

（24）动力学动画计算完成后，拖动时间滑块，本实例计算出来的杯子被球体击碎所产生的动画效果如图 9-48 所示。

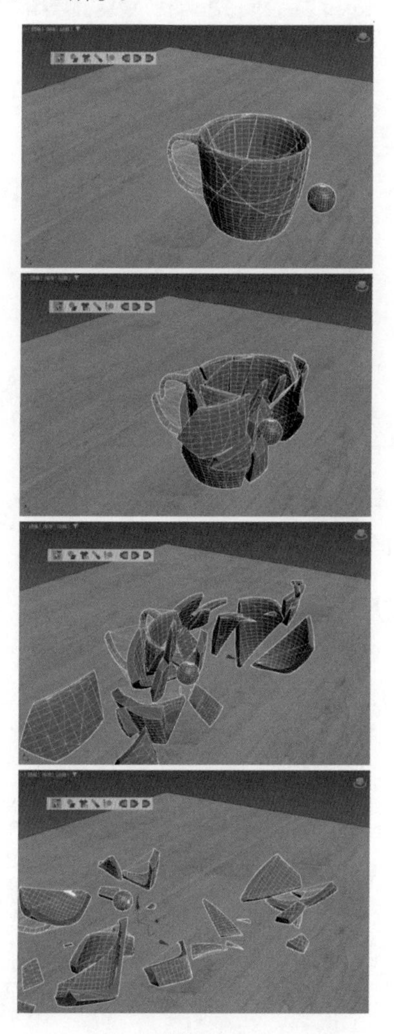

图9-48

9.2.10　实例：制作布料下落动画

本实例为读者详细讲解使用 MassFX 动力学系统来制作布料自由下落的动画，最终渲染动画序列如图 9-49 所示。

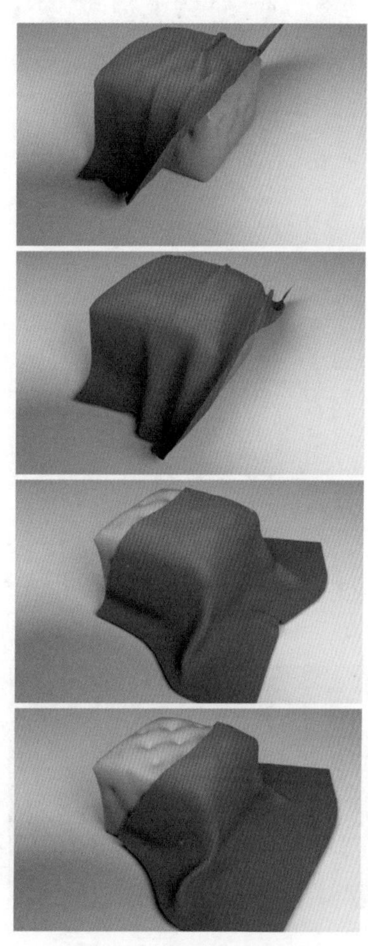

图9-49

（1）启动中文版 3ds Max 2024，打开本书附带的配套资源“凳子.max”文件，本实例的场景中有一个沙发凳模型和一个平面模型，如图9-50所示。

图9-50

（2）选择场景中的沙发凳模型，单击“将选定项设置为静态刚体”按钮，如图 9-51 所示。

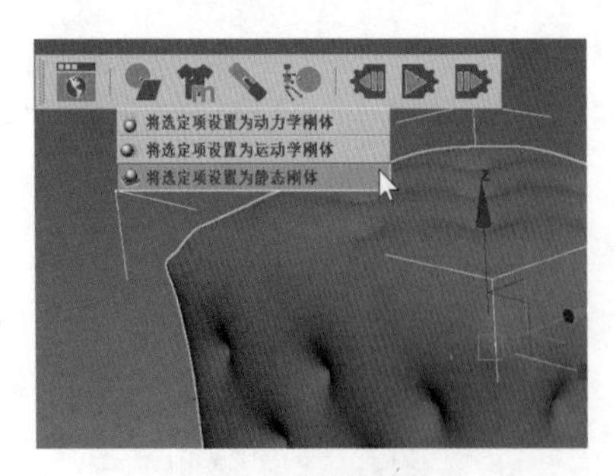

图9-51

（3）设置完成后，可以看到系统自动为沙发凳模型添加了 MassFX Rigid Body 修改器，如图 9-52 所示。

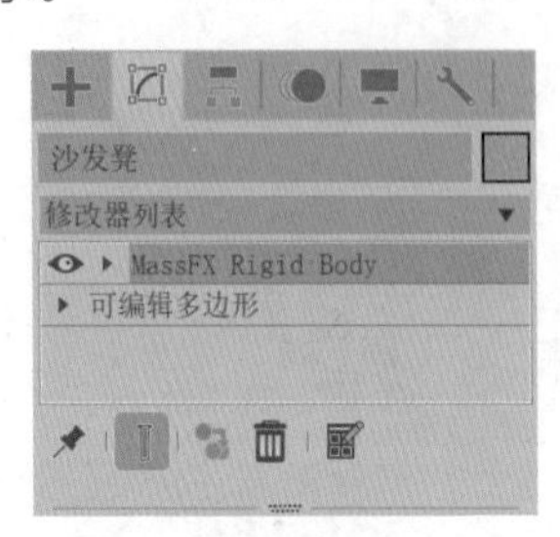

图9-52

（4）选择场景中的平面模型，单击“将选定对象设置为 mCloth 对象”按钮，如图 9-53 所示。

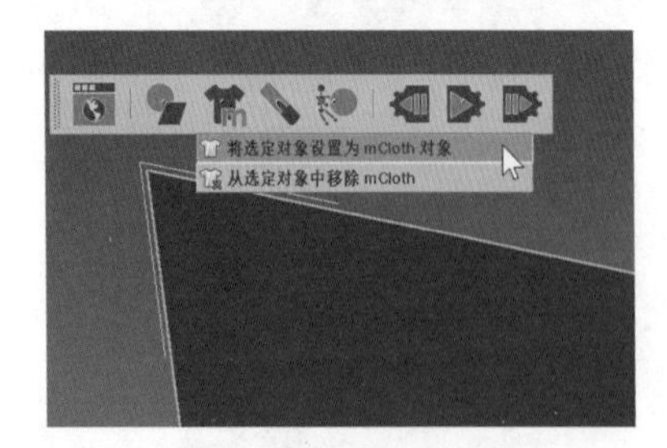

图9-53

（5）设置完成后，系统会自动为平面模型添加 mCloth 修改器，如图 9-54 所示。

图9-54

（6）在“mCloth 模拟”卷展栏中，单击“烘焙”按钮，如图 9-55 所示，即可看到 3ds Max 2024 开始对平面模型进行布料动画模拟。

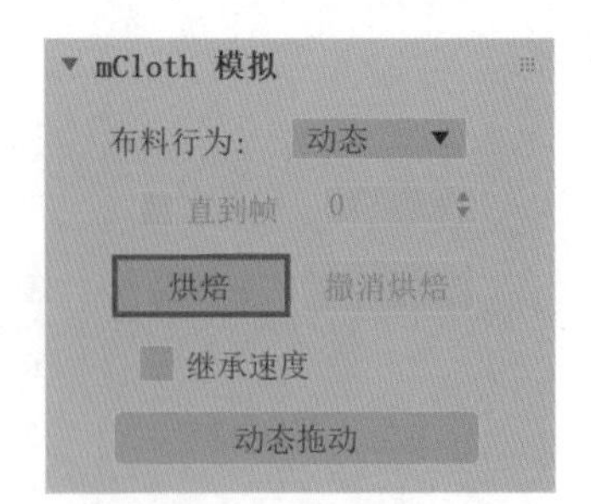

图9-55

（7）计算完成后，布料的模拟效果如图 9-56 所示。

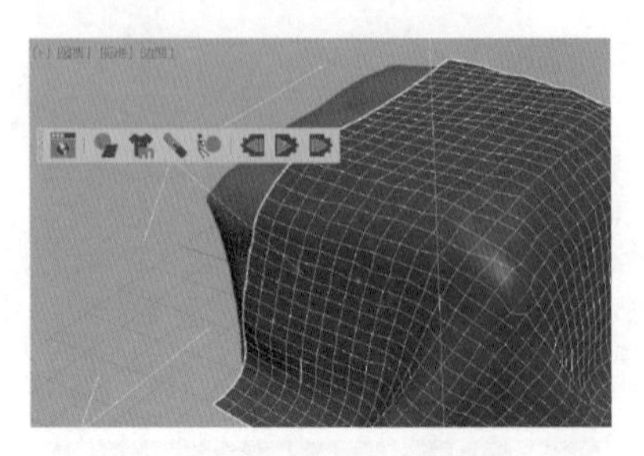

图9-56

（8）在“mCloth 模拟”卷展栏中，单击“撤销烘焙”按钮，如图 9-57 所示。

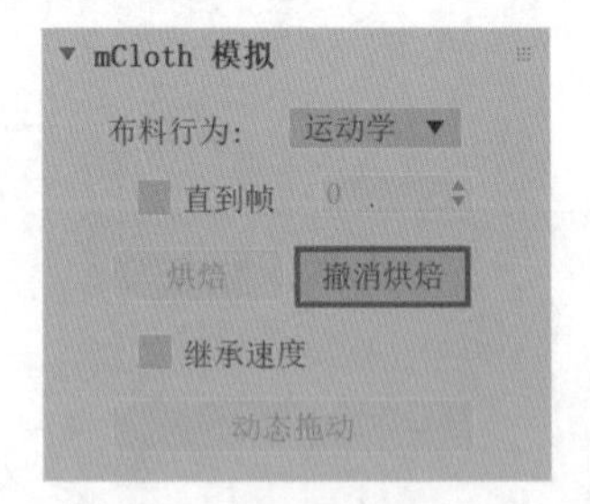

图9-57

（9）在“交互”卷展栏中，设置“自厚度”为 12，如图 9-58 所示。

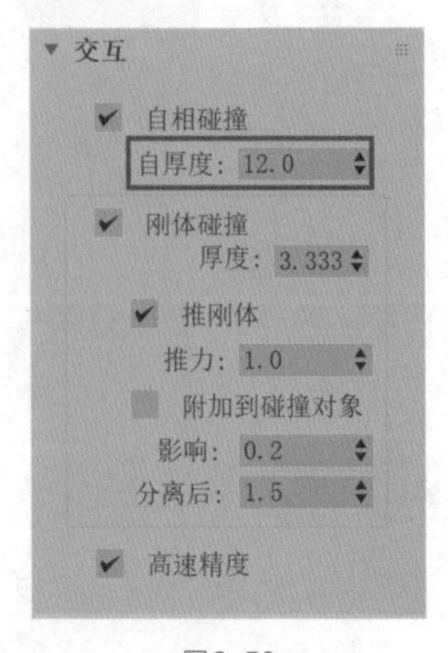

图9-58

（10）设置完成后，再次单击“烘焙”按钮进行布料动画模拟计算，本实例的最终动画的完成效果如图 9-59 所示。

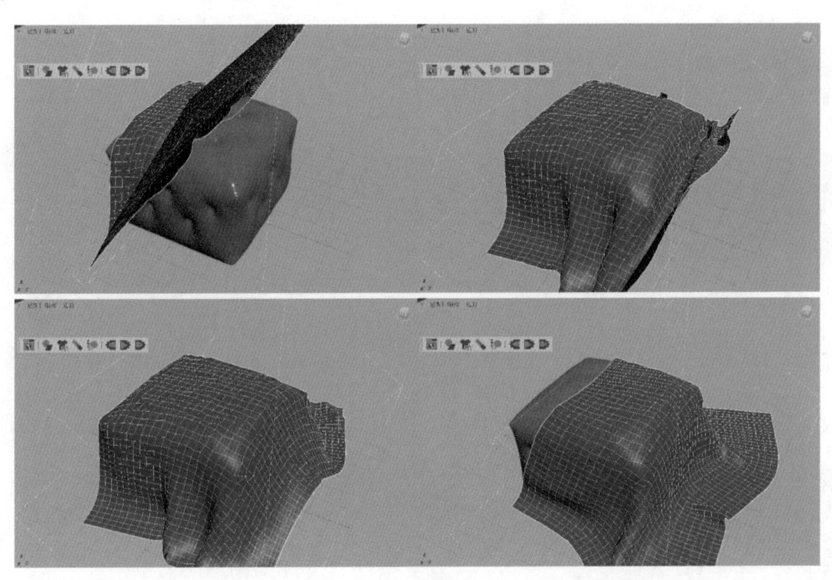

图9-59

技巧与提示 在MassFX动力学系统中，将模型设置为布料对象后，系统会自动为模型添加mCloth修改器。3ds Max 2024还有一个Cloth修改器与mCloth修改器非常相似，接下来的实例，我们就来学习一下Cloth修改器的使用方法。

9.2.11　实例：制作小旗飘动动画

本实例为读者详细讲解使用 Cloth 修改器来制作小旗飘动的动画，最终渲染动画序列如图 9-60 所示。

图9-60

（1）启动中文版3ds Max 2024，打开本书配套资源“小旗.max”文件，如图9-61所示。

图9-61

（2）在“创建”面板中单击“风”按钮，如图9-62所示。

图9-62

（3）在“顶”视图中创建一个风对象，如图9-63所示。

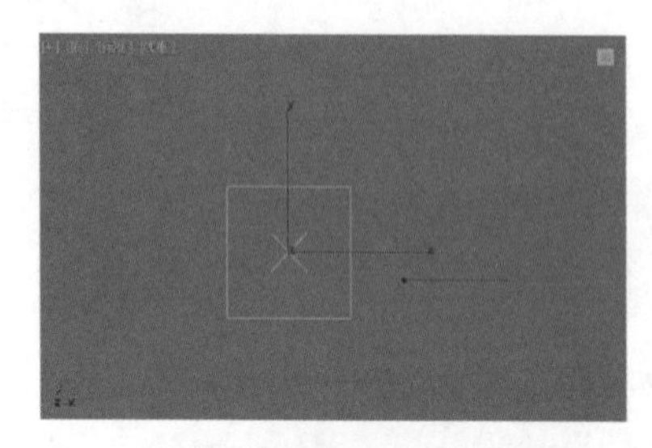

图9-63

（4）在“前”视图中，调整风对象的位置和角度，如图9-64所示。

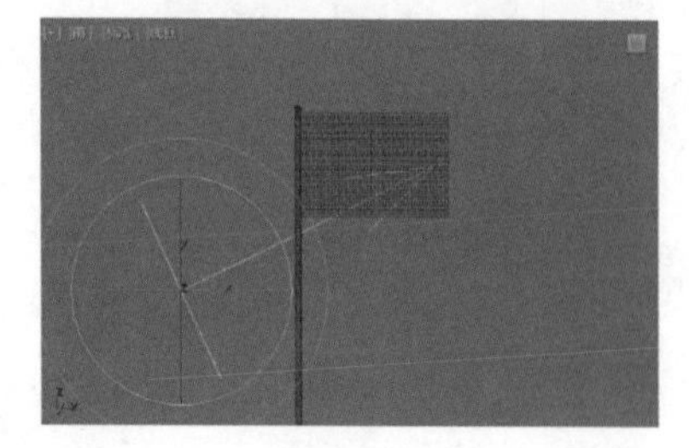

图9-64

（5）在“修改”面板中，设置风的“强度”为15，“湍流”为2，“频率”为2，如图9-65所示。

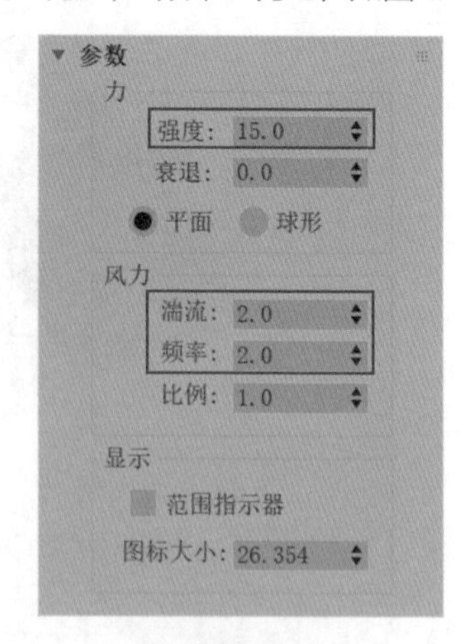

图9-65

（6）选择小旗模型，在“修改”面板中，为其添加Cloth修改器，如图9-66所示。

图9-66

（7）单击“对象”卷展栏中的“对象属性”按钮，如图9-67所示。

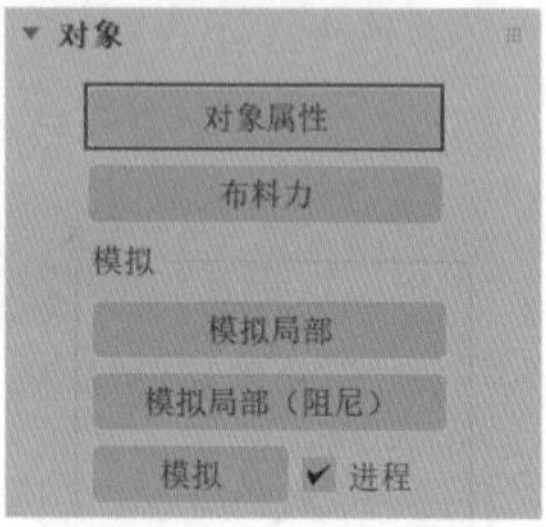

对象
对象属性
布料力
模拟
模拟局部
模拟局部（阻尼）
模拟
进程

图9-67

（8）在弹出的“对象属性”对话框中，设置小旗模型为“布料”，如图9-68所示，单击下方的“确定”按钮。

（9）单击“对象”卷展栏中的“布料力”按钮，如图9-69所示。

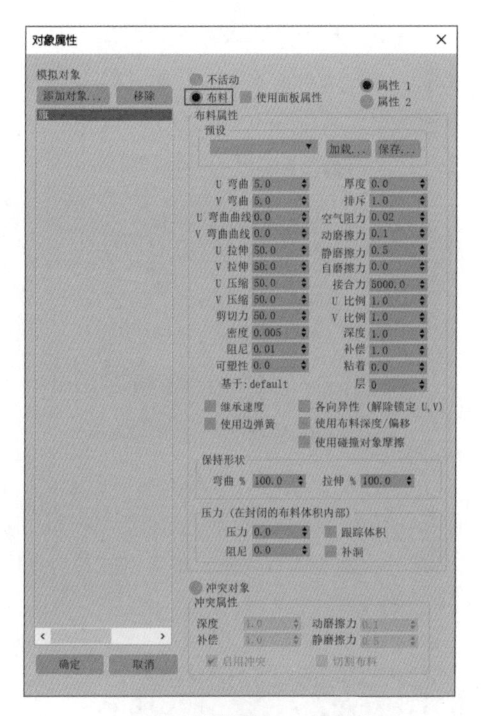

图9-68

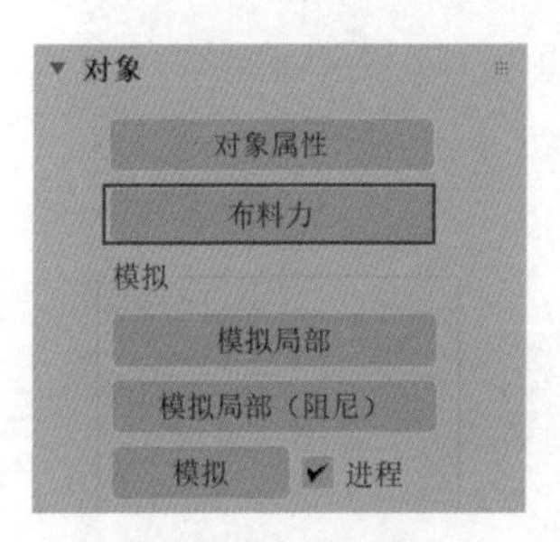

图9-69

（10）在打开的“力”对话框中选择刚刚创建的风对象，单击■按钮，将其移动至“模拟中的力”列表里，如图9-70所示。

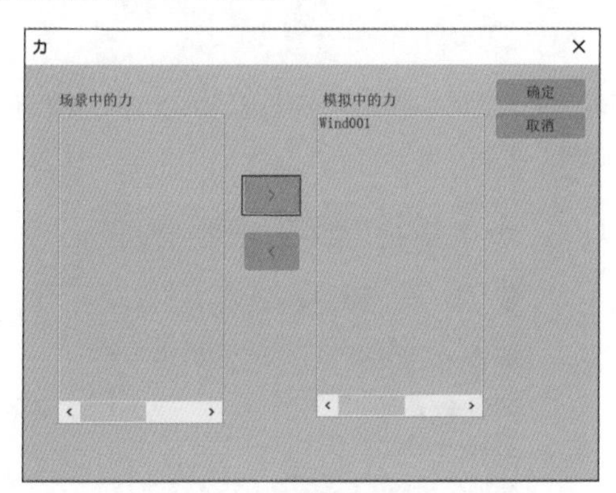

图9-70

（11）进入Cloth修改器中的“组”子层级，如图9-71所示。

图9-71

（12）选择图9-72所示的顶点。单击“组”卷展栏中的“设定组”按钮，如图9-73所示，将其设置为一个组合。

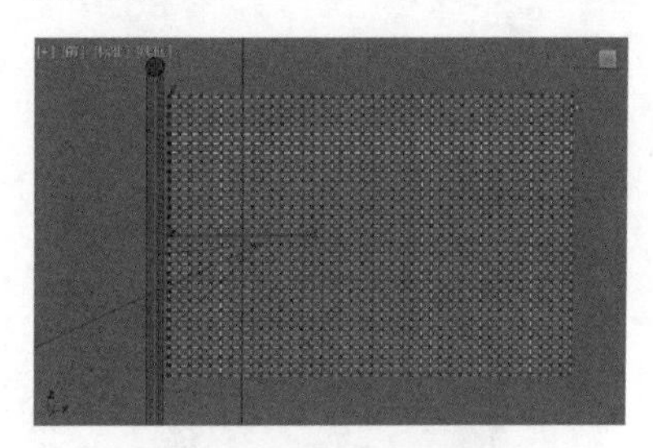

图9-72

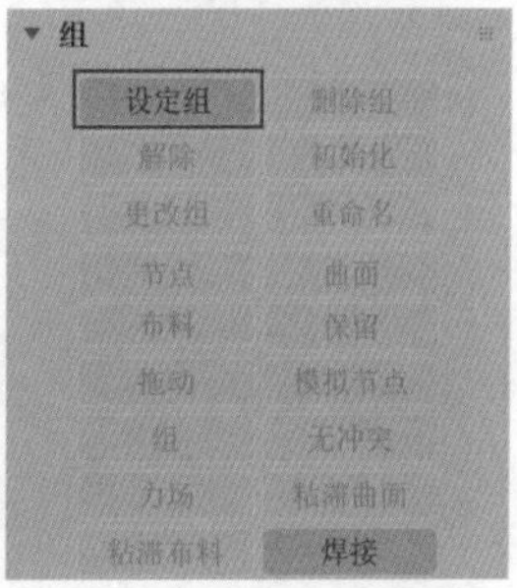

图9-73

（13）单击“组”卷展栏中的“节点”按钮，如图9-74所示；然后在场景中单击旗杆模型，将小旗的顶点组合约束至场景中的旗杆模型上，如图9-75所示。

图9-74

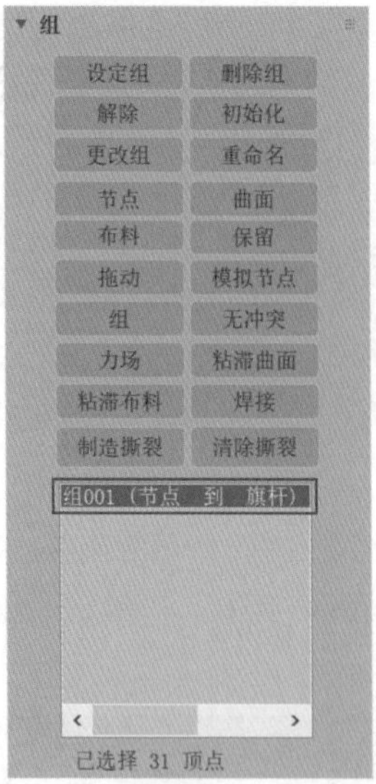

组
设定组 删除组
解除 初始化
更改组 重命名
节点 曲面
布料 保留
拖动 模拟节点
组 无冲突
力场 粘滞曲面
粘滞布料 焊接
制造撕裂 清除撕裂
组001（节点 到 旗杆）
已选择 31 顶点

图9-75

（14）设置完成后，在“对象”卷展栏中单击“模拟”按钮，如图9-76所示，开始计算小旗的布料动画。

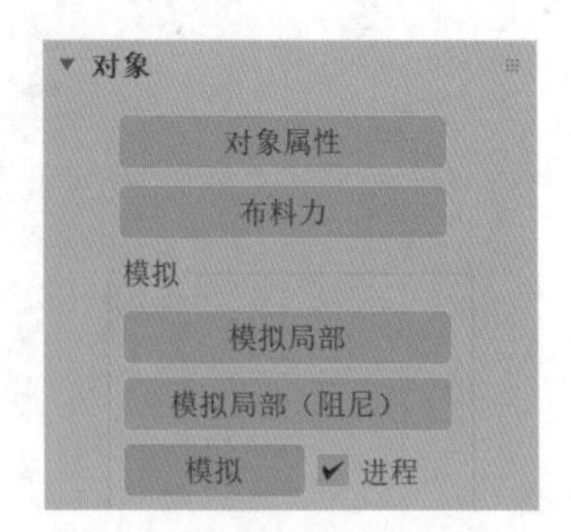

图9-76

（15）经过一段时间的系统计算后，布料动画就计算完成了。播放场景动画，本实例的最终动画效果如图9-77所示。

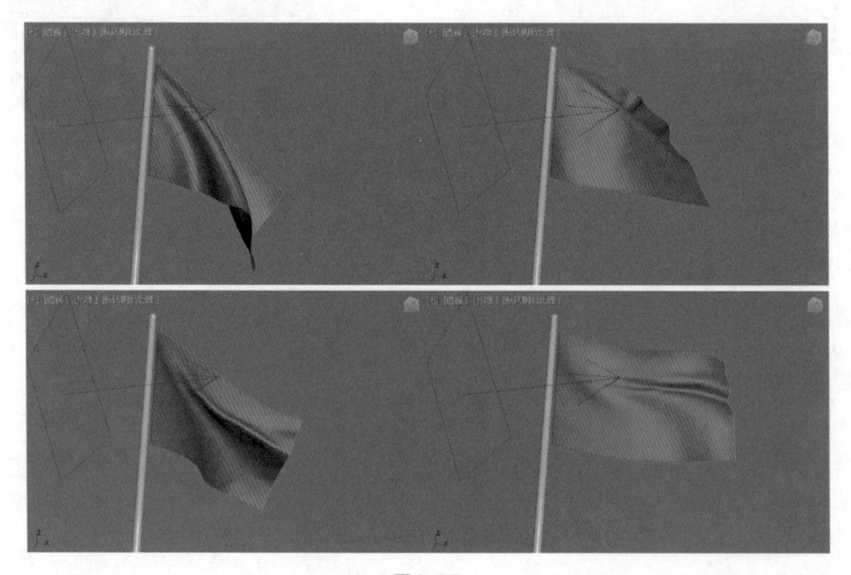

图9-77

9.3 流体

中文版3ds Max 2024为用户提供了功能强大的液体模拟系统——流体，使用该动力学系统，特效动画师们可以制作出效果逼真的水、油等液体流动的动画。在“创建”面板的下拉列表中选择“流体”选项，即可看到“对象类型”卷展栏中为用户提供了“液体”按钮和“流体加载器”按钮，如图9-78所示。其中“液体”按钮用来创建液体并计算液体流动动画，而“流体加载器”按钮则用来添加现有的计算完成的“缓存文件”。

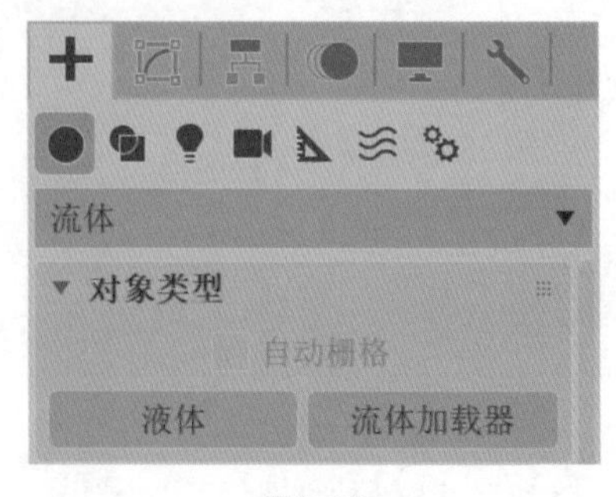

图9-78

9.3.1 液体

在“创建”面板中单击“液体”按钮，即可在场景中绘制出一个“液体”图标，如图 9-79 所示。

图9-79

在“修改”面板中，可以看到液体包括“设置”卷展栏和“发射器”卷展栏，如图 9-80 所示。其中，“设置”卷展栏里只有一个“模拟视图”按钮，单击该按钮可以打开“模拟视图”面板，如图 9-81 所示。

图9-80

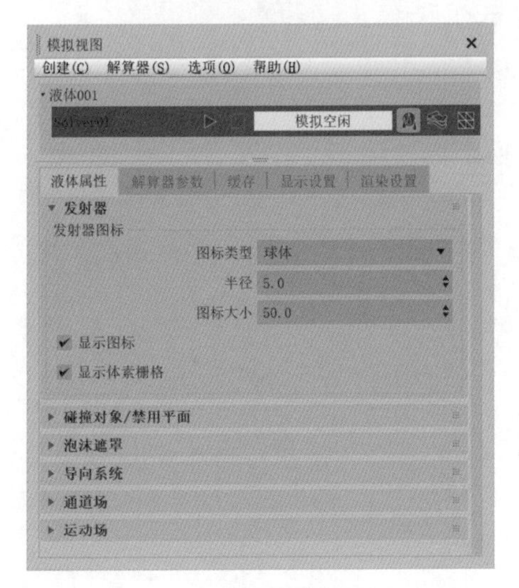

图9-81

“模拟视图”面板里面包含流体动力学系统的全部参数。“修改”面板中的“发射器”卷展栏里的参数与“模拟视图”面板中的“发射器”卷展栏里的参数完全一样，读者可以参考 9.3.2 小节进行学习。

9.3.2 “发射器”卷展栏

在“发射器”卷展栏中，参数如图 9-82 所示。

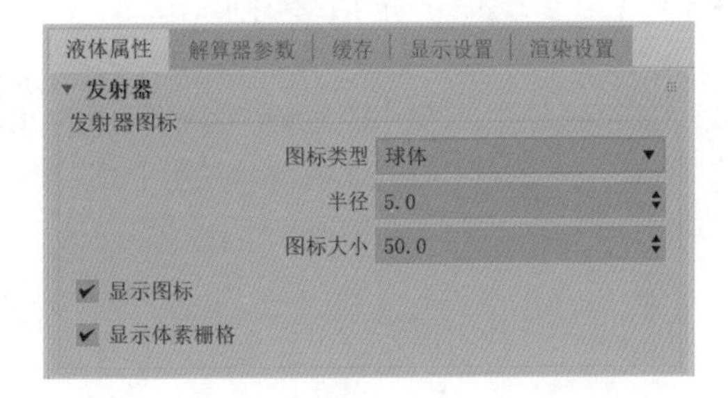

图9-82

工具解析

◆图标类型：选择发射器的图标类型，有“球体”“长方体”“平面”“自定义”等选项，如图 9-83 所示。

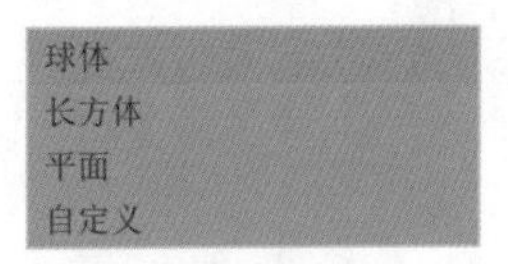

图9-83

◆半径：设置球体发射器的半径。

◆图标大小：设置“液体”图标的大小。

◆显示图标：在视口中显示“液体”图标。

◆显示体素栅格：显示体素栅格以可视化当前基础体素的大小。

9.3.3 “碰撞对象/禁用平面”卷展栏

在“碰撞对象 / 禁用平面”卷展栏中，参数如图 9-84 所示。

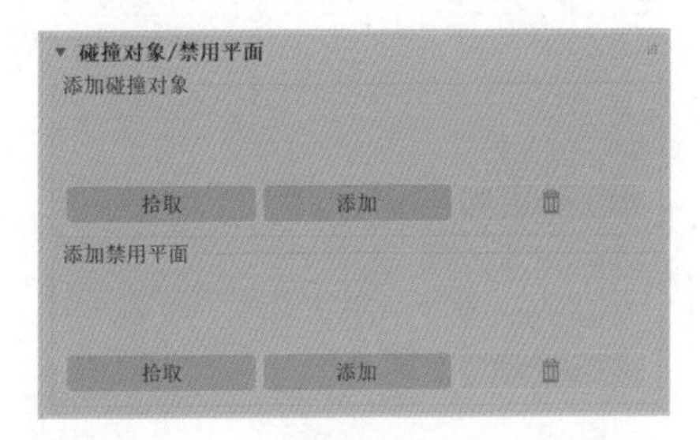

图9-84

工具解析

♦“添加碰撞对象”列表：单击该列表下方的“拾取”按钮可以拾取场景中的对象作为碰撞对象，单击“添加”按钮可以从对话框中选择碰撞对象，单击“删除”按钮可以删除选定的现有碰撞对象。

♦“添加禁用平面”列表：单击该列表下方的“拾取”按钮可以拾取场景中的对象作为禁用平面，单击“添加”按钮可以从对话框中选择禁用平面，单击“删除”按钮可以删除选定的现有禁用平面。

9.3.4 “泡沫遮罩”卷展栏

在“泡沫遮罩”卷展栏中，参数如图9-85所示。

图9-85

工具解析

♦“添加泡沫遮罩”列表：单击“拾取”按钮可以拾取场景中的对象作为泡沫遮罩，单击“添加”按钮可以从对话框中选择泡沫遮罩，单击“删除”按钮可以删除选定的现有泡沫遮罩。

9.3.5 “导向系统”卷展栏

在“导向系统”卷展栏中，参数如图9-86所示。

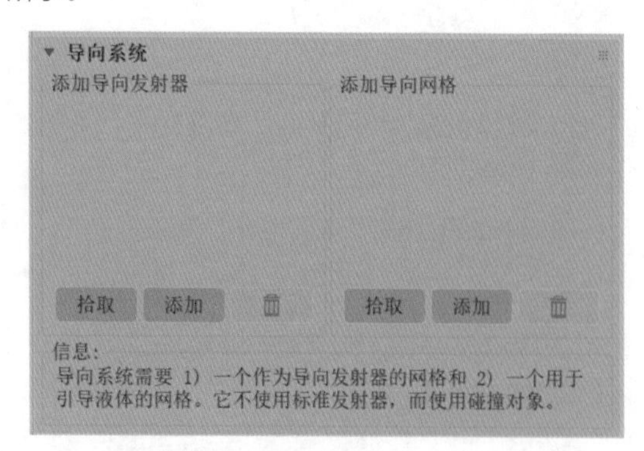

图9-86

工具解析

♦“添加导向发射器”列表：单击该列表下方的“拾取”按钮可以拾取场景中的对象作为导向发射器，单击“添加”按钮可以从对话框中选择导向发射器，单击“删除”按钮可以删除选定的现有导向发射器。

♦“添加导向网格”列表：单击该列表下方的“拾取”按钮可以拾取场景中的对象作为导向网格，单击“添加”按钮可以从对话框中选择导向网格，单击“删除”按钮可以删除选定的现有导向网格。

9.3.6 “通道场”卷展栏

在“通道场”卷展栏中，参数如图9-87所示。

图9-87

工具解析

♦“添加通道场”列表：单击“拾取”按钮可以拾取场景中的对象作为通道场，单击“添加”按钮可以从对话框中选择通道场，单击“删除”按钮可以删除选定的现有通道场。

9.3.7 “运动场”卷展栏

在“运动场”卷展栏中，参数如图9-88所示。

图9-88

工具解析

♦“添加运动场”列表：单击“拾取”按钮可以拾取场景中的对象作为运动场，单击“添加”按钮可以从对话框中选择运动场，单击“删除”按钮可以删除选定的现有运动场。

9.3.8 “常规参数”卷展栏

在“常规参数”卷展栏中，参数如图 9-89 所示。

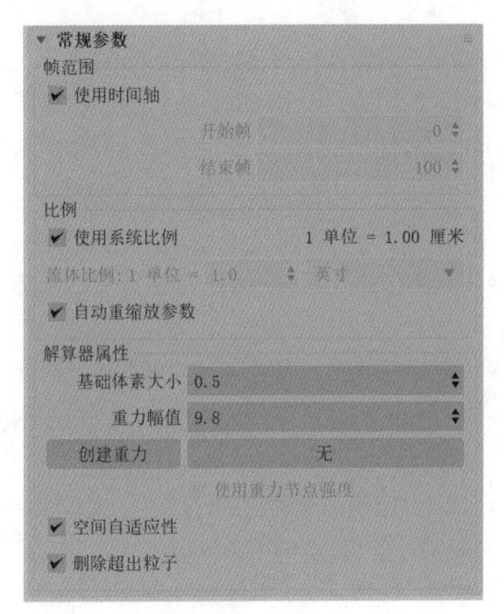

图9-89

工具解析

①“帧范围”组。

♦ 使用时间轴：使用当前时间轴来设置模拟的帧范围。

♦ 开始帧：设置模拟的开始帧。

♦ 结束帧：设置模拟的结束帧。

②“比例”组。

♦ 使用系统比例：将模拟设置为使用系统比例，可以在“自定义”菜单的“单位设置”下修改系统比例。

♦ 流体比例：覆盖系统比例并使用具有指定单位的自定义比例。模型比例不等于所需的真实世界比例时，这有助于使模拟看起来更真实。

♦ 自动重缩放参数：自动重缩放基础体素以使用自定义比例。

③“解算器属性”组。

♦ 基础体素大小：设置模拟的基本分辨率（以栅格单位表示）。该值越小，细节越详细，精度越高，但需要的内存和计算更多。较大的值有助于快速预览模拟行为，适用于内存和处理能力有限的系统。

♦ 重力幅值：重力加速度默认以米每平方秒为单位表示。该值为 9.8 表示对应地球重力，该值为 0 则表示模拟零重力环境。

♦“创建重力”按钮：在场景中创建重力辅助对象。箭头方向代表调整重力的方向。

♦ 使用重力节点强度：勾选此复选框后，将在场景中使用重力辅助对象的强度而不是“重力幅值”。

♦ 空间自适应性：对于液体模拟，勾选此复选框允许较低分辨率的体素位于通常不需要细节的液体中心。这样可以避免不必要的计算并有助于提高系统性能。

♦ 删除超出粒子：低分辨率区域中的每体素粒子数超过某一阈值时，移除一些粒子。如果在空间自适应模拟和非自适应模拟之间遇到体积丢失或其他大的差异的情况，则取消勾选此复选框。

9.3.9 “模拟参数”卷展栏

在“模拟参数”卷展栏中，参数如图 9-90 所示。

图9-90

工具解析

①“传输步数”组。

♦ 自适应性：控制在执行压力计算后用于沿体素速度场平流传递粒子的迭代次数。该值越小，触发后续子步骤的可能性越低。

♦ 最小传输步数：设置传输迭代的最小步数。

♦ 最大传输步数：设置传输迭代的最大步数。

♦ 时间比例：更改粒子流的速度。

②“时间步阶”组。

♦自适应性：控制每帧的整个模拟（其中包括体素化、压力和传输相位）的迭代次数。该值越小，触发后续子步骤的可能性越低。

♦最小时间步阶：设置时间步长迭代的最小次数。

♦最大时间步阶：设置时间步长迭代的最大次数。

③“体素缩放”组。

♦碰撞体素比例：用于对所有碰撞对象体素化的“基础体素大小”进行倍增。

♦加速体素比例：用于对所有加速器对象体素化的“基础体素大小”进行倍增。

♦泡沫遮罩体素比例：用于对所有泡沫遮罩体素化的“基础体素大小”进行倍增。

9.3.10 “液体参数”卷展栏

在“液体参数”卷展栏中，参数如图9-91所示。

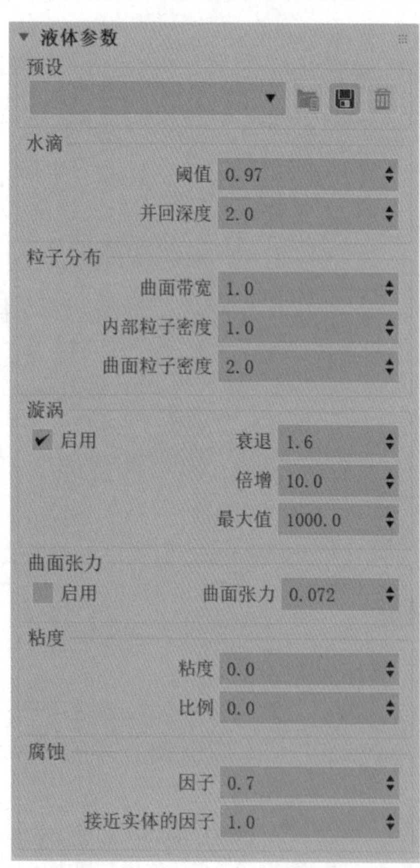

图9-91

工具解析

①“预设”组。

♦预设：加载、保存和删除预设液体参数。下拉列表中包括多种常见液体的预设。

②“水滴”组。

♦阈值：设置粒子转化为水滴时的阈值。

♦并回深度：设置在重新加入液体并参与流体动力学计算之前水滴必须达到的液体曲面深度。

③“粒子分布”组。

♦曲面带宽：设置液体曲面的宽度，以体素为单位。

♦内部粒子密度：设置液体内部的粒子密度。

♦曲面粒子密度：设置液体曲面上的粒子密度。

④“漩涡”组。

♦启用：启用漩涡通道的计算。这是体素中旋转幅值的累积。漩涡可用于模拟涡流。

♦衰退：设置从每一帧累积漩涡中减去的值。

♦倍增：设置当前帧卷曲幅值在与累积漩涡相加之前的倍增值。

♦最大值：设置总漩涡的钳制值。

⑤“曲面张力”组。

♦启用：启用曲面张力。

♦曲面张力：增加液体粒子之间的吸引力，这会增强成束效果。

⑥“粘度”组。

♦粘度：控制液体的厚度。

♦比例：将模拟的速度与邻近区域的平均值混合，从而平滑和抑制液体流。

⑦“腐蚀”组。

♦因子：控制液体曲面的腐蚀量。

♦接近实体的因子：确定液体曲面是否基于碰撞对象曲面的法线，在接近碰撞对象的区域中腐蚀。

9.3.11 “发射器参数”卷展栏

在“发射器参数”卷展栏中，参数如图9-92所示。

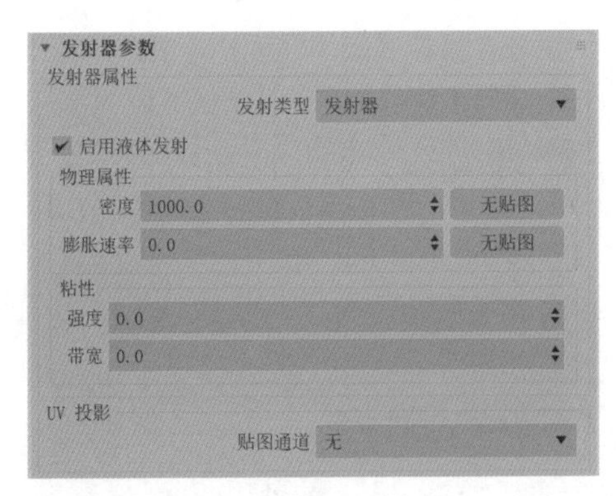

图9-92

工具解析

①“发射器属性”组。

♦ 发射类型：设置发射类型，即发射器或容器。

♦ 启用液体发射：勾选此复选框时，允许发射器生成液体。此参数可设置动画。

♦ 密度：设置液体的物理密度。

♦ 膨胀速率：展开或收拢发射器内的液体。设置为正值会将粒子从所有方向推出发射器，设置为负值则会将粒子拉入发射器。

♦ 强度：设置发射器中的液体黏着到附近碰撞对象的量。

♦ 带宽：设置发射器中液体与碰撞对象产生黏滞效果的间距。

②“UV 投影”组。

♦ 贴图通道：设置贴图以便将 UV 投影到液体体积中。

9.3.12 实例：制作液体飞溅动画

本实例为读者详细讲解使用流体来制作液体飞溅的动画，最终渲染动画序列如图 9-93 所示。

图9-93

（1）启动中文版 3ds Max 2024，打开本书配套资源“飞溅 .max”文件，场景里面有一个杯子模型，并已经设置好了破碎动画效果，如图 9-94 和图 9-95 所示。在这个动画中，读者应注意到杯子模型里面还有一个静态的水模型。

图9-94

图9-95

技巧与提示 有关碰撞破碎动画的制作方法，读者可以参考9.2.9小节来进行学习。

（2）在“创建”面板中单击“液体”按钮，如图9-96所示。

图9-96

（3）在“前”视图中创建一个“液体”图标，如图9-97所示。

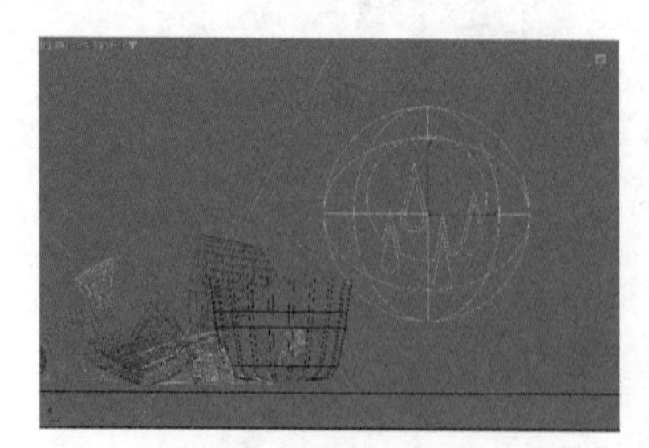

图9-97

（4）在“修改”面板中，展开“设置”卷展栏，单击“模拟视图”按钮，如图9-98所示，打开“模拟视图”面板。

图9-98

（5）在“模拟视图”面板中，展开“发射器”卷展栏，设置液体发射器的“图标类型”为“自定义”，并单击“拾取”按钮，将场景中名称为“杯子里的水”的模型添加至“添加自定义发射器对象”列表中，如图9-99所示。

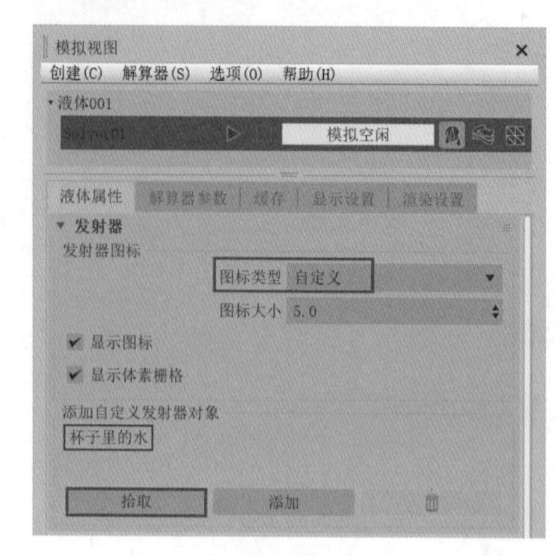

图9-99

（6）在“碰撞对象/禁用平面”卷展栏中，单击“添加”按钮，将所有的杯子碎片模型、球体模型和桌面模型添加至“添加碰撞对象”列表中，如图9-100所示。

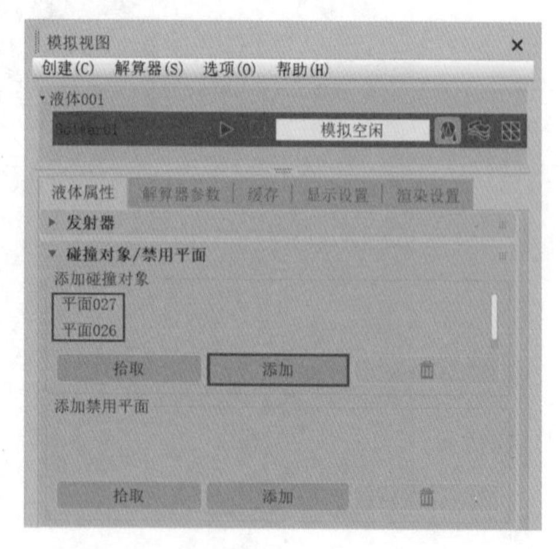

图9-100

（7）在“解算器参数”选项卡的“常规参数”卷展栏中，取消勾选“使用时间轴”复选框，设置“开始帧”为5，“结束帧”为20，使得液体解算从场景中的第5帧到第20帧；设置“解算器属性”组的“基础体素大小”为0.2，如图9-101所示。

（8）设置完成后，可以在场景中观察体素的大小，如图9-102所示。

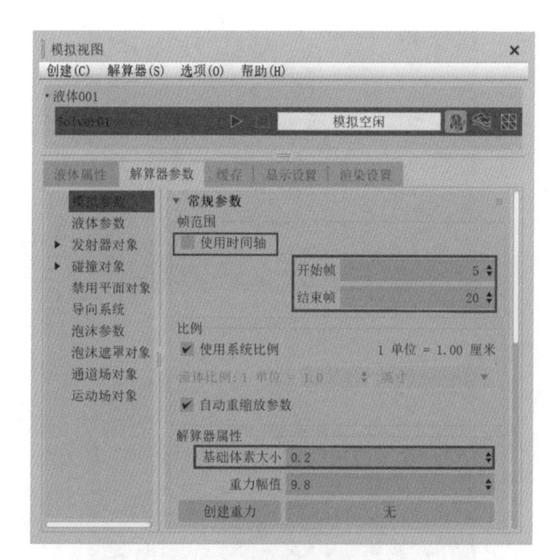

图9-101

图9-102

（9）在“液体参数”卷展栏中，设置“预设”为“巧克力”，如图 9-103 所示。

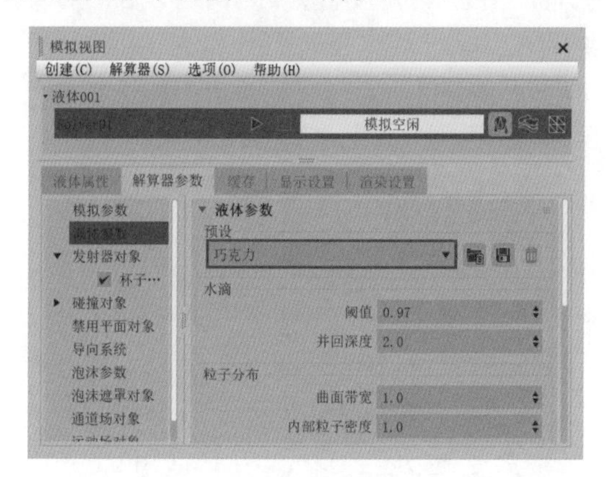

图9-103

（10）在“发射器参数”卷展栏中，设置发射器的“发射类型”为“容器”，如图 9-104 所示。

（11）设置完成后，单击“开始解算”按钮，如图 9-105 所示。

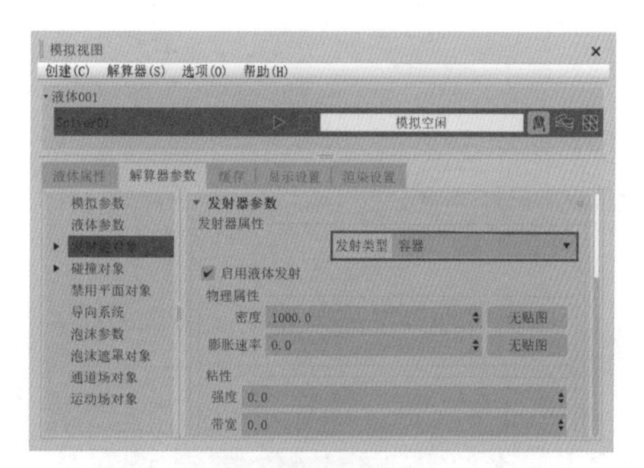

图9-104

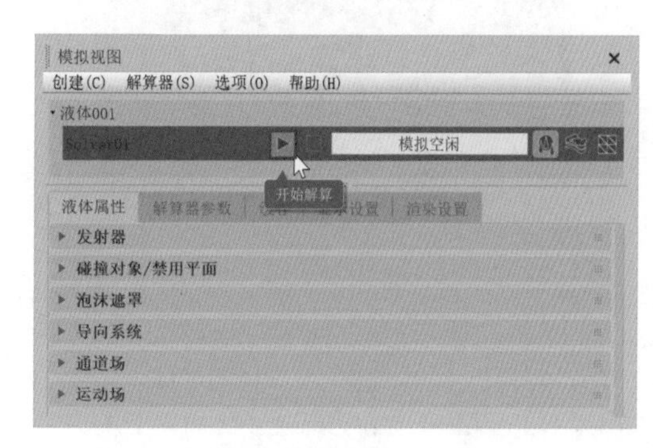

图9-105

（12）液体动画计算完成后，计算结果如图 9-106~ 图 9-109 所示。

图9-106

图9-107

图9-108

图9-109

（13）在“液体设置”卷展栏中，将“显示类型”设置为“Bifrost 动态网格”，如图 9-110 所示，这样可以以网格实体的显示方式显示出液体的形状。

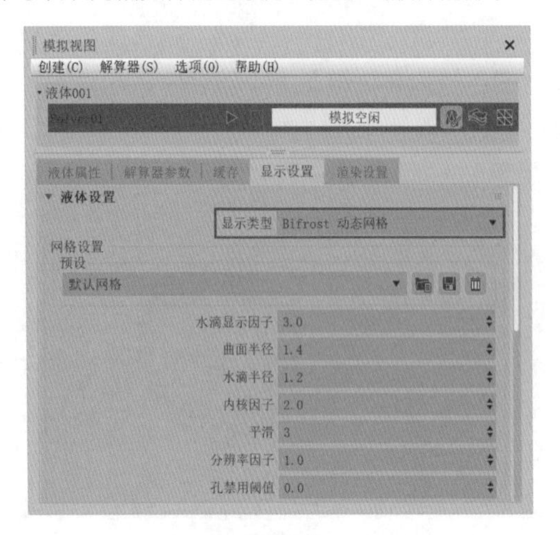

图9-110

（14）本实例制作完成的液体模型的效果如图 9-111~ 图 9-114 所示。

图9-111

图9-112

图9-113

图9-114

（15）在“材质编辑器”窗口中，为液体指定物理材质，并重命名该材质为“巧克力”。在“基本参数”卷展栏中，设置“基础颜色和反射”组的“颜色”为棕色，“粗糙度”为 0.2，如图 9-115 所示。其中，棕色的参数设置如图 9-116 所示。

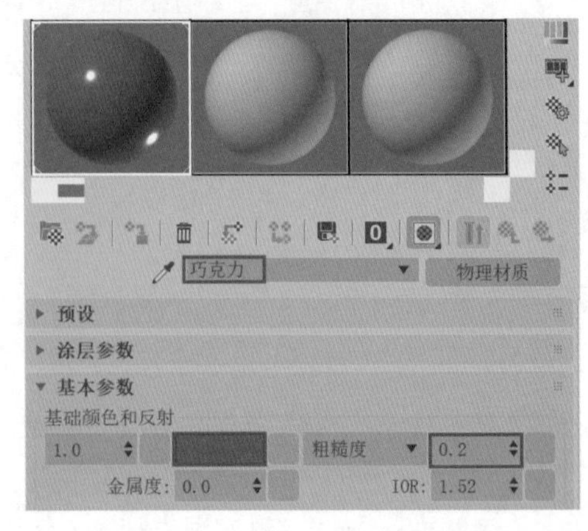

图9-115

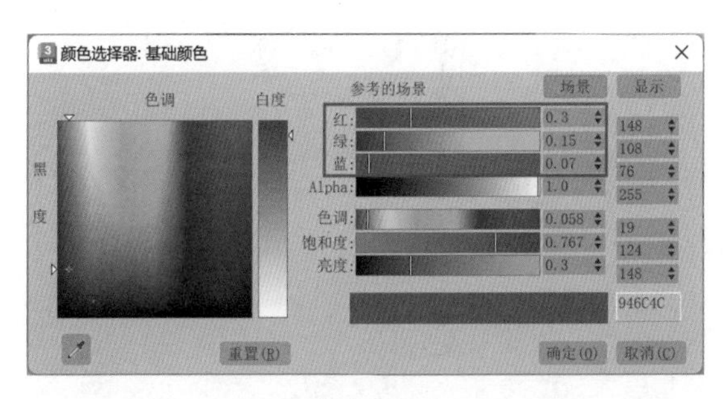

图9-116

（16）设置完成后，渲染场景，本实例的渲染效果如图 9-117 所示。

图9-117

9.3.13　实例：制作饮料倒入动画

本实例为读者详细讲解使用流体来制作饮料倒入的动画，最终渲染动画序列如图 9-118 所示。

图9-118

（1）启动中文版 3ds Max 2024，打开本书配套资源“倒水 .max”文件，如图 9-119 所示。

图9-119

（2）在“创建”面板中单击“液体”按钮，如图 9-120 所示。

图9-120

（3）在“前”视图中创建一个“液体”图标，如图 9-121 所示。

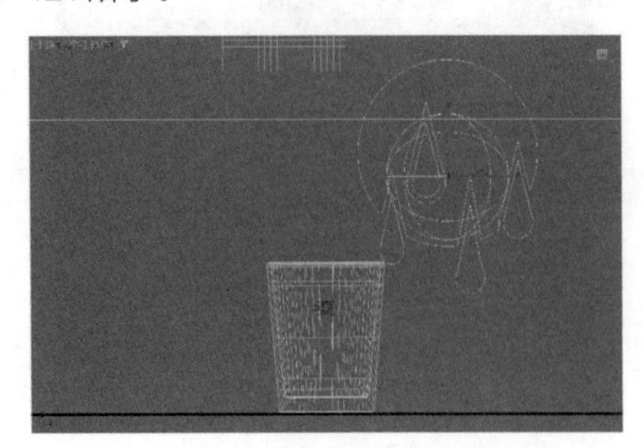

图9-121

（4）调整“液体”图标的坐标位置，如图 9-122 所示。

图9-122

（5）在“修改”面板中，展开“发射器”卷展栏，设置“发射器图标”组的“图标类型”为“球体”，“半径”为 1，如图 9-123 所示。

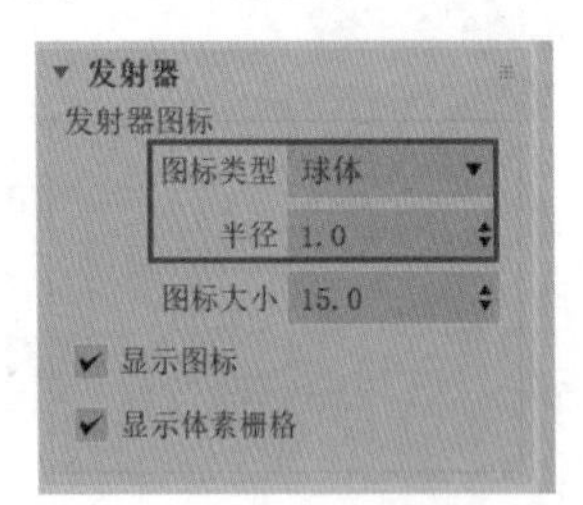

图9-123

（6）单击“设置”卷展栏中的“模拟视图”按钮，如图 9-124 所示，打开“模拟视图”面板。

图9-124

（7）在“液体属性”选项卡中，展开“碰撞对象 / 禁用平面”卷展栏，单击“拾取”按钮，将场景中名称为“杯子”的模型设置为液体的碰撞对象，如图 9-125 所示。

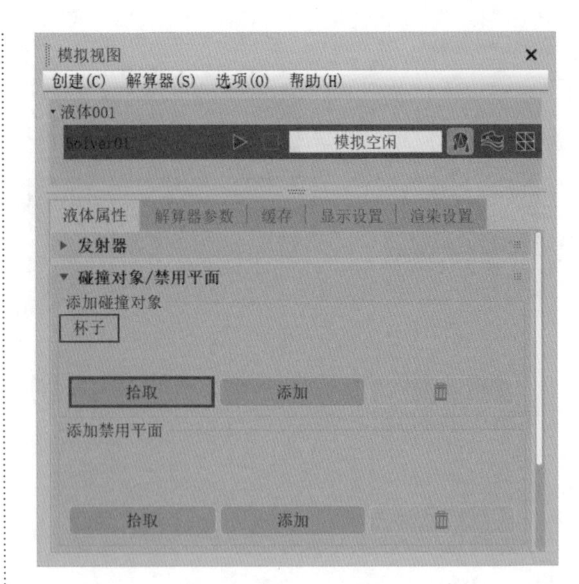

图9-125

（8）在“解算器参数”选项卡的“常规参数”卷展栏中，设置“解算器属性”组的“基础体素大小”为 0.4，如图 9-126 所示。

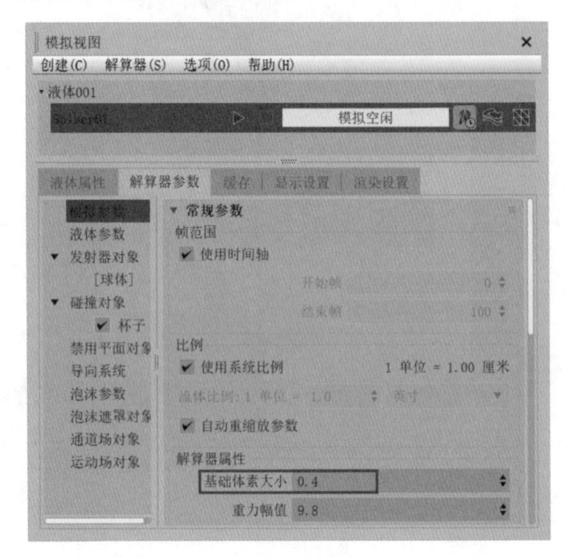

图9-126

（9）在“发射器转换参数”卷展栏中，勾选“启用其他速度”复选框，设置“倍增”为 0.8 后，单击“创建辅助对象”按钮，如图 9-127 所示。这时，系统会自动在“液体”图标处创建一个辅助对象，如图 9-128 所示。同时，该辅助对象的名称会自动出现在“创建辅助对象”按钮右侧的按钮上，如图 9-129 所示。

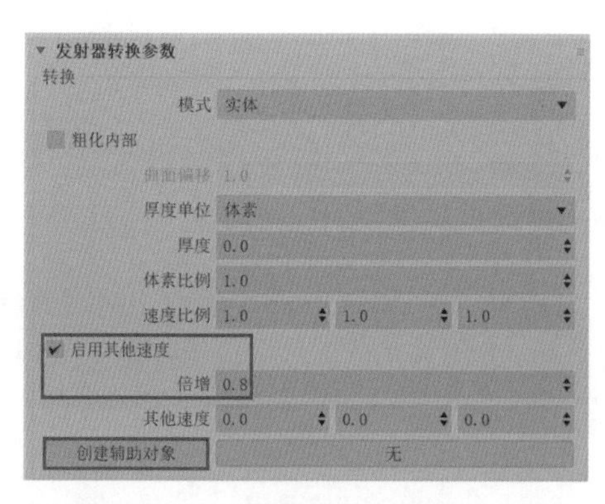

图9-127

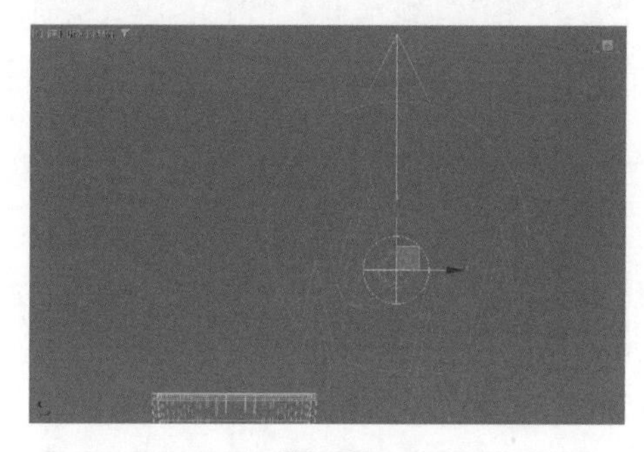

图9-128

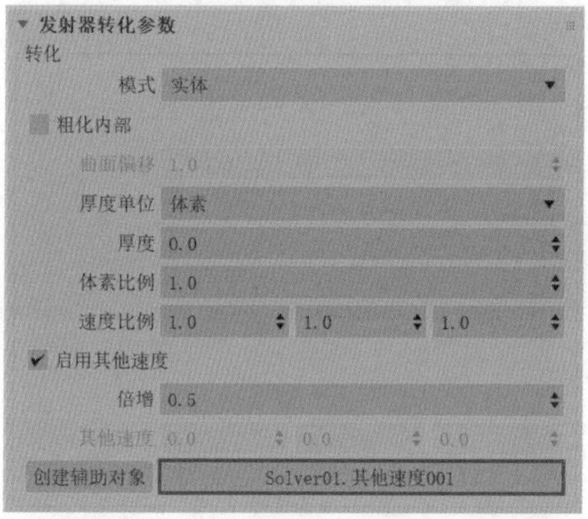

图9-129

（10）在场景中旋转辅助对象，如图 9-130 所示。

图9-130

（11）单击“开始解算”按钮，如图 9-131 所示，开始进行液体模拟计算。

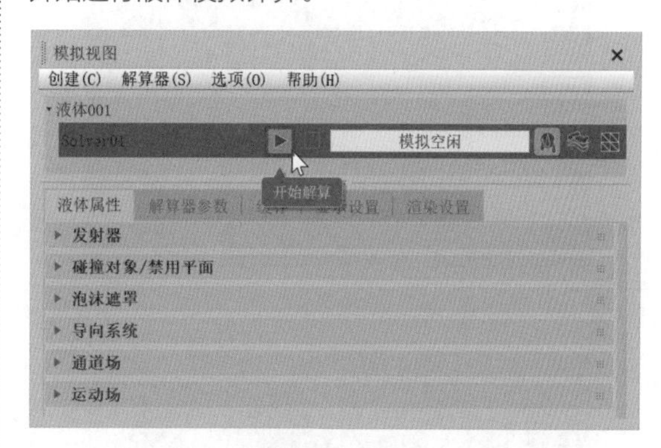

图9-131

（12）液体模拟过程中，可以发现会产生非常明显的液体穿透杯子模型的现象，如图 9-132 所示。

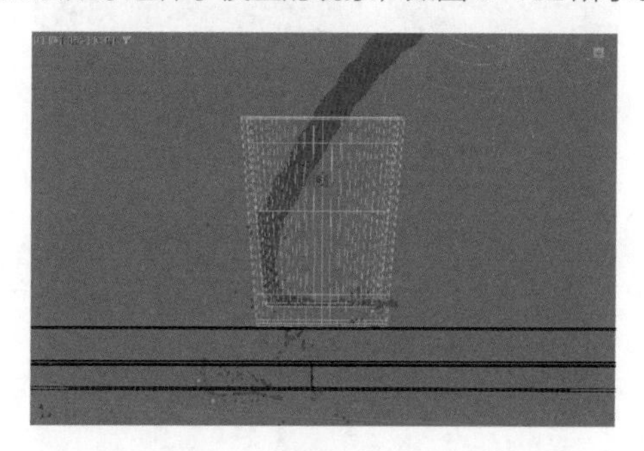

图9-132

（13）在“模拟参数”卷展栏中，设置“自适应性”为 0.6，如图 9-133 所示。

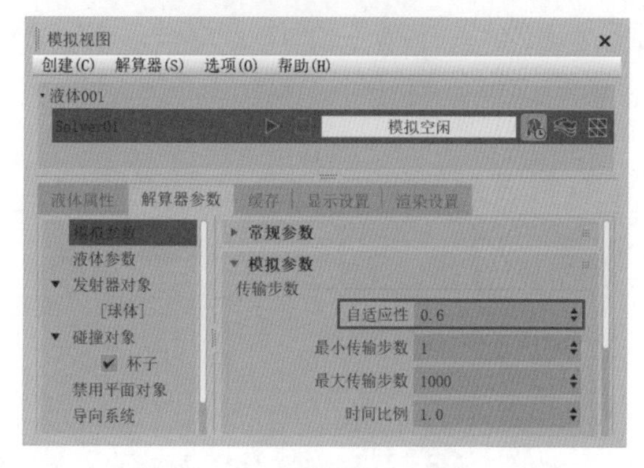

图9-133

（14）设置完成后，再次模拟液体动画，可以看到液体穿透杯子的情况得到了大大改善，如图 9-134 所示；还可以看到随着液体的不断注入，最终液体会溢出杯子，如图 9-135 所示。

图9-134

图9-135

（15）单击工作界面右下方的“自动”按钮，使其处于背景色为红色的按下状态，如图 9-136 所示。

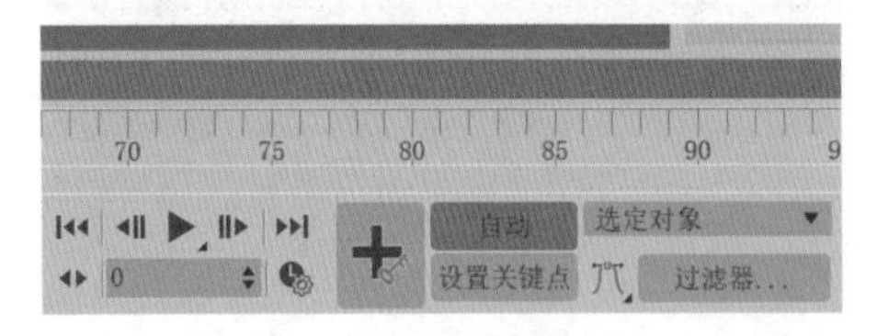

图9-136

（16）在第 30 帧处，取消勾选“启用液体发射”复选框，如图 9-137 所示。这样，发射器会在第 30 帧时停止发射液体。

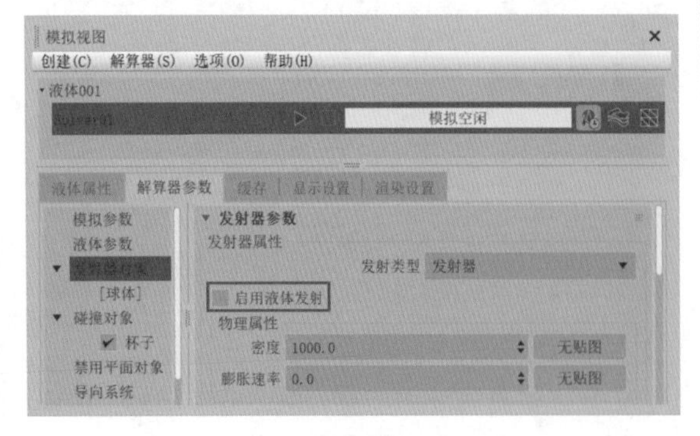

图9-137

（17）设置完成后，再次模拟液体动画，液体动画的模拟效果如图 9-138~ 图 9-141 所示。

图9-138

图9-139

图9-140

图9-141

（18）在“显示设置”选项卡中，将“液体设置”卷展栏内的“显示类型”更改为“Bifrost 动态网格”，如图 9-142 所示。这样，液体将以实体模型的形式显示。

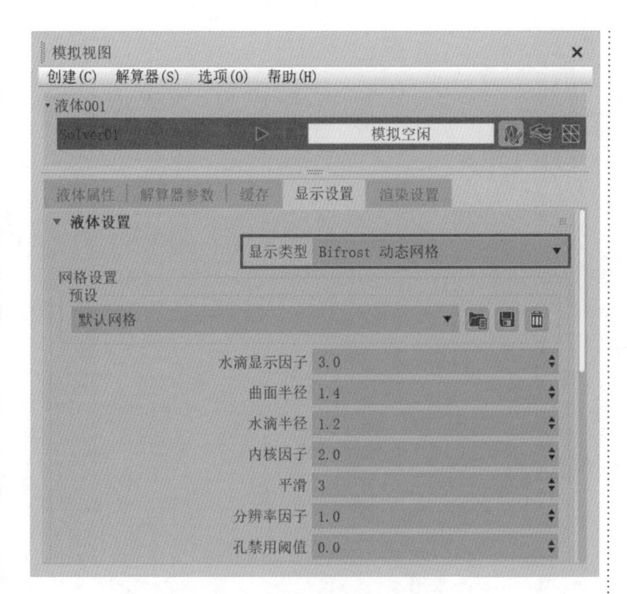

图9-142

（19）本实例制作完成的液体模型的效果如图9-143~图9-146所示。

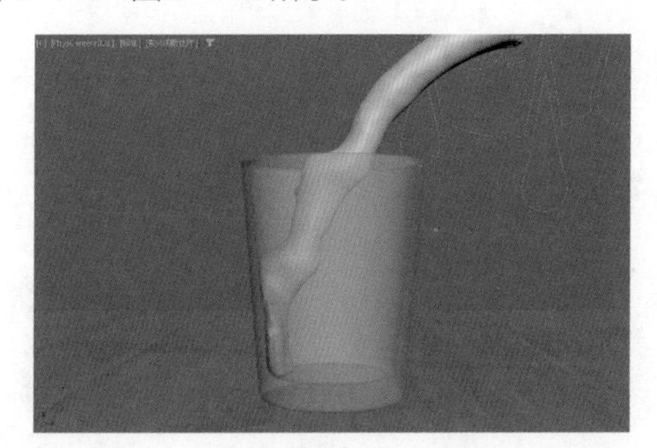

图9-143

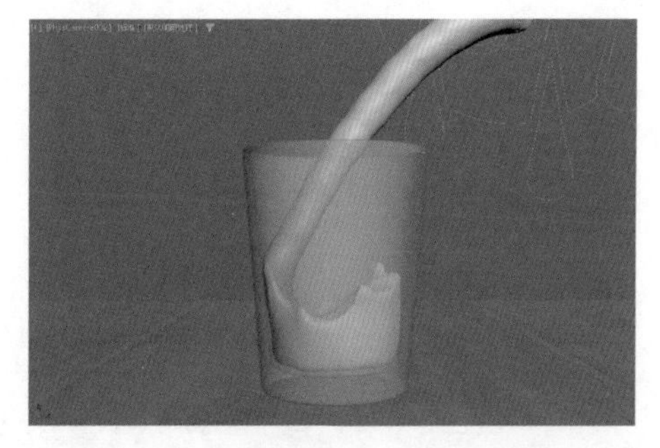

图9-144

图9-145

图9-146

第10章

粒子动画

10.1 粒子概述

中文版 3ds Max 2024 的粒子主要分为事件驱动型和非事件驱动型两大类。其中，非事件驱动型粒子的功能相对来说较为简单，并且容易控制；事件驱动型粒子又被称为粒子流，可以使用大量内置的操作符来进行高级动画的制作，功能更加强大。使用粒子系统，特效动画师可以制作出非常逼真的特效动画（如水、火、雨、雪、烟花等）以及众多相似对象共同运动而产生的群组动画。在学习粒子系统前，我们先观察一下真实生活中与粒子效果有关的照片，如图 10-1 和图 10-2 所示。

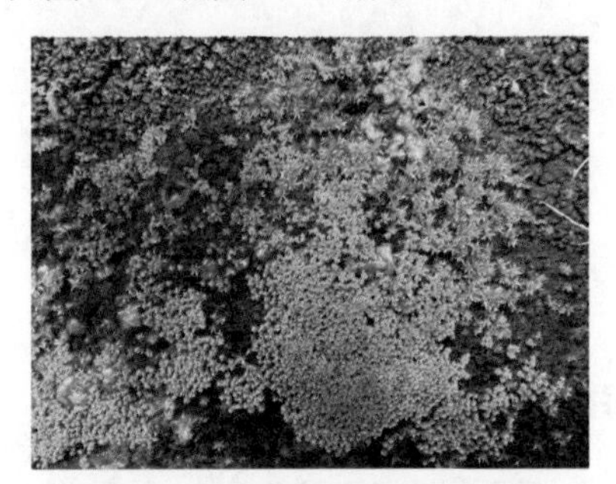

图10-1

图10-2

在“创建”面板的下拉列表中选择“粒子系统”选项，即可看到 3ds Max 2024 为用户所提供的 7 个用于创建粒子的按钮，如图 10-3 所示。

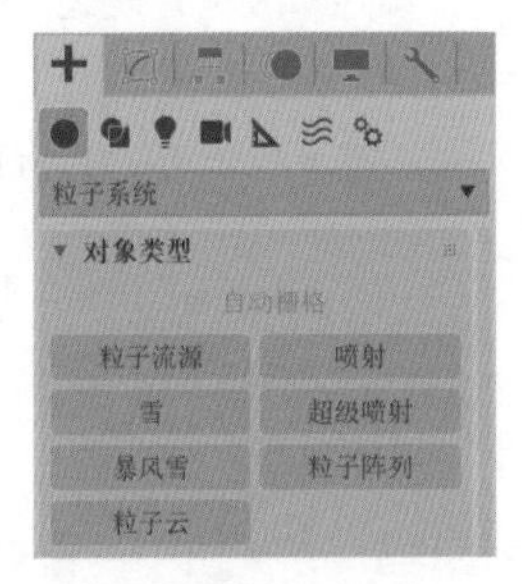

图10-3

10.2 粒子流源

粒子流源是一种多功能的粒子系统，它通过独立的“粒子视图”窗口来进行各个事件的创建、判断及连接。其中，每一个事件可以使用多个不同的操作符来进行调控，使粒子系统根据场景的时间变化不断地依次计算事件列表中的每一个操作符来更新场景。由于粒子系统可以使用场景中的任意模型来作为粒子的形态，在进行高级粒子动画计算时需要花大量时间及占用大量内存，所以用户应尽可能使用高端配置的计算机来进行粒子动画的制作。此外，使用高配置的显卡有利于加快粒子在视口中的显示速度。

在“创建”面板中单击“粒子流源”按钮，即可在场景中以绘制的方式创建完整的粒子流，如图 10-4 所示。

图10-4

在“修改”面板中，可以看到“粒子流源”有“设置”“发射”“选择”“系统管理”“脚本”这 5 个卷展栏，如图 10-5 所示。

粒子流源 001
修改器列表
粒子流源
设置
发射
选择
系统管理
脚本

图10-5

10.2.1 “设置”卷展栏

在“设置”卷展栏中，参数如图 10-6 所示。

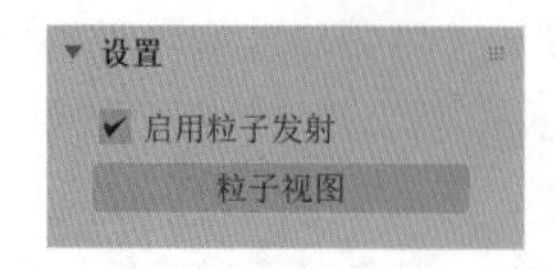

图10-6

工具解析

♦启用粒子发射：该复选框用于设置打开或关闭粒子系统。

♦ “粒子视图”按钮：单击该按钮可以打开“粒子视图”窗口。

10.2.2 “发射”卷展栏

在“发射”卷展栏中，参数如图 10-7 所示。

图10-7

工具解析

①“发射器图标”组。

♦徽标大小：设置显示在图标中心的粒子流徽标的大小。

♦图标类型：设置图标的类型，如“长方形”“长方体”“圆形”“球体”。默认设置为“长方形”，如图 10-8 所示。

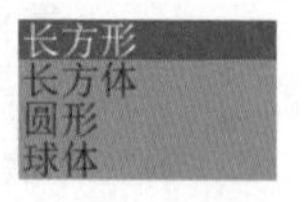

图10-8

♦长度 / 宽度：设置图标的长度 / 宽度值。

♦显示：控制图标及徽标的显示及隐藏。

②“数量倍增”组。

♦视口 %：设置系统中在视口内生成的粒子总数的百分比。

♦渲染 %：设置系统中在渲染时生成的粒子总数的百分比。

10.2.3 “选择”卷展栏

在“选择”卷展栏中，参数如图 10-9 所示。

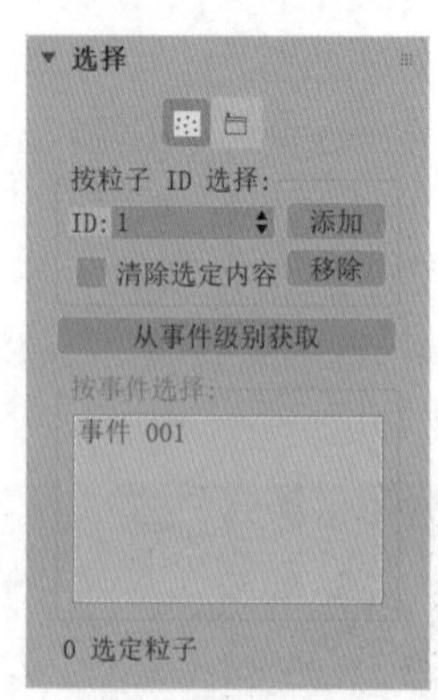

图10-9

工具解析

♦ “粒子”按钮：用于通过单击粒子或拖出一个区域来选择粒子。

♦ “事件”按钮：用于按事件选择粒子。

①“按粒子 ID 选择”组。

♦ID：可设置要选择的粒子的 ID。每次只能设置一个数字。

♦“添加”按钮：设置完要选择的粒子的 ID 后，单击该按钮可将其添加到选择的粒子中。

♦“删除”按钮：设置完要取消选择的粒子的 ID 后，单击该按钮可将其从选择的粒子中移除。

♦清除选定内容：勾选该复选框后，单击“添加”按钮选择粒子会取消选择所有其他粒子。

♦ “从事件级别获取”按钮：单击该按钮可将“事件”级别转换为“粒子”级别。

②“按事件选择”组。

♦文本框：用来显示粒子流中的所有事件，并高亮显示选定事件。

10.2.4 “系统管理”卷展栏

在“系统管理”卷展栏中，参数如图 10-10 所示。

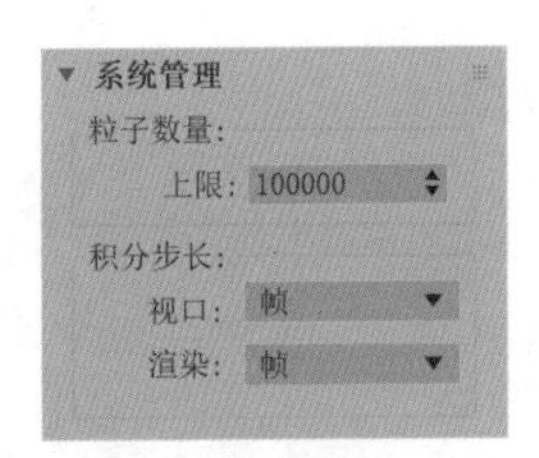

图10-10

工具解析

①“粒子数量”组。

♦ 上限：系统可以包含的粒子的最大数目。

②“积分步长”组。

♦ 视口：设置在视口中播放动画的单位。

♦ 渲染：设置渲染时的单位。

10.2.5 “脚本”卷展栏

在“脚本”卷展栏中，参数如图 10-11 所示。

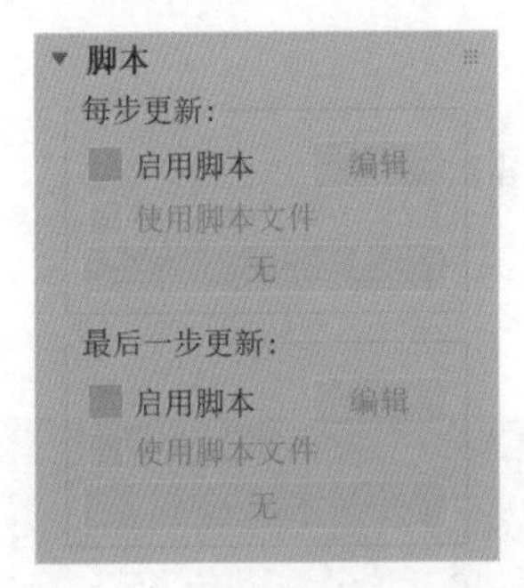

图10-11

工具解析

①“每步更新”组。

♦ 启用脚本：启用每步进行计算更新的脚本。

♦“编辑”按钮：打开脚本的文本编辑器窗口。

♦ 使用脚本文件：勾选此复选框时，可以通过单击下面的“无”按钮加载脚本文件。

♦“无”按钮：浏览脚本文件。

②“最后一步更新”组。

♦ 启用脚本：启用在最后一步进行计算的脚本。

♦“编辑”按钮：打开脚本的文本编辑器窗口。

♦ 使用脚本文件：勾选此复选框时，可以通过单击下面的“无”按钮加载脚本文件。

♦“无”按钮：浏览脚本文件。

10.3 粒子视图

在“粒子视图”窗口中，用户可以将多个操作符组合成一个“事件”集合，再用类似于节点连线的方式将这些事件一一串联起来，3ds Max 2024 最终会严格按照这些操作符的排列顺序依次对各个事件进行计算以得出正确的粒子动画效果，如图 10-12 所示。粒子视图的核心技术在于有各种各样的操作符，下面就其中较为常用的操作符进行简单介绍。

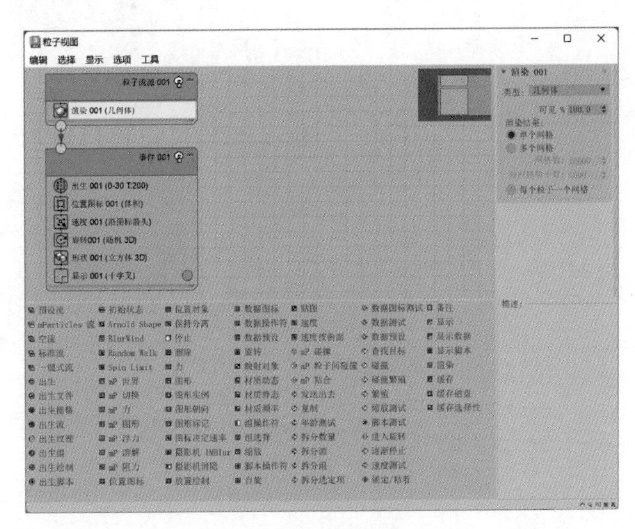

图10-12

10.3.1 “预设流”操作符

当我们将“预设流”操作符添加至“工作区”时，系统会自动弹出“选择预设流”对话框，如图10-13所示。在这里，我们可以选择自己感兴趣的预设，将其打开进行学习或将其应用到我们的项目中。

图10-13

在“选择预设流”对话框中选择air_Car Dust选项，并单击“确定”按钮，如图10-14所示，即可得到汽车行驶产生灰尘的动画效果，如图10-15所示。

10.3.2 “出生”操作符

“出生”操作符用于控制粒子的出生时间及数量，其参数如图10-16所示。

图10-14

图10-15

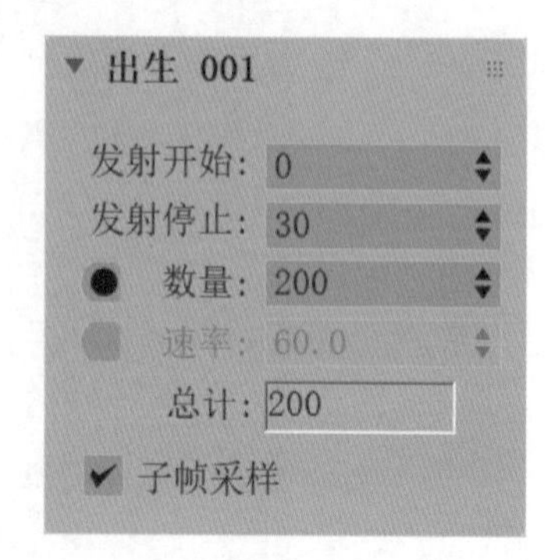

图10-16

工具解析

♦ 发射开始：操作符开始发射粒子的帧编号。

♦ 发射停止：操作符停止发射粒子的帧编号。

♦ 数量：用于设置粒子的发射总数。

♦ 速率：用于控制每秒发射的粒子数。

♦ 总计：操作符发射的粒子的总数。

♦ 子帧采样：勾选此复选框有助于提高粒子计算的帧分辨率。

10.3.3 “位置图标”操作符

“位置图标”操作符用于控制粒子出生的位置，其参数如图 10-17 所示。

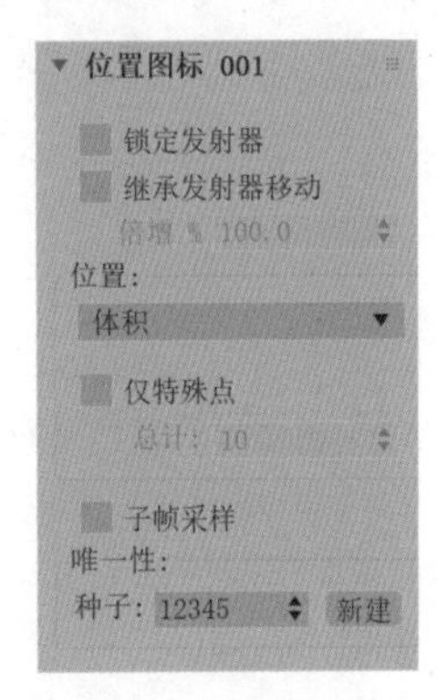

图10-17

工具解析

♦ 锁定发射器：勾选此复选框时，所有粒子都保持其在发射器上的最初位置。

♦ 继承发射器移动：勾选此复选框时，粒子流会将每个粒子的运动速率和运动方向设置为粒子出生时发射器的速率和方向。

♦ 倍增 %：确定粒子继承发射器运动的程度，以百分比为单位。

① “位置”组。

♦ “位置”下拉列表：用于指定粒子出现在发射器上的位置，有“轴心”“顶点”“边”“曲面”“体积”这 5 个选项可选，如图 10-18 所示。

图10-18

♦ 仅特殊点：在指定的“位置”将发射限制为特定数量的点。

♦ 总计：设置发射点的数量。

♦ 子帧采样：勾选此复选框时，操作符以 Tick 为基础而不是以帧为基础获取发射器图标的动画。这使得粒子能够更加精确地跟随发射器图标。默认取消勾选此复选框。

② “唯一性”组。

♦ 种子：指定随机化值。

♦ “新建”按钮：单击该按钮可以创建一个新的随机种子。

10.3.4 “力”操作符

“力”操作符用来将场景中的力对象添加到当前的粒子系统中，其参数如图 10-19 所示。

图10-19

工具解析

① “力空间扭曲”组。

♦ “添加”按钮：在场景中以单击的方式将力添加至“力空间扭曲”文本框中。

♦ “按列表”按钮：以按名称选择的方式将力添加至“力空间扭曲”文本框中。

♦ “移除”按钮：删除“力空间扭曲”文本框中所选择的力。

② 力场重叠”组。

♦ 相加 / 最大：确定占用相同空间的多个力影响

粒子的方式。如果选择“相加”选项，则按照所有力的相对强度来合并它们。如果选择“最大”选项，则只有强度最大的力才会影响粒子。

♦ 影响 %：按百分比指定单个力或多个力应用于粒子的强度。

③ 偏移影响”组。

♦ 同步方式：为应用动画参数选择时间帧，有“绝对”“粒子年龄”“事件期间”3 个选项可选，如图 10-20 所示。

图10-20

10.3.5 “速度”操作符

“速度”操作符用来控制粒子的发射速度，其参数如图 10-21 所示。

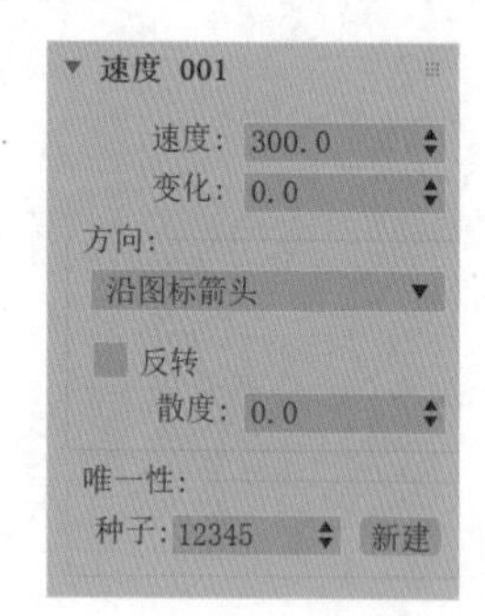

图10-21

工具解析

♦ 速度：以每秒的系统单位表示的粒子速度。

♦ 变化：粒子速度的变化量（以每秒的系统单位计）。

① “方向”组。

♦ 下拉列表：在该下拉列表中可以指定粒子出生后运动的路径，如图 10-22 所示。

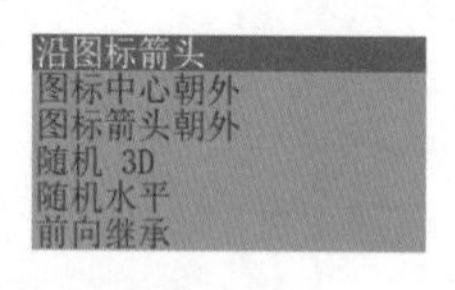

图10-22

♦ 反转：反转粒子的运动方向。

♦ 散度：设置粒子流的散开范围。

② “唯一性”组。

♦ 种子：指定随机化值。

♦ “新建”按钮：使用随机化公式计算新种子。

10.3.6 “图形”操作符

“图形”操作符用来控制粒子的几何体形状，其参数如图 10-23 所示。

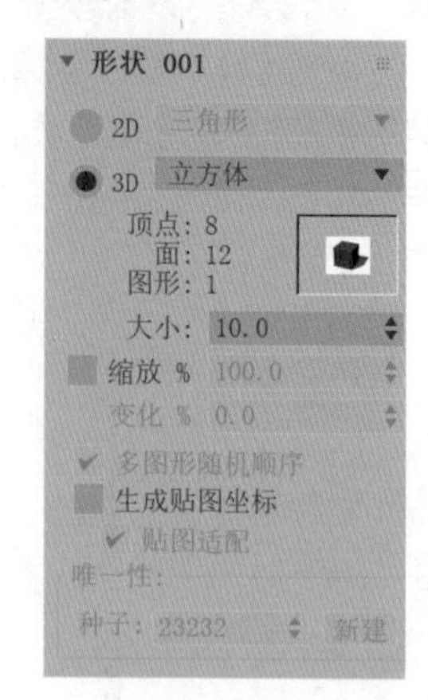

图10-23

工具解析

♦ 2D：使用下拉列表中预构建的 2D 对象作为当前粒子的几何体形状，如图 10-24 所示。图 10-25~ 图 10-44 所示分别为 2D 下拉列表中各个选项的粒子形态显示效果。

图10-24

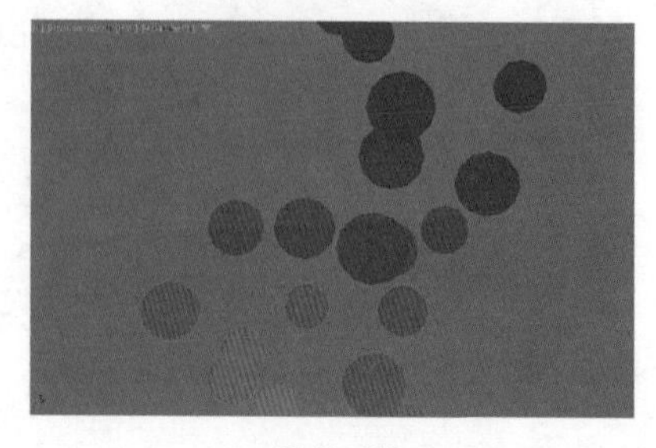

图10-25

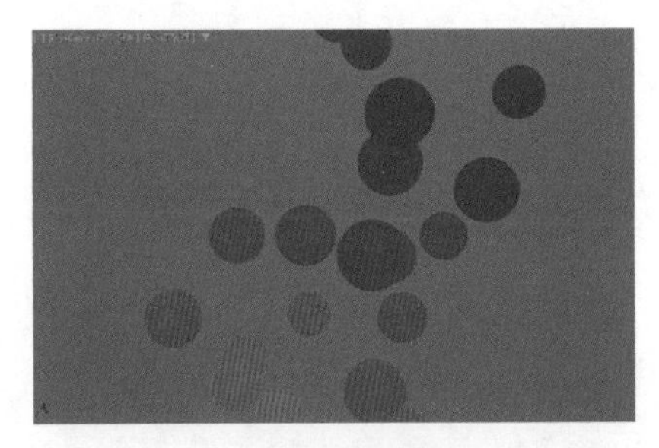

图10-26

图10-27

图10-28

图10-29

图10-30

图10-31

图10-32

图10-33

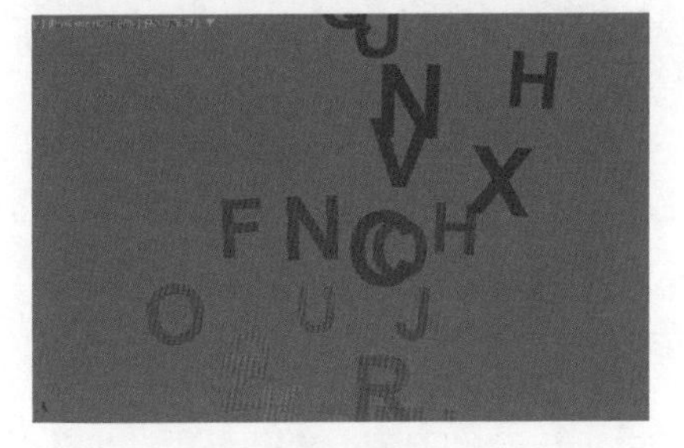

图10-34

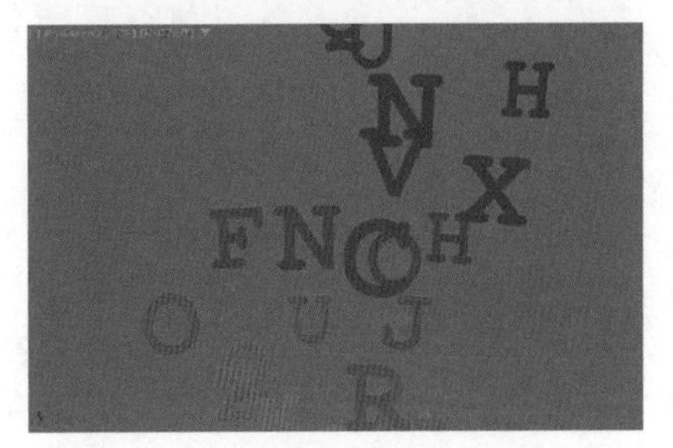

图10-35

图10-36

图10-37

图10-38

图10-39

图10-40

图10-41

图10-42

图10-43

图10-44

♦ 3D：使用下拉列表中预构建的3D对象作为当前粒子的几何体形状，如图10-45所示。图10-46~图10-65所示分别为3D下拉列表中各个选项的粒子形态显示效果。

图10-45

图10-46

图10-47

图10-48

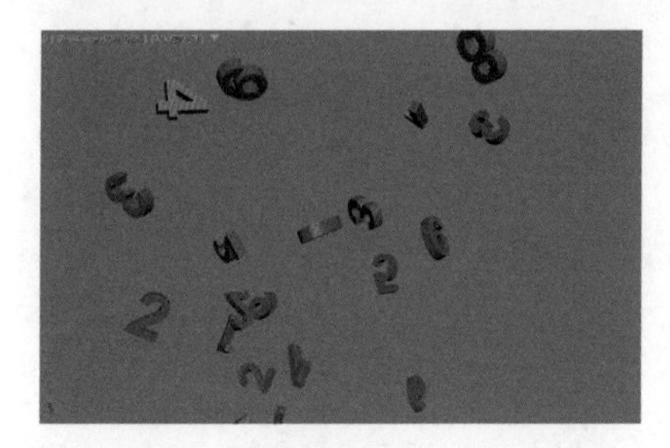

图10-49

图10-50

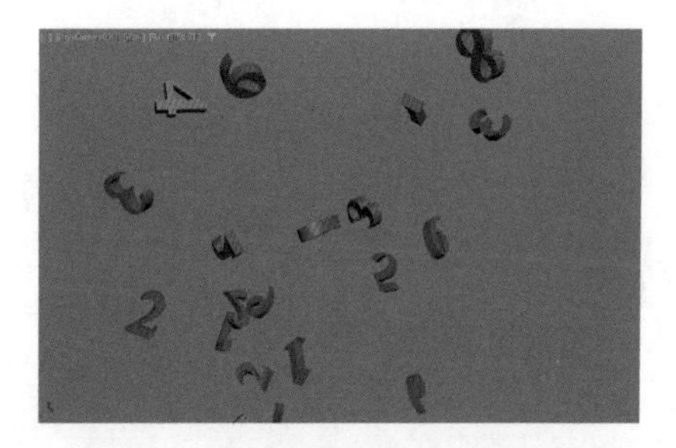

图10-51

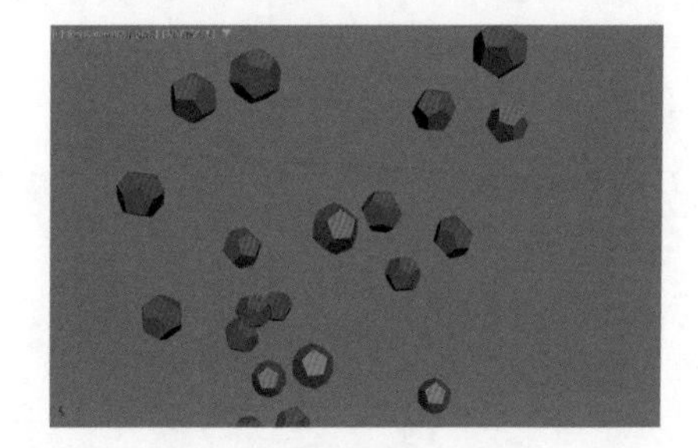

图10-52

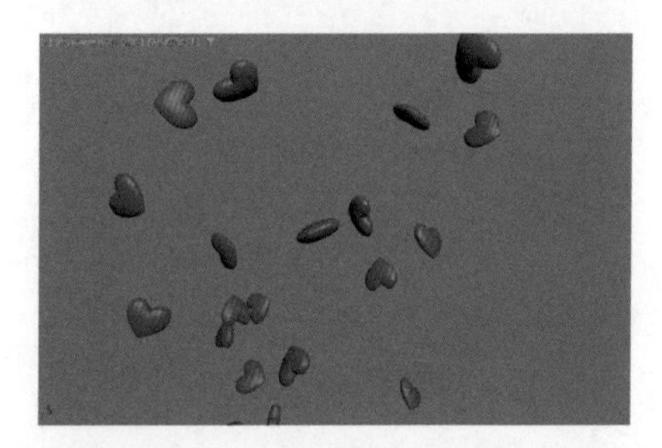

图10-53

图10-54

图10-55

图10-56

图10-57

图10-58

图10-59

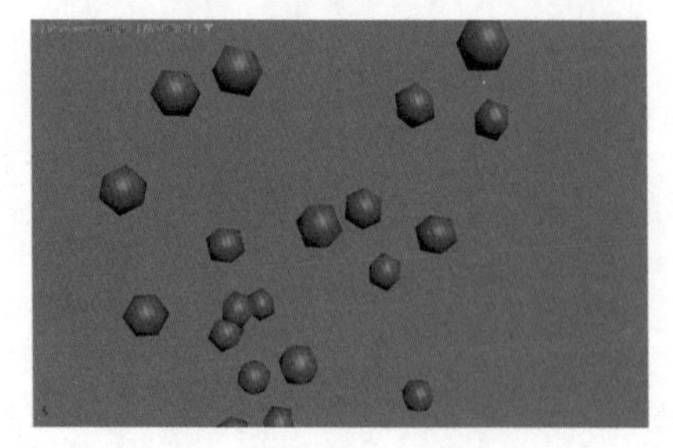
图10-60

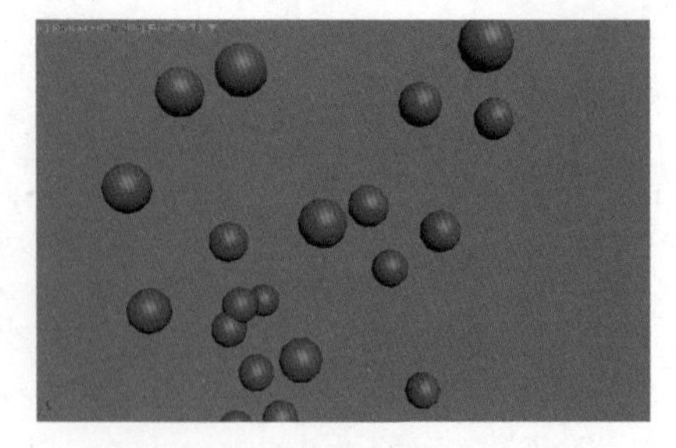
图10-61

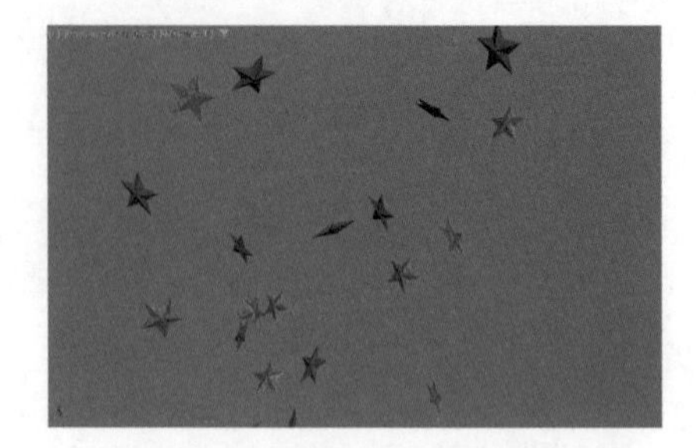
图10-62

图10-63

图10-64

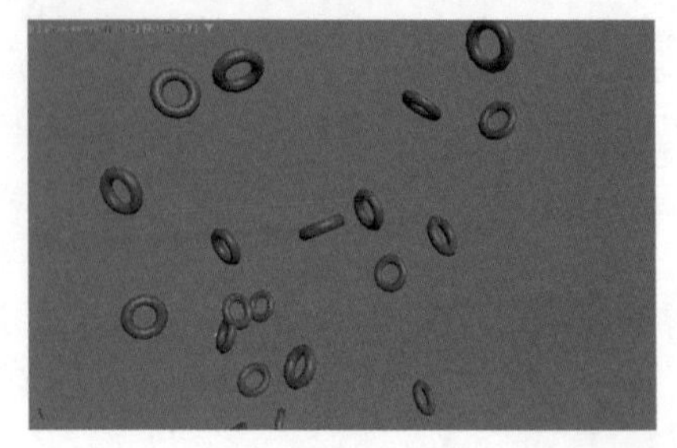
图10-65

♦ 大小：按系统单位设置粒子的总体大小。

♦ 缩放 %：勾选此复选框后可以将粒子大小设置为“大小”的百分比。

♦ 变化 %：使用百分比值改变总体粒子的大小。

♦ 多图形随机顺序：勾选此复选框时，按随机顺序将图形指定到粒子。此复选框只适用于多图形形式。

♦ 生成贴图坐标：勾选此复选框后，会将贴图坐标应用到每个粒子。

♦ 贴图适配：勾选此复选框后，将根据每个粒子的大小调整其贴图坐标。

♦ 种子：为按随机顺序生成的粒子指定随机化种子。

♦ “新建”按钮：使用随机化公式计算新种子。

10.3.7　实例：制作树叶飘落动画

本实例为读者详细讲解使用粒子系统来制作树叶飘落的动画，最终渲染动画序列如图 10-66 所示。

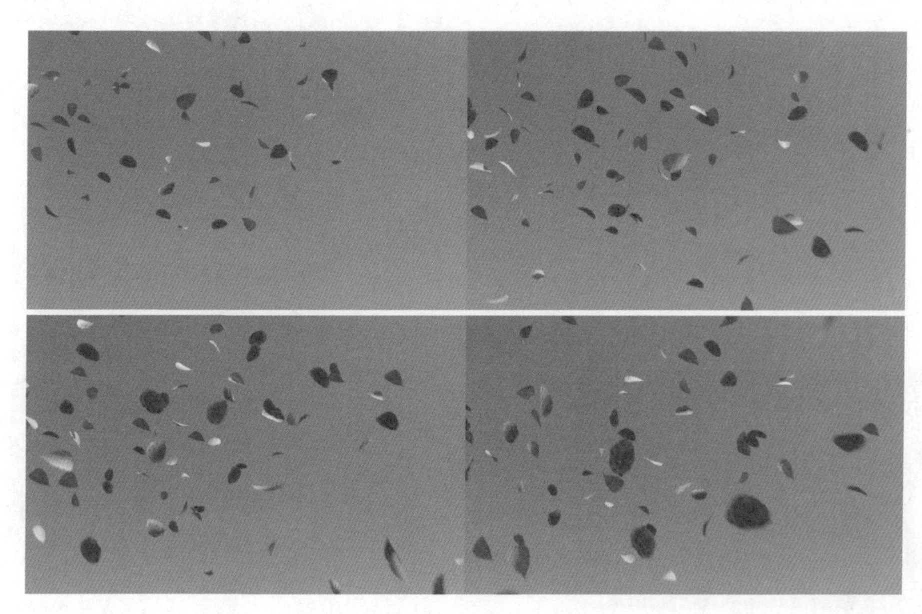

图10-66

（1）启动中文版 3ds Max 2024，打开本书配套资源“树叶 .max”文件，场景里有两个赋予好材质的树叶模型，如图 10-67 所示。

图10-67

（2）执行“图形编辑器 / 粒子视图”命令，如图 10-68 所示。打开“粒子视图”窗口，如图 10-69 所示。

图10-68

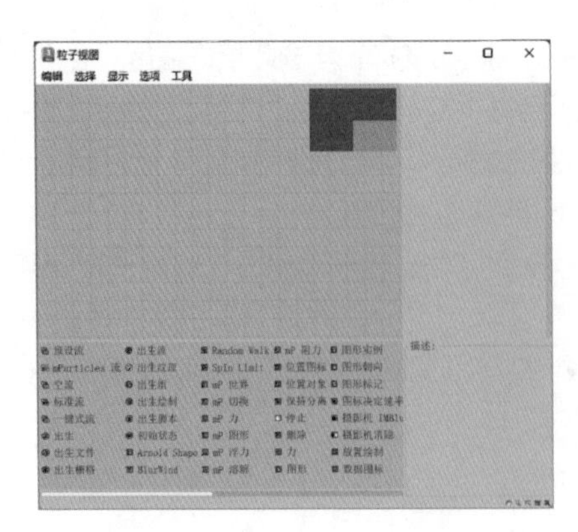

图10-69

（3）在“仓库”中选择“空流”操作符，并以拖曳的方式将其添加至“工作区”中，如图10-70所示。操作完成后，在“透视”视图中可以看到场景中自动生成了粒子流图标，如图10-71所示。

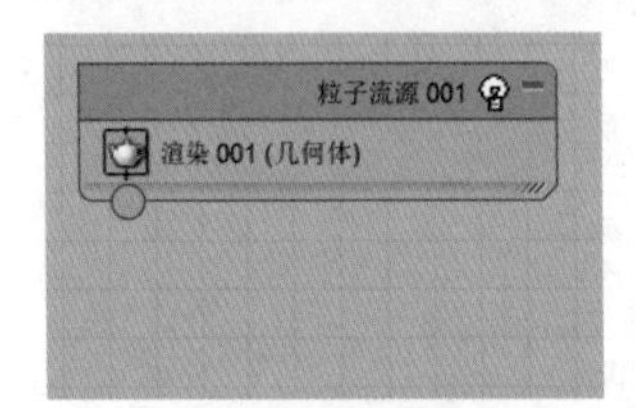

图10-70

图10-71

（4）选择场景中的粒子流图标，在“修改”面板中，展开“发射”卷展栏，调整“长度”为1000，“宽度”为1000，如图10-72所示。

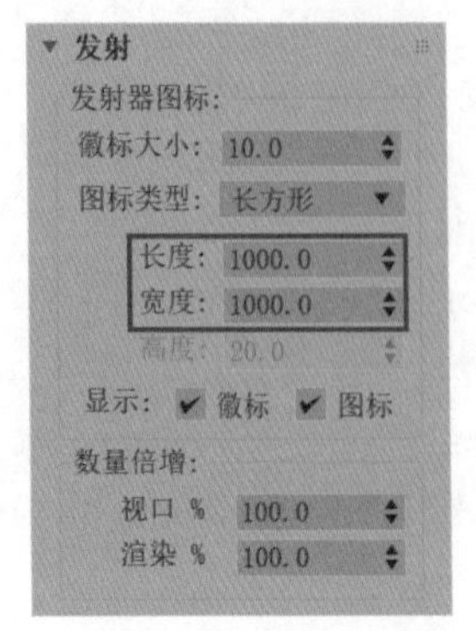

图10-72

（5）在“前”视图中调整粒子流图标的位置，如图10-73所示。

图10-73

（6）在“粒子视图”窗口的“仓库”中，选择“出生”操作符，以拖曳的方式将其放置于“工作区”中作为“事件001”，并将其连接至“粒子流源001”上，如图10-74所示。

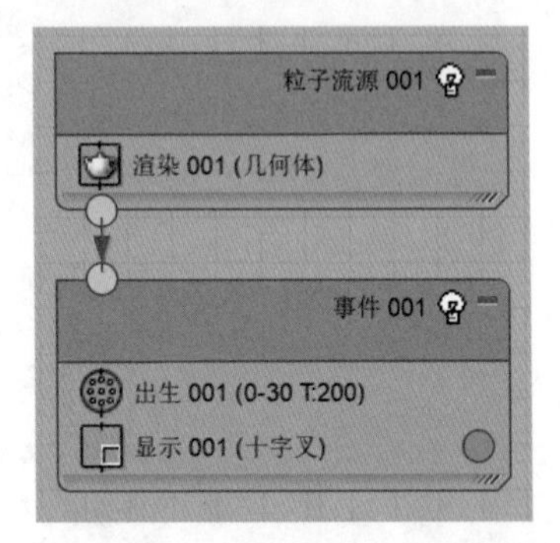

图10-74

（7）选择“出生001”操作符，设置其“发射开始”为0，“发射停止”为80，“数量”为100，如图10-75所示，使操作符在场景中从第0帧到第80帧共发射100个粒子。

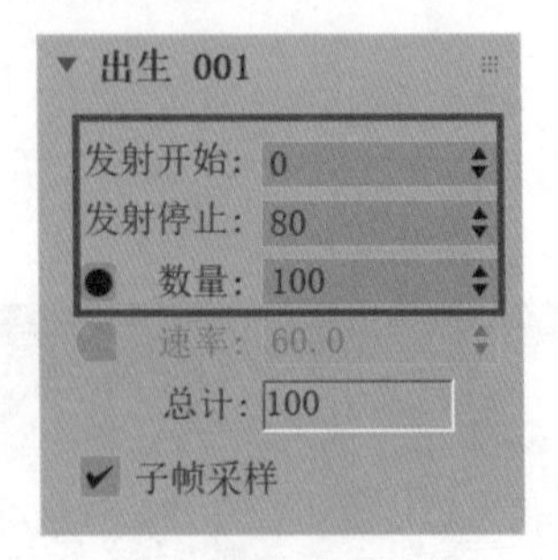

图10-75

（8）在“粒子视图”窗口的“仓库”中，选择“位置图标”操作符，以拖曳的方式将其放置于“工作区”中的“事件001”中，如图10-76所示，将粒子的位置设置在场景中的粒子流图标上。

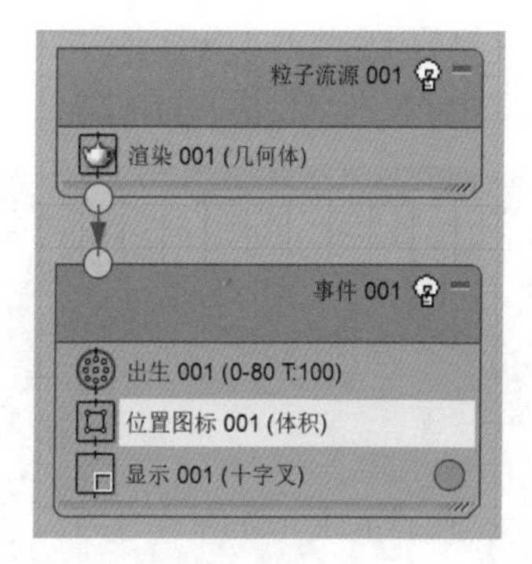

图10-76

（9）在“粒子视图”窗口的“仓库”中，选择“图形实例”操作符，以拖曳的方式将其放置于“事件 001”中，如图 10-77 所示。

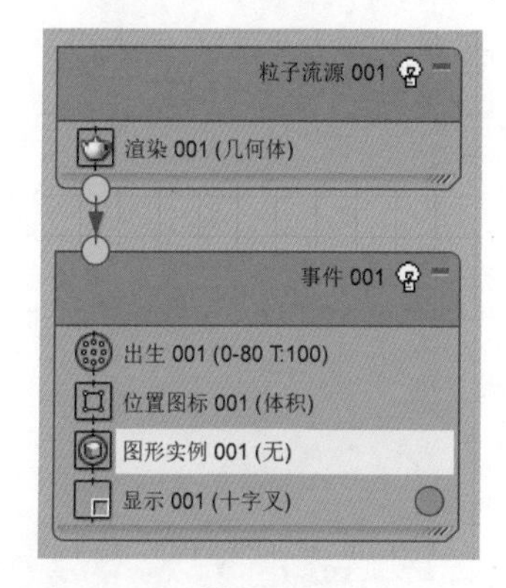

图10-77

（10）选择场景中的两个树叶模型，如图 10-78 所示。

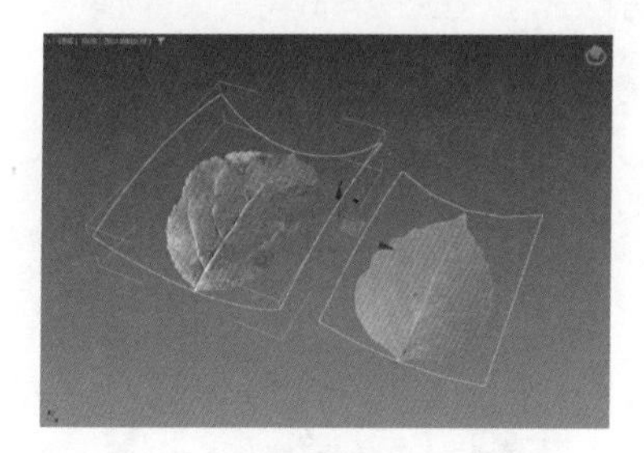

图10-78

（11）执行“组 / 组”命令，将两个树叶模型设置为一个组合，并在系统自动弹出的“组”对话框中单击“确定”按钮，如图 10-79 所示。

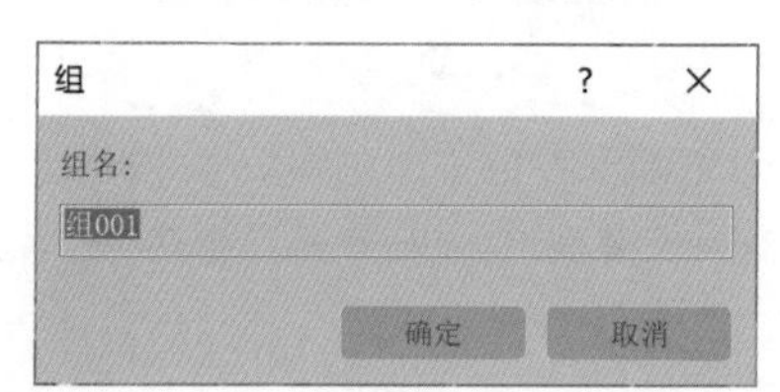

图10-79

（12）在“图形实例 001”卷展栏中，将“粒子几何体对象”设置为场景中的“组 001”，并勾选“组成员”复选框，设置“变化 %”为 20，如图 10-80 所示。

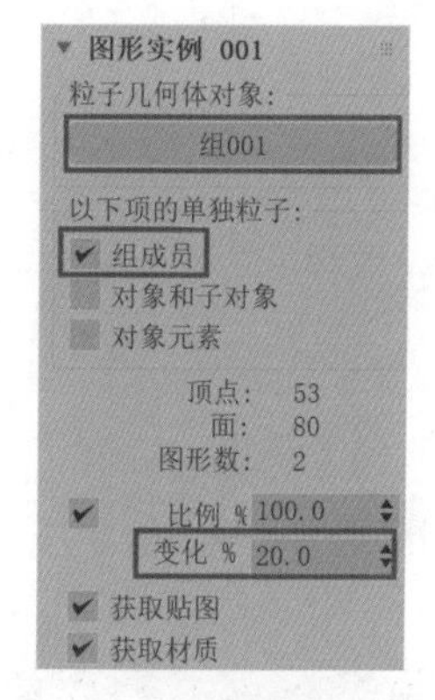

图10-80

（13）在“显示 001”卷展栏中，设置“类型”为“几何体”，如图 10-81 所示。

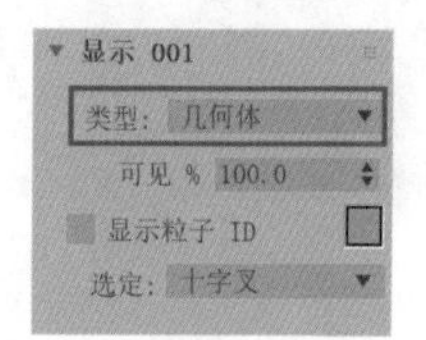

图10-81

（14）设置完成后，可以在场景中查看粒子的显示效果，如图 10-82 所示。

图10-82

技巧与提示 从视图显示效果来看，所有粒子均显示为同一种树叶，但是读者可以尝试渲染一下场景，渲染出来的效果则是两种树叶，如图 10-83 所示。

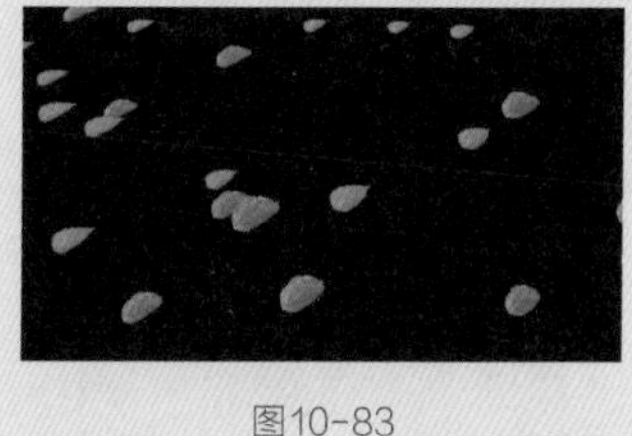

图10-83

（15）在“创建”面板中单击“重力”按钮，如图10-84所示。

图10-84

（16）在场景中的任意位置创建一个重力对象，如图10-85所示。

图10-85

（17）在“修改”面板中，设置重力的“强度”为0.5，如图10-86所示，使其对粒子的影响小一些。

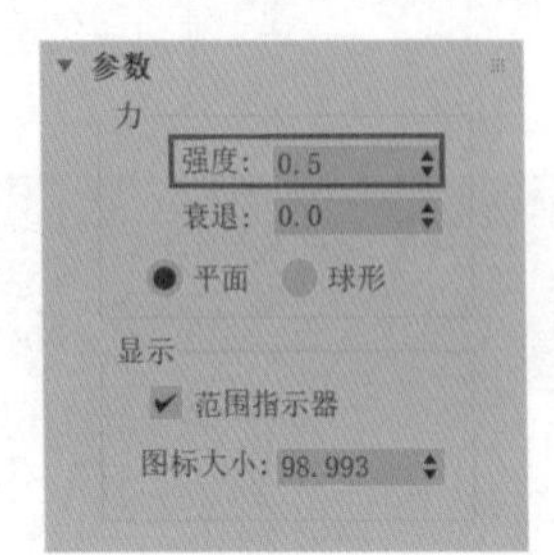

图10-86

（18）单击“创建”面板中的“风”按钮，如图10-87所示。

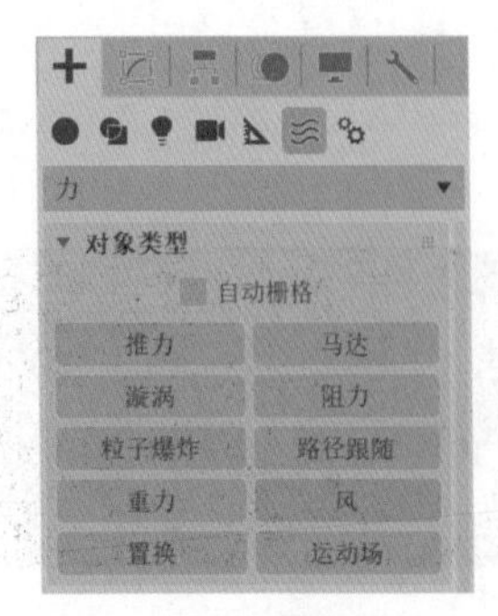

图10-87

（19）在场景中的任意位置创建一个风对象，并调整风对象的角度，如图10-88所示。

图10-88

（20）在“修改”面板中，设置风的“强度”为0.3，“湍流”为0.2，“频率”为0.1，如图10-89所示。

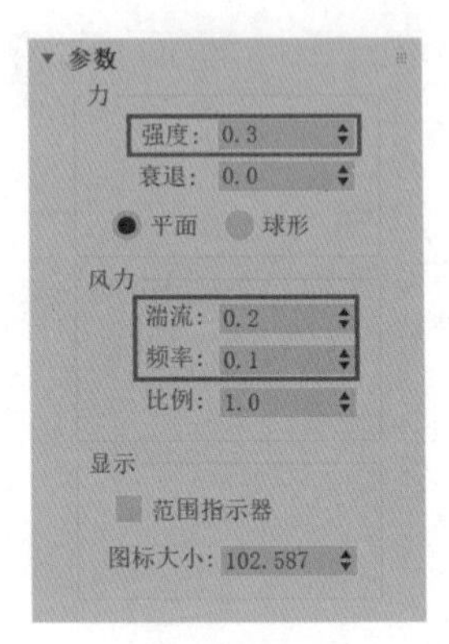

图10-89

（21）在“粒子视图”窗口的“仓库”中，选择“力”操作符，以拖曳的方式将其放置于“事件001”中，如图10-90所示。

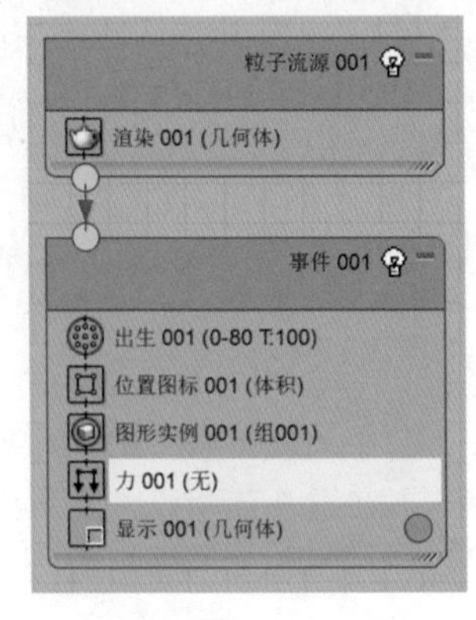

图10-90

（22）将场景中的重力对象和风对象添加至“力空间扭曲”文本框内，设置其“影响%”为300，如图10-91所示。

图10-91

（23）拖动时间滑块，观察场景动画效果，可以看到粒子受到力的影响开始从上方向下缓慢飘落了，但是每个粒子的方向都是一样的，显得不太自然，如图 10-92 所示。

图10-92

（24）在“粒子视图”窗口的“仓库”中，选择“自旋”操作符，以拖曳的方式将其放置于“事件001”中，如图 10-93 所示。

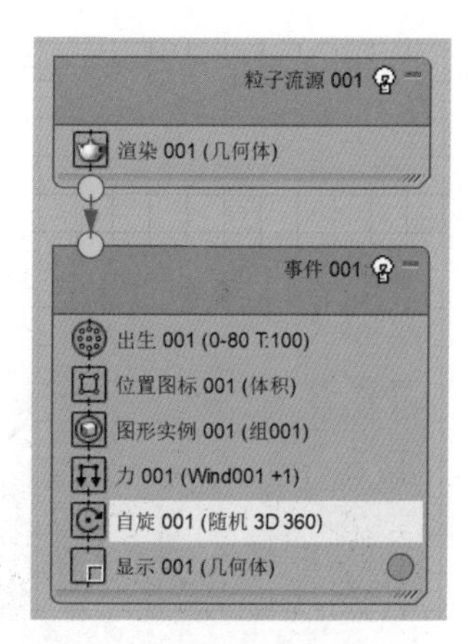

图10-93

（25）再次拖动时间滑块，即可看到每个粒子的旋转方向都不一样了，如图 10-94 所示。

图10-94

（26）本实例的最终动画完成效果如图 10-95 所示。

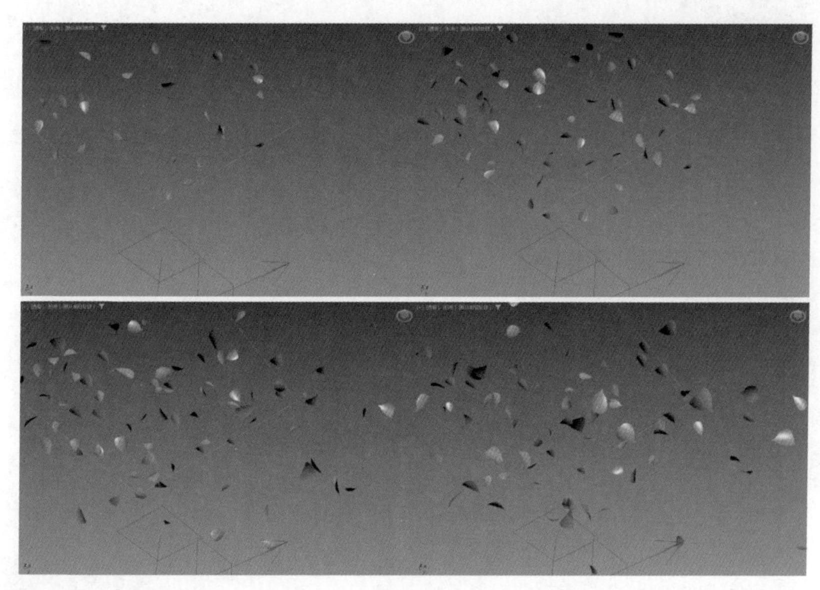

图10-95

10.3.8 实例：制作花草摆动动画

本实例为读者详细讲解使用粒子系统来制作花草摆动的动画，最终渲染动画序列如图10-96所示。

图10-96

（1）启动中文版3ds Max 2024，打开本书配套资源“花草.max”文件，如图10-97所示。

图10-97

（2）在制作花草摆动的粒子动画之前，我们先来制作单棵花草的摆动动画。选择场景中的花模型，如图10-98所示。

图10-98

（3）在“修改”面板中为其添加“弯曲”修改器，如图10-99所示。

图10-99

（4）单击“自动”按钮，使其处于背景色为红色的按下状态，如图10-100所示。在第10帧处，在“修改”面板中，设置“角度”为30，如图10-101所示。

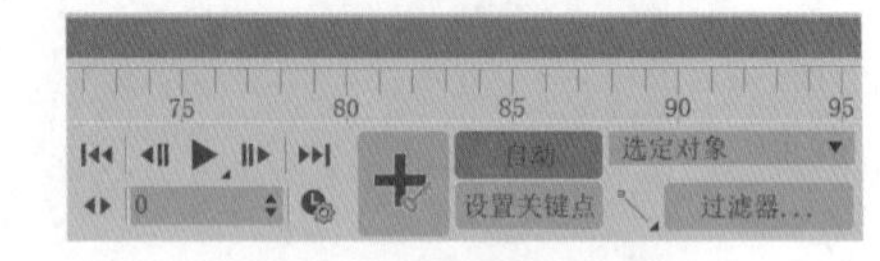

图10-100

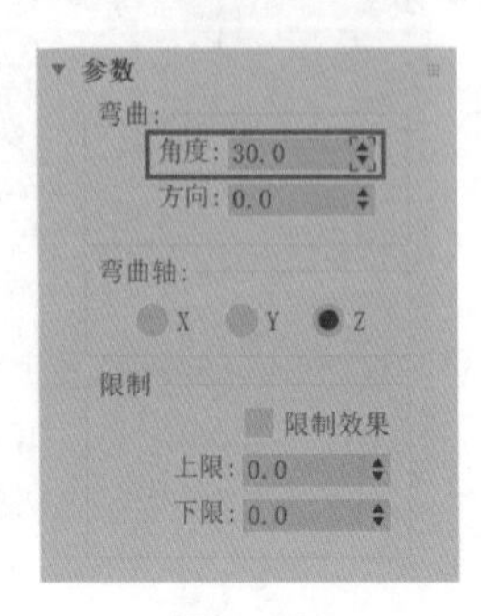

图10-101

（5）将鼠标指针移动到“修改”面板中“弯曲”修改器的“角度”参数上，单击鼠标右键，在弹出的菜单中选择“在轨迹视图中显示”命令，如图10-102所示，即可在“选定对象”窗口中显示出“角度”参数，如图10-103所示。

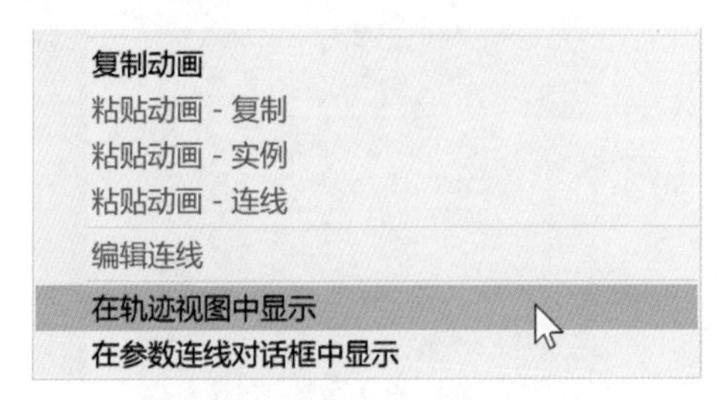

图10-102

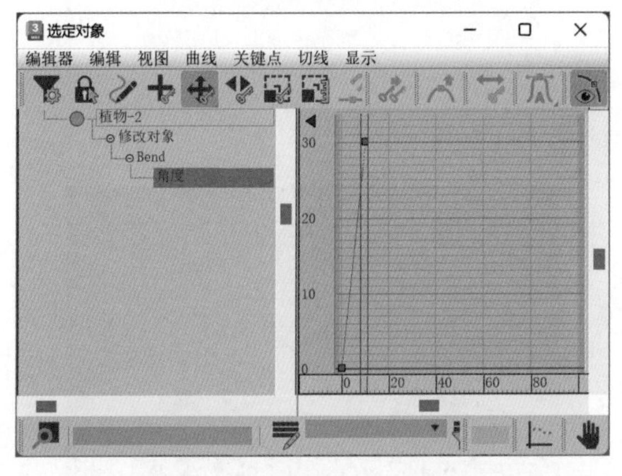

图10-103

（6）将鼠标指针移动至“选定对象”窗口中的“角度”参数上，单击鼠标右键，在弹出的菜单中选择“指定控制器”命令，如图10-104所示。在弹出的“指定浮点控制器”对话框中，选择“噪波浮点”控制器并单击“确定”按钮，如图10-105所示。

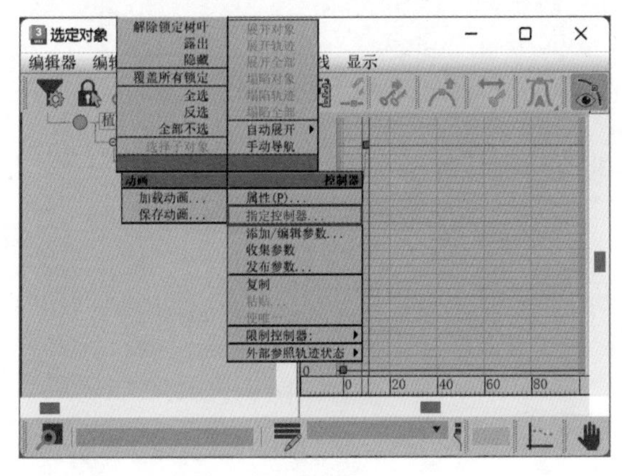

图10-104

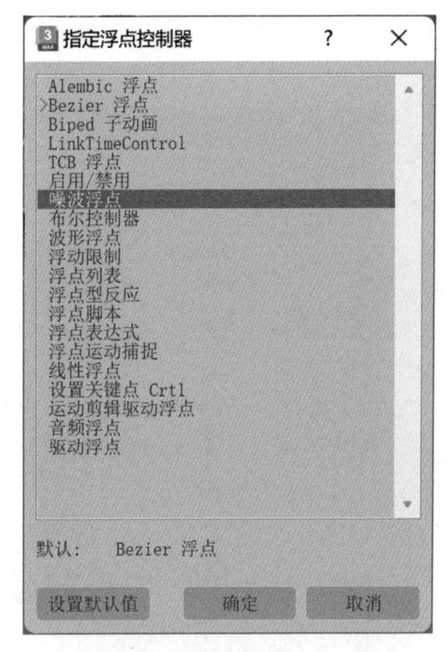

图10-105

（7）在系统自动弹出“噪波控制器”对话框中，设置“频率”为0.1，降低花草模型摆动的频率，设置“强度”为30，并勾选“>0”复选框，如图10-106所示。

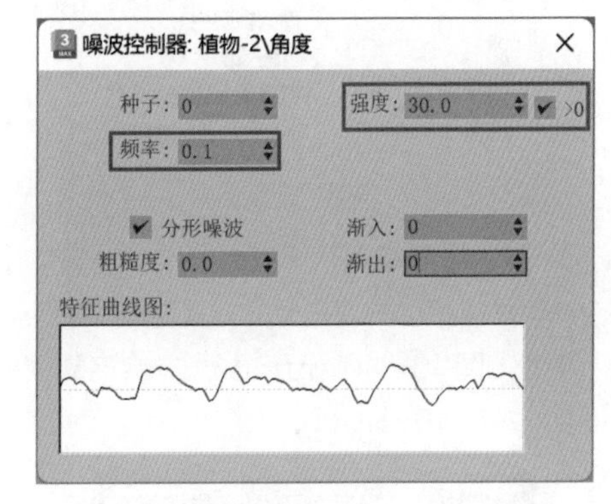

图10-106

（8）设置完成后的“角度”动画曲线如图10-107所示。

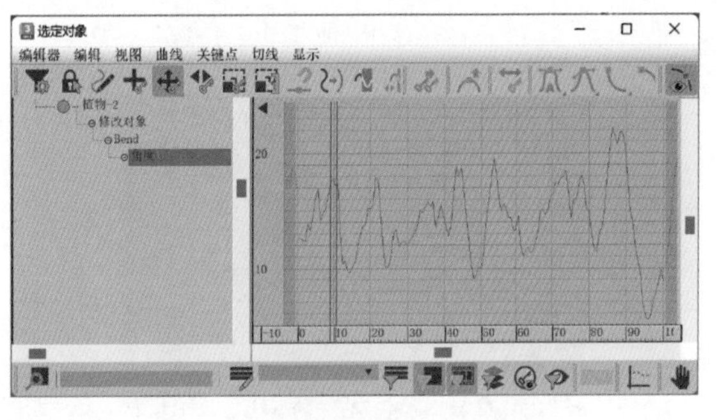

图10-107

（9）将制作好动画的“弯曲”修改器进行复制，如图10-108所示。

图10-108

（10）选择没有动画的花草模型，将之前复制的“弯曲”修改器粘贴过来，如图10-109所示。

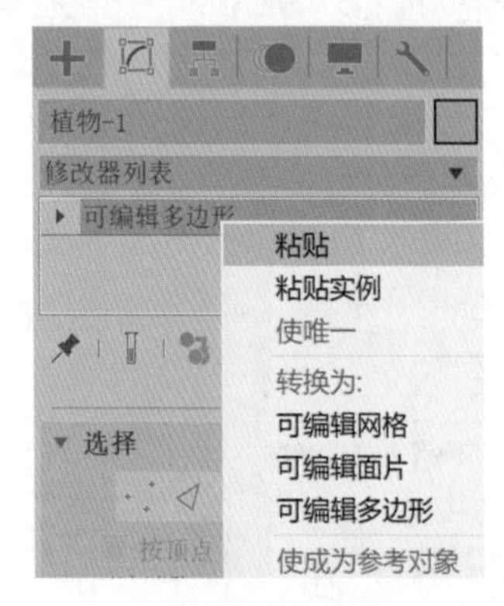

图10-109

（11）在“粒子视图”窗口中，在“仓库”中选择“空流”操作符，并以拖曳的方式将其添加至“工作区”中，如图10-110所示。场景中会自动生成粒子流图标，如图10-111所示。

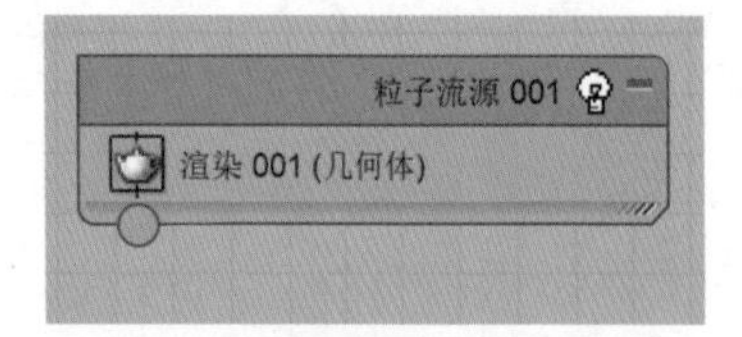

图10-110

图10-111

（12）选择场景中的粒子流图标，在“发射”卷展栏中，设置“长度”为100，“宽度”为200，如图10-112所示。

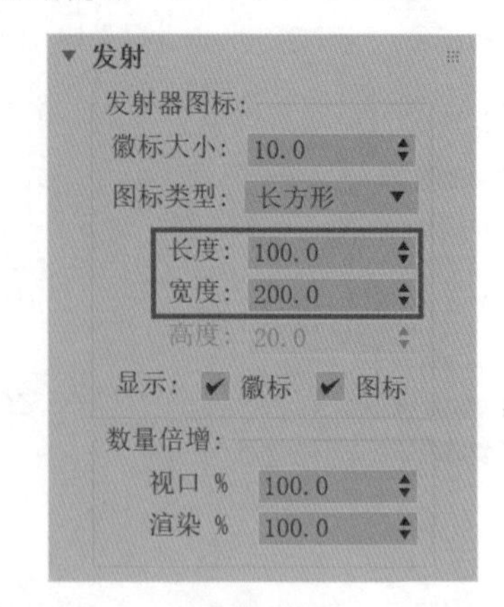

图10-112

（13）设置完成后，调整粒子流图标的位置，如图10-113所示。

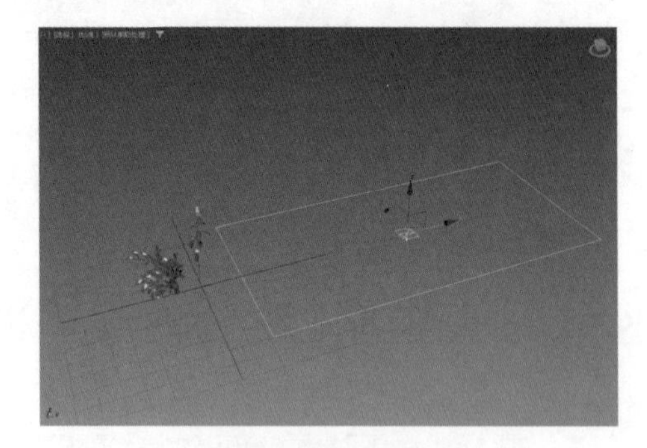

图10-113

（14）在“粒子视图”窗口的“仓库”中，选择“出生”操作符，以拖曳的方式将其放置于“工作区”中作为“事件001”，并将其连接至“粒子流源001”上，如图10-114所示。

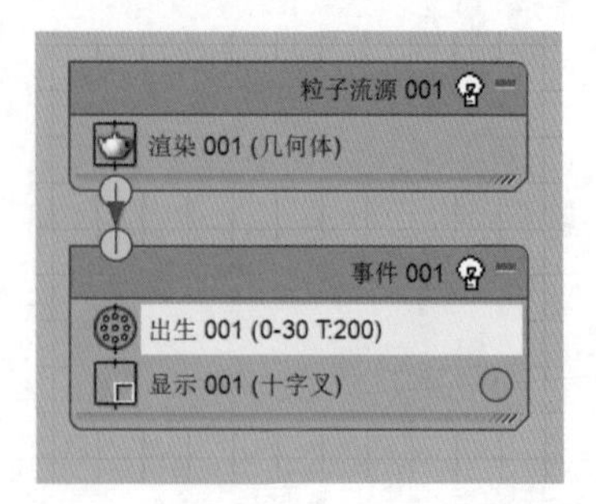

图10-114

（15）选择“出生001”操作符，设置“发射停止”为0，“数量”为100，如图10-115所示。

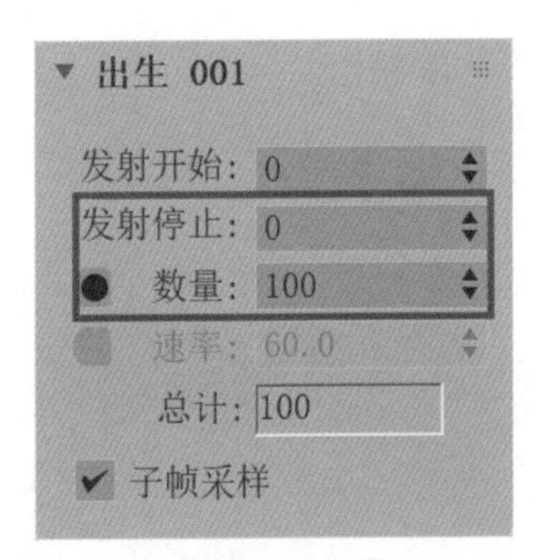

图10-115

（16）在“粒子视图”窗口的“仓库”中，选择“位置图标”操作符，以拖曳的方式将其放置于“工作区”中的“事件 001”中，如图 10-116 所示，将粒子的位置设置在场景中的粒子流图标上。

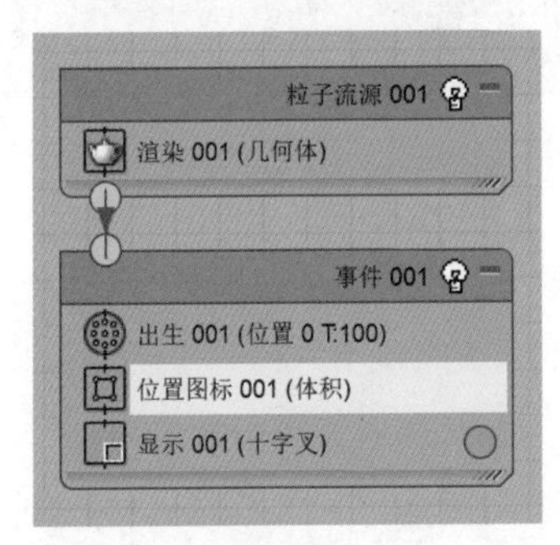

图10-116

（17）在“粒子视图”窗口的“仓库”中，选择“拆分数量”操作符，以拖曳的方式将其放置于“工作区”中的“事件 001”中，如图 10-117 所示。

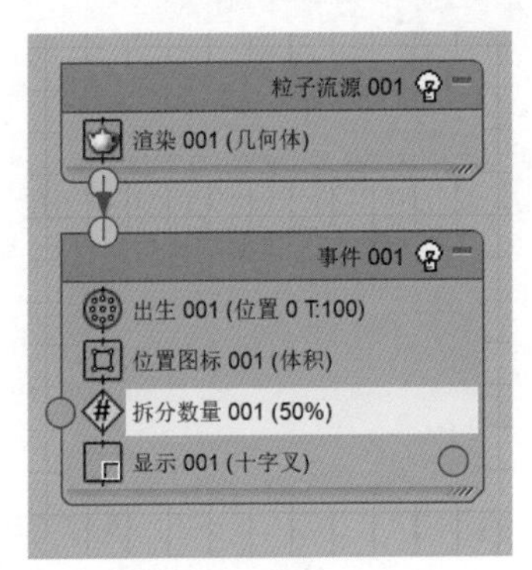

图10-117

（18）在“粒子视图”窗口的“仓库”中，选择“图形实例”操作符，以拖曳的方式将其放置于“工作区”中作为“事件 002”，并将其连接至“事件 001”上的“拆分数量 001”操作符上，如图 10-118 所示。

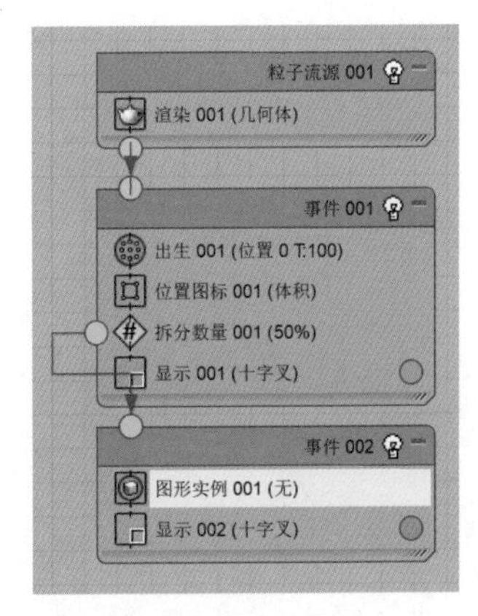

图10-118

（19）设置场景中名称为“植物 -1”的模型为“粒子几何体对象”，设置“变化 %”为 30，使粒子的大小产生一些随机的变化。勾选“动画图形”复选框，使粒子不但继承花草模型的形状，还继承之前所设置的抖动动画。在“动画偏移关键点”组中，勾选“随机偏移”复选框，如图 10-119 所示，使每个粒子的动画关键帧产生一点偏移，得到更加随机的运动效果。

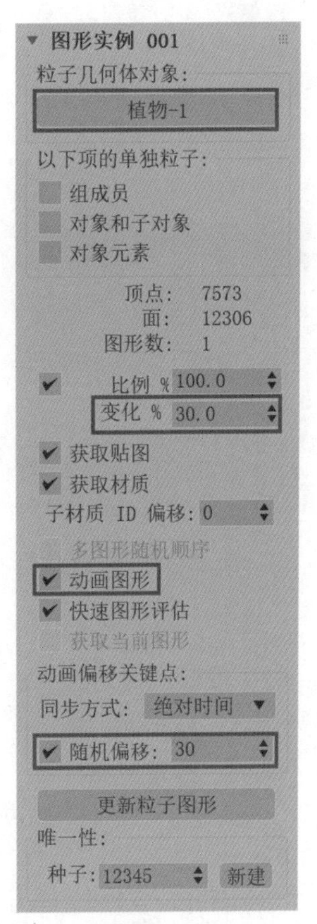

图10-119

（20）展开“显示 002”卷展栏，设置“类型”为“几何体”，如图 10-120 所示。

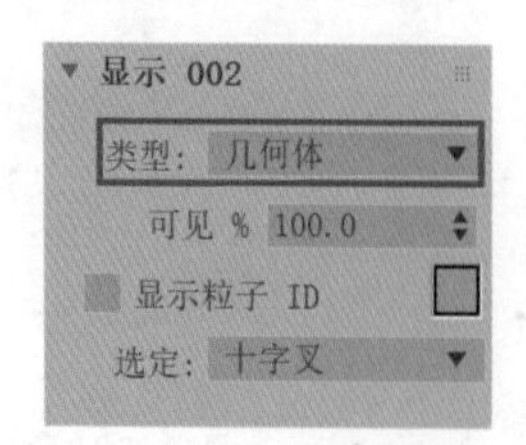

图10-120

（21）设置完成后，粒子的视图显示效果如图 10-121 所示。

图10-121

（22）观察场景，可以看到当前粒子的方向都是一致的，这使得生成的花草模型显得过于规整，不太自然。在“粒子视图”窗口的“仓库”中，选择“旋转”操作符，以拖曳的方式将其放置于“工作区”中的“事件 002”中，如图 10-122 所示。

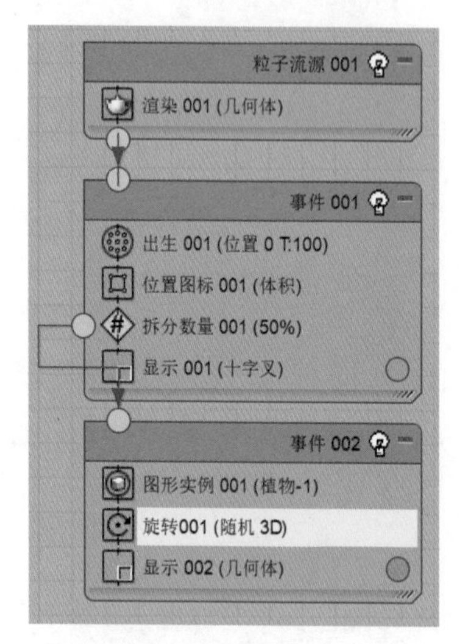

图10-122

（23）在“旋转 001”卷展栏中，设置“方向矩阵”为“随机水平”，设置“散度”为 10，如图 10-123 所示。这样，花草模型将会在水平方向上产生随机的变化，如图 10-124 所示。

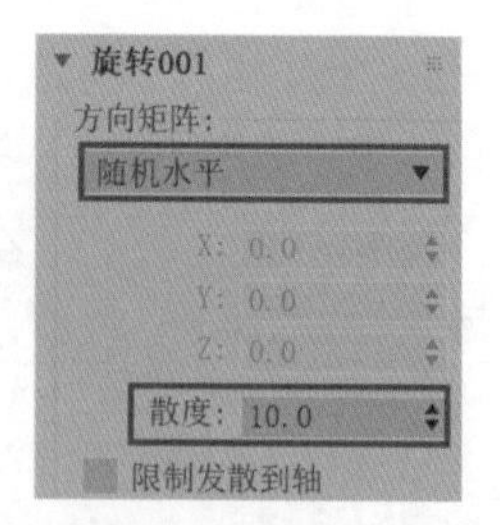

图10-123

图10-124

（24）在“粒子视图”窗口的“仓库”中，选择“发送出去”操作符，以拖曳的方式将其放置于“工作区”中的“事件 001”中的“拆分数量 001”操作符下面，如图 10-125 所示。

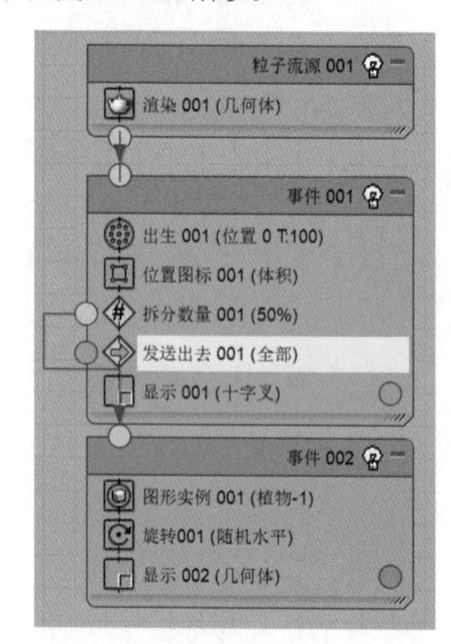

图10-125

（25）将“事件 002”选中，按住“Shift”键，以拖曳的方式复制出一个新的“事件 003”，并将其连接至“事件 001”中的“发送出去 001”操作符上，如图 10-126 所示。

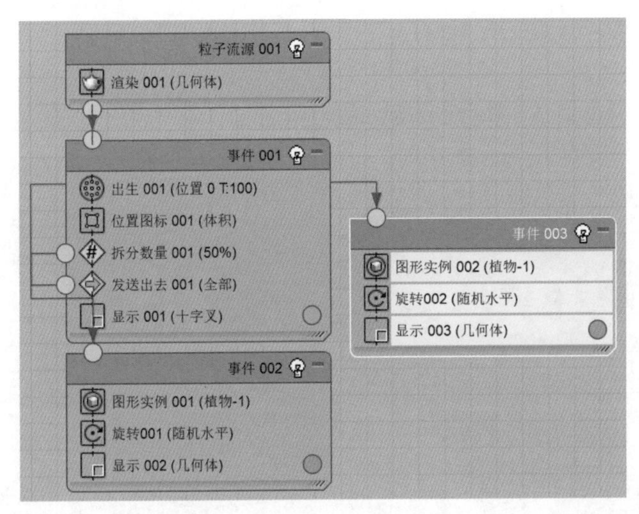

图10-126

（26）在“图形实例 002”卷展栏中，设置场景中名称为“植物 -2”的模型为“粒子几何体对象”，如图 10-127 所示。

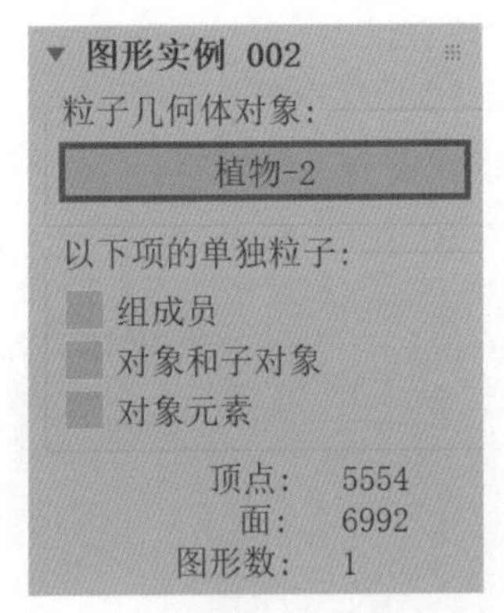

图10-127

（27）设置完成后，粒子的视图显示效果如图 10-128 所示。

图10-128

（28）本实例的最终动画效果如图 10-129 所示。

图10-129

10.3.9 实例：制作文字吹散动画

本实例为读者详细讲解使用粒子系统来制作文字吹散的动画，最终渲染动画序列如图 10-130 所示。

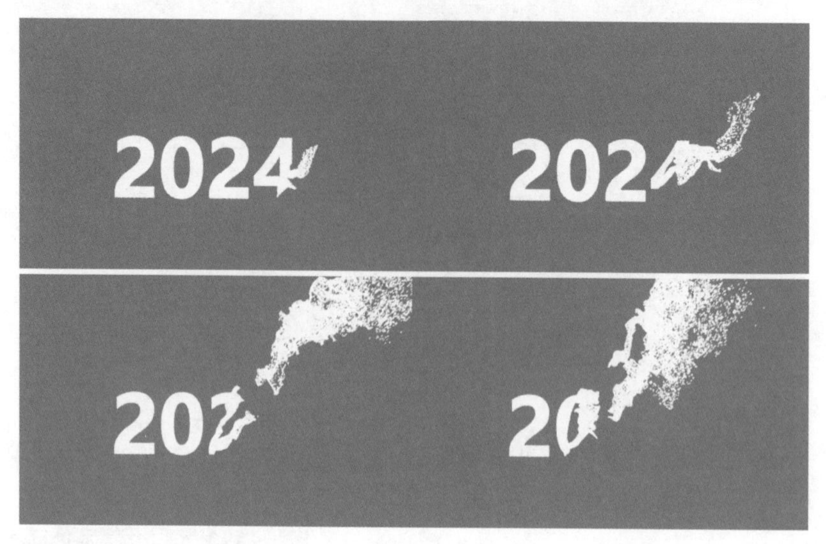

图10-130

（1）启动中文版 3ds Max 2024，打开本书配套资源“文字 .max”文件，场景里有一个简单的文字模型，如图 10-131 所示。

图10-131

（2）执行“图形编辑器 / 粒子视图”命令，打开“粒子视图”窗口，如图 10-132 所示。

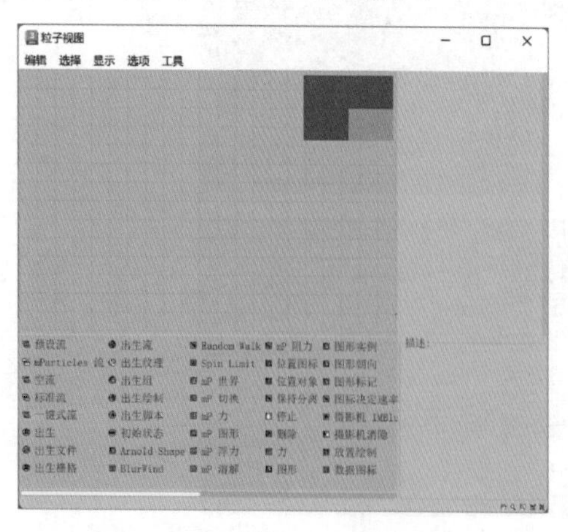

图10-132

（3）在“仓库”中选择“空流”操作符，并以拖曳的方式将其添加至“工作区”中，如图 10-133 所示。

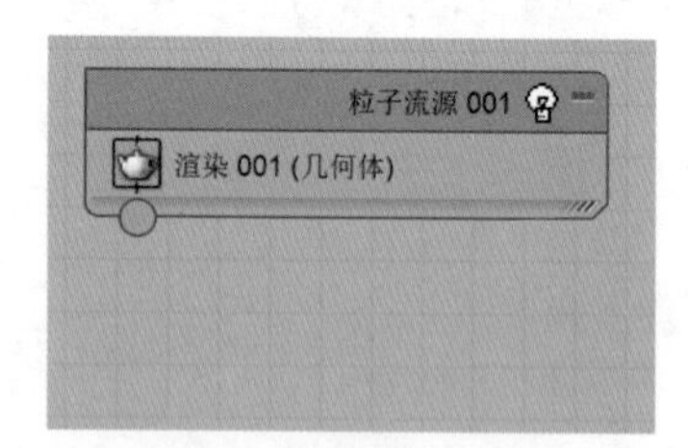

图10-133

（4）操作完成后，在“透视”视图中可以看到场景中自动生成了粒子流图标，如图 10-134 所示。

图10-134

（5）在“粒子视图”窗口的“仓库”中，选择“出生”操作符，以拖曳的方式将其放置于“工作区”中作为“事件 001”，并将其连接至“粒子流源 001”上，如图 10-135 所示。

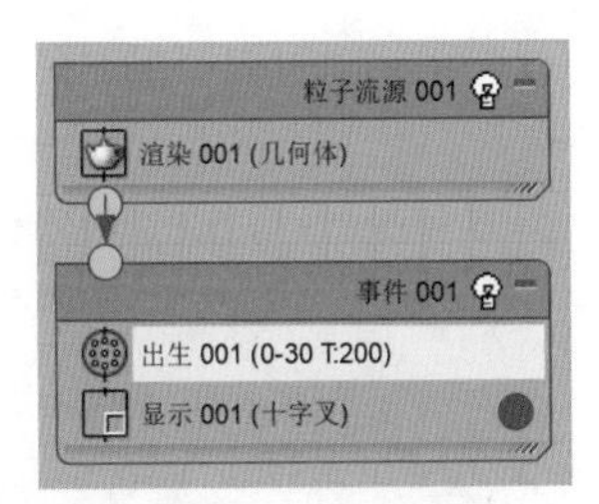

图10-135

（6）展开“出生 001”卷展栏，设置“发射开始”为 0，“发射停止”为 0，“数量”为 1000，如图 10-136 所示，使场景中的粒子数量为 1000 个。

图10-136

（7）在“粒子视图”窗口的“仓库”中，选择“位置对象”操作符，以拖曳的方式将其放置于“事件 001”中，如图 10-137 所示。

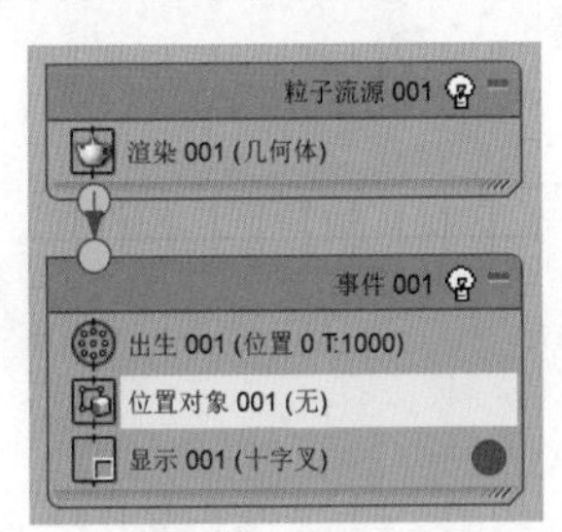

图10-137

（8）在“位置对象 001”卷展栏中，拾取场景中的文字模型作为粒子的“发射器对象”，如图 10-138 所示。

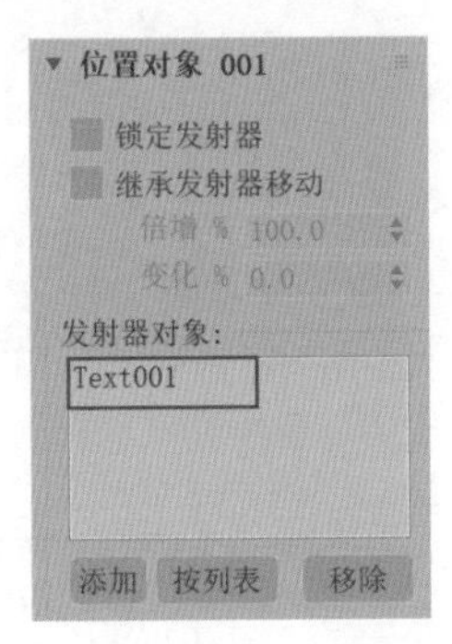

图10-138

（9）设置完成后，在场景中可以看到文字模型上出现了大量的粒子，如图 10-139 所示。

图10-139

（10）在“创建”面板中单击“导向球”按钮，如图 10-140 所示。

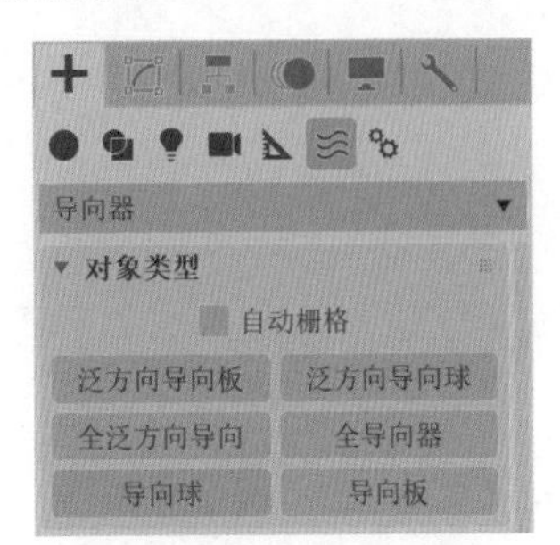

图10-140

（11）在“顶”视图中，在图 10-141 所示的位置创建一个导向球对象。

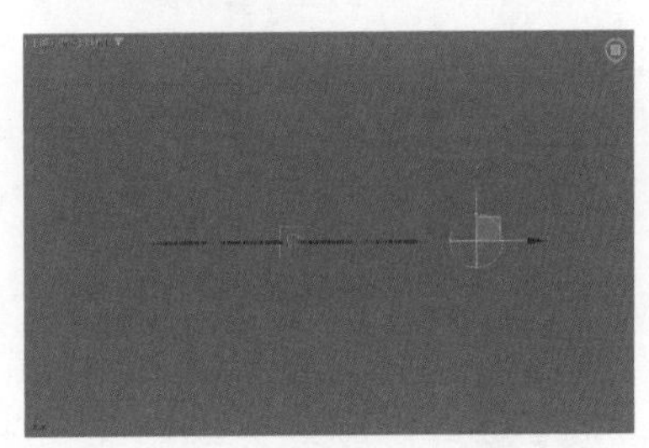

图10-141

（12）在“修改”面板中，设置导向球的“反弹”为 0，“直径”为 40，如图 10-142 所示。

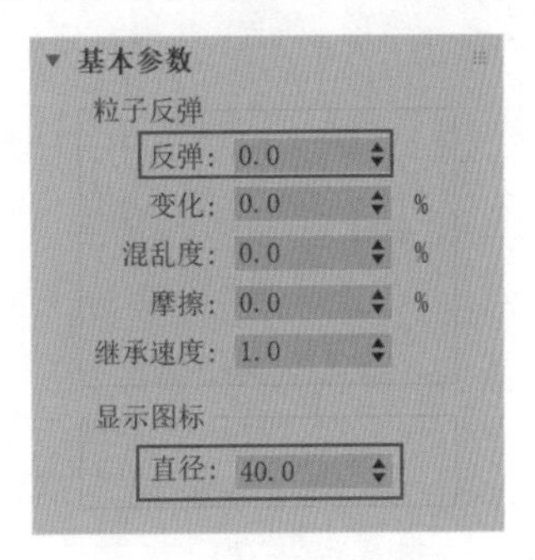

图10-142

（13）单击“自动”按钮，使其处于背景色为红色的按下状态，如图 10-143 所示。在第 100 帧处，在“修改”面板中，设置导向球的“直径”为 500，如图 10-144 所示，给导向球的“直径”参数设置动画关键帧。

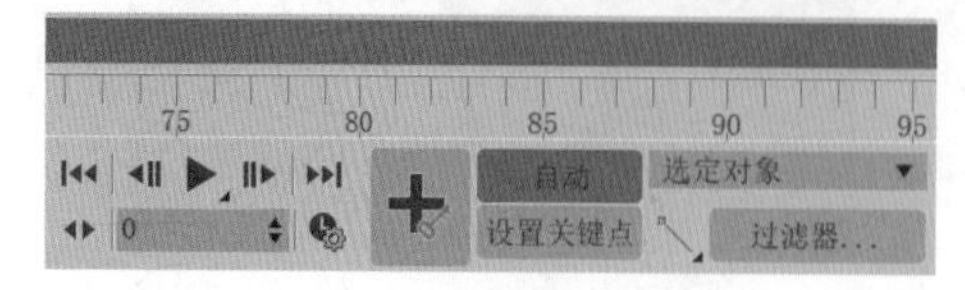

图10-143

图10-144

（14）在“粒子视图”窗口的“仓库”中，选择“碰撞”操作符，以拖曳的方式将其放置于“事件 001”中，如图 10-145 所示。拾取场景中的导向球作为粒子的“导向器”，如图 10-146 所示。

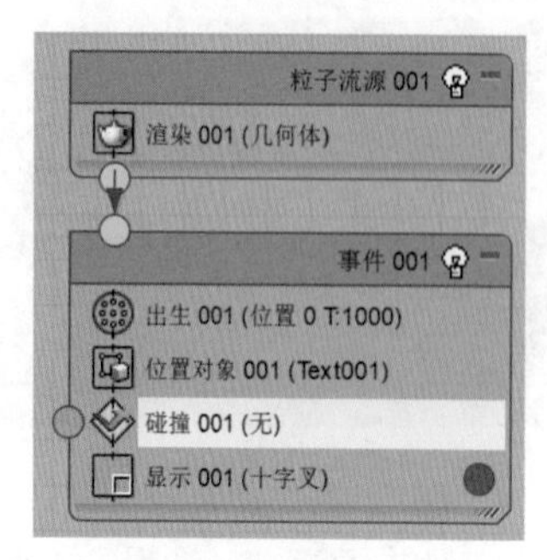

图10-145

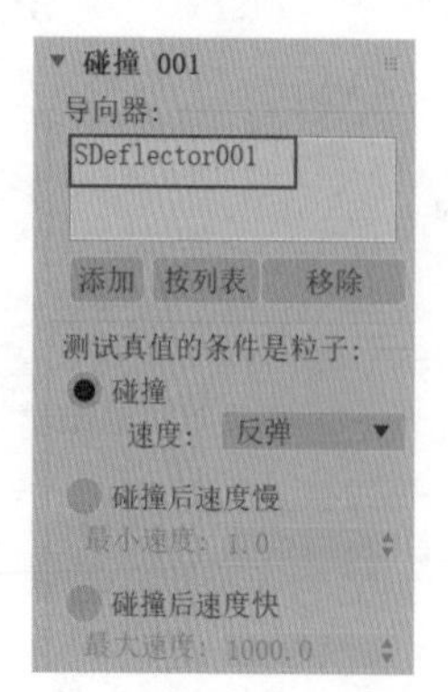

图10-146

（15）单击“创建”面板中的“风”按钮，如图 10-147 所示。

图10-147

（16）在场景中创建一个风对象，并调整其角度，如图 10-148 所示。

图10-148

（17）在“修改”面板中，设置风的“强度”为 0.5，“湍流”为 0.8，“频率”为 0.2，“比例”为 0.2，如图 10-149 所示。

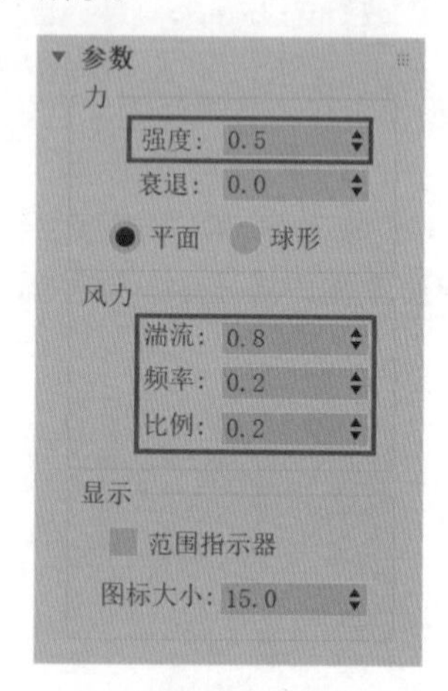

图10-149

（18）在“粒子视图”窗口的“仓库”中，选择“力”操作符，以拖曳的方式将其放置于“工作区”中作为新的“事件 002”，并将其与“事件 001”中的“碰撞 001”操作符连接起来，如图 10-150 所示。

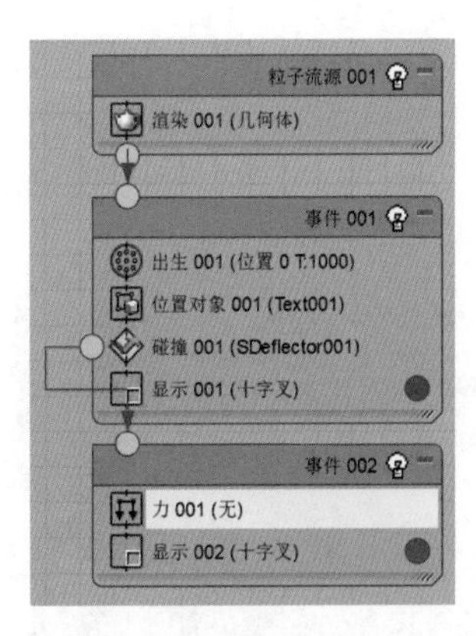

图10-150

（19）在“力 001”卷展栏中，拾取场景中的风作为粒子的“力空间扭曲”对象，如图 10-151 所示。

图10-151

（20）在“粒子视图”窗口的“仓库”中，选择“年龄测试”操作符，以拖曳的方式将其放置于“事件 002”中，如图 10-152 所示。

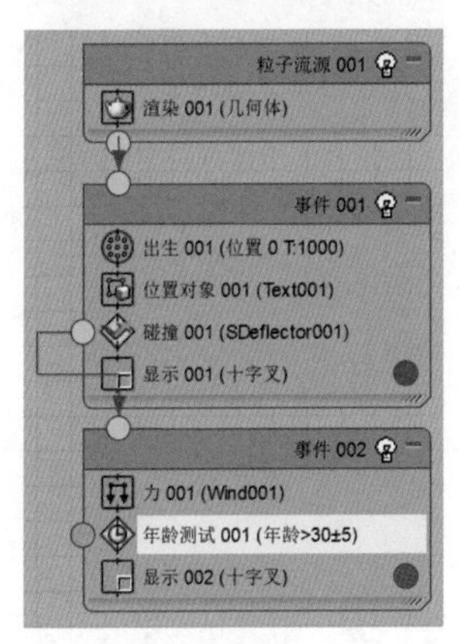

图10-152

（21）在“年龄测试 001”卷展栏中，设置年龄测试的方式为“事件年龄”，设置“测试值”为 20，“变化”为 4，如图 10-153 所示。

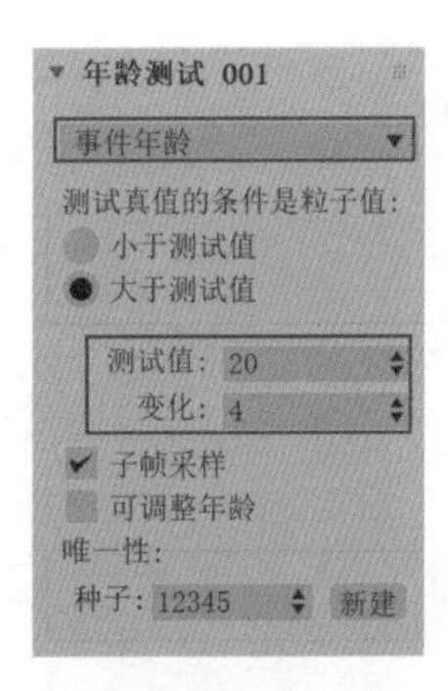

图10-153

（22）在“粒子视图”窗口的“仓库”中，选择“删除”操作符，以拖曳的方式将其放置于“工作区”中作为新的“事件 003”，并将其与“事件 002”中的“年龄测试 001”操作符进行连接，如图 10-154 所示。

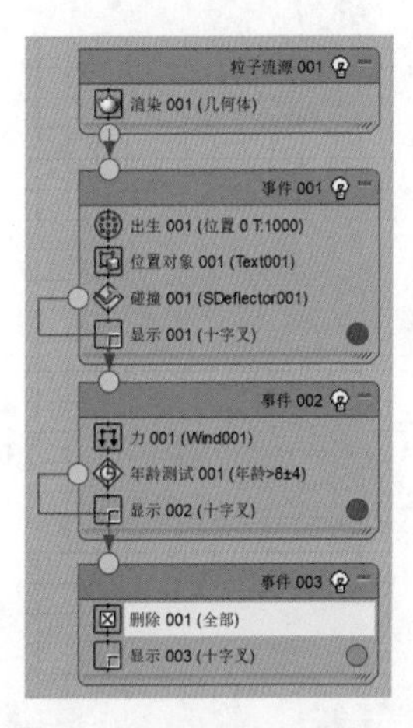

图10-154

（23）在“粒子视图”窗口的“仓库”中，选择“图形”操作符，以拖曳的方式将其放置于“粒子流源 001”中，如图 10-155 所示。

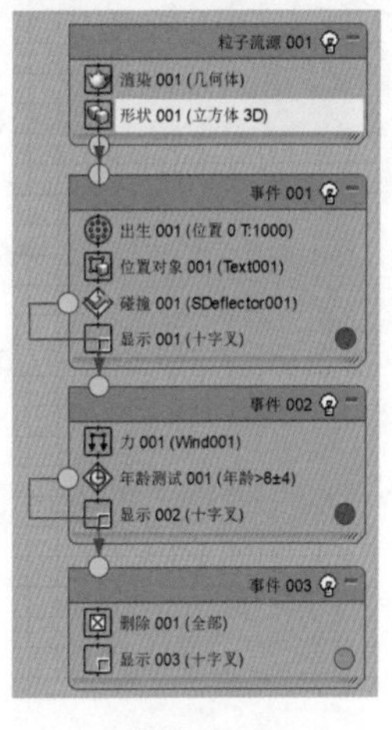

图10-155

技巧与提示 “图形”操作符在“仓库”中时，其名称为“图形”，将其添加至“工作区”后，其名称则显示为“形状”。

（24）在“形状001”卷展栏中，设置粒子的形状为“四面体”，设置“大小”为1，如图10-156所示。

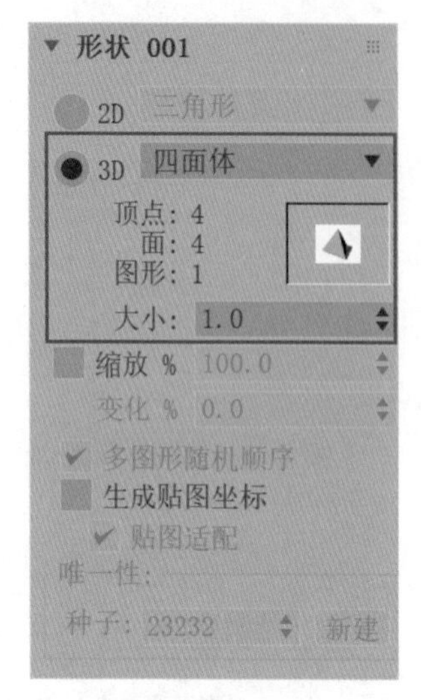

图10-156

（25）在“粒子视图”窗口的“仓库”中，选择“材质静态”操作符，以拖曳的方式将其放置于“粒子流源001”中，如图10-157所示，为粒子添加材质。

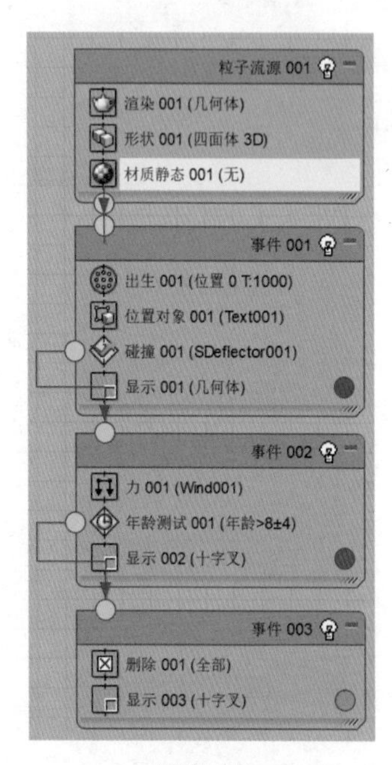

图10-157

（26）按“M”键，打开“材质编辑器”窗口，选择一个空白的材质球，在“基本参数”卷展栏中，设置“发射”组的“颜色”为白色，如图10-158所示。

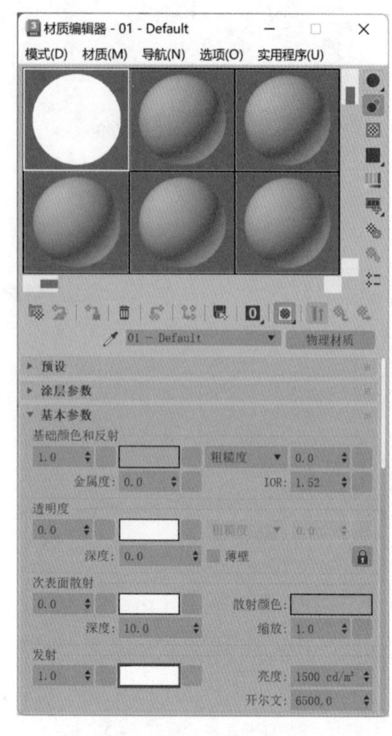

图10-158

（27）将调试好的材质球以拖曳的方式指定到“材质静态001”操作符中，作为粒子的“指定材质”，如图10-159所示。

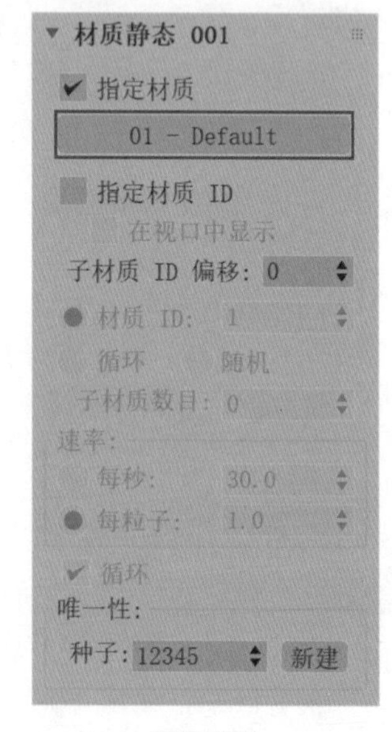

图10-159

（28）单击“粒子流源001”，如图10-160所示。

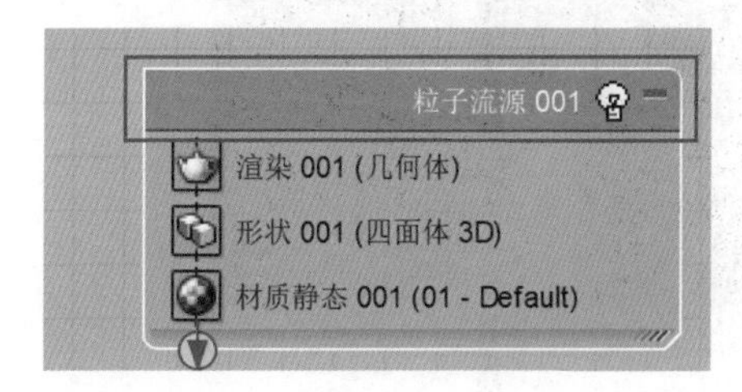

图10-160

（29）在“参数”面板中，设置粒子的“渲染%”为10000，并设置“粒子数量”组的“上限”为10000000，如图10-161所示。

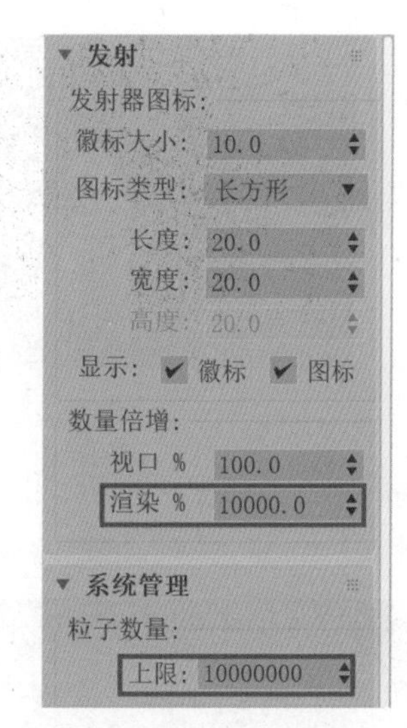

图10-161

（30）设置完成后，将场景中的文字模型隐藏起来。播放场景动画，本实例的最终动画效果如图10-162所示。

图10-162

10.3.10　实例：制作雨水飞溅动画

本实例为读者详细讲解使用粒子系统来制作雨水飞溅的动画，最终渲染动画序列如图10-163所示。

图10-163

图10-163（续）

（1）启动中文版3ds Max 2024，打开本书附带的配套资源“兔子.max”文件，如图10-164所示。

图10-164

（2）执行“图形编辑器/粒子视图”命令，打开“粒子视图”窗口，在“仓库”中选择“空流”操作符，并以拖曳的方式将其添加至“工作区”中作为“粒子流源001”，如图10-165所示。

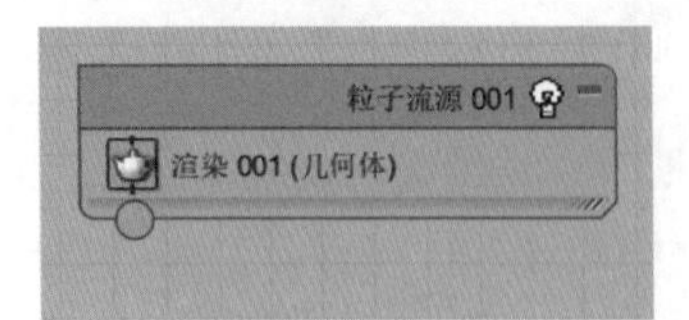

图10-165

（3）在“粒子视图”窗口的“仓库”中，选择“出生001”操作符，以拖曳的方式将其放置于“工作区”中作为“事件001”，并将其连接至“粒子流源001”上，如图10-166所示。

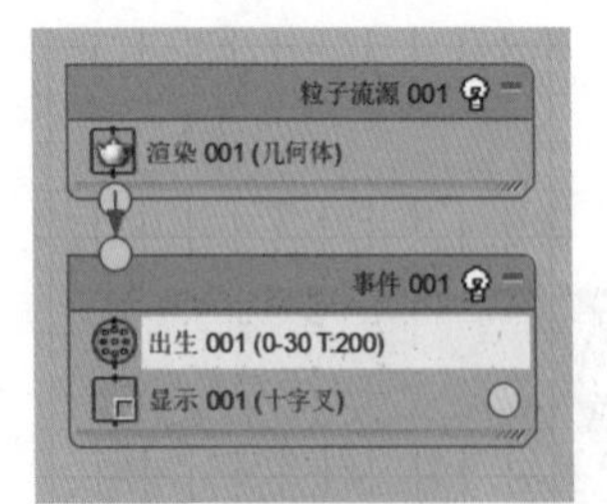

图10-166

（4）在“出生001”卷展栏中，设置“发射停止”为100，“数量”为3000，如图10-167所示。

图10-167

（5）在“粒子视图”窗口的“仓库”中，选择“位置图标001”操作符，以拖曳的方式将其放置于“工作区”中的“事件001”中，如图10-168所示。

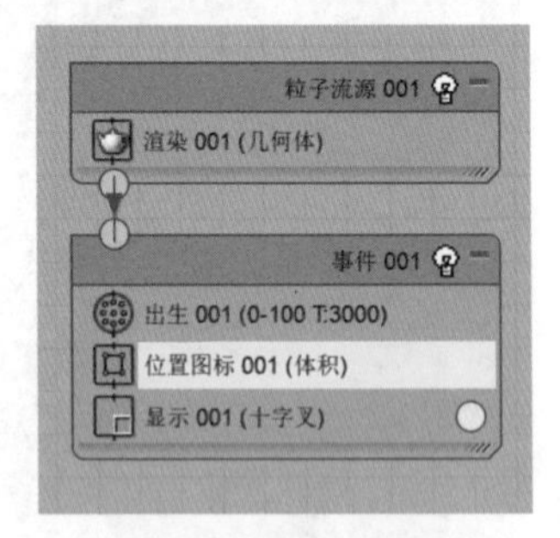

图10-168

（6）在场景中选择粒子流图标，在“修改”面板中调整“长度”和“宽度”均为100，如图10-169所示。调整粒子流图标在场景中的坐标，如图10-170所示。

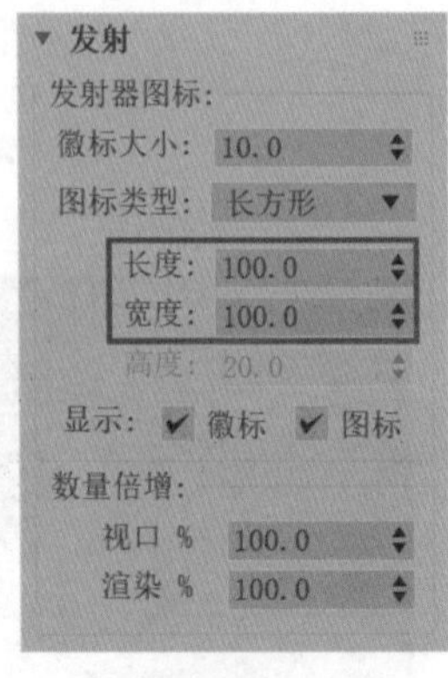

图10-169

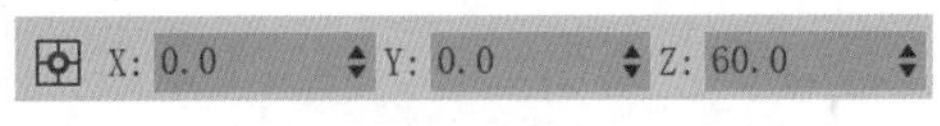

图10-170

（7）在“粒子视图”窗口的“仓库”中，选择“形状 001”操作符，以拖曳的方式将其放置于“工作区”中的“事件 001”中，如图 10-171 所示。

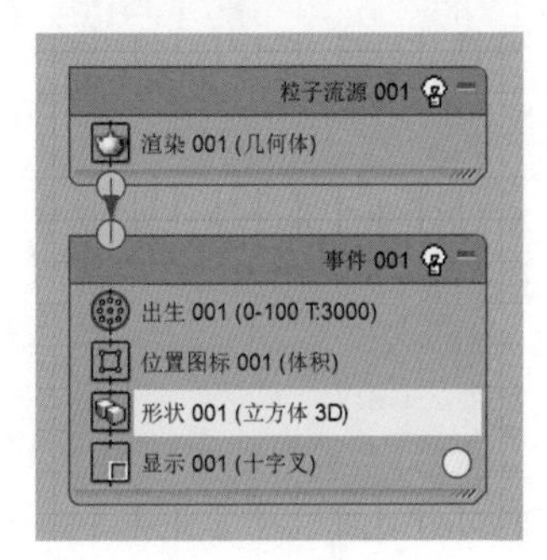

图10-171

（8）在“形状 001”卷展栏中，设置粒子的形状为“长菱形”，“大小”为 0.2，如图 10-172 所示。

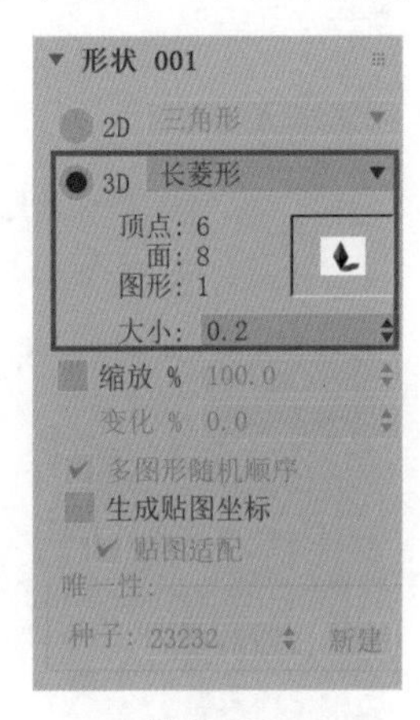

图10-172

（9）在“粒子视图”窗口的“仓库”中，选择“力 001”操作符，以拖曳的方式将其放置于“工作区”中的“事件 001”中，如图 10-173 所示。

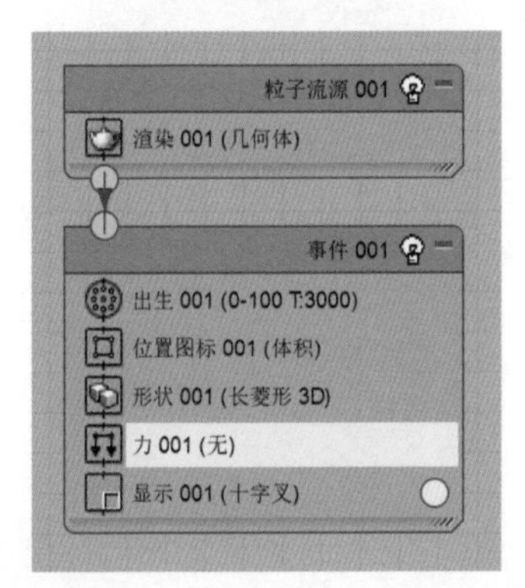

图10-173

（10）单击“创建”面板中的“重力”按钮，如图 10-174 所示。

图10-174

（11）在场景中创建一个重力对象，如图 10-175 所示。

图10-175

（12）在“力 001”卷展栏中，单击“添加”按钮，将刚刚创建出来的重力对象添加至“力空间扭曲”文本框内，如图 10-176 所示。

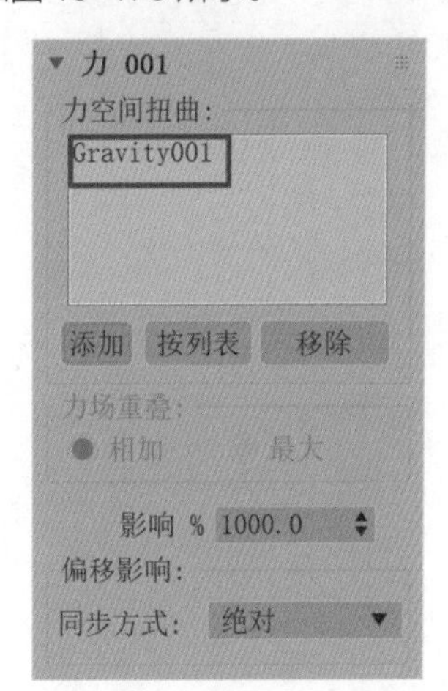

图10-176

（13）单击“创建”面板中的“全导向器”按钮，如图 10-177 所示。

（14）在场景中的任意位置创建两个全导向器，如图 10-178 所示。

图10-177

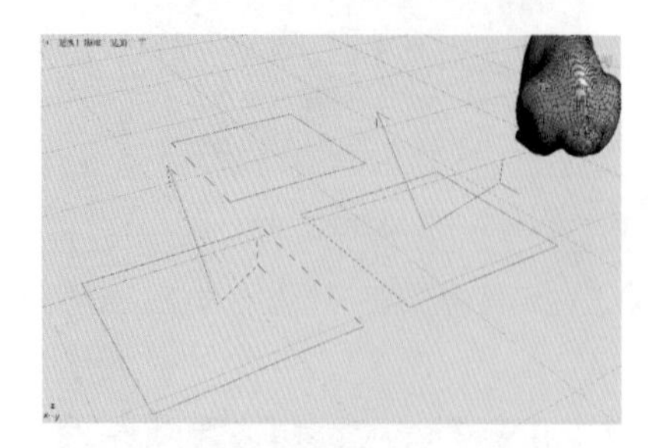

图10-178

（15）选择全导向器，在“修改”面板中分别拾取场景中的地面模型和兔子模型，设置完成后，其项目名称也会产生相应的变化，如图10-179和图10-180所示。

图10-179

图10-180

（16）在“粒子视图”窗口的“仓库”中，选择“碰撞繁殖001”操作符，以拖曳的方式将其放置于“工作区”中的“事件001”中，如图10-181所示。

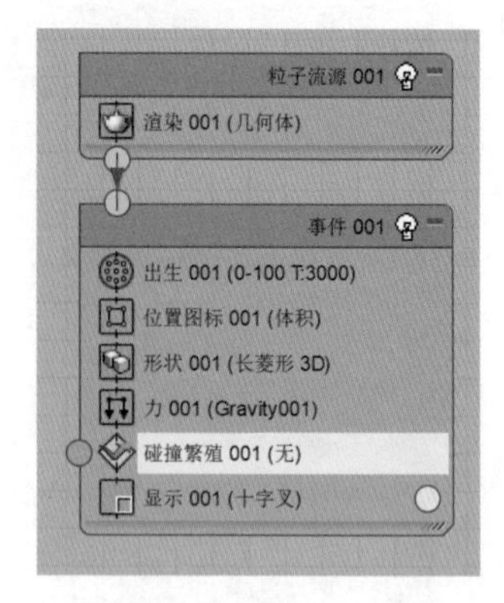

图10-181

（17）在“碰撞繁殖001”卷展栏中，将刚刚创建出来的两个全导向器添加至“导向器”文本框中，设置“子孙数”为12，“继承%”为20，“变化%”为30，“比例因子%”为30，如图10-182所示。

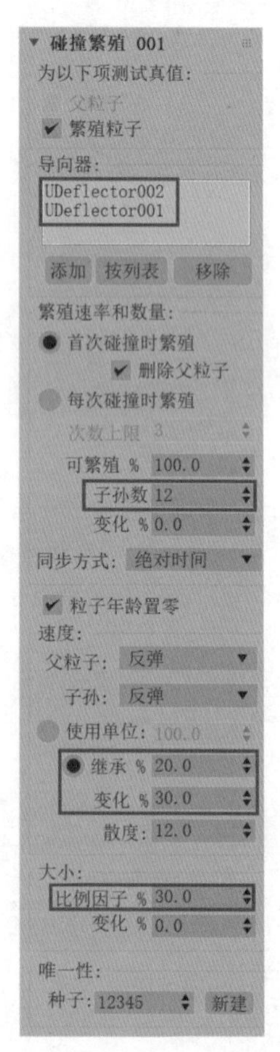

图10-182

（18）在“粒子视图”窗口的“仓库”中，选择“力002”操作符，以拖曳的方式将其放置于“工作区”中作为“事件002”，并将其与“事件001”中的“碰撞繁殖001”操作符连接起来，如图10-183所示。

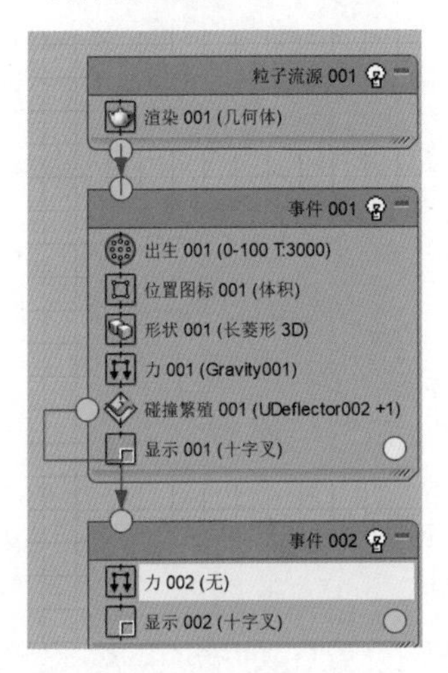

图10-183

（19）在“力002”卷展栏中，将刚刚创建出来的重力对象添加至“力空间扭曲”文本框内，如图10-184所示。

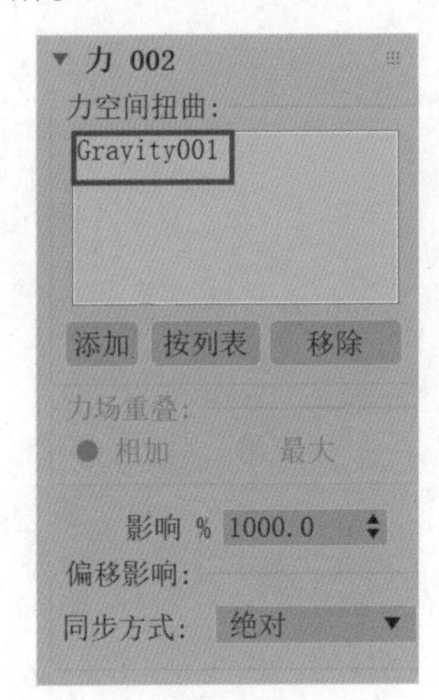

图10-184

（20）在“粒子视图”窗口的“仓库”中，选择“删除001”操作符，以拖曳的方式将其放置于“工作区”内的“事件002”中，如图10-185所示。

（21）在“删除001”卷展栏中，设置“移除”为“按粒子年龄”，设置“寿命”为5，“变化”为0，如图10-186所示。

（22）在“显示001”卷展栏中，设置“类型”为“几何体”，如图10-187所示。

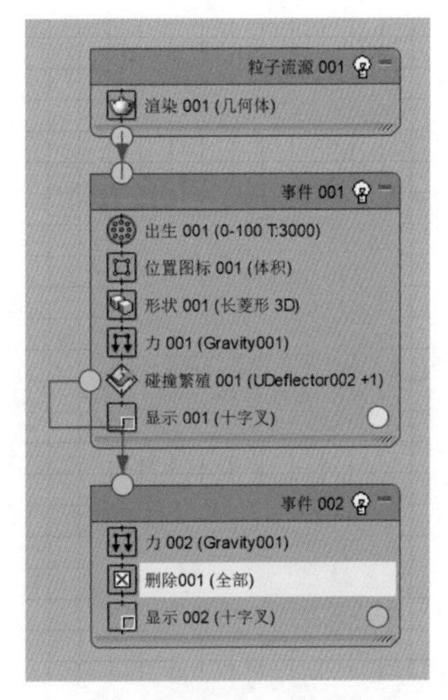

图10-185

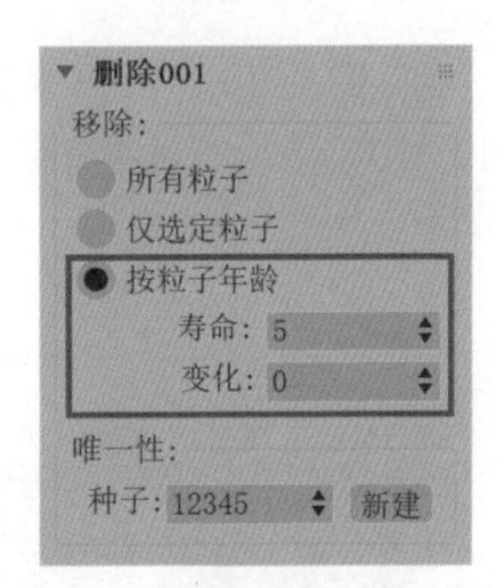

图10-186

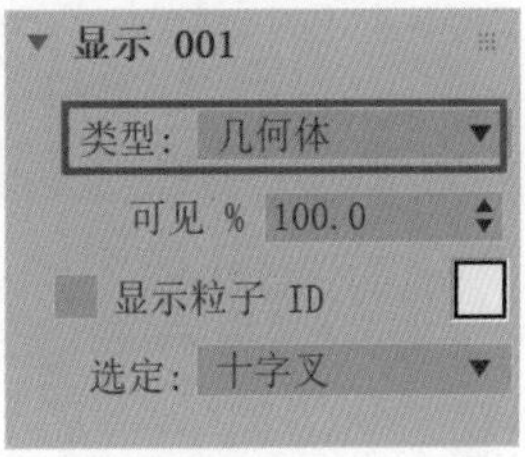

显示 001

类型: 几何体

可见 % 100.0

显示粒子 ID

选定: 十字叉

图10-187

（23）在“显示002”卷展栏中，设置“类型”为“几何体”，如图10-188所示。

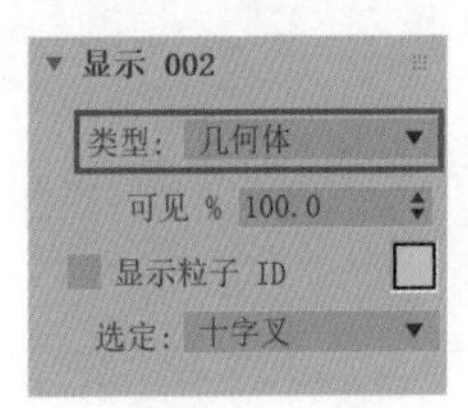

图10-188

（24）在“粒子视图”窗口的“仓库”中，选择“材质静态001”操作符，以拖曳的方式将其放置于“粒子流源001”中，如图10-189所示，为粒子添加材质。

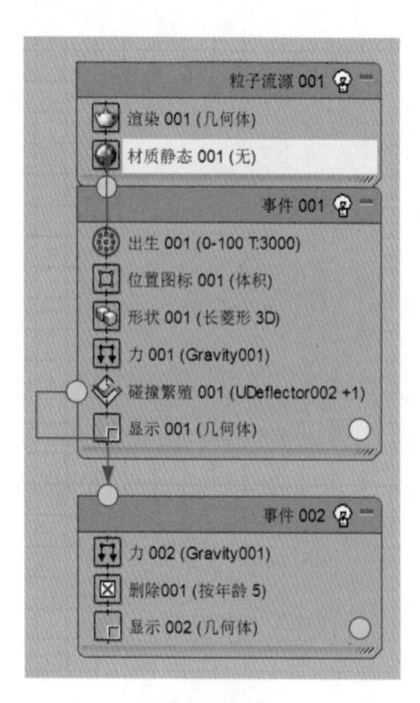

图10-189

（25）按“M”键，打开“材质编辑器”窗口，选择一个空白的材质球，在“基本参数”卷展栏中，设置“发射”组的“颜色”为白色，如图 10-190 所示。

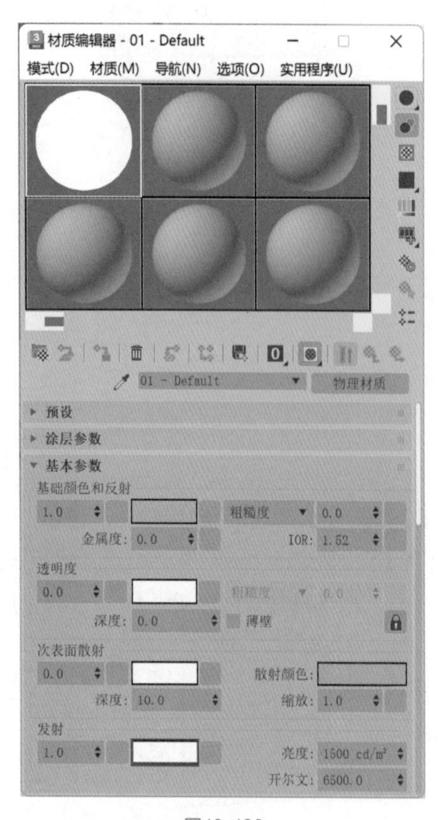

图10-190

（26）将调试好的材质球以拖曳的方式指定到“材质静态 001”操作符中，作为粒子的“指定材质 ID”，如图 10-191 所示。

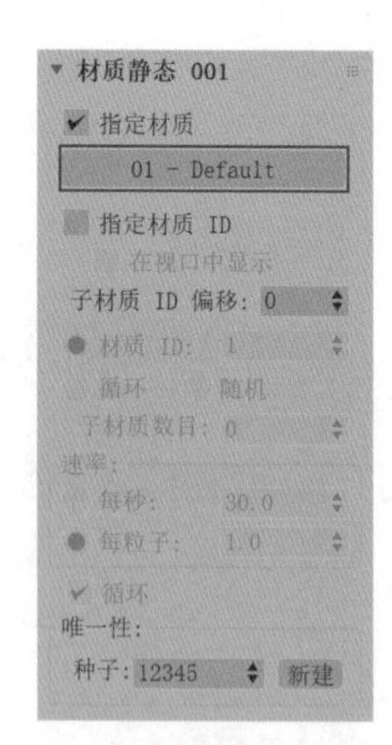

图10-191

（27）设置完成后，播放场景动画，本实例的最终动画效果如图 10-192 所示。

图10-192

毛发技术

11.1 毛发概述

毛发特效一直是众多三维软件共同关注的核心技术之一，毛发不但制作极其麻烦，渲染起来也非常耗时。通过 3ds Max 2024 自带的“Hair 和 Fur（WSM）”修改器，可以在任意对象或对象的局部上制作出非常理想的毛发效果以及毛发的动力学碰撞动画。使用这一修改器，不但可以制作出人物的头发，还可以制作出漂亮的动物毛发、自然的草地及逼真的地毯，如图 11-1 和图 11-2 所示。

图11-1

图11-2

11.2 “Hair和Fur(WSM)”修改器

“Hair 和 Fur（WSM）”修改器是 3ds Max 2024 毛发技术的核心所在。该修改器可应用于要生长毛发的任意对象，既可为网格对象也可为样条线对象。如果对象是网格对象，则可在网格对象的整体或局部表面生成大量的毛发。如果对象是样条线对象，毛发将在样条线之间生长，这样通过调整样条线的弯曲程度及位置便可轻易控制毛发的生长形态。

“Hair 和 Fur（WSM）”修改器在“修改器列表”中，属于“世界空间修改器”类型，这意味着此修改器只能使用世界空间坐标，而不能使用局部坐标。同时，在应用了“Hair 和 Fur(WSM)”修改器之后，“环境和效果”窗口中会自动添加“Hair 和 Fur”效果，如图 11-3 所示。

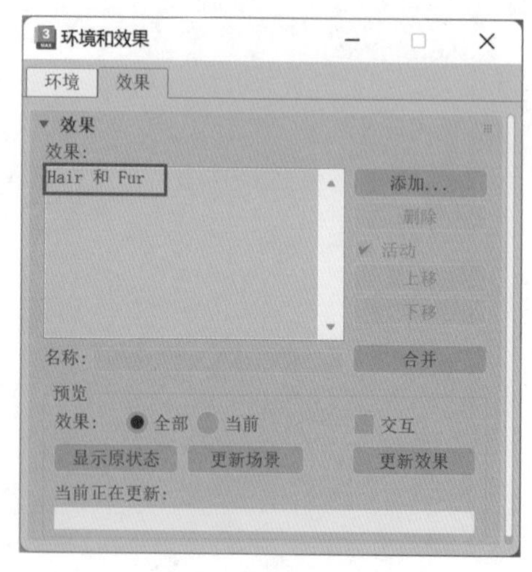

图11-3

“Hair 和 Fur（WSM）”修改器在“修改”面板中具有 14 个卷展栏，如图 11-4 所示。下面将对其中较为常用的参数进行详细讲解。

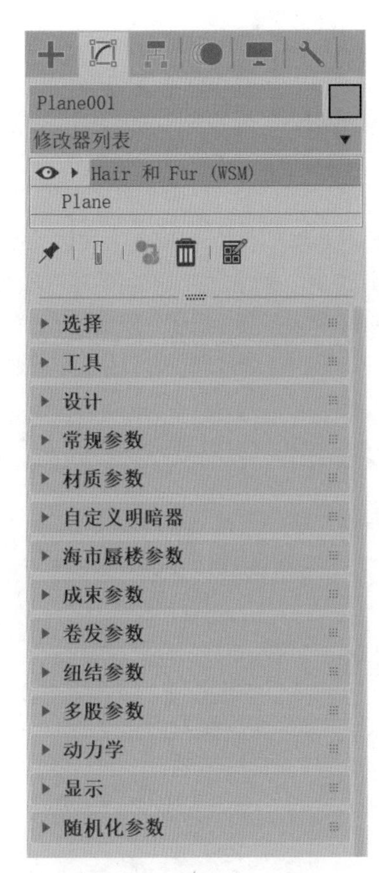

图11-4

11.2.1 “选择”卷展栏

在“选择”卷展栏中，参数如图11-5所示。

图11-5

工具解析

- “导向”按钮：访问“导向”子层级。
- “面”按钮：访问“面”子层级。
- “多边形”按钮：访问“多边形”子层级。
- “元素”按钮：访问“元素”子层级。
- 按顶点：勾选此复选框后，只需选择子对象的顶点，即可选择子对象。
- 忽略背面：勾选此复选框后，使用鼠标选择子对象只影响面对用户的面。
- “复制”按钮：将命名选择放置到复制缓冲区。
- “粘贴”按钮：从复制缓冲区中粘贴命名选择。
- “更新选择”按钮：根据当前子对象选择重新计算毛发生长的区域，然后刷新显示。

11.2.2 “工具”卷展栏

在“工具”卷展栏中，参数如图11-6所示。

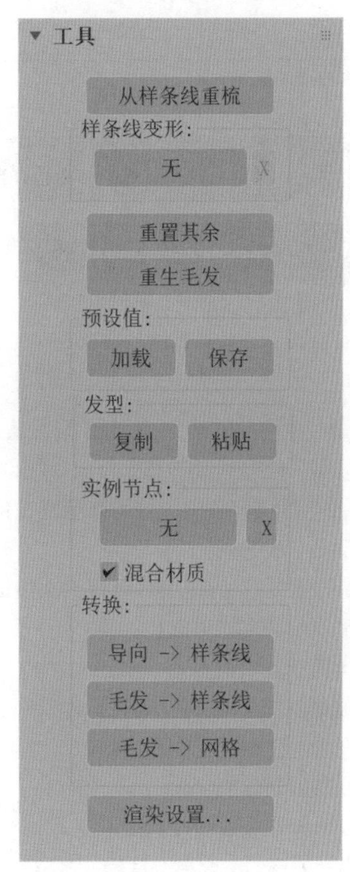

图11-6

工具解析

- “从样条线重梳”按钮：作用于使用样条线对象设置毛发的样式。单击此按钮，然后选择构成样条线曲线的对象。毛发将该曲线转换为导向，并将最近的曲线的副本植入选定生长网格的每个导向中。

①“样条线变形”组。

♦ 无 “无”按钮：单击此按钮可以选择用来使毛发变形的样条线。

♦ X X按钮：停止使用样条线变形。

♦ 重置其余 “重置其余”按钮：单击此按钮可以使生长在网格上的毛发导向平均化。

♦ 重生毛发 “重生毛发”按钮：忽略全部样式信息，将毛发复位为默认状态。

②“预设值”组。

♦ 加载 “加载”按钮：单击此按钮可以打开“Hair和Fur预设值”对话框，如图11-7所示。“Hair和Fur预设值”对话框内有多达13种预设毛发可供用户选择使用。

图11-7

♦ 保存 “保存”按钮：保存新的预设值。

③“发型”组。

♦ 复制 “复制”按钮：将所有毛发设置和样式信息复制到复制缓冲区。

♦ 粘贴 “粘贴”按钮：将所有毛发设置和样式信息粘贴到当前选择的对象上。

④“实例节点”组。

♦ 无 “无”按钮：要指定毛发对象，可单击此按钮，然后选择要使用的对象。此后，该按钮上会显示拾取的对象的名称。

♦ X X按钮：清除所使用的实例节点。

♦混合材质：勾选此复选框后，将应用于生长对象的材质以及应用于毛发对象的材质合并为“多维/子对象”材质，并应用于生长对象。取消勾选此复选框后，生长对象的材质将应用于实例化的毛发。

⑤“转换”组。

♦ 导向 -> 样条线 “导向 -> 样条线”按钮：将所有导向复制为新的单一样条线对象。初始导向并未更改。

♦ 毛发 -> 样条线 “毛发 -> 样条线”按钮：将所有毛发复制为新的单一样条线对象。初始毛发并未更改。

♦ 毛发 -> 网格 “毛发 -> 网格”按钮：将所有毛发复制为新的单一网格对象。初始毛发并未更改。

♦ 渲染设置... “渲染设置”按钮：单击该按钮可打开“环境和效果”窗口并添加“Hair和Fur”效果。

11.2.3 “设计”卷展栏

在“设计”卷展栏中，参数如图11-8所示。

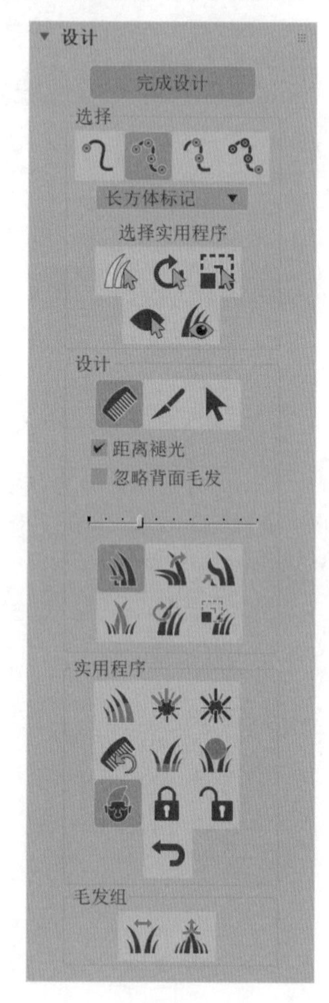

图11-8

工具解析

♦ 设计发型 “设计发型”按钮：只有单击此按

钮，才可激活“设计”卷展栏内的所有参数，同时“设计发型”按钮 设计发型 更改为“完成设计”按钮 完成设计 。

① “选择”组。

◆ “由头梢选择毛发”按钮：允许用户只选择每根导向毛发末端的顶点，如图 11-9 所示。

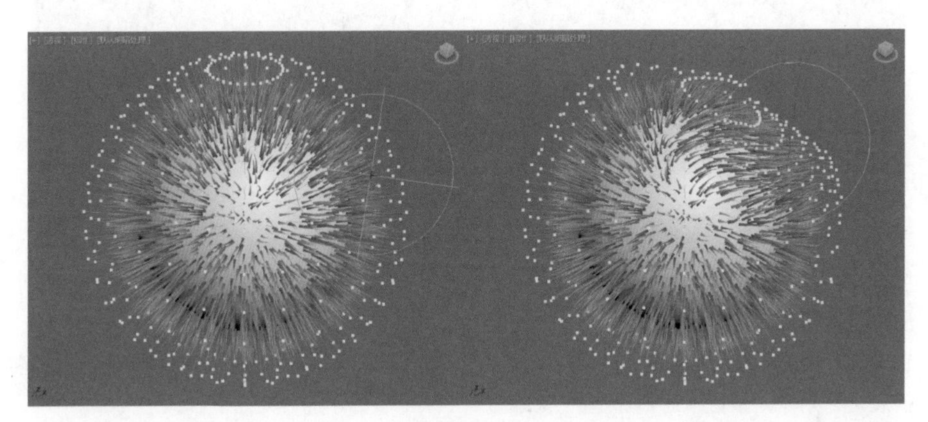

图11-9

◆ “选择全部顶点”按钮：选择导向毛发中的任意顶点时，会选择该导向毛发中的所有顶点，如图 11-10 所示。

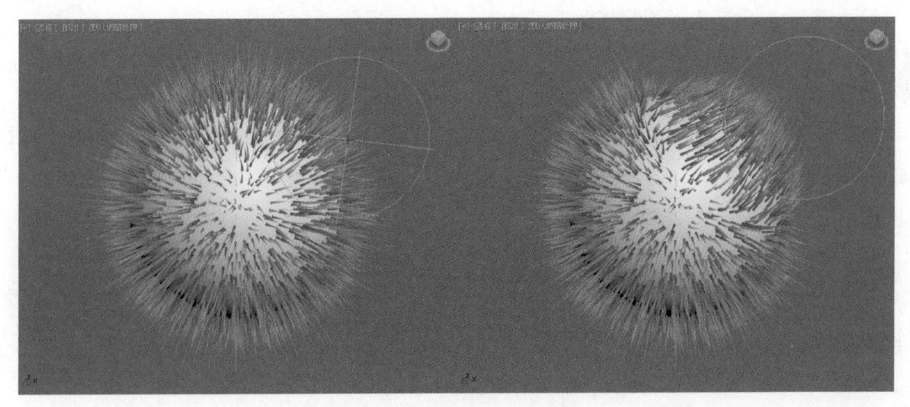

图11-10

◆ “选择导向顶点”按钮：可以选择导向毛发上的任意顶点并进行编辑，如图 11-11 所示。

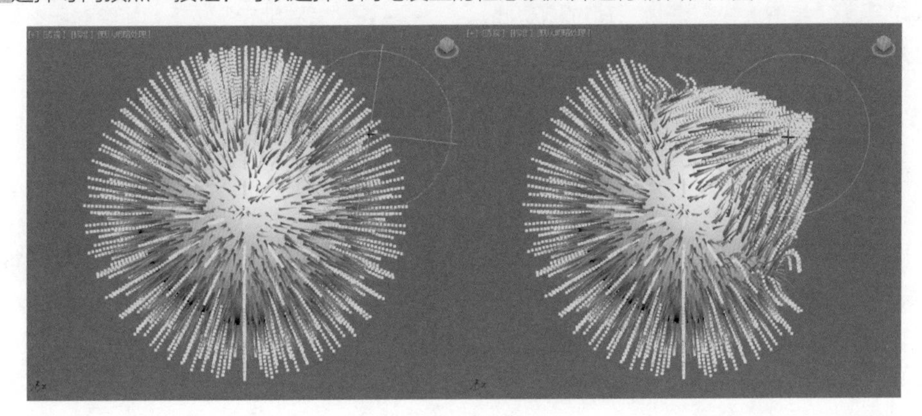

图11-11

◆ “由根选择导向”按钮：可以只选择每根导向毛发根部的顶点，此操作将选择所有相应导向毛发根部的顶点，如图 11-12 所示。

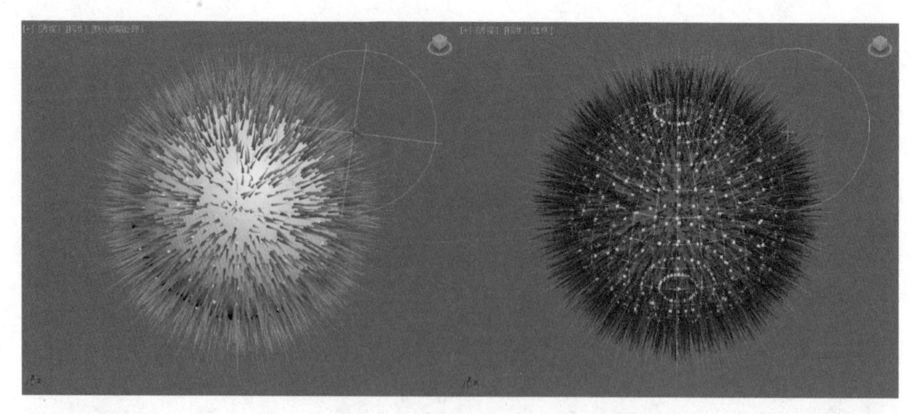

图11-12

◆ “反选”按钮：反转顶点的选择。

◆ “轮流选”按钮：旋转空间中的选择。

◆ “扩展选定对象”按钮：通过递增的方式增大选择区域，从而扩展选择。

◆ “隐藏选定对象”按钮：隐藏选定的导向毛发。

◆ “显示隐藏对象”按钮：取消隐藏任何隐藏的导向毛发。

②“设计”组。

◆ “发梳”按钮：在该模式下可以拖动鼠标置换影响笔刷区域的选定顶点。

◆ “剪毛发”按钮：可以修剪毛发。

◆ “选择”按钮：在该模式下可以配合使用3ds Max 2024 所提供的各种选择工具。

◆距离褪光：刷动效果朝着笔刷的边缘褪光，从而提供柔和的效果。

◆忽略背面毛发：勾选此复选框，背面的毛发不受笔刷的影响。

◆ “笔刷大小”滑块：通过拖动此滑块可更改笔刷的大小。

◆ “平移”按钮：按照鼠标的拖动方向移动选定的顶点。

◆ “站立”按钮：向曲面的垂直方向推选定的导向。

◆ “蓬松发根”按钮：向曲面的垂直方向推选定的导向毛发。

◆ “丛”按钮：强制让选定的导向相互靠近。

◆ “旋转”按钮：以鼠标指针的位置为中心旋转导向毛发顶点。

◆ “比例”按钮：放大或缩小选定的毛发。

③“实用程序”组。

◆ “衰减”按钮：根据底层多边形的曲面面积来缩放选定的导向。

◆ “选定弹出”按钮：沿曲面的法线方向弹出选定毛发。

◆ “弹出大小为零”按钮：只能对长度为零的毛发操作。

◆ “重梳”按钮：使导向与曲面平行，使用导向的当前方向作为线索。

◆ “重置剩余”按钮：使用生长网格的连接性进行毛发导向平均化。

◆ “切换碰撞”按钮：在该模式下，设计发型时将考虑头发碰撞。

◆ “切换 Hair”按钮：切换生成毛发的视口显示。

◆ “锁定”按钮：将选定的顶点相对于最近曲面的方向和距离锁定。锁定的顶点可以选择但不能移动。

◆ “解除锁定”按钮：解除对所有导向毛发的锁定。

◆ “撤销”按钮：后退至最近的操作。

④“毛发组”组。

◆ “拆分选定毛发组”按钮：将选定的毛发组拆分。

◆ “合并选定毛发组”按钮：重新合并选定的毛发组。

11.2.4 “常规参数”卷展栏

在“常规参数”卷展栏中，参数如图11-13所示。

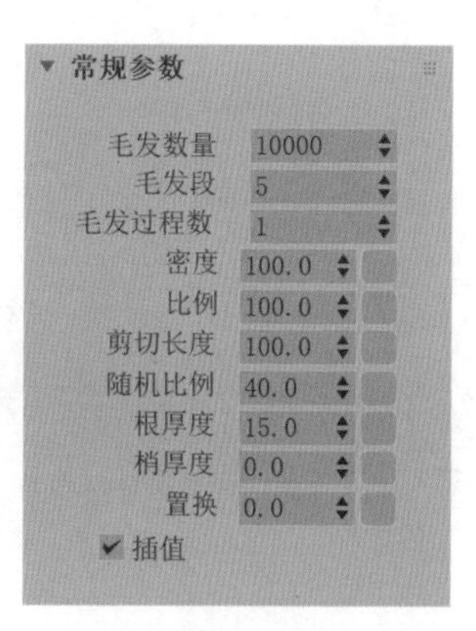

图11-13

工具解析

♦ 毛发数量：由 Hair 生成的毛发总数。在某些情况下，这是一个近似值，但是实际的数量通常和指定数量非常接近。图 11-14 和图 11-15 所示分别为“毛发数量”值是 8000 和 20000 的渲染效果。

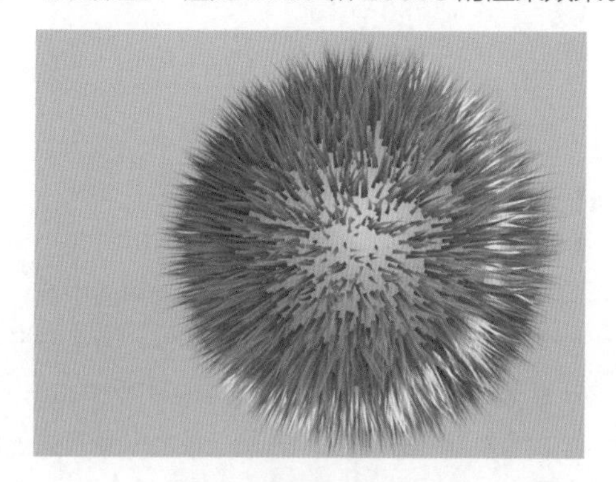

图11-14

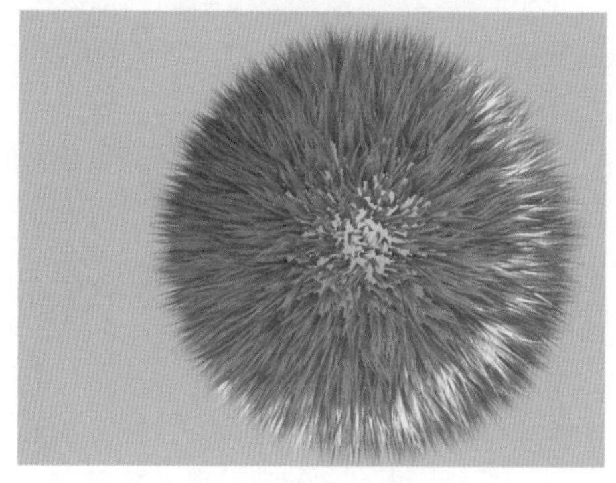

图11-15

♦ 毛发段：每根毛发的段数。

♦ 毛发过程数：用来设置毛发的透明度。图 11-16 和图 11-17 所示分别为“毛发过程数”值是 1 和 10 的渲染效果。

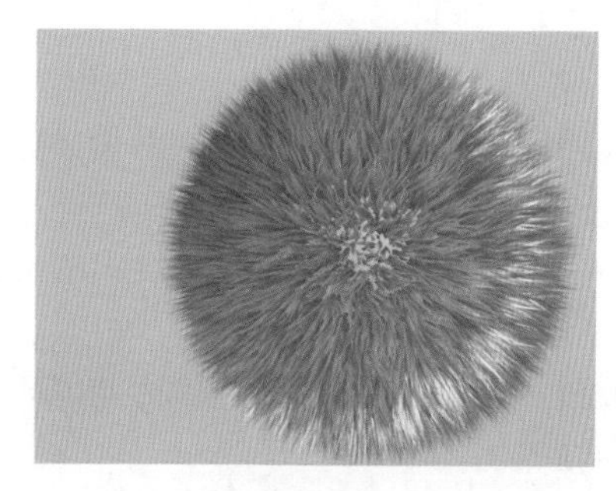

图11-16

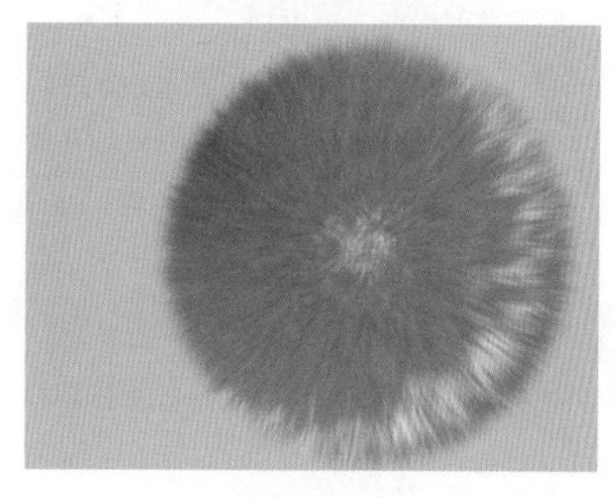

图11-17

♦ 密度：可以通过数值或者贴图来控制毛发的密度。

♦ 比例：设置毛发的整体缩放比例。

♦ 剪切长度：控制毛发整体长度的百分比。

♦ 随机比例：将随机比例引入渲染的毛发中。

♦ 根厚度：控制发根的厚度。

♦ 梢厚度：控制发梢的厚度。

11.2.5 “材质参数”卷展栏

在“材质参数”卷展栏中，参数如图11-18所示。

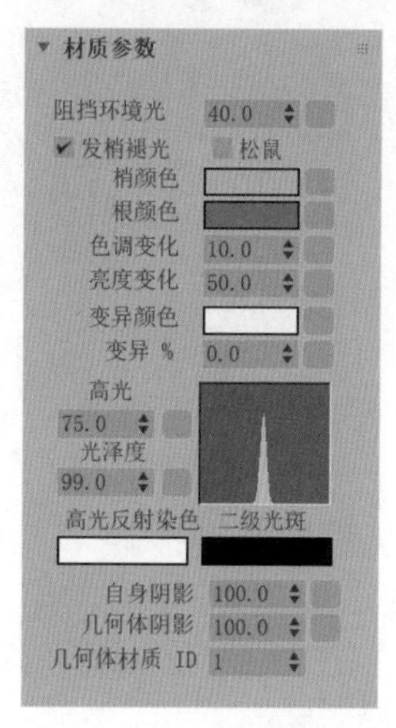

图11-18

工具解析

♦阻挡环境光：控制照明模型的环境或漫反射影响的偏差。

♦发梢褪光：勾选此复选框时，毛发的颜色朝向梢部变淡到透明。

♦松鼠：勾选此复选框后，根颜色与梢颜色之间的渐变更加锐化。

♦梢颜色：距离生长对象曲面最远的毛发梢部的颜色。

♦根颜色：距离生长对象曲面最近的毛发根部的颜色。

♦色调变化：令毛发颜色变化的量，使用默认值可以产生看起来比较自然的毛发。

♦亮度变化：令毛发亮度变化的量。图 11-19 和图 11-20 所示分别为“亮度变化”值是 20 和 80 的渲染效果。

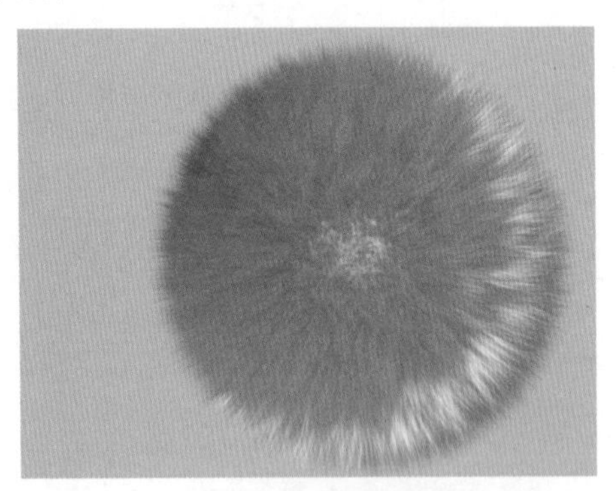

图11-19

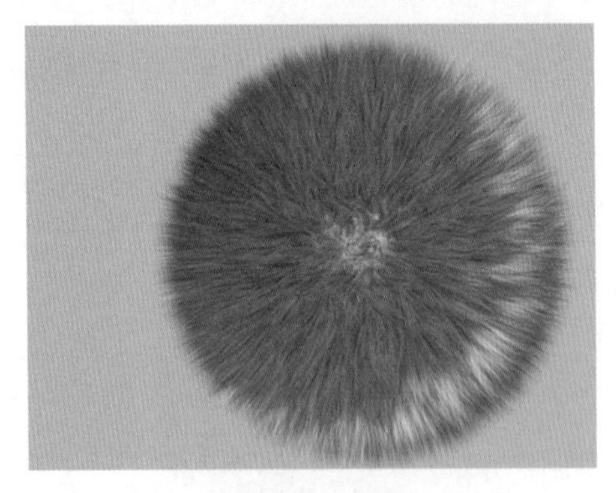

图11-20

♦变异颜色：变异毛发的颜色。

♦变异 %：接受变异颜色的毛发的百分比。图 11-21 和图 11-22 所示分别为“变异 %”值为 10 和 70 的渲染效果。

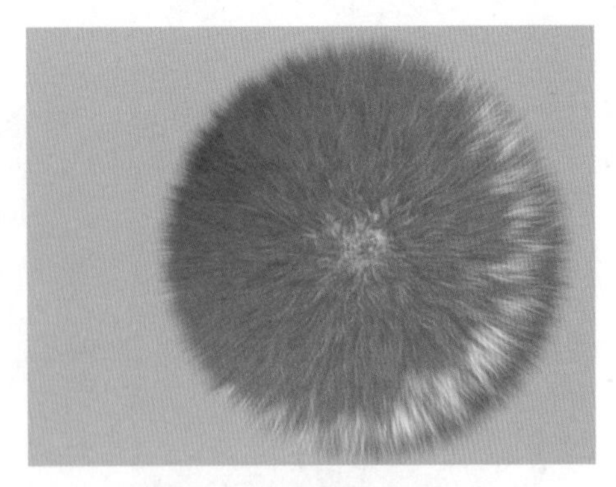

图11-21

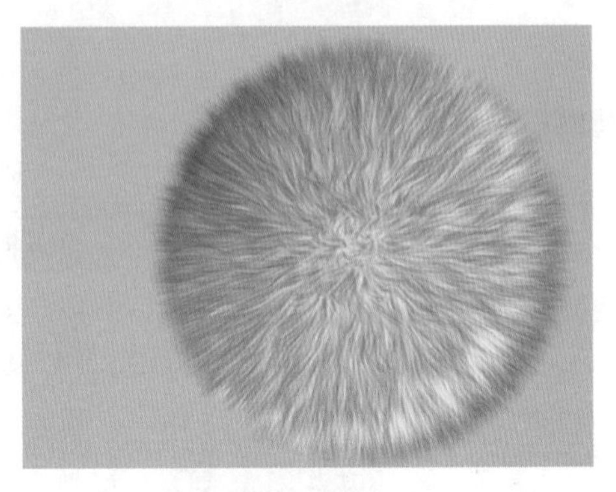

图11-22

♦高光：在毛发上高亮显示的区域。

♦光泽度：毛发上高亮显示区域的相对大小。较小区域高亮显示可以产生看起来比较光滑的毛发。

♦自身阴影：控制自身阴影的多少，即毛发在相同“Hair 和 Fur（WSM）”修改器中对其他毛发投影的阴影。值为 0 将禁用自身阴影，值为 100 产生的自身阴影最大。默认值为 100，取值范围为 0 至 100。

♦几何体阴影：毛发从场景中的几何体接收到的阴影效果的量。默认值为 100，取值范围为 0 至 100。

♦几何体材质 ID：指定给几何体渲染毛发的材质 ID。默认值为 1。

技巧与提示 “材质参数”卷展栏内的参数仅当使用扫描线渲染器时才有效，由于3ds Max 2024的默认渲染器是Arnold渲染器，所以毛发的颜色由生成毛发对象的几何体材质来决定。

11.2.6 “自定义明暗器”卷展栏

在“自定义明暗器”卷展栏中，参数如图 11-23 所示。

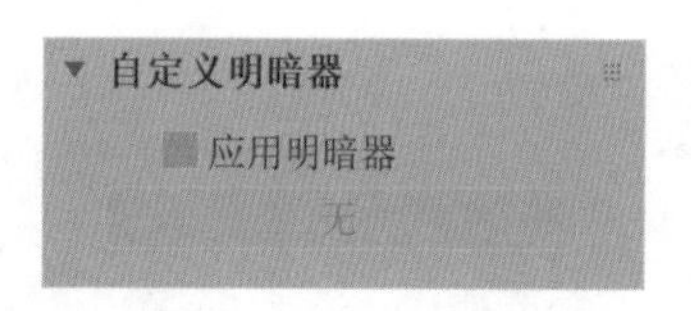

图11-23

工具解析

♦应用明暗器：勾选此复选框时，可以应用明暗器生成毛发。

11.2.7 “海市蜃楼参数”卷展栏

在“海市蜃楼参数”卷展栏中，参数如图11-24所示。

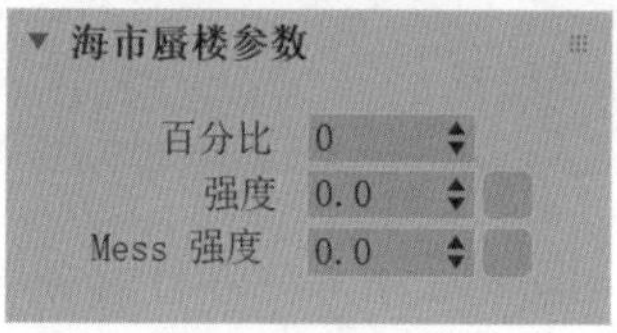

海市蜃楼参数
百分比 0
强度 0.0
Mess 强度 0.0

图11-24

工具解析

♦百分比：设置要对其应用“强度”和“Mess强度”的毛发百分比。

♦强度：指定海市蜃楼毛发伸出的长度。

♦Mess强度：将卷毛应用于海市蜃楼毛发。

11.2.8 “成束参数”卷展栏

在“成束参数”卷展栏中，参数如图11-25所示。

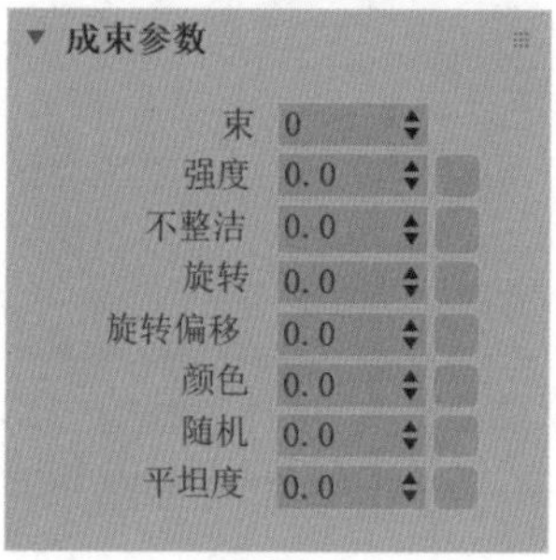

成束参数
束 0
强度 0.0
不整洁 0.0
旋转 0.0
旋转偏移 0.0
颜色 0.0
随机 0.0
平坦度 0.0

图11-25

工具解析

♦束：相对于总体毛发数量设置毛发束数量。图11-26所示为该值是12和50的毛发显示效果对比。

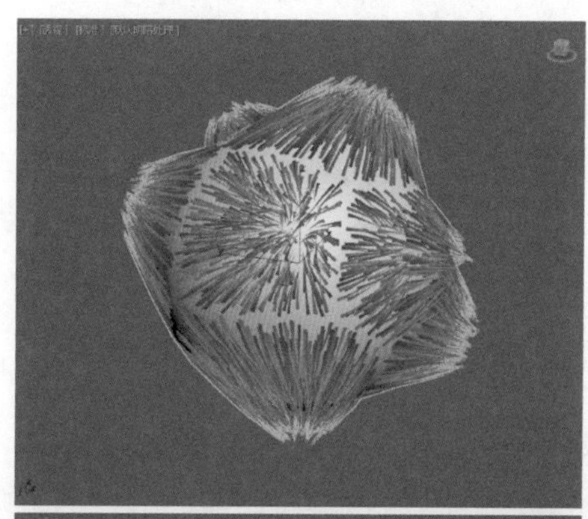

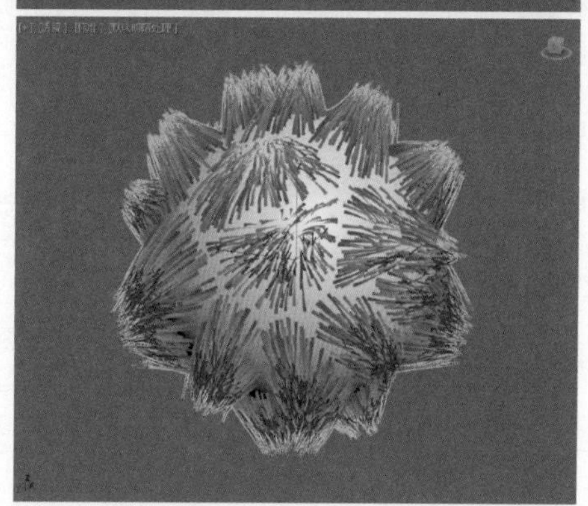

图11-26

♦强度：该值越大，束中各个梢彼此之间的吸引力越强，取值范围为0到1。

♦不整洁：该值越大，越不整洁地向内弯曲束，每个束的方向是随机的，取值范围为0至400。

♦旋转：扭曲每个束，取值范围为0到1。

♦旋转偏移：从根部偏移束的梢，取值范围为0到1。较大的“旋转”和“旋转偏移”值会使束更卷曲。

♦颜色：设置非零值可改变束中的颜色。

♦随机：控制随机的比率。

♦平坦度：在垂直于梳理方向的方向上挤压每个束。

11.2.9 “卷发参数”卷展栏

在“卷发参数”卷展栏中，参数如图11-27所示。

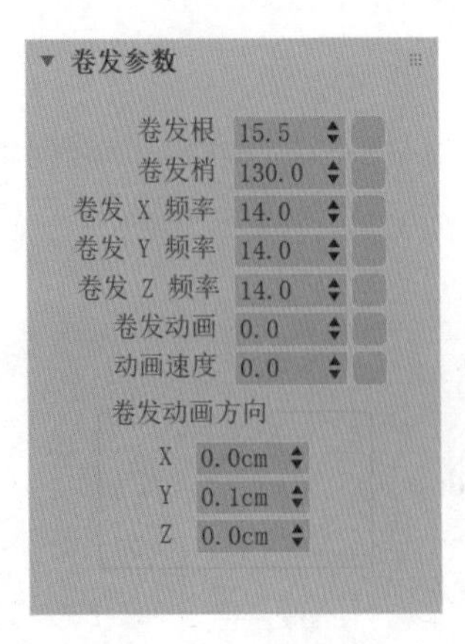

图11-27

工具解析

♦ 卷发根：控制毛发在其根部的置换量。默认值为 15.5，取值范围为 0 至 360。

♦ 卷发梢：控制毛发在其梢部的置换量。默认值为 130，取值范围为 0 至 360。

♦ 卷发 X/Y/Z 频率：控制 3 个轴中每个轴上的卷发频率效果。

♦ 卷发动画：设置波浪运动的幅度。

♦ 动画速度：倍增控制动画噪波场通过空间的速度。

11.2.10 “纽结参数”卷展栏

在“纽结参数”卷展栏中，参数如图 11-28 所示。

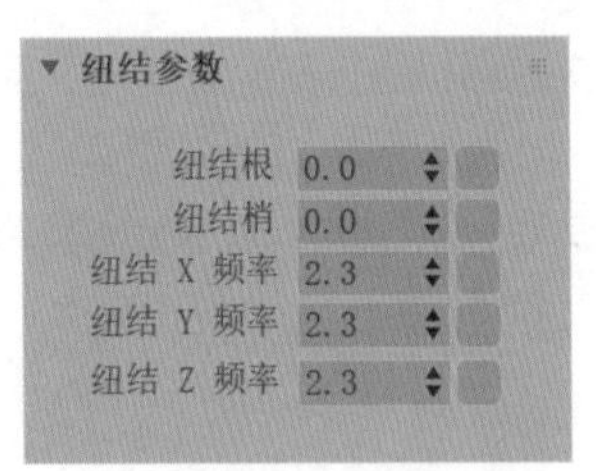

图11-28

工具解析

♦ 纽结根：控制毛发在其根部的纽结置换量。图 11-29 所示为该值是 0 和 2 的毛发显示效果对比。

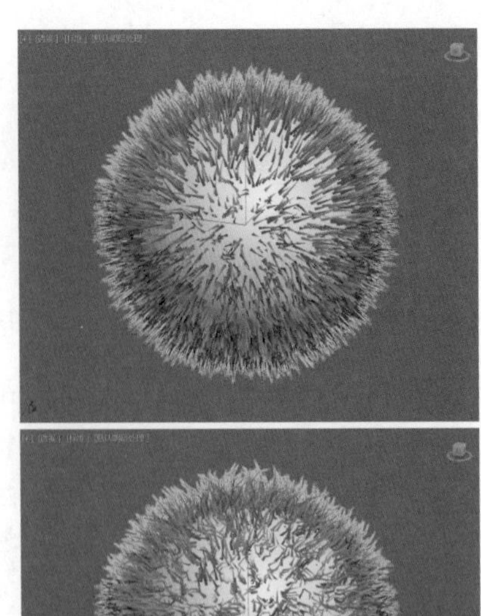

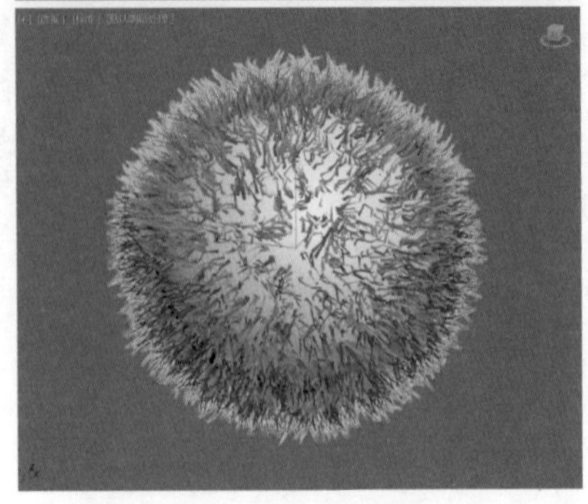

图11-29

♦ 纽结梢：控制毛发在其梢部的纽结置换量。

♦ 纽结 X/Y/Z 频率：控制 3 个轴中每个轴上的纽结频率效果。

11.2.11 “多股参数”卷展栏

在“多股参数”卷展栏中，参数如图 11-30 所示。

多股参数
数量 0
根展开 0.0
梢展开 0.0
扭曲 1.0
偏移 0.0
纵横比 1.0
随机化 0.0

图11-30

工具解析

♦ 数量：每个聚集块的毛发数量。

♦ 根展开：为根部聚集块中的每根毛发提供随机补偿。

♦ 梢展开：为梢部聚集块中的每根毛发提供随机补偿。

♦扭曲：使每束的中心作为轴扭曲束。

♦偏移：使束偏移其中心。离尖端越近，偏移越大。将“扭曲”和“偏移”参数结合使用可以创建螺旋发束。

♦纵横比：在垂直于梳理方向的方向上挤压每个束，效果是缠结毛发，使其类似于猫或熊等的毛。

♦随机化：随机处理聚集块中的每根毛发的长度。

11.2.12 “动力学”卷展栏

在“动力学”卷展栏中，参数如图11-31所示。

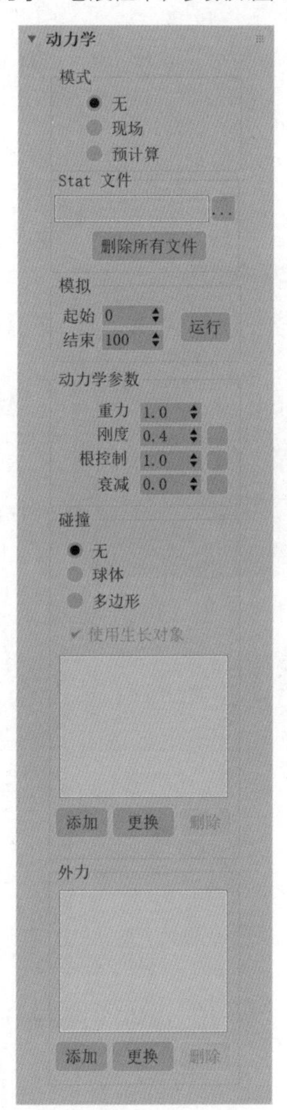

图11-31

工具解析

①“模式”组。

♦无：毛发不进行动力学计算。

♦现场：毛发在视口中以交互方式模拟动力学效果。

♦预计算：将设置了动力学动画的毛发生成Stat文件存储在硬盘中，以备渲染时使用。

②“Stat文件”组。

♦ “另存为”按钮：单击此按钮可以打开“另存为”对话框，设置Stat文件的存储路径。

♦“删除所有文件”按钮：单击此按钮可以删除存储在硬盘中的Stat文件。

③“模拟”组。

♦起始：设置模拟毛发动力学的第一帧。

♦结束：设置模拟毛发动力学的最后一帧。

♦ “运行”按钮：单击此按钮可以开始进行毛发的动力学模拟计算。

④“动力学参数”组。

♦重力：用于指定在全局空间中垂直移动毛发的力。负值表示上拉毛发，正值表示下拉毛发。要令毛发不受重力影响，可将该值设置为0。

♦刚度：控制动力学效果的强弱。如果将“刚度”设置为1，动力学不会产生任何效果。默认值为0.4，取值范围为0至1。

♦根控制：与“刚度”类似，但只在毛发根部产生影响。默认值为1，取值范围为0至1。

♦衰减：动态毛发承载前进到下一帧的速度。增加“衰减”值将增加这些速度减慢的量。因此，较大的“衰减”值意味着毛发动态效果较为不活跃。

⑤“碰撞”组。

♦无：动态模拟期间不考虑碰撞。这将导致毛发穿透其生长对象以及其所接触的其他对象。

♦球体：毛发使用球体边界框来计算碰撞。此方法速度更快，其原因在于所需计算更少，但是结果不够精确。当从远距离查看时该方法最为有效。

♦多边形：毛发考虑碰撞对象中的每个多边形。这是速度最慢的方法，但也是最为精确的方法。

♦ “添加”按钮：要在动力学碰撞列表中添加对象，可单击此按钮然后在视口中单击对象。

♦ “更换”按钮：要在动力学碰撞列表中更换对象，应先在列表中高亮显示对象，然后单击此按钮，再在视口中单击对象进行更换操作。

♦ 删除 “删除”按钮：要在动力学碰撞列表中删除对象，应先在列表中高亮显示对象，再单击此按钮完成删除操作。

⑥“外力”组。

♦ 添加 “添加”按钮：要在动力学外力列表中添加“空间扭曲”对象，可先单击此按钮，然后在视口中单击对应的“空间扭曲”对象。

♦ 更换 “更换”按钮：要在动力学外力列表中更换“空间扭曲”对象，应先在列表中高亮显示“空间扭曲”对象，然后单击此按钮，再在视口中单击“空间扭曲”对象进行更换操作。

♦ 删除 “删除”按钮：要在动力学外力列表中删除“空间扭曲”对象，应先在列表中高亮显示“空间扭曲”对象，再单击此按钮完成删除操作。

11.2.13 “显示”卷展栏

在“显示”卷展栏中，参数如图 11-32 所示。

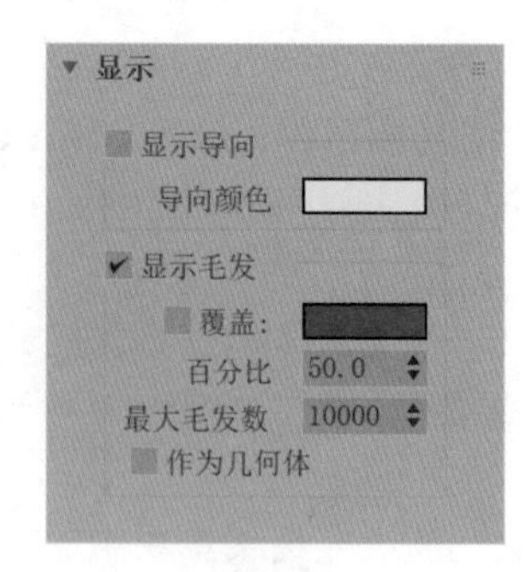

图11-32

工具解析

①“显示导向”组。

♦ 显示导向：勾选此复选框，则视口中会显示出毛发的导向线，导向线的颜色由“导向颜色”所控制。图 11-33 所示为勾选该复选框前后的显示效果对比。

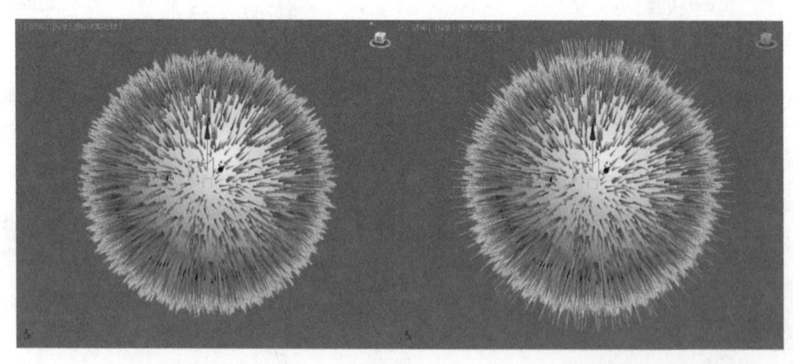

图11-33

②“显示毛发”组。

♦ 显示毛发：默认勾选此复选框，用来在几何体上显示出毛发的形态。

♦ 百分比：在视口中显示的全部毛发的百分比。减小此值将改善视口中的实时性能。

♦ 最大毛发数：视口中显示的最大毛发数，不受“百分比”值影响。

♦ 作为几何体：勾选此复选框后，将毛发在视口中显示为要渲染的实际几何体，而不是默认的线条。

11.2.14 “随机化参数”卷展栏

在“随机化参数”卷展栏中，参数如图 11-34 所示。

图11-34

工具解析

♦ 种子：通过设置此值来随机改变毛发的形态。

11.2.15 实例：制作毛毯毛发效果

本实例为读者详细讲解使用“Hair 和 Fur（WSM）”修改器来制作毯子上的毛发效果，最终渲染效果如图 11-35 所示。

图11-35

（1）启动中文版3ds Max 2024，打开本书配套资源“沙发.max”文件，场景里摆放了一个搭有毯子的沙发模型，如图11-36所示。

图11-36

（2）选择沙发上的毯子模型，在“修改”面板中，为其添加“Hair和Fur（WSM）”修改器，如图11-37所示。

图11-37

技巧与提示 用于生成毛发的模型的面数不要太多，否则添加“Hair和Fur（WSM）”修改器时，系统会弹出“警告”对话框，如图11-38所示。

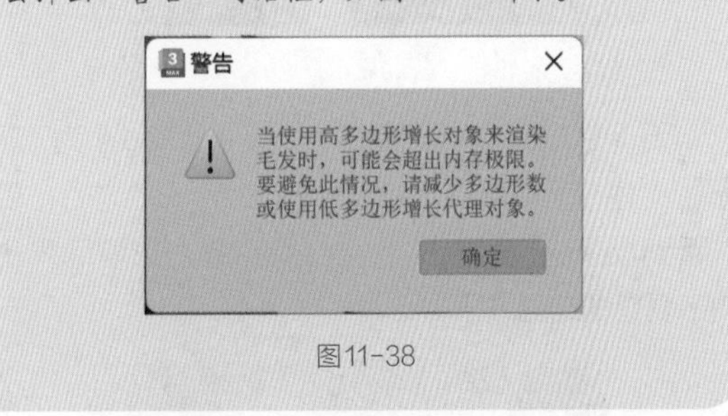

图11-38

（3）“Hair和Fur（WSM）”修改器添加完成后，毯子模型的视图显示效果如图11-39所示。

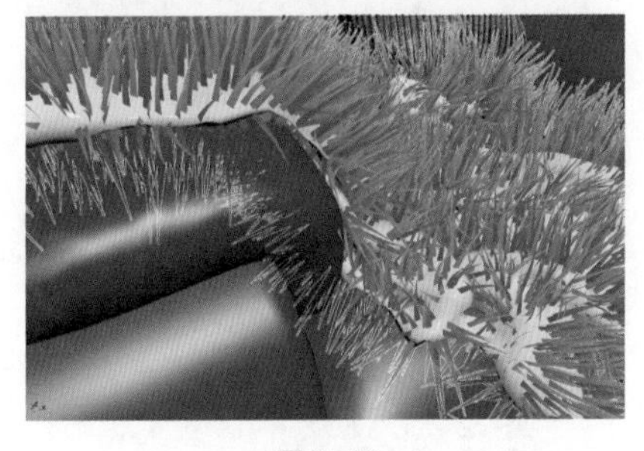

图11-39

（4）在“常规参数”卷展栏中，设置“毛发数量”为100000，“毛发段”为10，“根厚度”为1，如图11-40所示。

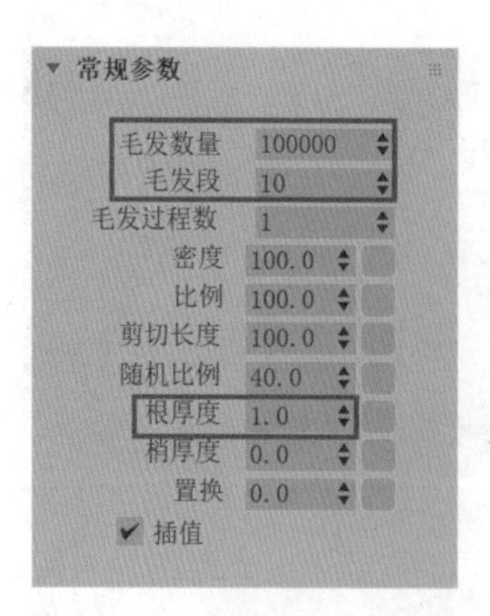

图11-40

（5）设置完成后，毯子模型的视图显示效果如图 11-41 所示。

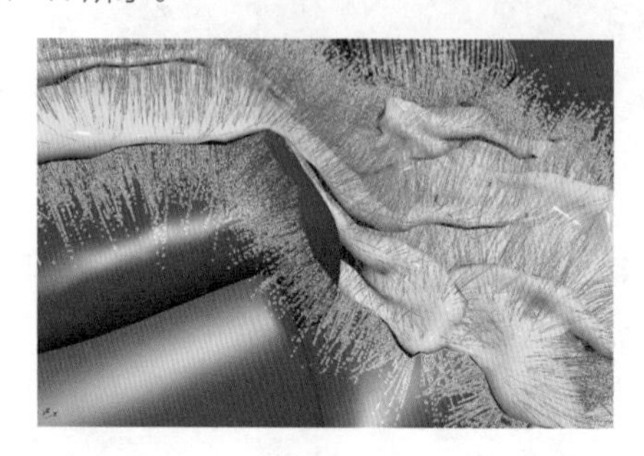

图11-41

（6）在“动力学”卷展栏中，设置“模式”为“现场”，“刚度”为 0.1，如图 11-42 所示。这时，可以看到场景中毯子上的毛发会受到重力影响而产生向下垂落的动画效果。

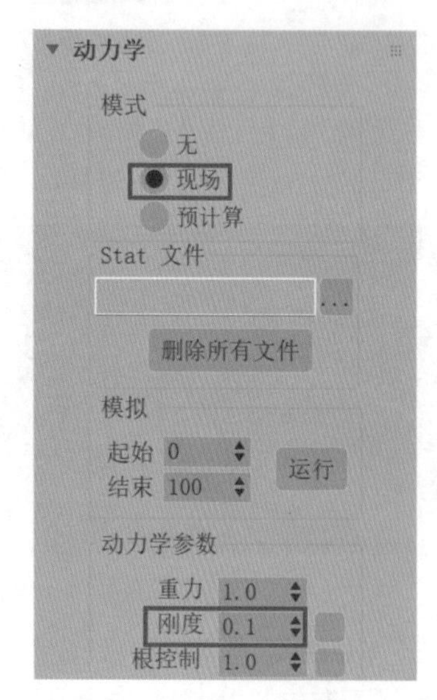

图11-42

（7）模拟一段时间后，按“Esc”键，这时，系统会弹出“现场动力学”对话框，单击“冻结”按钮，如图 11-43 所示，停止毛发的动力学模拟，如图 11-44 所示。

图11-43

图11-44

（8）在“设计”卷展栏中，单击“设计发型”按钮，如图 11-45 所示。

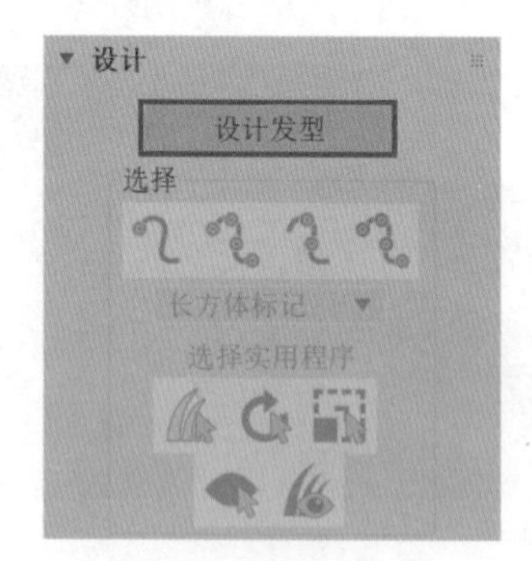

图11-45

（9）这样，鼠标指针会变成笔刷形状，可以对毛发的形状进行微调，如图 11-46 所示。

图11-46

（10）调整完成后，单击“设计”卷展栏中的“完成设计”按钮，如图 11-47 所示。

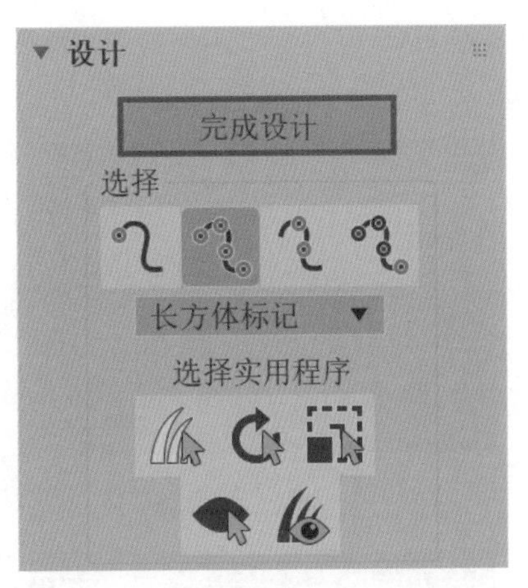

图11-47

（11）渲染场景，本实例的最终渲染效果如图 11-48 所示。

图11-48

11.2.16　实例：制作草地碰撞动画

本实例为读者详细讲解使用“Hair 和 Fur（WSM）”修改器来制作草地碰撞的动画，最终渲染动画序列如图 11-49 所示。

图11-49

（1）启动中文版 3ds Max 2024，打开本书配套资源“草地 .max”文件，场景里摆放了小草模型、地面模型和足球模型，如图 11-50 所示。

图11-50

（2）选择地面模型，在“修改”面板中，为其添加“Hair 和 Fur（WSM）”修改器，如图 11-51 所示。

图11-51

（3）“Hair 和 Fur（WSM）”修改器添加完成后，地面模型的视图显示效果如图 11-52 所示。

图11-52

（4）在“选择”卷展栏中，单击“多边形”按钮，如图 11-53 所示。

图11-53

（5）选择图 11-54 所示的面后，在“选择”卷展栏中，再次单击“多边形”按钮，地面模型的视图显示效果如图 11-55 所示。毛发会仅生长在刚刚选择的面上。

图11-54

图11-55

（6）在“工具”卷展栏中，单击“实例节点”组的“无”按钮，如图 11-56 所示。再单击场景中的小草模型，即可看到地面模型上出现了一些小草，如图 11-57 所示。

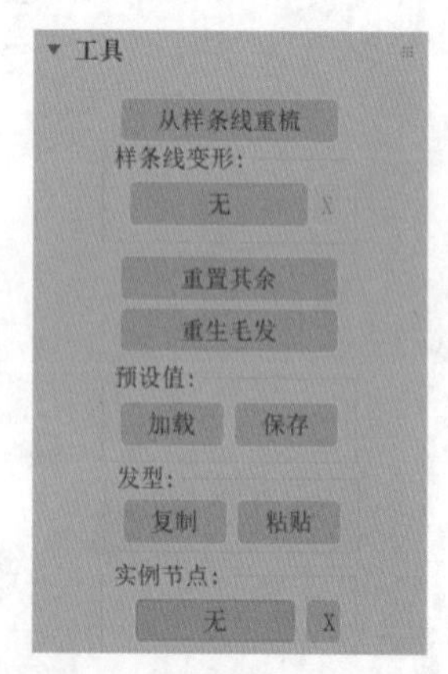

图11-56

图11-57

（7）在“常规参数”卷展栏中，设置“毛发数量”为800，“比例”为65，“根厚度”为10，如图11-58所示。

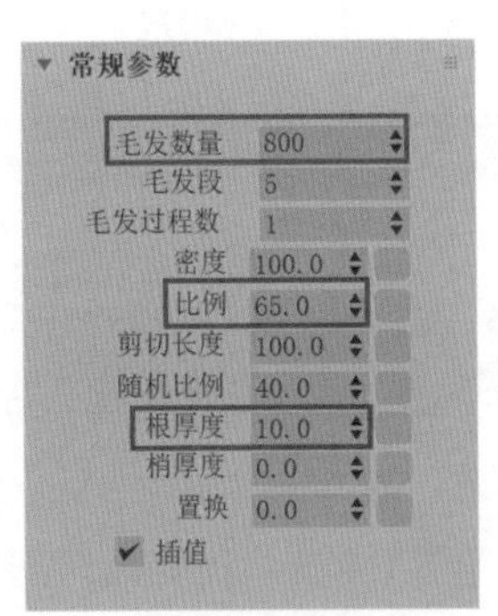

图11-58

（8）设置完成后，草地的视图显示效果如图11-59所示。

图11-59

（9）在“创建”面板中单击“风”按钮，如图11-60所示，在场景中的任意位置创建一个风对象。

图11-60

（10）调整风对象的角度，如图11-61所示。

图11-61

（11）选择地面模型，在“动力学”卷展栏中，单击“外力”组的“添加”按钮，将风对象添加进来，如图11-62所示。

图11-62

（12）选择风对象，在“修改”面板中，设置“强度”为50，如图11-63所示。

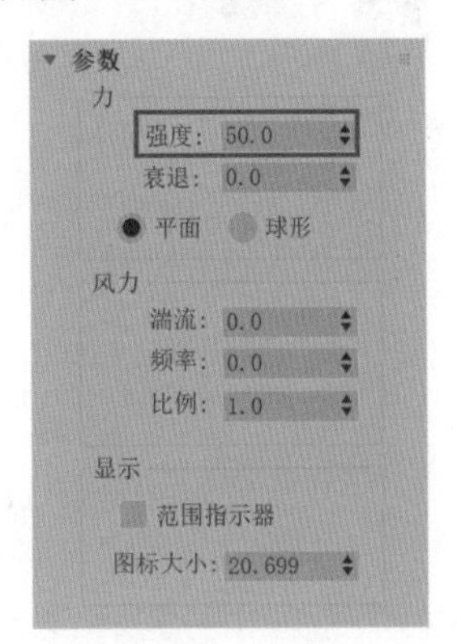

图11-63

（13）选择地面模型，在“动力学”卷展栏中，设置“模式”为“现场”，如图11-64所示，即可看到风对草地所产生的影响效果，如图11-65所示。

图11-64

图11-65

（14）模拟一段时间后，按“Esc”键，这时，系统会弹出“现场动力学”对话框，单击“冻结”按钮，如图11-66所示，保持住小草微微倾斜的状态。

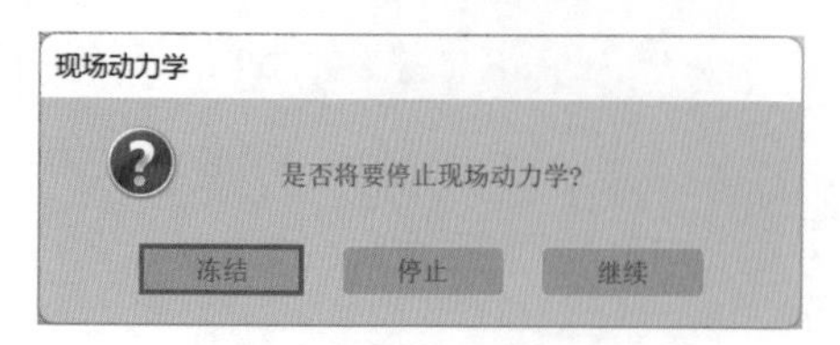

图11-66

（15）在“创建”面板中单击“球体”按钮，如图11-67所示。

图11-67

（16）在“顶”视图中创建一个与足球模型大小接近的球体，如图11-68所示。

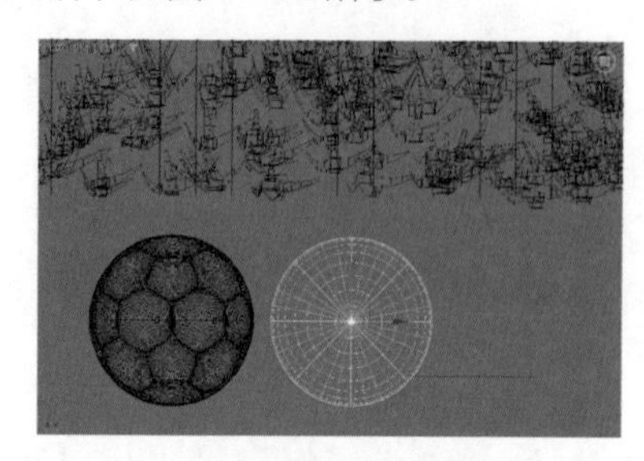

图11-68

（17）在“左”视图中，调整球体的位置，如图11-69所示。

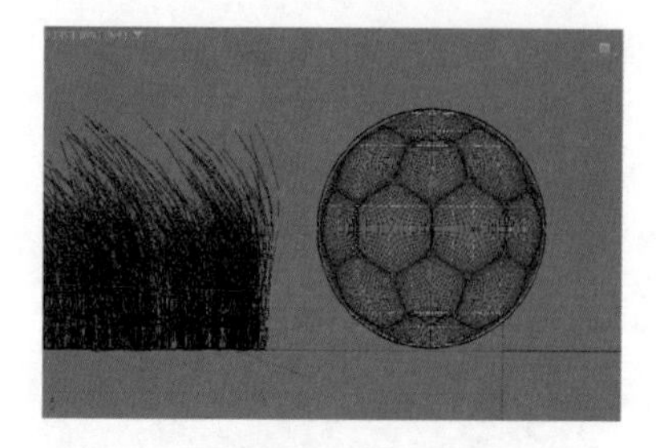

图11-69

（18）单击工作界面右下方的“自动”按钮，使其处于背景色为红色的按下状态，如图11-70所示。

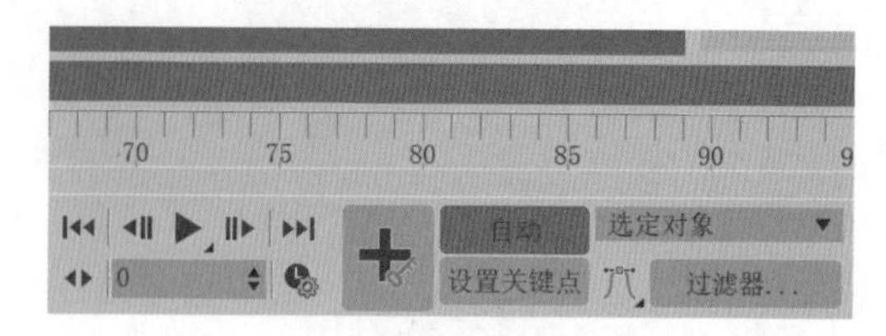

图11-70

（19）在第100帧处，移动球体至图11-71所示的位置，制作出球体穿过草地的动画效果。

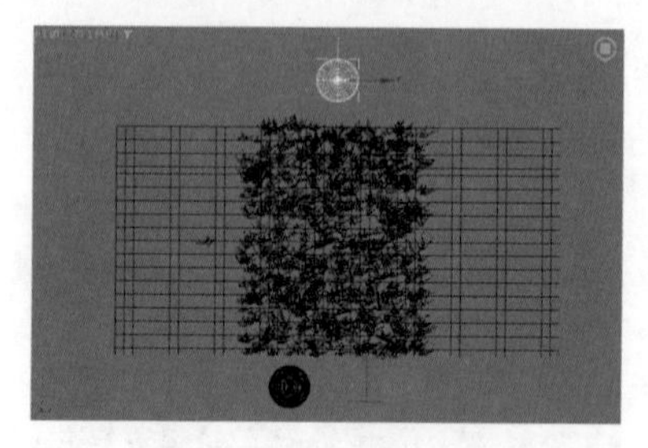

图11-71

（20）在“左”视图中，调整球体模型的旋转角度，如图11-72所示。设置完成后，按“N”键，关闭自动记录关键帧功能。

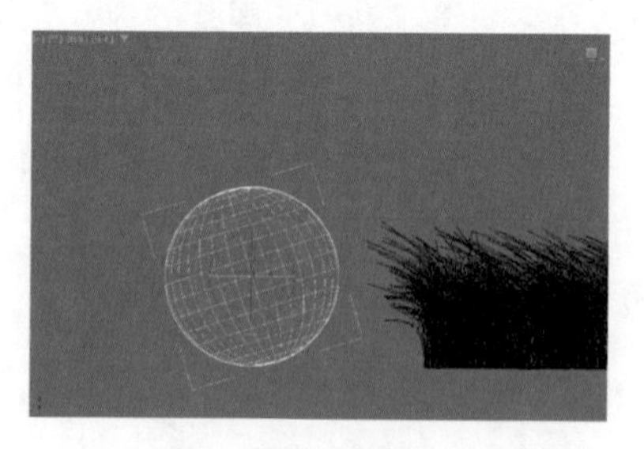

图11-72

（21）选择地面模型，在“动力学”卷展栏中，设置“模式”为“预计算”，并将计算出来的模拟文件保存到任意路径上；设置“碰撞”为“多边形”，并单击“添加”按钮将场景中的球体设置为碰撞对象，如图11-73所示。

（22）设置完成后，单击“运行”按钮，如图11-74所示，开始模拟动画效果。

（23）经过一段时间的模拟计算后，可以看到球体经过草地时与草地产生的碰撞效果如图11-75所示。

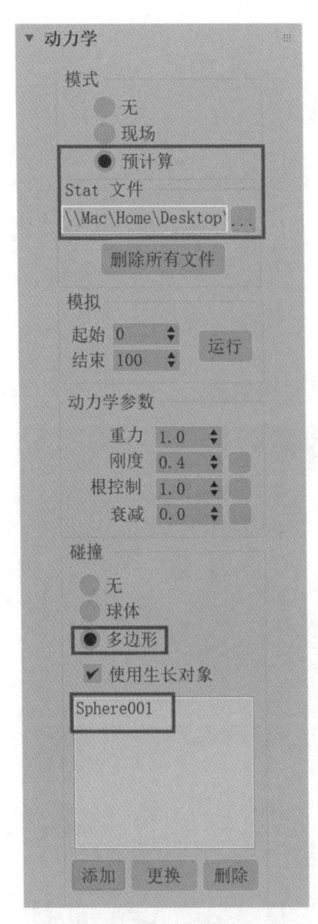

图11-73

图11-74

图11-75

（24）在“显示”卷展栏中，勾选“显示导向”复选框，如图 11-76 所示。

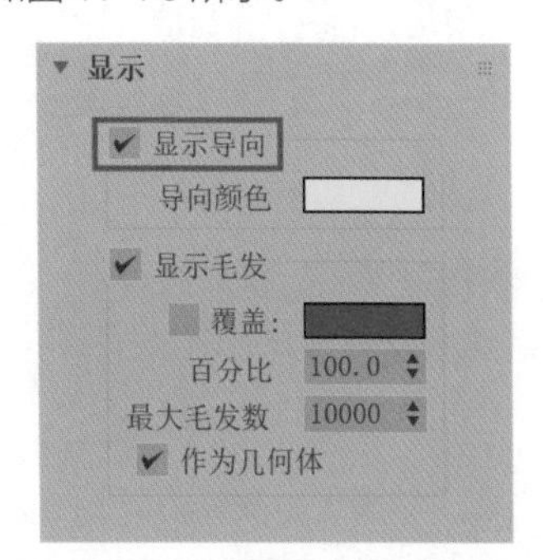

图11-76

（25）可以观察到球体模型与毛发导向所产生的交互效果，如图 11-77 所示。

图11-77

技巧与提示 通过“显示导向”功能，可以看出，模拟毛发碰撞动画实际上就是模拟物体与毛发导向的碰撞。如果生成毛发的模型的面数太少，物体运动时无法与毛发导向产生碰撞，则不会模拟出任何碰撞效果。

（26）选择足球模型，按组合键“Shift+A”，再单击球体模型，将足球模型对齐到球体模型上，如图 11-78 所示。

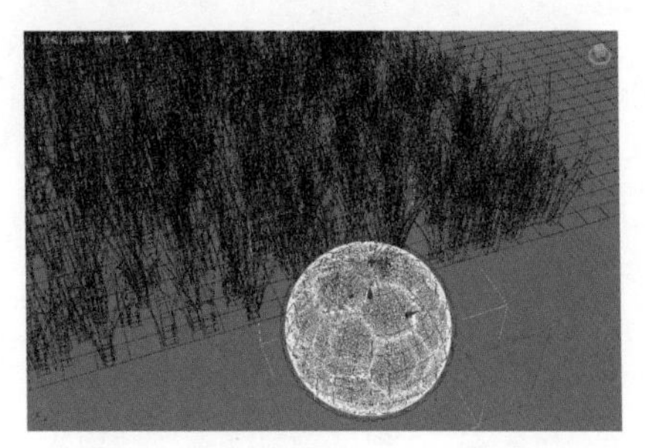
图11-78

（27）选择足球模型，单击主工具栏上的“选择并链接”按钮，如图 11-79 所示。

图11-79

（28）将足球模型链接至球体模型上，如图 11-80 所示。

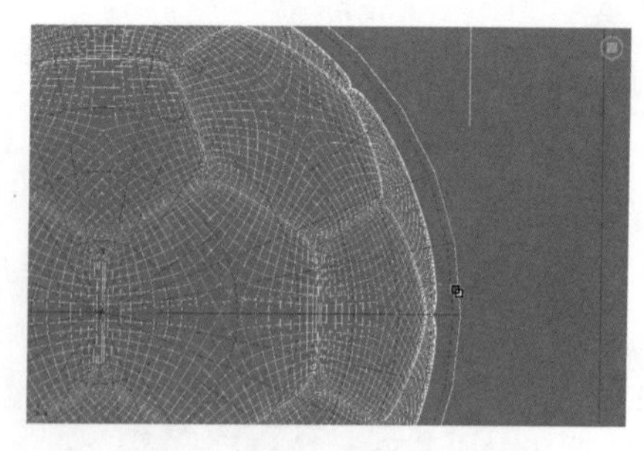

图11-80

（29）隐藏球体模型，播放场景动画。本实例制作完成的草地碰撞动画效果如图 11-81 所示。

图11-81